环境、社会及治理（ESG）基础教材

主　编 / 彭华岗

副主编 / 钟宏武　张 蒽

经济管理出版社
ECONOMY & MANAGEMENT PUBLISHING HOUSE

图书在版编目（CIP）数据

环境、社会及治理（ESG）基础教材 / 彭华岗主编 . —北京：经济管理出版社，2023. 6
ISBN 978-7-5096-9057-4

Ⅰ. ①环… Ⅱ. ①彭… Ⅲ. ①企业环境管理—中国—教材 Ⅳ. ①X322.2

中国国家版本馆 CIP 数据核字（2023）第 105633 号

责任编辑：高 娅 张玉珠
责任印制：黄章平
责任校对：张晓燕

出版发行：经济管理出版社
（北京市海淀区北蜂窝 8 号中雅大厦 A 座 11 层 100038）
网 址：www. E-mp. com. cn
电 话：（010）51915602
印 刷：北京晨旭印刷厂
经 销：新华书店
开 本：889mm × 1194mm/16
印 张：17.25
字 数：448 千字
版 次：2023 年 10 月第 1 版 2023 年 10 月第 1 次印刷
书 号：ISBN 978-7-5096-9057-4
定 价：128.00 元

编委会

辛文达 华润电力控股有限公司办公室主任

许大红 合肥泰禾智能科技集团股份有限公司董事长兼总裁

殷格非 金蜜蜂智库创始人

张　慧 南京审计大学国富中审学院讲师

赵军辉 中国飞鹤有限公司董事长助理、可持续发展办公室主任

赵　昕 内蒙古伊利实业集团股份有限公司副总裁

序 言

1953年，经济学家Howard R. Bowen发表了划时代巨作《商人的社会责任》，标志着现代企业社会责任的诞生。此后，随着经济全球化的加速推进，企业社会责任得到各个国家的重视，在全世界蓬勃发展起来。

虽然企业社会责任的概念发源于西方，但中国传统文化中蕴含着丰富的企业社会责任的理念和思想，并在旧时代商贾践行。在我国计划经济时期，由于国有企业实质上是政府的生产部门，因此经济和社会责任一体担当。改革开放后我国建立社会主义市场经济体制，企业逐步成为独立的经济主体，企业社会责任逐步为各界关注和重视，中国企业社会责任在政府、行业协会、研究机构、媒体、公众等多方力量的推动下加速发展。尤其是党的十八大以来，习近平在多次会议中强调了企业社会责任的重要性，"创新、协调、绿色、开放、共享"的五大发展理念与企业社会责任理念相融合，科技创新、生态文明、"一带一路"倡议等重大政策与企业社会责任事业相辅相成。中国企业社会责任大踏步迈进，中央企业中也涌现出一批理念领先、管理完善、实践创新的责任先锋，为经济社会高质量发展贡献了重要力量。

随着国际国内经济社会环境的不断变化，企业社会责任的内涵和外延也不断发展。尤其是近年来，社会责任在资本市场引起高度关注，衍生出的责任投资（或称为ESG投资）概念成为全球可持续发展的新思潮。除了责任投资，与社会责任高度相关的概念还包括社会价值、可持续发展等，但这些概念之间的区别及联系尚未形成统一认识。厘清这些概念，对于深刻认识企业、社会、资本之间的关系具有重要意义。我认为，社会责任、社会价值、责任投资、可持续发展之间相互促进、循环递进。具体来看：

第一，履行社会责任是企业生存发展的必然选择。

正如习近平总书记所强调的，“只有富有爱心的财富才是真正有意义的财富，只有积极承担社会责任的企业才是最有竞争力和生命力的企业”。企业的生存发展依赖于客户、员工、投资者、供应商等利益相关方的参与，依赖于整个社会的健康发展，这种相互依存的关系是企业生存发展的根基。因此，履行社会责任是企业生存发展的必然选择。积极承担社会责任，不仅有利于企业防控风险、获得利益相关方支持，还能在解决社会环境问题中开拓新的增长机遇，提升企业竞争能力，实现长期稳定经营。

同时，履行社会责任也已成为企业与国际经济接轨的需要，遵守法规公约、尊重文化习俗、与经营地利益相关方共融共赢，是所有开展国际化经营企业的生存之道。2021 年以来，受全球新冠肺炎疫情影响，许多产业陆续迎来微利时代，企业之间的竞争不仅是新技术、新产品及人才的硬性竞争，也是企业责任、品牌文化的软性竞争，承担社会责任是企业赢得市场的经营方略。

第二，创造社会价值是企业履行社会责任的价值追求。

2019 年 8 月 19 日，美国商业组织“商业圆桌会议”发布了一份由 181 位美国顶级公司首席执行官共同签署的声明文件——《公司宗旨宣言书》，提出公司的首要任务是创造一个更美好的社会。《公司宗旨宣言书》终结了以股东利益最大化为信条的经营理念时代，将企业社会责任的目标进一步升华，引导企业全面认识、深入思考其与资源环境、社会进步之间的关系，创造更多的社会价值。

社会价值与社会责任一脉相承，但又有着更高的追求。其在基本的责任之外，更强调增进社会福祉，注重与社会共享发展成果。具体可分为四个层面，即国家价值、产业价值、环境价值、民生价值。国家价值是企业通过服务国家战略大局创造的价值，产业价值是企业通过服务产业发展创造的价值，环境价值是企业为生态环境保护创造的价值，民生价值是企业服务人民美好生活创造的价值。

长期以来，国有企业与时代进步、社会发展同呼吸共命运，扛起了许多投资大、收益薄的基础设施和公共服务建设，承担了许多周期长、风险高的基础性研发任务，参与了许多重大自然灾害和突发事件的抗击救援，实施了许多造福群众、改善民生的重大项目，坚定不移服务和保障国计民生，全力以赴参与打赢脱贫攻坚战，积极主动落实生态文明建设，以强烈的责任担当和积极的实践作为体现了国有经济的重大社会价值。

第三，吸引责任投资是履行社会责任、创造社会价值的持续动力。

责任投资（也称为 ESG 投资）是将环境、社会纳入投资决策的投资理念，其改变了原有单一关注财务表现的资本运用逻辑，综合考量投资对象的财务表现及环境责任、社会责任、公司治理等非财务绩效，以将资金投资于具备长期、可持续价值增长能力的企业。责任投资已成为全球资本市场主流。截至 2020 年初，全球五个主要市场（欧洲、美国、加拿大、澳大利亚、日本）的可持续投资资产规模达到 35.3 万亿美元。据有关机构预测，到 2025 年，全球 ESG 资产规模将达到 53 万亿美元，占全球资产管理规模的 1/3。

在这一趋势下，扎实履行社会责任、积极创造社会价值的企业，就能够吸引责任投资，降低企业融资成本，让履责绩效转化为经济效益，提升企业市场价值。反过来，获得了充足资本的企业，又有能力更好履行社会责任、创造更大的社会价值。因此，社会责任、社会价值与责任投资就像是一枚硬币的两面，一面是企业对社会进步的推动，另一面是资本对负责任企业的赋能，让企业、社会、资本三者相互促进、共益共赢。

第四，推动可持续发展是履行责任、创造价值、吸引投资的最终使命。

实现可持续发展是最终目标，无论企业履行社会责任、创造社会价值还是推动责任投资，归根结底都是为了经济社会的可持续发展。为了在全世界范围内平衡好经济增长与社会、环境之间的关系，促进企业在成长壮大的同时，贡献于全社会对教育、卫生、社会保护、就业机会等的需求，遏制气候变化、保护生态环境，让我们这个时代的发展不仅惠及当代人，也造福于子孙后代。

当前，我国已开启全面建设社会主义现代化国家的新征程，正向第二个百年奋斗目标迈进。共同富裕是社会主义的本质要求，是中国式现代化的重要特征。企业积极履行社会责任、创造社会价值是实现共同富裕的重要力量。中国的企业、企业家要将企业自身发展嵌入我国社会发展的趋势中，勇挑重担、乘势而上，以实现共同富裕、推动社会可持续发展为矢志追求，增强履责意识、引导责任投资，形成可持续的商业模式，在落实国家重大战略中发挥更大作用，为满足人民日益增长的美好生活需要做出贡献。

2023 年 9 月

目 录

第1章
ESG概论

本章导读

ESG（环境、社会责任及公司治理）已经成为一种新兴的企业发展模式和投资理念，但在中国还处于起步阶段。ESG于2004年在联合国《在乎者赢：连接金融市场与变化中的世界》（*Who Cares Wins: Connecting Financial Markets to a Changing World*）报告中被首次正式提出，之后逐渐成为重要的投资决策考量因素，持续引发全球广泛关注和各界大力推动。

经过多年的发展，ESG投资逐渐在欧美等发达国家和地区成为一种新兴的投资方式。其中，欧盟作为积极响应联合国负责任投资原则的区域性组织之一，最早表明了支持态度和行动，更在近年来密集推进了一系列与ESG相关条例法规的修订工作，从制度保障上加速了ESG投资在欧洲资本市场的成熟。

作为全世界最大的经济体，美国在可持续金融领域的发展对全球经济产生着巨大影响。近十年来美国推出的可持续金融产品种类越来越多，其ESG投资市场形成了较为完整的产业链和价值链。市场中不仅涌现出众多类型的投资者和ESG产品，还出现了一批专业日渐成熟的ESG评级机构、指数机构和服务中介机构。随着ESG市场的发展，美国ESG政策法规也日渐完善，要求也趋于严格。但与欧洲市场ESG“政策法规先行引导”的特点有所不同，美国首先表现为资本市场对ESG的追捧，其后政策法规相伴而行。

日本在可持续金融和ESG投资实践方面也走在亚洲前列，目前已成为继欧洲和美国之后的第三大可持续投资市场。日本可持续金融如此迅猛的发展离不开政府及监管部门推动可持续发展的决心和实质性引导。日本近年来频繁修订与ESG和可持续发展相关的政策法规也是强有力的证明，与此同时，市场也主动将可持续发展和ESG理念纳入资本活动中，各市场主体积极参与行业建设，为日本可持续金融发展建言献策，呈现出政策法规和市场实践双轮驱动的特点。

近年来，ESG概念在中国也得到了更多的关注，各级监管机构通过出台一系列支持和引导政策，对绿色金融、ESG在国内发展起到积极作用，促进了上市公司ESG信息披露，推动国内各相关机构对ESG投资的研究和落地。但从市场整体来看，国内ESG发展尚处于初级阶段，在借鉴ESG投资相对领先的欧美经验的基础上，加快建设中国ESG体系显得尤为现实和必要。

1

学习目标

1. 掌握 ESG 的基本概念、内涵。
2. 掌握全球 ESG 发展历程及现状。
3. 了解中国 ESG 发展历程及趋势。

导入案例

国务院国资委统筹推动中央企业社会责任与 ESG 工作

2008 年以来，国务院国资委高度重视并积极推动中央企业社会责任工作，通过出台意见、深化研究、夯实管理、提升能力、强化沟通等系列部署规划，推动中央企业社会责任工作水平稳步提升。

在国内外 ESG 蓬勃发展的大背景下，2021 年国务院国资委明确将 ESG 纳入推动中央企业履行社会责任的重点工作，提出中央企业要在 ESG 体系建设中发挥表率作用，并从深化研究、能力建设、搭建平台等方面推动中央企业 ESG 工作，开启了统筹推动中央企业上市公司 ESG 工作的新阶段。

2021 年 1 月，国务院国资委组织召开"中央企业 ESG 工作内部座谈会"，责任云研究院做专项汇报，各厅局围绕中央企业 ESG 工作进行充分交流，在推动中央企业 ESG 工作上初步达成共识。5 月，正式启动《中央企业上市公司环境、社会及管治（ESG）蓝皮书》研究课题，以中央企业控股的所有上市公司为研究对象，通过问卷调查，实地调研、案例征集等方式，对上市公司 ESG 管理与实践工作进行摸底调查，了解现状，发现不足，明确未来工作方向。2022 年 3 月，国务院国资委成立社会责任局，指导推动中央企业积极践行 ESG 理念，主动适应、引领国际规则标准制定，更好推动可持续发展；5 月，国务院国资委发布《提高央企控股上市公司质量工作方案》，明确提出"贯彻落实新发展理念，探索建立健全 ESG 体系""推动更多央企控股上市公司披露 ESG 专项报告，力争到 2023 年相关专项报告披露'全覆盖'"；12 月，在国务院国资委社会责任局指导下，"中央企业 ESG 联盟"正式成立。

1.1 ESG概念

1.1.1 ESG概念的提出

ESG即环境（Environment）、社会责任（Social Responsibility）、公司治理（Governance）三个英文单词的首字母缩写，其概念最早可追溯至16世纪一些宗教、社会团体奉行的“伦理投资”，是主动将酒精、烟草、赌博、军火等与其伦理观相悖的内容排除在投资范围之外的投资模式。随着时间的推移，伦理投资涵盖的内容不断演进、优化，并于20世纪70年代左右发展为企业社会责任投资。社会责任投资产生的背景是当时经济高速发展后开始爆发一连串环境与社会问题，资本市场开始探索并关注社会责任投资。例如，1980年美国出台超级基金法案《综合环境污染响应、赔偿和责任认定法案》（CERCLA）、1992年联合国召开里约峰会等，但并未形成明确的ESG理念。直至1999年1月31日，时任联合国秘书长科菲·安南在达沃斯世界经济论坛年会上提出“全球契约”（Global Compact）构想（见表1-1），号召全球企业遵守国际公认的价值观和原则，其中涵盖人权、劳工标准、环境标准和反腐败等领域，希望“为全球市场带来人性化的面孔”。作为上述倡议的成果，2004年6月联合国在发布的《在乎者即赢家：连接金融市场与变化中的世界》（*Who Cares Wins: Connecting Financial Markets to a Changing World*）报告中首次正式提到“ESG”概念。该报告整合了环境、社会责任和公司治理三大核心议题，指出E、S、G三大要素是紧密联系、相互影响的，呼吁各国政府和监管机构应该主动推动企业的ESG信息披露，倡导商界加强履行责任，将ESG纳入未来的投资决策中。具体来看，E包含了应对气候变化、节约资源能源、污染防治、生物多样性等议题，S包含了产品与客户责任、员工责任、供应链责任、社区责任等，而G包含了防范商业贿赂、董事会结构、税务透明度、社会环境议题的治理机制等方面。

表1-1 全球契约10项基本原则

人权	原则1：企业应该尊重和维护国际公认的各项人权
	原则2：企业绝不参与任何漠视与践踏人权的行为
劳工标准	原则3：企业应该维护结社自由，承认劳资集体谈判的权利
	原则4：企业应该消除各种形式的强迫性劳动
	原则5：企业应该支持消灭童工制
	原则6：企业应该杜绝任何在用工与职业方面的歧视行为
环境标准	原则7：企业应对环境挑战未雨绸缪
	原则8：企业应该主动增加对环保所承担的责任
	原则9：企业应该鼓励开发和推广环境友好型技术
反腐败	原则10：企业应反对各种形式的贪污，包括敲诈勒索和行贿受贿

2006 年，联合国全球契约组织（UNGC）与联合国环境规划署可持续金融倡议（UNEP Finance Initiative，UNEP FI）在纽约证券交易所联合发起“负责任投资原则”（Principles for Responsible Investment，PRI），从而为全球投资者提供一个完整的投资原则框架，目的是将环境、社会责任和公司治理（ESG）融合到其投资决策及所有权实践中。可以说，是联合国最先开始明确 ESG 概念，并一直作为最大的推动者在宣传 ESG 投资理念。

1.1.2 ESG与CSR的区别

企业社会责任（Corporate Social Responsibility，CSR）概念来自经济学家 Howard R. Bowen 发表于 1953 年的划时代著作《商人的社会责任》（*Social Responsibility of the Businessman*）。当时正是现代公司迅猛发展的时期，大公司在社会中的崛起引起了人们的关注，大公司两权分离产生了委托关系，管理者资本主义也逐渐形成。Bowen 提出的企业社会责任概念也是时代必然和历史所趋，之后，企业社会责任在全球蓬勃发展，成为企业竞争力的重要组成部分。

ESG 并非脱离 CSR 的新概念，ESG 对公司的要求与 CSR 的内涵一脉相承，可以说 ESG 是 CSR 在资本市场的延伸，但两者相比又有一定的区别。主要体现在三个方面：一是 ESG 概念的提出将企业社会责任与资金端更紧密地联动起来，由责任投资驱动的 ESG 使企业履行社会责任的绩效与公司融资成本、市值等直接挂钩；二是 ESG 概念相比 CSR 更强调公司治理，既包括传统的公司治理，也包括 ESG 议题的治理机制；三是 ESG 进一步强调了公司对于环境类、社会类及公司治理类议题的风险管控策略及方针，强调企业如何应对与之核心业务及未来增长战略相关的 ESG 风险及机遇。

1.1.3 ESG体系的快速发展

在联合国的推动下，ESG 理念日益受到各国监管机构、投资机构、国际组织和企业等利益相关方的重视，ESG 体系得以多方面地推广和发展。

1.1.3.1 监管机构

监管机构在 ESG 发展中起着十分重要的“自上而下”推动作用，并且这种推动机制来自两个方面：一方面是以信息披露为主的信息传递机制；另一方面则是以投资激励为主的资金引导机制。

信息传递机制：从监管出发，设置严格的披露要求，提升披露质量。作为 ESG 研究的基础，公司披露信息的准确性和规范性在很大程度上决定了外部对其 ESG 治理能力的判断结果。因此，从监管角度在公司信息披露层面给出具体、强制的最低披露标准，可以使披露信息得以更好地与公司研究结合，是 ESG 投资信息传递机制的有效保障。

资料链接

香港联合交易所明确ESG信息披露要求

自2012年起，香港联合交易所就建议上市公司自愿发布ESG报告。到2015年底，香港联合交易所就要求上市公司强制性发布ESG报告。鉴于投资界日益要求企业提供ESG信息，香港联合交易所在2020年7月更新了信息披露要求，要求企业披露与投资相关的信息，如企业董事会的参与情况，将ESG纳入企业经营战略和重大决策的做法，与气候相关的风险管理、环境目标设定和供应链管理等，并建议企业引入第三方对ESG报告开展鉴证工作，以提升ESG披露信息的准确性。2022年1月1日起正式实施的《环境、社会及管治报告指引》成为香港联合交易所第四版ESG信息披露指引。香港联合交易所的ESG信息披露指引，对于提升在港上市公司的ESG意识、加强ESG议题管理起到了非常重要的推动作用。

资金引导机制：从资金层面，弱化监管，强化引导。从政策层面激励和引导ESG投资是广泛采用的方式，尤其以主权基金和养老金为代表的长期资金，其投资理念与ESG投资较为契合，从政策层面加以引导就可以起到积极的带动作用。

1.1.3.2　投资机构

投资机构在ESG投资发展中提供了重要的支持。一方面，投资机构为量化ESG评价体系提供了框架体系，奠定了ESG投资基础。例如，指数机构不仅构建了ESG评价体系，而且提供了丰富的ESG指数工具，已经成为全球ESG投资发展的核心推动力量之一。另一方面，投资机构通过投资督导的模式将ESG理念传导至企业的内部运营，通过资本市场的引导作用促进公司可持续发展。

量化评价机制：传统商业模式中的企业绩效评估主要关注的是经营效益和财务业绩，以此判断一家公司的商业价值。ESG提供了一套全面纳入公司在环境、社会责任和公司治理等维度上的业绩表现，对其可持续发展和综合价值创造能力进行综合量化的考量评价。

投资督导机制：良好的投资督导机制有助于投资者履行ESG方面的督导责任，不仅有助于提升投资者的ESG知识和专业能力，增强投资决策的有效性，也有助于提示（潜在）被投资企业关注ESG议题，提升公司ESG履责能力和关键绩效表现。

企业案例

贝莱德在投资督导中纳入ESG因素

作为全球资管规模最大的综合性金融服务集团之一的贝莱德，在其投资理念中，整合可持续发展因素的投资策略逐渐占据主导地位，并成为ESG投资的坚定拥护者和实践者，而在投资督导中纳入ESG因素则是贝莱德ESG投资整合策略中关键的一步。公开信息显示，贝莱德建立了投资督导团队（BlackRock Investment Stewardship，BIS），并通过该团队与被投公司的管理层及董事会进行沟通，以代表客户履行监督与提供反馈的受托责任。

2020 年，贝莱德对《投资督导全球原则》进行了修订，主要涉及内容如下：董事会质量、向低碳经济过渡的计划、关键利益相关方利益、多样性、平等性和包容性、使政治活动与规定的政策立场保持一致及股东提案。在这些标准中，多数内容都与 ESG 有关，特别是与公司治理架构和方式相关的内容占据了绝大多数篇幅。

1.1.3.3 国际组织

经过多年孕育和发展，ESG 信息披露水平已经取得实质性进展。ESG 报告受到重视，离不开全球报告倡议组织（GRI）、国际可持续发展准则理事会（ISSB）、世界经济论坛（WEF）、气候相关财务信息披露工作组（TCFD）等区域性和国际性组织的不懈努力。这些组织致力于 ESG 报告的标准制定，形成了各具特色的倡议和框架，为推动 ESG 发展做出了重大贡献。

资料链接

全球报告倡议组织

全球报告倡议组织（Global Reporting Initiative，GRI）成立于 1997 年，由美国非营利环境经济组织（CERES）和联合国环境规划署（UNEP）共同发起，秘书处设在荷兰阿姆斯特丹。GRI 旨在提供一个普遍为人们所接受的企业社会责任报告框架，目的是建立一个问责机制，以确保公司遵守 CERES 原则，以实现负责任的环境行为。

2016 年 10 月，GRI 公布了更新版本的可持续发展报告架构，于 2018 年 7 月 1 日取代 G4 指南，成为全球社会责任报告的新标准。新的架构名为“GRI Standards”，是根据 G4 指南修改而来，在格式上有所改善，使信息呈现更为容易，也能更透明地揭露环境、社会与经济等信息，同时让报告内容与联合国可持续发展目标（SDGs）接轨。2021 年 10 月，GRI 发布了 GRI 标准（2021 版），该版标准已于 2023 年 1 月 1 日正式生效，并取代 GRI 标准（2016 版）。

1.1.3.4 评级机构

ESG 评级是衡量企业主体商业模式可持续性的框架，反映企业的价值取向、行为范式，是衡量企业可持续发展能力的重要参照，对吸引长期投资者有很大意义。据不完全统计，全球 ESG 评级机构超 600 家，推出各类评级产品。明晟（MSCI）、富时罗素（FTSE Russell）、标普道琼斯（DJSI）等机构发布的评级产品在国内外资本市场认可度较高。2018 年 6 月，MSCI 将中国 A 股正式纳入 MSCI 指数，并逐步扩大对 A 股上市公司的 ESG 评价范围。我国 ESG 评级市场起步较晚，但随着 ESG 理念在国内越来越受到重视，ESG 评级市场不断扩容，ESG 评级机构数量不断增长，催生了包括中证指数有限公司、上海华证指数信息服务有限公司、社会价值投资联盟、中央财经大学绿色金融国际研究院、责任云研究院等在内的中国本土评级机构。

1.1.3.5 企业

ESG 对于企业来说，是一种涉及众多议题的发展模式（包括体系标准、污染物、废弃物、资源使用、应对气候变化和生物多样性等环境议题，产品与客户、劳工实践、供应链责任和社区发展等社会议题，以及 ESG 治理和管理相关议题，如表 1-2 所示），引领企业在运营活动中做出更有益于长期发展的决策行动。企业通过对 ESG 议题的积极实践和绩效改进，可以获得价值投资者青睐和其他利益相关方的赞许，帮助企业在市场中建立良好声誉。同时，通过完善的 ESG 管控体系，可以增强企业在多元环境和社会性需求中的抵抗力和发展韧性。

全球跨国公司近年来日益重视 ESG 实践议题的管理及 ESG 治理体系的搭建，将其作为防范社会环境风险、吸引责任投资的重要工作，中国上市公司也在 ESG 方面有所作为，一些公司在董事会层面建立了 ESG 委员会，明确了 ESG 主管部门，同时主动发布 ESG 报告，加强 ESG 信息披露。

表 1-2 ESG 议题库

<table>
<tr><td>ESG 治理</td><td colspan="3">董事会 ESG 管理方针、董事会 ESG 工作架构、董事会 ESG 事项监管和董事会 ESG 目标检讨</td></tr>
<tr><td>ESG 管理</td><td colspan="3">战略决策、管理组织、流程融入、能力提升和相关方沟通</td></tr>
<tr><td>环境类议题</td><td>体系标准
污染物
废弃物
资源使用
应对气候变化
生物多样性</td><td>社会类议题</td><td>体系标准
产品与客户
劳工实践
供应链责任
社区发展</td></tr>
</table>

1.2 联合国ESG现状

作为推动 ESG 发展的重要力量，联合国及相关组织机构通过推广 ESG 理念、强化 ESG 信息披露、促进 ESG 管理与实践、推动责任投资等方式来促进 ESG 在全球范围内的发展壮大，呼吁和引导监管机构、资本市场及上市企业等多方力量聚焦，建立更可持续的经营方式，创造长期收益，最终实现全社会的可持续性发展。

1.2.1 强化ESG信息披露已成全球共识

1992 年，联合国环境规划署提出，希望金融机构能够将企业的环境保护、社会责任和公司治理表现纳入决策过程中。2004 年，联合国全球契约组织提出 ESG；2006 年，联合国责任投资原则组织（UN PRI）成立，提出 ESG 框架并列举部分考量因素。2009 年，越来越多的国家认识到 ESG 的重要性，时任联合国秘书长潘基文主持召开可持续证券交易所倡议（Sustainable Stock Exchange Initiative，SSEI）全球对话，与此同时，联合国贸易与发展会议（UNCTAD）、联合国全球契约组织（UNGC）、联合国环境规划署金融倡议机构（UNEP FI）和联合国责任投资原则组织（UNPRI）宣布共同发起成立联合国可持续证券交易所倡议组织（UNSSEI），旨在增进交易所之间及交易所与投资者、监管机构和上市公司的交流合作，呼吁监管机构、证券交易所等相关方支持并执行 ESG 信息披露指引，在更大领域促进和推广可持续发展最佳实践。

2015 年 9 月，UN SSEI 机构发布《向投资者报告 ESG 信息的模型指南》，该指南从内部责任和监督、对象明确性、实质性、可访问性、可信度五个维度指导交易所制定 ESG 指引及企业披露 ESG 信息。UN SSEI 机构通过发布 ESG 信息的模型指南，呼吁全球证券交易所和上市公司注重和加强 ESG 信息披露。

联合国可持续证券交易所倡议一经提出便得到伦敦证交所、纳斯达克证交所、东京证交所、约翰内斯堡证交所、香港联合交易所、上海证券交易所、深圳证券交易所等全球多家伙伴交易所、上万余家上市公司的积极响应，响应范围覆盖北美洲、欧洲、大洋洲、非洲、亚洲及拉丁美洲等地区。全球范围内强化 ESG 信息披露监管已成为普遍共识。截至 2023 年 8 月，联合国可持续证券交易所倡议追踪的 122 家证券交易所中，已有 71 个证券交易所发布了报告指导文件，这些文件参考的报告工具包括全球报告倡议组织《可持续发展报告标准》（GRI Standards）、可持续发展会计准则委员会准则（SASB），以及国际整合报告协会《国际综合报告框架》（IIRC）、CDP、TCFD 和气候披露标准理事会 CDSB 框架。

1.2.2 ESG倡议与实践原则不断发展

为进一步促进金融机构细化落实联合国 2030 可持续发展目标（SDGs）和《巴黎气候协定》，2012 年和 2019 年，联合国环境规划署分别发布了针对保险业金融机构、银行业金融机构和证券业金融机构的 ESG 实践原则，对不同类型金融机构的 ESG 信息披露进行了区别要求，即《可持续保险原则》（Principles for Sustainable Insurance，PSI）、《负责任银行原则》（Principles for Responsible Banking，PRB）与《负责任投资原则》（Principles for Responsible Investment，PRI）。

对于保险业金融机构，《可持续保险原则》首先要求保险业通过识别、评估、管理和监测与环境、社会责任和公司治理问题相关的风险和机遇，将 ESG 议题与保险公司的业务决策过程相结合，建立流程以识别和评估投资组合中固有的 ESG 问题，鼓励保险公司针对 ESG 领域的可保风险点进行产品创新，开发可降低风险、对 ESG 问题产生积极影响并鼓励更好管控风险的产品和服务，该项原则体现了保险行业的独特性。此外，该原则还要求鼓励客户和供应商披露 ESG 问题并使用相关披露或报告框架，具体内容见表 1-3。

表 1-3 《可持续保险原则》具体内容

原则	内　容
原则 1	将 ESG 议题融入决策过程
原则 2	与客户和业务伙伴一起提升认识、管理风险，寻求解决方案
原则 3	与政府、监管机构和其他主要利益相关方合作
原则 4	定期披露在实施原则方面的进展

资料来源：UNEP FI 官网，https：//www.unepfi.org/psi/the-principles/，2012 年 6 月发布。

对于银行业金融机构，《负责任银行原则》要求银行确保其业务战略与 SDGs 和《巴黎气候协定》保持一致，在目标层面要求银行不断提升正面影响，减少因自身业务活动、产品和服务对人类和环境造成的负面影响；在客户、利益相关方、公司治理维度规范银行行为。此外，该原则还要求银行定期评估个体和整体对原则的履行情况，公开披露银行的正面和负面影响及其对社会目标的贡献，并对相关影响负责，具体内容见表 1-4。

表 1-4 《负责任银行原则》具体内容

原则	内　容
原则 1：一致性	签署行承诺确保业务战略与联合国可持续发展目标（SDGs）、《巴黎气候协定》及国家和地区相关框架所述的个人需求和社会目标保持一致，并为之做出贡献
原则 2：影响与目标设定	签署行承诺不断提升正面影响，同时减少因银行的业务活动、产品和服务对人类和环境造成的负面影响并管理相关风险。为此，银行将针对其影响最大的领域设定并公开目标
原则 3：客户与顾客	签署行承诺本着负责任的原则与客户和顾客合作，鼓励可持续实践，促进经济活动发展，为当代和后代创造共同繁荣
原则 4：利益相关方	签署行承诺将主动且负责任地与利益相关方进行磋商、互动和合作，从而实现社会目标
原则 5：公司治理与银行文化	签署行承诺将通过有效的公司治理和负责任的银行文化来履行银行对这些原则的承诺
原则 6：透明与责任	签署行承诺将定期评估签署行个体和整体对原则的履行情况，公开披露银行的正面和负面影响及其对社会目标的贡献，并对相关影响负责

资料来源：UNEP FI 官网，https：//www.unepfi.org/banking/bankingprinciples/，2019 年 9 月发布。

对于证券业金融机构，《负责任投资原则》将社会责任、公司治理与环境保护相结合，旨在帮助投资者理解环境、社会责任和公司治理对投资价值的影响，鼓励各成员机构将 ESG 因素纳入公司经营中，要求其在资产管理实践中，将 ESG 议题纳入投资分析和决策过程，成为积极的所有者并适当披露其自身的 ESG 资讯，以降低风险、提高投资价值并创造长期收益，进一步推动整个投资行业接受并实施《负责任投资原则》，从而创造一个经济高效、可持续的全球金融体系，最终实现全社会的可持续性发展。ESG 概念自提出以来，便受到世界各国政府的高度重视，众多国家的企业机构纷纷加入联合国责任投资原则组织，目前 ESG 在海外拥有庞大的参与群体，具体内容见表 1-5。

表 1-5 《负责任投资原则》具体内容

原则	内 容
原则 1：我们将 ESG 议题纳入投资分析和决策过程	● 在投资政策声明中解决 ESG 问题 ● 支持 ESG 相关工具、指标和分析的开发 ● 评估内部投资经理整合 ESG 问题的能力 ● 评估外部投资经理整合 ESG 问题的能力 ● 要求投资服务提供商（如金融分析师、顾问、经纪人、研究公司或评级公司）将 ESG 因素整合到不断发展的研究和分析中 ● 鼓励关于这一主题的学术和其他研究 ● 倡导投资专业人士的 ESG 培训
原则 2：我们将成为积极的所有者，并将 ESG 问题纳入我们的所有权政策和实践中	● 制定和披露与原则一致的积极所有权政策 ● 行使投票权或监督投票政策的遵守情况（如果外包） ● 发展参与能力（直接或通过外包） ● 参与制定政策、法规和标准（如促进和保护股东权利） ● 提交符合长期 ESG 考虑的股东决议 ● 与公司就 ESG 问题进行接触 ● 参与协作计划 ● 要求投资经理承担并报告与 ESG 相关的参与
原则 3：我们将寻求我们投资的实体适当披露 ESG 问题	● 要求对 ESG 问题进行标准化报告（使用全球报告倡议等工具） ● 要求将 ESG 问题纳入年度财务报告 ● 向公司索取有关采用 / 遵守相关规范、标准、行为准则或国际倡议（如联合国全球契约）的信息 ● 支持促进 ESG 披露的股东倡议和决议
原则 4：我们将推动投资行业对原则的接受和实施	● 在征求建议书（RFP）中制定与原则相关的要求 ● 相应地调整投资任务、监控程序、绩效指标和激励结构（如确保投资管理流程在适当时反映长期时间范围） ● 向投资服务提供商传达 ESG 期望 ● 重新审视与未能满足 ESG 期望的服务提供商的关系 ● 支持开发用于对 ESG 集成进行基准测试的工具 ● 支持能够实施这些原则的监管或政策发展
原则 5：我们将共同努力提高执行原则的有效性	● 支持 / 参与网络和信息平台，以共享工具、汇集资源并利用投资者报告作为学习的来源 ● 共同解决相关的新问题 ● 制定或支持适当的合作倡议
原则 6：我们每个人都将报告我们在实施这些原则方面的活动和进展	● 披露如何将 ESG 问题整合到投资实践中 ● 披露积极的所有权活动（投票、参与和 / 或政策对话） ● 披露对服务提供商的要求与原则有关 ● 与受益人就 ESG 问题和原则进行沟通 ● 使用"不遵守就解释"的方法报告与原则相关的进展成就 ● 力求确定这些原则的影响 ● 利用报告来提高更广泛的利益相关者群体的认识

资料来源：UN PRI 官网，https://www.unpri.org/pri/what-are-the-principles-for-responsible-investment，2006 年发布。

1.2.3 全球ESG资产规模发展迅速

在 UN PRI 的推动下，ESG 得到快速发展。特别是随着全球气候变化、疫情防控、节能环保等意识深入人心，ESG 投资正在迅速崛起，ESG 主题基金不断涌现，ESG 投资理念已成为全球资产管理业的主流趋势，被国际投资机构及企业广泛纳入经营及投资评估流程。截至

2021 年 9 月，全球近 4000 家机构签署联合国责任投资原则，这些机构的资产管理规模已超过 120 万亿美元，见图 1-1。

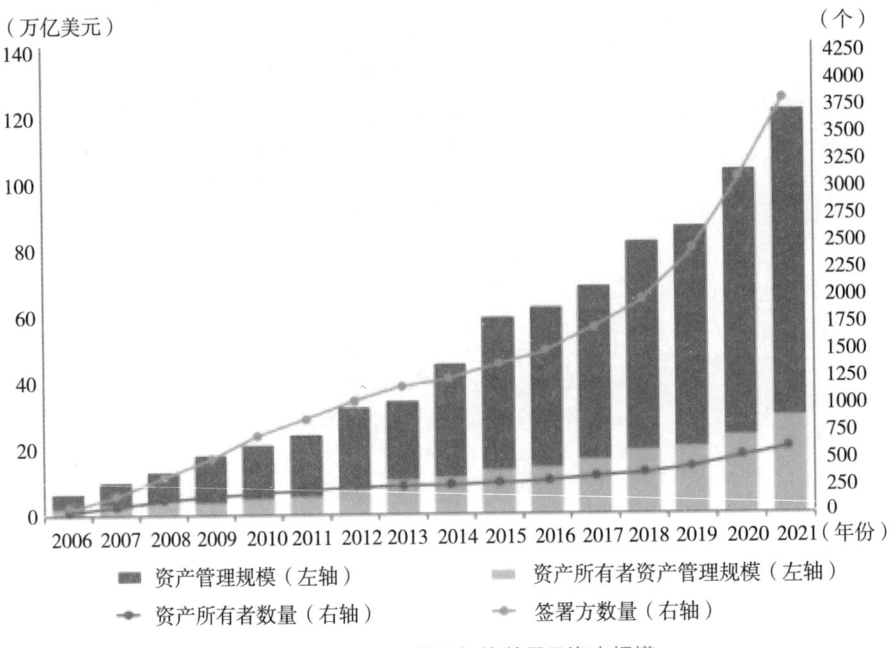

图 1-1 UN PRI 签署机构数量及资产规模

资料来源：UN PRI 官方网站。

2020 年，全球新冠肺炎疫情的暴发提升了不同主体对于 ESG 概念的认知及相关产品的需求。对于企业来说，突发公共卫生事件在一定程度上放大了企业在面临环境危机中治理、管理的脆弱性，必须基于多方利益考虑并建立可持续和有弹性的商业模式，在此背景下，ESG 市场吸引更多资金涌入。根据晨星（Morningstar）统计，全球可持续基金资产规模至 2020 年末增长至约 1.8 万亿美元，2021 年达到 2.74 万亿美元。2022 年受能源价格上涨等因素影响，全球可持续基金资产规模有所收缩，但自 2022 年四季度起规模再度恢复增长，截至 2023 年一季度末，已升至 2.74 万亿美元。

1.3 发达国家和地区ESG现状

随着越来越多的生产企业开始关注可持续发展和环境保护，以及法律法规的完善，投资者也慢慢意识到企业环境绩效可能会影响到企业财务绩效，可持续投资开始进入投资者的视线范围。为更好地研究发达国家 ESG 投资现状，下文以欧洲地区、美国和日本为例，通过梳理 ESG 信息披露概况、政策现状和投资现状，帮助读者更好地了解与认识发达国家 ESG 发展现状。

1.3.1 欧洲地区的ESG发展现状

1.3.1.1 欧洲 ESG 信息披露情况

2014 年，欧盟在《非财务报告指令》(*Non-Financial Reporting Directive*，NFRD）中首次将 ESG 三要素列入法规条例，以提高欧盟企业披露非财务信息的一致性和对比性。《非财务报告指令》对 ESG 三项议题的强制程度有所不同，对环境议题（E）明确了需强制披露的内容，而对社会（S）和公司治理（G）议题仅提供了参考性披露范围。同时，《非财务报告指令》鼓励企业运用全球公认的指南或框架，如联合国全球契约、经济合作与发展组织（OECD）的《公司治理准则》、ISO 26000 与劳工组织三方宣言等。

此后，欧盟陆续修订了多项政策法规，对上市公司、资产所有者、资产管理机构在非财务信息的披露与评估上做出日渐明确和强制性的要求，逐步完善了披露政策的操作细节，从制度上保障 ESG 信息披露体系在欧洲资本主义市场的成熟化，扩大了资本市场参与主体范围，实现对 ESG 投资的全过程覆盖。2022 年 11 月 28 日，欧盟理事会最终通过了《企业可持续发展报告指令》(*Corporate Sustainability Reporting Directive*，CSRD)，成为欧盟 ESG 信息披露核心法规，正式取代欧盟于 2014 年 10 月发布的《非财务报告指令》。符合指令的企业必须按照《欧盟可持续发展报告准则》(*European Sustainability Reporting Standards*，ESRS）披露 ESG 报告。适用 CSRD 的企业包括：①所有欧盟上市公司；②满足任意以下两项标准的大型欧盟企业：员工人数 250 名以上、净营业额 4000 万欧元以上或者资产总额 2000 万欧元以上；③所有在欧盟净营业额 1.5 亿欧元以上，且在欧盟至少有一家子公司或分支机构的非欧盟公司。在 NFRD 下大约 11700 家大型企业需要披露 ESG 报告，而 CSRD 覆盖的企业数量增加至 50000 家左右。

欧盟进行信息披露的目的是降低企业因疏忽环境、社会等要素带来的投资风险，作为积极响应联合国可持续发展目标和负责任投资原则的区域性组织之一，欧盟在最早表明支持态度的同时有条不紊地推进绿色金融，在 ESG 监管方面走在全球前列。

1.3.1.2 欧洲 ESG 政策概况

欧洲市场 ESG 发展进程中，相关部门陆续发表了一系列 ESG 相关政策，引导和规范欧洲 ESG 市场的发展。从政策变动的特点来看，一方面，欧盟政策主要以公司治理为切入点，站在上市公司的角度。欧盟 ESG 政策法规着眼于企业对内的公司治理架构设计和管控。另一方面，强调对非财务信息的披露，欧盟修订政策法规，对上市公司、资产所有者、资产管理机构在非财务信息披露与评估上做出明确和强制性的要求，逐步完善了披露政策的操作细节，扩大了资本市场参与主体范围。

2018 年以来，欧盟的《可持续金融分类方案》逐步成为推进欧洲可持续经济的助推器，分类法从“对环境有重大贡献的经济活动、对环境无重大危害的经济活动及最低保障要求”三方面设立技术筛选标准，详细介绍了标准的实践安排，包括标准适用主体、标准适用场景，从现金流角度对可持续发展情况进行披露，有助于投资者、公司及发行人了解经济可持续的重要性，欧洲责任（ESG）投资政策见表 1-6。

表 1-6 欧洲责任（ESG）投资政策

年份	政策	内容
2007	《股东权指令》	欧洲议会和欧盟理事会首次发布《股东权指令》，强调了良好的公司治理与有效的代理投票的重要性，侧重公司治理规范
2014	《非财务报告指令》	首次将 ESG 列入法规条例的法律文件。指令规定大型企业对外非财务信息披露内容要覆盖 ESG 议题，对于在披露非财务信息和多元化政策方面表示强烈支持，推动了公司非财务信息披露及相关条例法规的设定

续表

年份	政策	内容
2016	《职业退休服务机构的活动及监管》	提出对 IOPR 活动的风险进行评估时应考虑到气候变化、资源和环境有关的风险，强调对环境与气候因素的关注
2017	《股东权指令》修订	修订《股东权指令》，明确将 ESG 议题纳入具体条例，并实现 ESG 三项议题全覆盖，改变 2007 年仅对公司治理的侧重
2018	《可持续发展融资行动计划》	将资本引向更具可持续性的经济活动，建议为可持续的经济活动建立一个欧盟分类体系，将未来的欧盟可持续分类方案纳入欧盟法律
2019	《金融服务业可持续性发展条例》	聚焦金融服务业要求进行产品披露，解决可持续信息披露的不一致性
	《欧盟可持续金融分类方案》	明确了欧洲地区在实现可持续发展目标下经济活动必须符合的标准。它提供了一个有效的分类清单，包含了关于 67 项经济活动的技术筛选标准，用于识别和构建促进实现六项环境目标的绿色经济活动。这些目标包括气候变化减缓、气候变化适应、海洋与水资源可持续利用和保护、循环经济、污染的预防和控制、保护健康的生态系统
2020	《建立促进可持续投资的框架》	规定了整个欧盟范围内的分类系统，为企业和投资者在进行可持续经济活动时提供判断标准
2021	《欧盟分类法气候授权法案》	欧盟理事会成员国批准了《欧盟分类气候授权法案》，该法规自 2022 年 1 月 1 日起生效
2022	《企业可持续发展报告指令》	欧盟理事会最终通过《企业可持续发展报告指令》，成为欧盟 ESG 信息披露核心法规，正式取代《非财务报告指令》
2023	《欧盟可持续发展报告准则》	欧盟委员会正式通过《欧盟可持续发展报告准则》（ESRS）授权法案，该准则于 2024 年 1 月 1 日生效

资料来源：责任云研究院根据公开资料整理所得。

此外，欧洲银行管理局（EBA）的可持续金融行动计划也是推动 ESG 发展的重要力量。2019 年 12 月 6 日，欧洲银行管理局发布《可持续金融行动计划》。该计划概述了 EBA 将针对环境、社会责任和公司治理（ESG）因素及与之相关风险所展开的任务内容与具体时间表，并重点介绍有关可持续金融的关键政策信息。《可持续金融行动计划》旨在传达 EBA 政策方向，为金融机构未来实践与经济行为提供指引，支持欧盟可持续金融发展稳步推进。在 EBA 看来，广义的可持续金融要求相关金融机构在满足直接或间接支持可持续发展目标框架的同时，能够实现稳健、可持续、平衡的经济增长。同时，该行动计划要求金融机构在投资决策中，适当考虑环境和社会因素对长期可持续投资活动所产生的影响，金融机构必须能够衡量并监控 ESG 风险，从而实现及时应对物理风险与转型风险的根本目的。该行动计划显示，EBA 将重点关注战略和风险管理的内容，开展专项环境风险压力测试与情景分析，调查并审慎处理环境和社会相关的资本风险敞口，要求从 2019 年第四季度起，更新 ESG 披露条款、从可持续性角度对资产进行分类和审慎处理，以及从消费者和投资者角度规范 ESG 披露标准。

1.3.1.3 欧洲 ESG 投资现状

2012～2018 年，欧洲可持续投资规模始终居于全球首位，基本维持逐年增长态势，但 2014 年以来，增长率逐渐下降，并且可持续投资规模在专业化资产管理总额中的占比不断下降。2020 年可持续投资规模较 2018 年初下降了 13%，占专业化资产管理总额的 41.6%，低于 2018 年的 48.8%（见图 1-2）。这种情况的出现，一方面，因为欧洲可持续投资起步较早，已被较为广泛地接受和实践，当可持续投资市场趋于成熟时，可持续投资增长率会有所放缓；另一方面，近年来欧洲各国对可持续投资定义的修改与讨论，更为严格地划定了可持续投资与其他投资之间的界限。欧洲可持续投资策略见图 1-3。

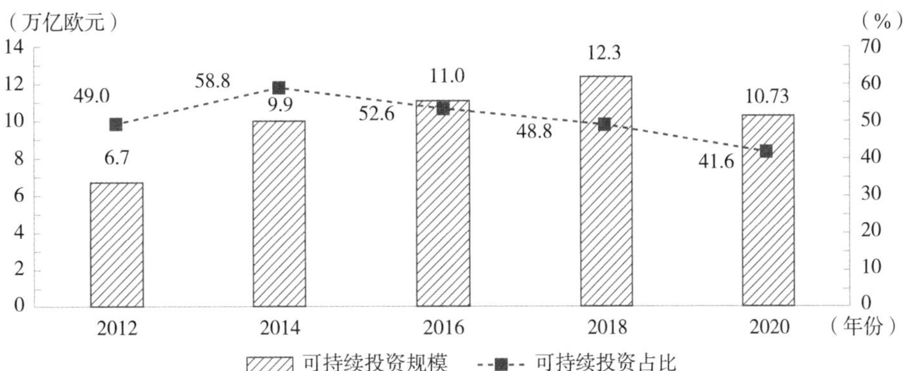

图 1-2 欧洲可持续投资规模与占比情况

资料来源：责任云研究院结合 GSIA、兴业证券经济与金融研究院报告整理所得。

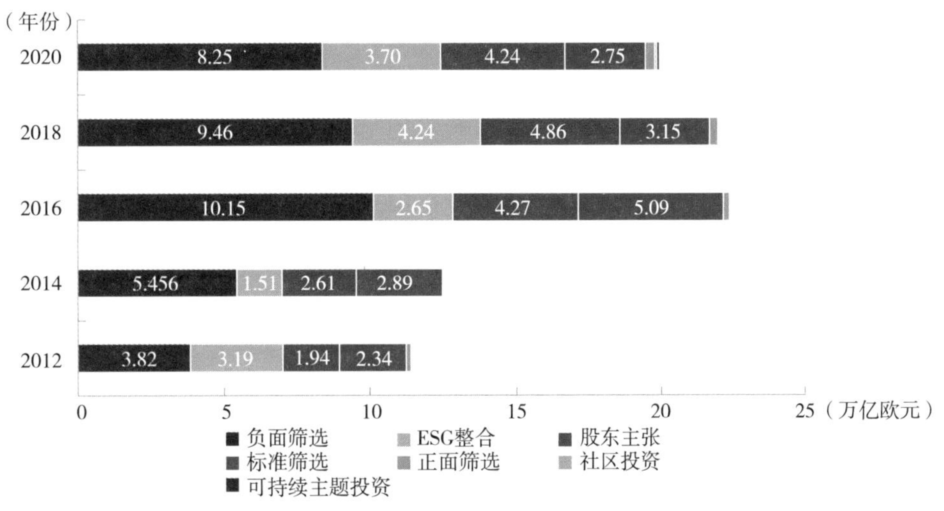

图 1-3 欧洲可持续投资策略

资料来源：责任云研究院结合 GSIA、兴业证券经济与金融研究院报告整理所得。

从欧洲各国来看，卢森堡在基金管理规模及基金设立数量上遥遥领先，2018 年，欧洲各国责任投资基金资产管理数额中，卢森堡占比 35%（见图 1-4），位居第一。成立于 1928 年的卢森堡证券交易所于 2007 年发布全球首个绿色债券，如今全球 50% 的绿色债券都集中于此。2016 年，卢森堡推出全球首个专注于绿色证券交易的债券平台即卢森堡绿色交易所（LGX），致力于搭建拥有国际信任度的标准化框架体系。

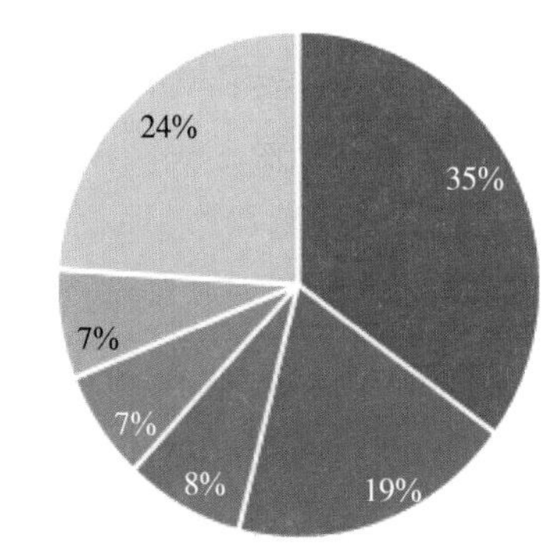

图 1-4 2018 年各国责任投资基金资产管理数额占欧洲责任投资基金资产管理数额比重

资料来源：PWC Sustainability-ESG report。

从基金的细分来看，几乎 2/3 的欧洲责任投资基金对其使用筛选策略而非主题投资（如环境主题）。2016 年，欧洲 ESG 跨部门基金资产规模占责任投资资产管理总规模的比例约为 89%。2018 年这一比例略有下降，为 86%。相比之下，欧洲 ESG 的跨部门基金数量从 2016 年的 70% 增加到 2018 年的 77.3%（见图 1-5）。主题基金（专注于投资环境、社会或伦理某一领域）约占 1/4，但仅占 2018 年总资产管理规模的 14.2%。环境、社会责任、公司治理三大板块的基金管理规模相较于 2016 年都有所增长。其中，环境投资仍然占据主题基金的最大份额，2018 年环境投资资产管理规模为 444 亿欧元，占主题基金总规模的 63%。

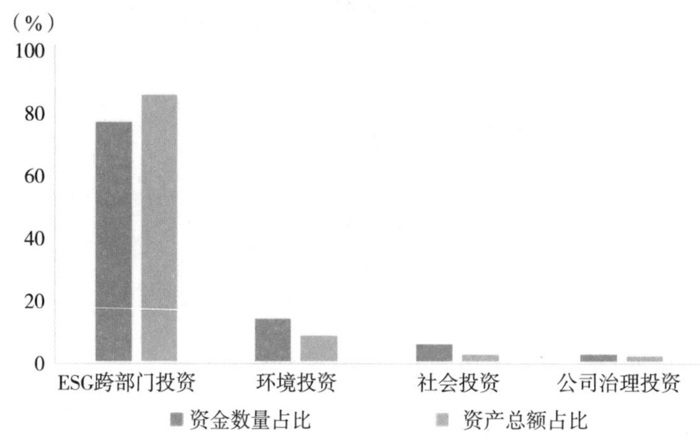

图 1-5　2018 年欧洲可持续投资基金投资主题占比

资料来源：KPMG European Responsible Investing Fund Market 2019 Report。

1.3.2　美国ESG发展现状

1.3.2.1　美国 ESG 信息披露情况

美国是最早制定专门针对上市公司环境信息披露制度的国家，作为全球最大的经济体，美国对全球可持续金融领域的发展有着重大影响。1934 年通过的《证券法》在 S-K 监管规制第 101 条、第 103 条、第 303 条规定上市公司要披露重要信息，包括环境负债、遵循环境和其他法规导致的成本等内容，以此来加大对上市公司环境问题的监管，推动可持续性金融领域的发展。

近年来，美国积极响应联合国可持续发展目标（SDGs），与欧盟 ESG 信息披露“未见举措、政策先行”特征不同的是，美国在政策发布之前，会先制造对 ESG 追捧的舆论，借舆论热度颁布相关政策举措。美国 ESG 信息披露体系的不断完善，标志着其从之前的“利益至上”的商业化思维向可持续发展思维的转变，愈加明晰地协助上市公司辨认 ESG 机遇与风险，构成公司和环境、社会积极正向的互动，有助于推进企业的绿色可持续发展。

美国纳斯达克证券交易所也是推动 ESG 的重要力量。在美国两大交易所中，纽约证券交易所尚未发布强制的 ESG 信息披露要求，纳斯达克交易所于 2017 年发布《ESG 报告指南 1.0》，2019 年发布《ESG 报告指南 2.0》。《ESG 报告指南 2.0》将约束主体从此前的北欧和波罗的海公司扩展到所有在纳斯达克上市的公司和证券发行人，从利益相关者、重要性、实质性、ESG 指标度量等方面提供了 ESG 报告编制的详细指引。该指南参照了 GRI（Global Reporting Initiative）、TCFD（Task Force on Climate-Related Financial Disclosures）等国际报告框架，响应了 SDGs 中“性别平等”“负责任的消费与生产”“气候变化”“促进目标实现的伙伴关系”等内容，为上市公司ESG信息披露提供更为具体的指引。

1.3.2.2 美国ESG政策概况

美国ESG政策法规的出台是从对单因素的关注开始的。21世纪初，美国安然公司和世界通信公司的财务造假事件直接催生了《萨班斯－奥克斯利法案》的颁布。该法案标志着美国政府全面地对公司治理、会计职业监管、证券市场监管等方面提出更加严格、规范的法律体系的管控。这一法案也坚定了美国公司治理的法律基础，并对全世界公司治理产生了深远的影响。

近十年来，环境议题（尤其是气候变化）成为美国资本市场关注的重点，与之相关的政策法规呈现出量化和强制性要求趋势。随着全球可持续发展浪潮推进，美国就环境治理出台了新的法规文件。除了原有的《美国国家环境政策法》《清洁空气法》等相关法律法规外，2009年联合国第15次气候变化大会召开之后，美国于2010年发布了《委员会关于气候变化相关信息披露的指导意见》，要求公司就环境议题从财务角度进行量化披露，公开遵守环境法的费用、与环保有关的重大资本支出等，开启了美国上市公司环境信息披露的新时代。

2015年，美国首次颁发了基于完整ESG考量的规定——《解释公告IB2015-01》。《解释公告IB2015-01》就ESG考量向社会公众表明支持立场，鼓励投资决策中的ESG整合。2021年初，美国证券交易委员会（SEC）围绕气候变化、人力资本管理、董事会多样性和网络安全风险治理等ESG关键领域提出了强制披露性建议，并于2022年3月发布《上市公司气候数据披露标准草案》，指出未来美股上市公司在提交招股书和发布年报等财务报告时，都需对外公布公司碳排放水平、管理层的治理流程与碳减排目标等信息。美国责任（ESG）投资政策见表1-7。

表1-7 美国责任（ESG）投资政策

时间	政策	内容
2010年2月	《委员会关于气候变化相关信息披露的指导意见》	开启美国上市公司对气候变化等环节信息披露的新时代
2015年10月	《第185号参议院法案：公共退休制度：动力煤公司的公共剥离》	要求美国两大退休基金停止对煤炭的投资，向清洁能源过渡
2016年12月	《解释公告IB2016-01》	强调了ESG考量的受托者责任，要求其在投资政策声明中披露ESG信息
2018年4月	《实操辅助公告》	强调了ESG考量的受托者责任，要求其在投资政策声明中披露ESG信息
2018年9月	《第964号参议院法案》	进一步提升美国两大退休基金中气候变化风险的管控及相关信息披露的强制性
2019年5月	《ESG报告指南2.0》	针对所有在纳斯达克上市的公司和证券发行人，提供ESG报告编制的详细指引
2020年1月	《2019 ESG信息披露简化法案》	强制要求符合条件的证券发行者在向股东和监管机构提供的书面材料中，明确描述规定的ESG指标相关内容
2022年3月	《上市公司气候数据披露标准草案》	要求上市公司在注册声明以及定期报告中披露与气候相关的信息和内容

1.3.2.3 美国ESG投资现状

投资规模方面，美国主要采用负面筛选和ESG整合，其规模在2020年初有明显提升。2012～2018年，美国可持续投资规模与其在专业化资产管理总额中的占比稳定增长（见

图 1-6）。相比 2016 年初，2018 年美国可持续投资规模增长了 38%，于 2018 年初达到 12 万亿美元，在其专业化资产管理总额中占比 25.7%。截至 2018 年初，美国共有 365 家资产管理公司和 1145 家社区投资机构在投资中使用了 ESG 标准，覆盖了美国资产管理公司和社区投资机构所持有的 11.6 万亿美元，其中，机构投资者管理 8.6 万亿美元，个人投资者管理 3.0 万亿美元，美国可持续投资策略见图 1-7。

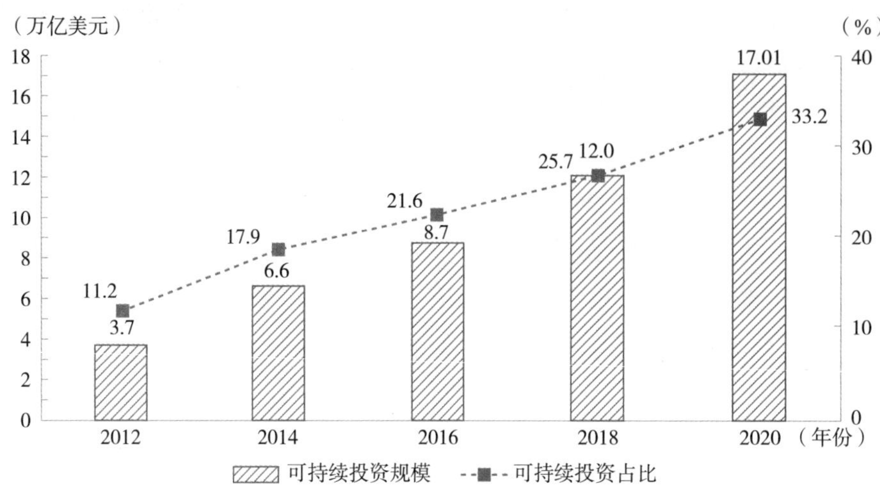

图 1-6 美国可持续投资规模与占比情况

资料来源：责任云研究院结合 GSIA、兴业证券经济与金融研究院报告整理所得。

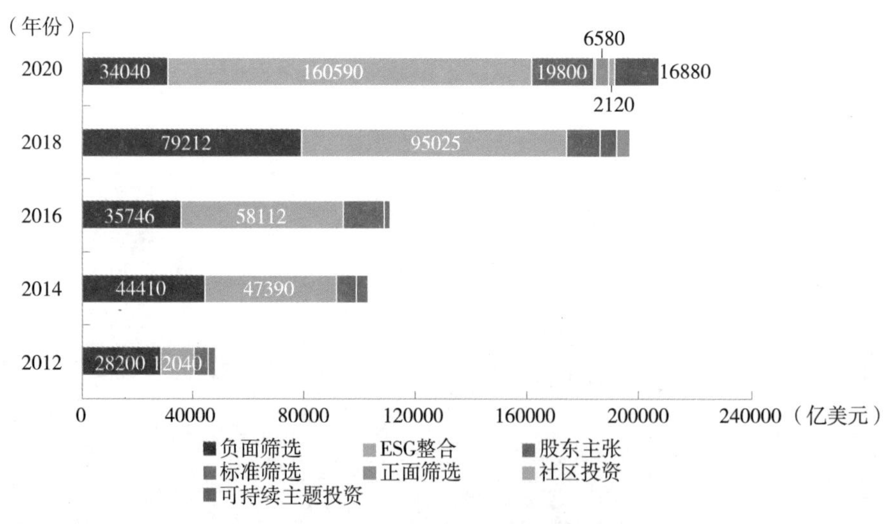

图 1-7 美国可持续投资策略

资料来源：责任云研究院结合 GSIA、兴业证券经济与金融研究院报告整理所得。

ESG 意识提升方面，2018 年初，总计拥有 4.2 万亿美元 ESG 资产的 141 家资产管理公司回答了关于可持续投资动机的问题。其中，多数资产管理者的首要动机是满足客户需求，但超过一半的资产管理者也提到了履行社会责任、降低风险、提升回报等原因。在实际操作中，相当一部分资产管理者与所投资的公司就 ESG 进行了谈话。同时，据美国资产管理公司报告，它们对 2.9 万亿美元的资产实施了烟草限制，对 1.9 万亿美元的资产实施了武器限制（较 2016 年增加近 5 倍），对超 2 万亿美元的资产考虑了人权和腐败等问题。

产品管理方面，2020 年美国 60% 以上的可持续投资资产属于机构投资者委托产品管理者进行投资。该类资产 90% 以上为共同基金，也包括少量的封闭式基金、可变年金和交易型开放式指数基金（ETF）。截至 2020 年初，商业保险机构直接持有或由他人代管的可持续投资资产已达公共部门 2/3 以上。具体到基金产品，采用被动策略的可持续指数基金和 ETF 流入速度加快，该类基金既包括聚焦新能源等主题的行业指数基金，也包括在标准普尔 500 等传统指数基础上，考虑 ESG 因素，进行行业内筛选和个股权重调整得到的 ESG 指数基金。

1.3.3 日本ESG发展现状

1.3.3.1 日本 ESG 信息披露情况

日本早期要求披露公司治理相关信息，暂未对企业 ESG 信息披露做出要求。2004 年，东京证券交易所发布《公司治理原则》，要求公司自 2006 年起发布“公司治理报告”；2015 年发布新版《公司治理原则》，要求公司按照“不遵守就解释”的原则披露公司治理情况。2020 年，日本交易所集团和东京证券交易所联合发布《ESG 信息披露实用手册》，汇总了上市公司在开展 ESG 活动和信息披露方面面临的问题，并将 ESG 披露分为四个步骤，公司可根据当前的情况来判断是否有必要采用这些步骤。

日本交易所集团和东京证券交易所《ESG信息披露实用手册》
ESG披露的四个步骤

步骤一　理解 ESG 议题及 ESG 投资

—ESG 与企业价值
—E\S\G（环境、社会责任、公司治理）内涵
—ESG 投资的发展
—信托责任
—ESG 投资战略的多样性
—股东想要获得的信息
—ESG 中的企业治理
—ESG 议题对公司运营的影响

步骤二　将 ESG 议题与公司战略相挂钩

2-1　ESG 如何影响企业战略

2-2　寻找关键点

—什么决定了议题的“重要性”
—确定各议题的重要性

—列出 ESG 议题清单

—按重要性给清单上的事项排序

—将 ESG 纳入公司战略

步骤三　监督与实行

3-1　将 ESG 纳入决策过程

—公司高层的 ESG 决心

—公司治理

3-2　设定 ESG 目标

—何谓 ESG 目标

—如何确定 ESG 目标

—用 PDCA（策划—实施—检查—改进）来审查设定的目标

步骤四　信息披露

4-1　敲定需要披露的信息

—将 ESG 与公司价值挂钩

—确定投资者获取信息的渠道

4-2　利用现有框架

—现有框架的概要

4-3　需要牢记的要点

—披露渠道

—提供披露信息的英文版本

—外部保障（External Assurance）

4-4　与投资者建立密切关系

—需明确投资者目标

—与投资者进行的其他合作

资料来源："日本交易所发布《ESG 信息披露实用手册》"，新浪财经。

1.3.3.2　日本 ESG 政策概况

日本可持续金融如此迅猛地发展离不开政府及监管部门推动可持续发展的决心和做出的实质性引导。2016～2019 年，日本可持续投资年均增长率达到 1786%。与欧盟和英国不同，日本 ESG 相关政策法规的制定起步晚。然而，在 2014 年日本金融厅首次发布《日本尽职管理守则》后，日本 ESG 政策法规修订步入快车道，近六年来以平均每年出台或修订一部相关政策法规的速度开始了"超车"。

《日本尽职管理守则》和《日本公司治理守则》从尽职管理和公司治理两方面为 ESG 实践打下了坚实基础。前者主要针对投资于日本上市公司股票的机构投资者和机构投资者委托的代理顾问提出七大原则，要求其积极行使股东权利，与被投资公司开展对话，为被投资公司的可持续增长做出贡献。其中，原则三明确要求投资者监测被投资公司的 ESG 风险和业绩。该守则采取“不遵守就解释”披露要求，促进机构投资者在管理质量和信息披露方面均有显著改善。

2015年、2016年，世界上最大的养老金基金即日本政府养老投资基金（GPIF）和日本养老金基金协会（Pension Fund Association）先后签署了联合国责任投资原则（UN PRI），日本投资者的可持续投资意识大幅提高。

与此同时，市场也主动将可持续发展和ESG理念纳入资本活动中，各市场主体积极参与行业建设，为可持续金融在日本的发展和进一步落地建言献策，呈现出政策法规和市场实践双轮驱动的特点。日本责任（ESG）投资政策见表1-8。

表1-8 日本责任（ESG）投资政策

时间	政　策
2014年2月	日本金融厅首次发布《日本尽职管理守则》，鼓励机构投资者通过参与或对话、改善和促进被投资公司的企业价值和可持续增长
2015年5月	日本金融厅联合东京证券交易所发布首版《日本公司治理守则》，要求企业关注利益相关者和可持续发展问题
2017年5月	日本经济贸易和工业部发布《协作价值创造指南》，促进公司和投资者之间开展对话，鼓励两者就ESG进行合作以创造长期价值 《日本尽职管理守则》修订，明确了对ESG的指导方针，强调ESG的重要性和关注最终受益人的利益
2018年6月	《日本尽职管理守则》修订，明确非财务信息应包含ESG信息，并呼吁公司披露有价值的ESG信息，更加关注董事会的可持续责任
2020年3月	《日本尽职管理守则》修订，将ESG考量纳入“尽职管理”责任，关注ESG考量与公司中长期价值的一致性，将准则适用范围扩大至所有符合本准则“尽职管理”定义的资产类别
2020年5月	日本交易所集团和东京证券交易所联合发布《ESG信息披露实用手册》，以支持上市公司资源改善ESG披露，鼓励上市公司和投资者开展对话

1.3.3.3 日本ESG投资现状

2014年，日本可持续投资规模仅为8400亿日元，2016年跃升至57.06万亿日元，2018年延续高速增长态势，达到221.95万亿日元，在专业化资产管理总额中占比18.3%，成为仅次于欧洲和美国的第三大可持续投资中心。至2020年初，日本可持续投资规模为310.04万亿日元，在专业化资产管理总额中占比24.3%（见图1-8）。2014年以来日本可持续投资的高速发展与日本政府及相关机构的一系列措施联系密切。

投资策略方面，日本主要采用ESG整合策略，基于该策略的可持续投资规模为205.0万亿日元，占比35%，其次是股东主张策略，基于该策略的可持续投资规模为187.2万亿日元，占比32%，见图1-9。

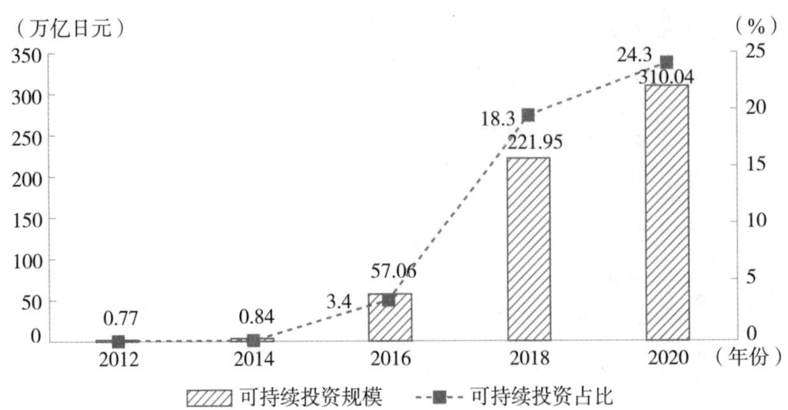

图 1-8 日本可持续投资规模与占比情况

资料来源：责任云研究院结合 GSIA、兴业证券经济与金融研究院报告整理所得。

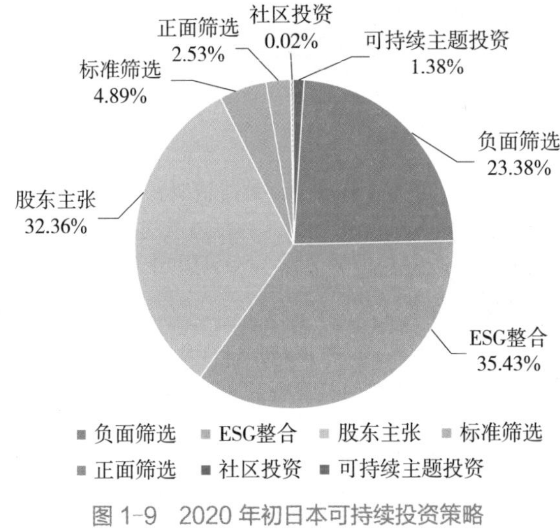

图 1-9 2020 年初日本可持续投资策略

资料来源：责任云研究院结合 GSIA、兴业证券经济与金融研究院报告整理所得。

1.4 中国ESG现状

虽然 ESG 在我国的系统发展起步较晚，但在监管部门、金融机构、第三方研究机构、上市公司等多方力量的共同推动下，近年来，国内对 ESG 的关注度快速提高。ESG 相关的指导意见、政策指引、研究报告相继发布，一些金融机构也推出以 ESG 为主题的金融产品。

1.4.1 监管机构加大ESG政策引导

近年来，国内各级监管机构通过一系列支持和引导政策，推动了绿色金融的大发展，促进了上市公司 ESG 信息披露，以及国内各方对 ESG 投资的研究和落地。2016 年 8 月 30 日，中央全面深化改革领导小组第二十七次会议顺利召开，审议通过《关于构建绿色金融体系的指导意见》，明确了证券市场支持绿色投资的重要作用。2020 年 9 月，习近平在第七十五届联合国大会一般性辩论上发表重要讲话，指出中国二氧化碳排放力争于 2030 年前达到峰值，努力争取 2060 年前实现碳中和。

2018 年 5 月 21 日，中国证券监督管理委员会表示，要研究建立上市公司 ESG 报告制度，持续强化上市公司环境和社会责任方面的信息披露义务。为进一步规范上市公司定期报告的编制及信息披露行为，2021 年 6 月 28 日，证监会发布修订后的上市公司年度报告和半年度报告格式准则，将定期报告正文与环境保护、社会责任有关条文统一整合至新增后的"第五节环境和社会责任"，并在定期报告新增报告期内公司因环境问题受到行政处罚情况的披露内容，鼓励公司自愿披露在报告期内为减少其碳排放所采取的措施及效果和巩固拓展脱贫攻坚成果、乡村振兴等工作情况。2022 年 4 月，证监会发布新版《上市公司投资者关系管理工作指引》，在投资者关系管理的沟通内容中首次纳入"公司的环境、社会和治理信息"。

上海证券交易所、深圳证券交易所及香港联合交易所也纷纷采取行动。早在 2006 年，深圳证券交易所就发布了《深圳证券交易所上市公司社会责任指引》。2017 年，上海证券交易所正式成为联合国可持续证券交易所倡议第 65 家伙伴交易所，也是我国首个加入该倡议的证券交易所。同年，深圳证券交易所正式成为联合国可持续证券交易所倡议第 67 家伙伴交易所。两大交易所也对上市公司 ESG 责任履行及信息披露发布了指引性文件，积极推动证券交易市场 ESG 信息披露，支持可持续发展、绿色金融建设。国内 ESG 主要政策文件见表 1-9。

表 1-9　国内 ESG 主要政策文件

时间	机构	政策文件
2006 年	深圳证券交易所	《深圳证券交易所上市公司社会责任指引》
2008 年	上海证券交易所	《上海证券交易所上市公司环境信息披露指引》《〈公司履行社会责任的报告〉编制指引》等
2011 年	香港联合交易所	《环境、社会及管治报告指引》
2013 年	深圳证券交易所	《深圳证券交易所主板上市公司规范运作指引》《深圳证券交易所中小企业板上市公司规范运作指引》《深圳证券交易所创业板上市公司规范运作指引》等
2014 年	中国银行业监督管理委员会	《中国银监会办公厅关于信托公司风险监管的指导意见》
2015 年	中国保险监督管理委员会	《中国保监会关于保险业履行社会责任的指导意见》
	环境保护部与国家发展和改革委员会	《关于加强企业环境信用体系建设的指导意见》
	香港联合交易所	发布新版《环境、社会及管治报告指引》，要求企业在"环境"和"社会"的大范畴之下，披露包括排放物、资源使用、环境及天然资源三个环境层面的信息
	深圳证券交易所	《深圳证券交易所中小板上市公司规范运作指引》
2016 年	中国人民银行等七部委	《关于构建绿色金融体系的指导意见》

续表

时间	机构	政策文件
2017 年	中国人民银行等	《落实〈关于构建绿色金融体系的指导意见〉的分工方案》
	中国金融学会绿色金融专业委员会等	《中国对外投资环境风险管理倡议》
2018 年	中国人民银行等	《关于规范金融机构资产管理业务的指导意见》
	中国证券监督管理委员会	《上市公司治理准则》修订版发布
	中国证券投资基金业协会	《绿色投资指引（试行）》《中国上市公司 ESG 评价体系研究报告》等
	中国保险资产管理业协会	《中国保险资产管理业绿色投资倡议书》
2019 年	国家发展和改革委员会等	《绿色产业指导目录》
	国家发展和改革委员会、科技部	《关于构建市场导向的绿色技术创新体系的指导意见》
	香港联合交易所	新版的《环境、社会及管治报告指引》、《主板上市规则》和《GEM 上市规则》等
	上海证券交易所	《上海证券交易所科创板股票上市规则》
2020 年	中共中央办公厅、国务院办公厅	《关于构建现代环境治理体系的指导意见》
	中国证券监督管理委员会	《首发业务若干问题解答（2020 年 6 月修订）》
	生态环境部等五部委	《关于促进应对气候变化投融资的指导意见》
	深圳证券交易所	《深圳证券交易所上市公司规范运作指引（2020 年修订）》、《深圳证券交易所上市公司业务办理指南第 2 号——定期报告披露相关事宜》、《深圳证券交易所上市公司信息披露工作考核办法（2020 年修订）》等
	香港联合交易所	新版《如何编备环境、社会及管治报告》，同时发布专为董事编制的《董事会及董事指南：在 ESG 方面的领导角色和问责性》等
	上海证券交易所	《关于发布〈上海证券交易所科创板上市公司自律监管规则适用指引第 2 号——自愿信息披露〉的通知》（上证发〔2020〕70 号）
2021 年	中国证券监督管理委员会	发布修订后的上市公司年度报告和半年度报告格式准则，增加公司董监高对定期报告审核程序和发表异议声明的规范要求，将与环境保护、社会责任有关内容统一整合至“第五节环境和社会责任”等内容
	香港联合交易所	发布《气候信息披露指引》，鼓励上市发行人根据 TCFD 建议尽快展开报告
	生态环境部	印发《企业环境信息依法披露管理办法》《企业环境信息依法披露格式准则》，提出企业应当披露企业基本信息、企业环境管理信息、污染物产生、治理与排放信息、碳排放信息等相关环境信息，并规范环境信息依法披露格式

续表

时间	机构	政策文件
2022年	上海证券交易所	发布《上海证券交易所上市公司自律监管指引第1号——规范运作》，在社会责任章节中阐述了对上市公司披露社会责任信息的具体要求，还提及上市公司可以在年度社会责任报告中披露每股社会贡献值，同时，面向科创板公司发布《关于做好科创板上市公司2021年年度报告披露工作的通知》，要求其应当在年度报告中披露环境、社会责任和公司治理（ESG）相关信息，并视情况单独编制和披露ESG报告、社会责任报告、可持续发展报告、环境责任报告等
	深圳证券交易所	发布《深圳证券交易所上市公司自律监管指引第1号——主板上市公司规范运作》，明确要求“深证100”样本公司应当在年度报告披露的同时披露公司履行社会责任的报告
	中国证券监督管理委员会	发布新版《上市公司投资者关系管理工作指引》，在投资者关系管理的沟通内容中首次纳入“公司的环境、社会和治理信息”

1.4.2 金融机构积极参与ESG投资

随着监管部门、交易所、行业协会等对ESG推动力度加强，以及投资者对ESG理念关注度的不断提升，越来越多的金融机构开始积极抢占责任（ESG）投资风口。对于金融机构而言，将ESG因素纳入投资决策，从而更好地发挥资本市场服务实体经济和支持经济转型的功能，有利于推动行业整体向负责任投资方向转型升级。

签署责任投资原则的金融机构不断增多。2015年，在中国人民银行的支持下，中国金融学会成立绿色金融专业委员会，系统性地提出构建中国绿色金融政策体系的建议。2017年以来，中国证券投资基金业协会发起并开展了ESG专项研究，积极推广、倡导ESG理念。目前国内签署UN PRI的金融机构不断增多，如华夏基金（2017年3月）、嘉实基金（2018年4月）、中国平安（2019年8月）、中证指数公司（2020年6月）、长城证券（2021年12月）、中金公司（2022年7月）、责任云（2023年1月）等。我国机构签署UN PRI责任投资现状详见第8章。

ESG投资发展迅猛。目前国内发行的ESG投资基金，既有“ESG”字样的主题基金，也有聚焦“新能源”“环保”“低碳”等主题赛道的概念基金。《中国上市公司ESG行动报告（2022—2023）》显示，截至2022年12月31日，中国ESG公募基金共有624只，总规模合计约5182亿元。相较于全市场公募基金约26万亿元的总规模，ESG公募基金比例仅占约2%，总体市场规模仍然较小。此外，ESG主题理财产品也越来越丰富。自2019年4月华夏银行推出国内第一只ESG主题理财产品以来，截至2022年6月底（根据银行业理财登记托管中心统计），ESG主题理财产品存续134只，占全部存续理财产品的0.38%；存续余额1049亿元，占全部存续理财产品的0.36%。

从规模上来看，2004年开始ESG公募基金成立规模有明显的上升趋势，见图1-10。

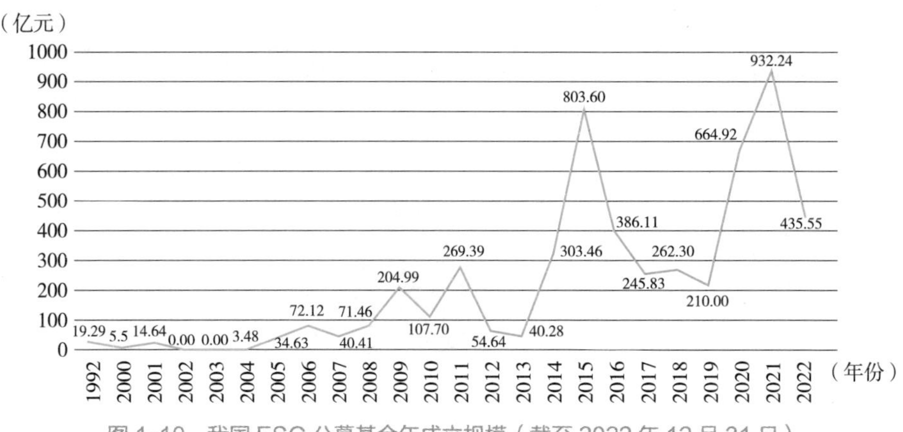

图 1-10 我国 ESG 公募基金年成立规模（截至 2022 年 12 月 31 日）

资料来源：《中国上市公司 ESG 行动报告（2022—2023）》，https：//mp.weixin.qq.com/s/0xLcQMWizynYG8Iz8cCL6w。

1.4.3 第三方机构深入推动ESG研究与评级

从 2018 年 6 月起，A 股正式被纳入国际 ESG 评级机构明晟（MSCI）新兴市场指数和 MSCI 全球指数。MSCI 对所有纳入的中国上市公司进行 ESG 研究和评级，此举推动了国内各大机构与上市公司对 ESG 的研究探索。

目前，国内 ESG 指数公司、研究机构、金融机构等已经产出了相对成熟的评级产品，一些评级产品已进行商业化运作，投资者可以更加便捷直观地获取和使用多家机构的 ESG 评分数据，帮助投资者识别和评估中国上市公司所面临的 ESG 风险与机遇。

2018 年 12 月 10 日，中证指数有限公司正式发布国内首个 ESG 指数——中证 180 ESG 指数；2020 年 10 月 21 日，中证指数有限公司发布沪深 300 ESG 债券指数与沪深 300 ESG 信用债指数，进一步丰富指数体系；同年 12 月，中证指数有限公司发布了中证 ESG 评价方法，是完善企业运营和投资管理的有力工具。2022 年 7 月 25 日，深圳证券信息有限公司（深圳证券交易所全资子公司）正式推出国证 ESG 评价方法，发布基于该评价方法编制的深市核心指数（深证成指、创业板指、深证 100）ESG 基准指数和 ESG 领先指数。同时，市场上还发展出一些由 ESG 专业机构编制的暂未在沪深交易所发布的 ESG 指数，如沪深 ESG100 优选指数、美好中国 ESG100 指数、义利 99 指数、科技责任 · 先锋 30 指数、央企 ESG · 先锋 100 指数等。

1.4.4 上市公司积极回应ESG相关要求

1.4.4.1 推动 ESG 管理和实践

为进一步推动 ESG 融入公司管理运营，上市公司纷纷加强顶层设计，不断完善公司在环境、社会责任和公司治理（ESG）工作方面的管理体系。例如，《中央企业上市公司环境、社会及治理（ESG）蓝皮书（2023）》显示，45.3% 的央企上市公司已在董事会层面设立 ESG 领导机构，79.6% 的央企上市公司已明确 ESG 工作主管部门，44.7% 的央企上市公司已确立 ESG 方针政策，四成央企上市公司开展了 ESG 优秀评选活动，超九成央企上市公司参与或自行组织 ESG 培训。

在 ESG 实践方面，越来越多的上市公司在树立可持续发展目标、投身绿色技术研究与创新、对接绿色金融市场及社会公益慈善等方面积极行动，并取得显著成效，为整个行业树立了标杆，推动了行业 ESG 建设的进程。例如，中国石化印发《中国石化 2030 年前碳达峰行动方案》，制定实施“碳达峰八大行动”，不断加强温室气体排放管理，持续推进二氧化碳、甲烷减排，为我国能源化工行业绿色低碳转型、实现“双碳”目标贡献力量。

1.4.4.2 强化 ESG 信息披露

随着 ESG 指引和政策的逐步完善，上市公司不断强化 ESG 信息披露质量，ESG 报告呈现的内容更客观、量化和可验证，在年报、可持续发展报告、ESG 报告、CSR 报告、社会价值报告中对环境信息披露的完整性、准确性持续提升。

在数量方面，披露 CSR/ESG 信息的上市公司逐年增多。统计数据显示，2014～2022 年，中国上市公司发布的 ESG 及社会责任报告数量逐年增长（见图 1-11）。截至 2022 年底，已发布的 2021 年度 ESG 及社会责任等各类报告共计 1472 份，约占上市公司数量的 30.86%。

图 1-11 企业社会责任 /ESG 报告发布数量

资料来源：《证券时报》：《上市公司 ESG 实践立足本土创新推动绿色发展》，2023 年 1 月 6 日。

延伸阅读

中韩ESG发展比较

随着全球性问题的日益增多，人类社会对可持续发展的关注度持续走高，ESG 理念逐渐成为国际社会衡量经济主体可持续发展能力最主要的指标，越来越多的投资机构将 ESG 作为重要考量标准。在亚洲，ESG 发展态势持续向好，一些国家和地区在政策制定者、监管机构、投资机构、第三方评级机构等的联合驱动下逐步建构起完善的 ESG 生态体系。中韩两国 ESG 发展均呈现出起步较晚但发展迅猛的共性特征，同时由于两国政治经济体制及历史文化等各方面的差异，又有着不同的发展特色。本内容就中韩两国 ESG 发展做对比研究，寻找共性特征及个体特色，助力 ESG 本土化标准建立，深化 ESG 实践，推动两国可持续发展。

一、中国ESG发展概况

在国家经济发展路径由高速增长向高质量发展转变、“双碳”战略稳步推进的大背景下，ESG在中国进入了加速发展期。ESG监管法规不断完善，证监会、交易所、行业协会等机构作为推动中国ESG发展的关键力量，纷纷出台政策指引；ESG投资从早期的银行信贷业务逐步发展到证券业、股权投资和产业基金，ESG股票指数、绿色债券、绿色基金、银行理财等责任投资产品不断涌现；本土ESG评级产品加快研发，国内高校、研究机构、中介机构等纷纷开展ESG评价方法的探索，研发出数十种本土ESG评级产品。同时，越来越多的投资机构通过实践将ESG理念贯穿到投资决策中。这一切，都引导着国内企业开展ESG经营实践，进行ESG信息披露，改善长期绩效，优化资源配置。

在政府、监管机构、投资机构、评级机构、社会舆论等的共同驱动下，中国上市公司的ESG信息披露数量和质量不断提升。据统计，2020年，中国A股上市公司中，独立发布ESG报告（含社会责任报告、可持续发展报告等）的上市公司数量为1012家，主要以中大型企业、各行业头部企业及A股权重公司为主。同时，为更好地披露ESG绩效，提升ESG评价等级，中国上市公司纷纷加强ESG管治。以中央企业控股上市公司为例，《中央企业上市公司环境、社会及治理（ESG）蓝皮书（2021）》显示，2021年，440家中央企业上市公司中，91.00%的公司董事会成员具有“环境类（E）”“社会责任（S）”“公司治理（G）”专业资质或相关从业经历；50.52%的央企上市公司明确了ESG工作主管部门。

二、韩国ESG发展概况

伴随着ESG在全球范围内的加速发展，韩国政府、投资者、企业等各利益相关方对ESG的关注度日益高涨，特别是在经营投资方面，ESG重要性越发凸显。韩国ESG基金净资产规模不断扩大，ESG债券发行量大幅增加。韩国交易所、民营金融机构等纷纷编制ESG指数、推出相关金融投资产品，如KRX ESG社会责任经营指数、KOSPI 200 ESG指数等，加速营造ESG投资环境。政策方面，韩国国会、政府相关部门、交易所乃至顶尖评级机构纷纷出台ESG相关政策指引，为ESG发展奠定法理基石。同时，行业协会、评级机构、新闻媒体等利益相关方和从业人员共同发力，为ESG发展赋能增效；各大企业在有关政策和投资机构、社会舆论等的推动下，发行可持续发展报告，向社会公开披露ESG信息。

在ESG信息披露、ESG绩效评价及ESG投资策略的推动下，韩国各大企业纷纷开始加强ESG经营实践，其中现代汽车集团成为韩国企业加强ESG管治的先行者，通过“三步走”策略逐步建立健全了ESG管理机制。第一步，为强化ESG风险管控，现代汽车集团制定集团层面的ESG政策，并修订适用于各关联公司产业及经营现状的集团道德宪章、人权宪章及供应商行为准则，以识别和管理伦理经营、人权、供应商管理等主要ESG项目风险；第二步，面向关联公司，现代汽车集团在18个关联公司建立ESG专职组织，并于2020年向所有关联公司发放业务标准及全公司 ESG 推进体系指导方针；第三步，现代汽车集团将 ESG 因素纳入集团 KPI 绩效考量，推进集团层面的 ESG 绩效管理。

三、中韩 ESG 发展对比分析

聚焦两国 ESG 发展，中韩在 ESG 政策指引的制定主体和议题倾向、ESG 信息披露的标准和实施力度、ESG 评级评价的逻辑框架和发展趋势等维度上存在异同点。整体而言，中国在 ESG 的推进过程中呈现出明显的自上而下、政策法规先行的发展态势，而韩国在政策法规之外，则更多地呈现出市场驱动发展的特点。

（一）ESG 政策指引

在政策指引的制定主体方面，中韩两国相关部门都针对 ESG 相关议题推出了横向辐射全国、纵向覆盖中长期时效的指导方针；具体分管部门、金融监管机构等针对宏观指导方针出台具体详细的政策法规，以明确监管要求，负责具体落实。此外，行业协会在中国的 ESG 政策指引探索实践中发挥着重要作用，2018 年，中国证券投资基金业协会发布《绿色投资指引（试行）》，明确绿色投资的内涵，推动基金行业发展绿色投资。与之不同，韩国投资机构正在实施《尽责管理守则》，该守则由韩国公司治理服务院（韩国主要的 ESG 评级机构）制定并发布。在政策指引的议题倾向方面，中韩两国积极响应国际倡议，纷纷关注碳中和、人权、安全生产等议题。此外，乡村振兴和共同富裕是中国政府关注的特色议题，而韩国政府则更关注企业的数字责任。

（二）ESG 信息披露

在披露标准方面，中韩两国均亟须建立统一权威的 ESG 信息披露框架，以支撑企业完整、有效、高质量披露 ESG 信息，进而增强 ESG 评价和 ESG 投资的可靠性。从实施力度来看，中韩两国 ESG 信息披露均呈现强制化趋势。具体而言，中国将上市公司和重点排污企业视为重点披露对象，将环境视为强制披露的重点领域。2015 年，中共中央、国务院发布《生态文明体制改革总体方案》，要求建立上市公司环保信息强制性披露机制；2020 年 7 月，香港联合交易所第三版《环境、社会及管治报告指引》正式实施，所有环境及社会范畴的披露要求均提升为不披露就解释，对上市公司披露 ESG 信息提出更加强制化的要求。在韩国，ESG 信息披露则按照资产规模进行阶段性划分。2021 年 1 月，韩国金融委员会、金融监督院、韩国交易所等联合发布《企业公示制度综合整改方案》，要求企业分三个阶段发布包含 ESG 议题的报告：第一阶段（2021～2025 年），鼓励自律披露；第二阶段（2025～2030 年），一定规模（资产 2 万亿韩元以上）的企业必须发布企业可持续经营报告，强制 ESG 信息披露；第三阶段（2030 年以后）所有有价证券市场的上市公司都必须公示可持续经营报告。同月，韩国证券交易所制定发布《ESG 信息披露指导方针》，旨在为企业提供需要遵循的基本原则，引导企业自主以可持续经营报告、可持续性报告、综合报告等形式公开 ESG 信息。

（三）ESG 评级评价

在评级体系的逻辑框架方面，中国部分评级机构针对当前中国资本市场 ESG 信息披露不充分、质量不高的状况，在 ESG 绩效分析的基础上，考虑 ESG 管治和 ESG 风险维度，以尽可能保证评级结果的客观可信；在韩国，ESG 评价框架呈现出从伦理判断向绩效评估转变的趋势，通过衡量企业 ESG 绩效，真实准确地反映企业 ESG 管理和实践水平，但实际上韩国企业 ESG 信息披露不充分，ESG 评级结果存在偏颇的情况。在发展趋势方面，本土化是中韩 ESG 评级评价的共同趋势。当前国际 ESG 评价标准达 600 余个，并且不同的评价标准有不同的指标、计算方式、权重等，因而评级的有效性、客观性、可靠性、可比性等难以把握。在此背景下，中国研究机构、评级机构等积极推出本土化 ESG 评级标准，研发 ESG 系列指数产品。中国社科院研究团队联合责任云研究院以各上市公司的 ESG 评级结果为基础，构建“科技责任 · 先锋 30 指数”“重点行业上市公司 ESC 指数”“央企 ESG · 先锋 50 指数”等 ESG 指数；韩国也针对本国国情现状推出韩国版 ESG 评级指标 K-ESG，该指标包含信息披露、环境、社会、治理四个部分，细分为 21 个大类、62 个问题，对自愿接受申请的企业进行 ESG 评价，赋予 A+、A、B+、B、C 五个等级。2021 年，韩国相关部门针对申请可持续经营总统表彰的企业进行基于 K-ESG 的评价。截至 2021 年 9 月，已针对 KOSPI 200 强企业进行了 K-ESG 评价。

综上分析，中韩两国 ESG 发展都面临着起步较晚、信息披露不完整、国际通用评级标准不适配本国国情及企业 ESG 治理水平亟待提升等问题。基于此，中韩两国应着力构建以政策制定者、监管机构、投资机构、企业及第三方评级机构等为主体的 ESG 生态体系，加快确立统一权威且保证强制力的 ESG 信息披露标准，积极开发既符合国际趋势又体现本土特色的 ESG 评级框架，打造有公信力的评级产品，支持企业进行 ESG 信息披露，拓展和深化 ESG 实践，共同推动两国可持续发展。

思考题

1. 您如何认识 CSR 与 ESG 的关系？
2. 您认为目前中国 ESG 体系的主要优势有哪些？短板有哪些？
3. 新冠肺炎疫情背景下，您对中国 ESG 发展有哪些思考？

参考文献

[1] UNEP. Who Cares Wins：Connecting Financial Markets to a Changing World[R]. 2004.

[2] 李文，顾欣科，周冰星 . 国际 ESG 信息披露制度发展下的全球实践及中国展望 [J]. 可持续发展经济导刊，2021（Z1）：41-45.

[3] Alam N. Ethical Investment and Consumers in Cultural History[Z]. 2013.

[4] 施懿宸 . 我国金融机构 ESG 信息披露现状及未来发展趋势 [EB/OL].（2020-12-01）[2022-02-23]. http：//finance.sina.com.cn/zl/esg/2020-12-01/zl-iiznezxs4587297.shtml.

[5] 赵乐，吕阳玲，贾丽，等 . 全球证券交易所力促 ESG 信息披露：基于 SSEI 伙伴交易所 ESG 指引的研究 [J].WTO 经济导刊，2018（12）：31-33.

[6] 冯佳林，李花倩，孙忠娟 . 国内外 ESG 信息披露标准比较及其对中国的启示 [J]. 当代经理人，2020（3）：57-64.

[7]"碳中和" 系列报告之二：可持续投资历史、现状与展望 [R]. 2021.

[8] 施懿宸 . 欧洲 ESG 市场投资实践分析 [EB/OL].（2021-01-15）[2022-02-23]. http：//iigf.cufe.edu.cn/info/1012/3549.htm.

[9] 全球 ESG 政策法规研究：日本篇 [R]. 2020.

[10] 陈奇峰，马军 . 中国 ESG 发展之路：环境信息披露进展与 ESG 基础设施建设 [EB/OL].（2020-12-05）[2022-02-23]. http：//www.tanpaifang.com/ESG/2020120575662_3.html.

[11] 朱宝琛 . 上交所加入联合国可持续证券交易所倡议 [N]. 证券日报，2017-09-07（A02）.

[12] 吴少龙 . 深交所加入联合国可持续证券交易所倡议 [N]. 证券时报，2017-12-04（A02）.

[13] 中央财经大学绿色金融国际研究院，每日经济新闻 . 中国上市公司 ESG 行动报告（2022-2023）[R]. 2023.

[14] 中国石油化工集团有限公司 . 社会责任报告 [R]. 2022.

[15] 殷格非，于志宏，管竹笋，等 . 金蜜蜂企业社会责任蓝皮书：金蜜蜂中国企业社会责任报告研究（2020）[M]. 北京：社会科学文献出版社，2021.

第 2 章
ESG 的理论基础

本章导读

2015 年，为应对经济、社会及环境挑战，推动全球可持续发展，联合国可持续峰会提出要在 2030 年前实现 17 项可持续发展目标（Sustainable Development Goals，SDGs）。其中包括 17 项目标、169 项具体目标和 231 项指标，呼吁国际社会消除贫穷，结束饥饿，实现普及保健和教育，解决不平等、环境恶化和全球变暖等问题。我国在全球可持续发展的大趋势下，2020 年 9 月习近平在第七十五届联合国大会一般性辩论上，向全球提出郑重承诺，我国力争在 2030 年前达到“碳达峰”，2060 年前实现“碳中和”，这已成为我国作为最大发展中国家为全球可持续发展应做出的贡献。

随着可持续发展成为全球发展趋势，推动可持续发展的具体方式与路径也成为值得深入探讨和研究的重要方向。ESG 理念的核心观点是企业活动和金融行为不应仅追求经济指标，而须同时考虑环境保护、社会责任和治理成效等多方面因素，从而实现人类社会的可持续发展。ESG 理念的核心是企业多维均衡发展，其是一个涉及企业可持续发展相关理念的集大成者，因而涉及经济学、法学、管理学、社会学、政治学等众多学科，各个学科也为 ESG 的发展提供了多视角的理论基础。古典经济学的工具理论表明企业要在保证经济利益的前提下，考虑社会责任或 ESG 的履行限度问题。可持续发展理论是 ESG 发展的背景和基础，同时可持续发展也是 ESG 的最终目标。企业社会责任思潮从股东至上主义转向利益相关方主义，促使企业更加重视环境议题、社会议题和治理议题。经济外部性理论强调企业行为的外部性，在 ESG 中的 E（环境）方面具有广泛的应用。ESG 责任投资作为 ESG 包含的重要内容，以资产定价模型为基础，纳入 ESG 因素，构建修订的 CAPM 模型，促使投资者关注非财务因素的价值。

任何一种方法论，只有理论的支持才能被人信服并可持续发展。本章系统阐述了 ESG 的理论基础，分析各理论的核心思想及其与 ESG 的关系，以期提供全面理解 ESG 的视角。

学习目标

1. 理解企业 ESG 的相关理论及其与 ESG 的关系。
2. 了解可持续发展、企业社会责任和 ESG 之间的区别和关系。
3. 掌握经济外部性理论对 ESG 的启示意义。
4. 学会运用资产定价理论与方法指导 ESG 投资实践。

2

导入案例

国内 ESG 政策规范日益完善

证监会在 2007 年发布了《关于开展加强上市公司治理专项活动有关事项的通知》，并在 2018 年发布了修订后的《上市公司治理准则》，加强资本市场对 ESG 的基础性制度建设，规范上市公司运营。

深交所是国内率先发布 ESG 相关政策指引的交易所，2006 年就已经发布《上市公司社会责任指引》，并在 2008 年修订该指引，要求深证 100 样本公司必须披露社会责任报告。2013 年起，A 股上市公司发布社会责任报告比率保持在 1/4 以上。2017 年底，深交所加入联合国可持续证券交易所倡议，成为第 67 家伙伴交易所，承诺发布 ESG 指引，提升 ESG 信息披露要求。

为贯彻党的十八届四中全会决定有关要求，加强公司社会责任建设，《中华人民共和国公司法（修订草案）》（修订草案第十九条）增加规定：公司从事经营活动，应当在遵守法律法规规定义务的基础上，充分考虑公司职工、消费者等利益相关者的利益以及生态环境保护等社会公共利益，承担社会责任。国家鼓励公司参与社会公益活动，公布社会责任报告。这对于建立健全现代企业制度、促进 ESG 在我国持续健康发展发挥了重要作用。ESG 相关政策指引见表 2-1。

表 2-1　我国 ESG 相关政策指引

时间	发布机构	政策指引	具体内容
2003 年 9 月	国家环境保护总局	《关于企业环境信息公开的公告》	污染严重企业名单的公司应公布环保信息，包括环保方针、污染物排放总量、环境污染治理、环保守法和环境管理五类信息
2006 年 9 月	深圳证券交易所	《深圳证券交易所上市公司社会责任指引》	“深证 100 指数”的公司必须随年报披露社会责任报告
2008 年 5 月	上海证券交易所	《上海证券交易所上市公司环境信息披露指引》	规定列入环保部门污染严重企业名单的公司披露环境信息
2010 年 9 月	环境保护部	《上市公司环境信息披露指南（征求意见稿）》	要求 16 类重污染行业上市公司发布环境报告，并提供了环境报告编写大纲
2016 年 8 月	中国人民银行等七部委	《关于构建绿色金融体系的指导意见》	建立强制性上市公司披露环境信息的制度“三步走”
2018 年 6 月	中国证券监督管理委员会	《上市公司治理准则》修订版	要求上市公司确立环境、社会和公司治理（ESG）基本框架
2018 年 11 月	中国证券投资基金业协会	《绿色投资指引（试行）》	首次提出了上市公司 ESG 信息披露框架
2021 年 12 月	全国人民代表大会常务委员会	《中华人民共和国公司法（修订草案）》	国家鼓励公司参与社会公益活动，公布社会责任报告

2.1 古典经济学的工具理论

2.1.1 传统的古典经济观

现代西方经济学的发展起源于亚当·斯密（A. Smith），其后又经过大卫·李嘉图（David Ricardo）、西斯蒙第（Sismondi）、穆勒（Mill）、萨伊（Say）等的发展，逐渐形成了一个经典的经济学理论体系，并称之为古典经济学（Classical Economics）。古典经济学研究的基础模型是利己、理性的人类行为，把人类设定为“理性地追求最大效用的个体”，即“经济人”。在他们的分析框架中，“经济人”在从事经济活动中绝不受任何社会结构、社会关系的影响，只是为自己的经济利益打算。

在理性“经济人”的假设下，传统的古典观认为企业的管理者只是受股东的委托，是股东权益的受托人，因而作为一般经理人其责任便是追求企业利润最大化，从而使得股东权益最大化。当这些经营管理者们追求利润以外的目标，企业组织资源用于“社会产品”时，必然导致企业的利润相关方为这种资产的再分配付出代价。具体来说，如果企业的社会责任行动使利润和股利下降，则它损害了股东的利益。如果社会行动使工资和福利下降，则它损害了员工的利益。如果顾客不愿支付或支付不起较高的价格，销售额就会下降，从而企业很难维持下去，在这种情况下，企业的所有利益相关方都会遭受或多或少的损失。从微观经济学的角度看，企业的社会责任行为必将增加企业的经营成本。因此，古典经济观认为，为了获得最高的投资回报率，企业必须将这些社会成本以高价转嫁给消费者。相反，如果担负社会责任的企业不能将这些社会成本转嫁给消费者，而不得不在内部吸收的话，它的回报率就会降低。因而，无论是市场上的单个企业，还是整个国家的所有企业，未来自身的发展，企业都不应该承担较高的社会责任，企业唯一的社会责任就是追求利润最大化。

古典经济观最典型的支持者是经济学家弗里德曼（Friedman），他在其《资本主义与自由》一书中，便坚决地反对“企业在利润最大化之外还负有其他社会责任”的思想。他认为，如今的大部分管理者是职业管理者，即他们并不拥有他们经营的公司，他们是雇员，对股东负责。因此，他们的主要责任就是按股东的意愿来经营业务。除此之外，弗里德曼还认为，当职业管理者追求利润以外的其他目标时，他们其实是在扮演非选举产生的政策制定者的角色。他怀疑企业管理者是否具有决定“社会应该怎样”的专长，至于“社会应该怎样”，据弗里德曼说，应该由我们选举出来的政治代表来决定。

与弗里德曼同时代的经济学家哈耶克同样认为，企业应只对股东尽义务，即“企业社会责任是有悖于自由的，因为企业参与社会活动必将导致政府干预的强化，企业履行社会责任的结果将使企业不得不受制于政府权威而损害自身自由”[①]。很明显，他们的观点就其实质而言，是从根本上反对和拒绝企业社会责任。

古典经济学是从微观经济学的角度出发，认为企业从自身经营利益来看，任何社会责任的付出、ESG 方面的实践都会增加企业的经营成本，而这些成本最终也必须由消费者或股东来承担。

① 徐盛华，林业霖．现代企业管理学 [M]. 北京：清华大学出版社，2011.

资料链接

弗里德曼对企业社会责任的否定和批驳

弗里德曼在其 1962 年出版的代表作《资本主义与自由》中对企业社会责任思想进行了最坚决的否定。他认为如果让企业领导人接受除了尽可能为自己的股东谋利以外的社会责任，肯定会毁灭资本主义的自由制度，动摇它的基础。因此，他坚信企业社会责任的思想是一种具有颠覆性的信条。紧接着弗里德曼又在《纽约时报》上发表《企业的社会责任就是增加利润》一文，对企业社会责任思想的逻辑基础给予了致命的“打击”。文中指出，关于“企业社会责任”的研究和讨论不仅结构松散，并且缺乏理论应有的严密逻辑。在他看来，只有人才能负责人。公司是一种人造人（Artificial Man），所以在这一意义上可以具有人为的责任，但“企业”作为一个整体是不具有责任的。在弗里德曼眼中，企业的社会责任学说只是一种伪装，用来证明企业某些行动是正确的借口，是一种无聊的言论。

资料来源：吴知峰．企业社会责任思想的起源、发展与动因分析 [J]. 企业经济，2008（11）：18-22.

2.1.2 工具理论与ESG

古典经济学中的“经济人”作为实用意义上的理性人，具有完整的、充分有序的偏好，完全的信息和准确的计算能力，经过分析和权衡，能选择比其他人更好地（或者至少是不差的）满足他偏好的行动。这样的理性就是解释个人有目的的行动与其所可能达到的结果之间的联系的工具理性，是一种达到目的的手段的概念。工具理论的核心观点是企业要关注利益相关方的利益要求，因为这样的行为会使企业变得更加有利可图。工具理论的主要内容见表 2-2。其中，股东利益最大化视角虽然强调企业盈利及股东利益，但也说明企业本质上是社会的经济工具。企业要在保证经济利益的前提下，考虑社会责任或 ESG 的履行限度问题。竞争优势战略认为企业的 ESG 行为可以看成企业的一种策略，是企业除经济利益外考虑环境、社会和治理等，为企业在未来获得更大的经济回报而进行的一项策略。企业通过 ESG 方面的实践、社会责任投资等为自身吸引产品需求和生产要素。善因营销理论认为企业会使用社会责任或 ESG 方面的策略来作为营销手段，以提升企业声誉或吸引公众关注。

表 2-2 工具理论主要内容总结

	方式	主要内容	相关文献
工具理论：注重通过社会行为达到经济目标	股东利益最大化	企业长期利益最大化	Friedman（1970）
	竞争优势战略	在竞争环境的社会投资	Porter 和 Kramer（2003）
		以企业自然资源观为基础的战略和企业动态能力	Hart（1995） Lizt（1996）
		经济金字塔底线战略	Prahalad 和 hammond（2002） Hart 和 Christensen（2002）
	善因营销	以被社会认可的利他行为作为营销	Varadarajan 和 Menon（1988）

在古典经济学的框架下，企业 ESG 实践是企业取得利润最大化的一种工具和手段，但其

并没有跳出“股东利益最大化”的桎梏，ESG 实践只有在有助于提高企业盈利能力的前提下才值得去行动。如企业在节能减排、产品质量、职业健康与安全议题等非财务领域投入资源，就可以引起社会公众、投资者及媒体的关注，而这样的关注对企业而言就具有很好的广告效应，能够增强企业的竞争力，提升企业的社会形象，创造良好的企业品牌，吸引责任投资，最终能给企业带来高额的回报。

因此，在古典经济学的工具理论下，企业追求自身利润的最大化会借助各种工具，这种工具包括企业 ESG 方面的努力，企业的经济属性完全控制着企业行为的方式，而至于社会整体福利的提升只是它们在无意中实现的结果，这主要表现在以下三个方面：

2.1.2.1 企业践行 ESG 标准是提高企业绩效的工具

根据工具理论，企业通过践行 ESG 标准的方式行事，会给不同的利益相关者群体留下积极的印象，表明企业正以负责任的方式经营，因此良好的 ESG 管理有助于企业的长期发展。根据 DJSI 的评分标准，选取企业可持续发展能力排名靠前的 10% 和最后 10% 的企业，分别计算其收益率。通过对比分析发现，可持续发展能力越强的企业其相应的财务绩效也越高。① 同时，ESG 评级带给企业财务的积极影响也表明企业的 ESG 得分是传达企业具有高运营绩效、良好财务绩效、高盈利能力的工具，即企业借助 ESG 实践追求自身利益的最大化。例如，Andersson 等在研究中发现，强大 ESG 背景的公司更不容易受到市场冲击，因此更容易为企业带来卓越的绩效。②

2.1.2.2 ESG 是投资者获得高额投资回报的工具

第一，企业活动的总成本和收益可能无法完全体现在观察到的市场价格之中，而将 ESG 信息与投资组合价值相结合可以形成最优投资组合。

第二，投资者更倾向于投资碳足迹更好、社会接受程度更高、治理政策更透明的公司。ESG 表现好（评分高）的企业具有更高的价值，能够带来更多的长期投资收益，并且这种收益是平稳和可持续的。这是因为与传统投资相比，基于 ESG 因素形成的投资组合会更好地兼顾企业、环境和社会利益，因而可以帮助投资者获得长期的投资回报及投资的可持续性。另外，根据分析北京地区上市公司可得出如下结论：一是 ESG 绩效较好的投资组合收益率均高于 ESG 表现较差的投资组合。二是上市公司股价波动性和 ESG 绩效存在显著负相关关系。③ 股价波动性较大，意味着企业经营不确定，存在较大风险，因此在投资组合的过程中，投资者可以通过 ESG 进行排雷，能够较好地识别出投资风险，以期得到可持续的投资收益。

2.1.2.3 ESG 是降低投资风险的重要工具

ESG 包含环境、社会和治理的非财务信息。除了财务风险以外的一部分是环境风险，还有很大一部分是公司治理风险，以及社会治理方面的风险。社会治理风险包括员工安全和健康问题、人力资源管理、产品责任、信息安全，以及人权政策，都是 ESG 的非财务信息的一部分。公司治理，就是董事会的组成、独立性和能力，管理层在专业技能和经验背景方面是否具有多元化、多样化，高管薪酬与可持续发展目标是否挂钩，包括确保企业的言行一致，对外披露的

---

① 姜腾飞，李山梅．道琼斯可持续发展指数及其对我国的借鉴作用 [J]. 商业时代，2010（13）：55-56.

② Andersson E，Hoque M，Rahman M L，et al. ESG Investment：What do We Learn from its Interaction with Stock，Currency and Commodity Markets?[J]. International Journal of Finance & Economics，2020，27（3）：3623-3639.

③ 商道融绿 - 北京绿色金融协会联合课题组．北京地区上市公司 ESG 绩效分析研究 [C]// 北京地区上市公司 ESG 绩效分析研究，[出版者不详]，2019.

信息和它实际的资本分配是否一致，这涵盖了非常广泛的非财务方面的风险。ESG 评价能衡量企业对行业内长期的、重大的环境、社会和治理（ESG）风险的应变能力。机构投资者将 ESG 评价纳入投资决策过程，运用 ESG 理念可以帮助投资者有效降低投资风险，提高投资组合的风险控制能力，减小投资组合波动，并提高长期收益。例如，Albuquerque 等的研究发现，企业利用 ESG 责任投资会增加产品差异化，通过提供产品组合多样化可以减少系统风险敞口。[①] Hoepner 等实证分析表明企业参与 ESG 事项可以降低下行风险。[②] 这表明 ESG 是企业进行风险管理、降低投资风险的有效工具。

2.2 经济外部性理论

经济外部性是经济学研究中的一个重要研究对象，也被称为外部效应或溢出效应。经济外部性理论是政府在市场机制之外对企业经营活动和信息披露（包括财务报告和 ESG 报告的信息披露）进行管制的理论依据。经济外部性理论在 ESG 中的 E（环境）方面发挥着广泛作用，诸如排污费的收取、碳排放交易权等都在不同程度上蕴含着经济外部性理论的思想。

2.2.1 经济外部性的含义

鉴于不同学者的研究视角和研究层次并不相同，经济外部性至今仍未形成一个准确的定义。但归纳起来大致可以分成两类：一类是从外部性产生的主体角度来进行定义；另一类是从外部性的承担者角度来进行定义的。这两种定义的核心都认为外部性是某个经济主体对另一个经济主体产生的一种外部影响，并且这种外部影响不能通过市场价格进行交易，而是因他人的行为而导致的获益或受损。

从经济外部性产生主体的角度进行定义的典型代表是萨缪尔森（Samuelson）和诺德豪斯（Nordhaus），他们在其著作《经济学》中，将外部性定义为“外部经济效果。它是市场失灵的一种体现，当生产或消费的所有副作用没有被包括在市场价格中时，外部经济效果就产生了；外部经济效果或外溢发生在生产和消费给他人带来的非自愿的成本或收益的时候，即成本或收益被强加于他人身上，而这种成本或收益并未由引起成本或接受收益的人加以偿付；更为确切地说，外部经济效果是一个经济主体的行为对另一个经济主体的福利所产生的效果，而这种效果并没有从货币或市场交易中反映出来；有些外部效果是普散性的，而另一些只具有很小的外溢成分”。[③] 这种定义的角度主要是强调外部性产生主体的主动性。

从经济外部性的承担者角度对经济外部性进行定义的代表学者是兰德尔（Alan Randall），他认为外部性是指“当一个行动的某些收益或成本不在决策者的考虑范围内的时候，产生一些低效率的现象：也就是某些效益被给予，某些成本被强加给没有参与这一决策的人”。[④] 这一定义将认为外部性或能让人们收益或能让人们受损，因而把外部性分为正外部性和负外部性两

---

① Albuquerque R A，Koskinen Y，Yang S，et al. Love in the Time of COVID-19：The Resiliency of Environmental and Social Stocks[Z]. 2020.

② Hoepner A G，Oikonomou I，Sautner Z，et al. ESG Shareholder Engagement and Downside Risk[Z]. 2018.

③ 保罗・A. 萨缪尔森，威廉・D. 诺德豪斯 . 经济学 [M]. 北京：中国发展出版社，1992.

④ 阿兰・兰德尔 . 资源经济学 [M]. 北京：商务印书馆，1989.

类。正外部性就是一些人的生产和消费行为使另一些人受益后无法向后者收费的现象。负外部性是一些人或企业的消费和生产经营行为使另一些人受损后无法或者很难从货币或市场交易中反映出来的现象。该定义认为企业行为的外部性是企业行为给其社会公众带来的受益或受损现象。

基于上述经济外部性的相关定义，可以看出企业行为的经济外部性表现为企业行为对相关行为客体造成的影响，针对该影响是正面的还是负面的，学者们将其区分为正外部性和负外部性。虽然学术界对外部性的定义各不相同，但普遍遵循萨缪尔森和诺德豪斯的定义理念。

资料链接

我国煤炭城市的环境问题

煤炭资源是我国重要的矿产资源之一。目前，煤炭除了少数其他用途外，大部分仍作为燃料来使用，主要包括发电、供暖等。煤炭作为燃料对环境负外部性的影响可以总结为以下三个方面：

1. 酸沉降类型的转变

SO_2 和 NO_x 均为致酸物质，其大量排放会引起酸沉降问题。影响范围已经从局部性污染演变为区域性污染，其影响范围正逐步加大，逐渐成为全球性污染。“十一五”以来，我国在 SO_2 的控制上不断加强，燃煤电厂脱硫等控制措施得到坚决贯彻落实。而我国针对 NO_x 的综合控制尚处于起步和试点阶段，NO_x 排放量仍在快速增长。NO_x 快速增长的部分或全部抵消了控制 SO_2 对酸沉降的改善效果，使酸沉降由硫酸型向硫酸和硝酸复合型转变。

2. 严重的沙尘和灰污染

粉尘颗粒，烃类化合物、金属物质（包括放射性物质）、因不完全燃烧产生的有机化合物及炉渣、粉煤灰等固体废物导致矿区城市出现雾霾现象，烟尘还作为其他污染物和细菌的载体造成人体呼吸系统疾病。据 1987 年以来的统计，我国每年排放到大气的烟尘量为 1300 多万吨到 1400 多万吨。每燃烧 1 吨煤炭会排放出 6～11 千克烟尘，我国城市监测的 $PM_{2.5}$ 浓度最高达 150 微克 / 立方米，超过美国标准年均限值（15 微克 / 立方米）的 8～10 倍。目前北京、上海、广州等大城市频发雾霾天气，大气能见度明显下降，这就是高浓度 $PM_{2.5}$ 与不利气象条件共同作用的结果。煤炭企业在燃烧煤炭时，只承担了企业的私人成本，却没有或很少承担导致环境污染的社会成本，当没有承担其燃烧的全部后果时，就产生了煤炭燃烧的负外部性。

3. 臭氧和光化学污染问题凸显

与此同时，光化学污染随着经济发展和机动车数量的增长日趋显著。京津冀区域，臭氧为首要污染物的天数最多，臭氧最大 8 小时平均值与上月环比上升 15.9 个百分点；北京臭氧日最大 8 小时平均值超标率达到 38.7%，成为空气超标的首要污染物。形成臭氧最重要的关键要素，除 NO_x 外，还有挥发性有机污染物（VOCs），目前我国几乎没有针对挥发性有机污染物相关的控制措施。

资料来源：于波，丁平 . 煤炭资源利用过程中对城市环境负外部性的影响 [J]. 环境工程，2016（S1）：1166-1168.

2.2.2 经济外部性理论的发展阶段

学术文献通常将经济外部性理论的发展分为三大阶段，各阶段的重大贡献者分别是马歇尔（Alfred Marshall）、庇古（Arthur Cecil Pigou）和科斯（Ronald H. Coase）。这三位经济学家的经济著作为经济外部性理论奠定了坚实的基础，并且极大地开阔了学术界对经济外部性理论研究的视野。

2.2.2.1 马歇尔——经济外部性理论的创始人

1890 年，马歇尔出版了其著名的经济学论著《经济学原理》，在该书中开创性地论述了“外部经济”问题。马歇尔指出：“在较为仔细地研究了任何一种货物生产之扩大所产生的经济之后，我们知道，这种经济分为两类——一类是有赖于工业的一般发展[①]，另一类是有赖于从事这工业的个别企业的资源及其经营管理的效率；也就是说，分为外部经济和内部经济两类。”[②]虽然马歇尔并未明确提出外部性的概念，但却提出了外部经济和内部经济的定义，经济学界普遍将外部经济视为经济外部性的雏形和源头。

马歇尔研究外部经济问题的角度是以企业外部环境作为主体，分析外部环境对企业成本的影响。自此激发了学术界对企业外部性问题的研究兴趣，最具代表性的是庇古。

2.2.2.2 庇古——经济外部性理论的开拓者

庇古受马歇尔经济思想的影响，其出版了《福利经济学》（*The Economics of Welfare*）一书，并在马歇尔的外部经济基础上拓展了外部不经济的内涵。与马歇尔的外部经济概念不同，庇古对外部性问题的研究从外部因素对企业的影响效果转向企业或居民对其他企业或居民的影响效果[③]，这标志着经济外部性理论的正式诞生。

庇古用边际私人净产量的价值与边际社会净产量的价值之间的背离来解释企业行为的外部性。他认为，单个企业在生产中追加一单位生产要素所获得的产值为边际私人净产值。而生产中追加一单位生产要素给全社会带来的产值的增加则为边际社会净产值。[④]若边际私人净产值高于边际社会净产值，则表明企业以外的其他人利益受损，就会存在负外部性。例如，化工厂环保标准不达标对周边企业和个人造成空气污染，而后者却不能从化工厂那里获得补偿；若边际私人净产值低于边际社会净产值，则企业行为为社会带来福利，就会存在正外部性。例如，企业的技术创新成果外溢，使其他企业技术水平得以整体提升。若边际私人净产值与边际社会净产值相等，则资源配置最优。为此，庇古主张对边际私人成本小于边际社会成本的企业征税，对边际私人收益小于边际社会收益的企业给予补贴，通过这种形式的征税和补贴，就可以实现外部效应内部化，尽可能地使资源配置实现帕累托最优。庇古的这种政策主张后来也被学者们称为庇古税，诸如排污治理费的征收、低排放汽车的补贴都可以从庇古的经济外部性论述中找到理论依据。

2.2.2.3 科斯——经济外部性理论的发展者

科斯是新制度经济学派的创始人，科斯针对经济外部性问题发表了《社会成本问题》（*The*

---

① 譬如，深圳的电子信息产业之所以引领全国，很大程度上得益于其拥有完整的电子信息产业链，可大幅降低从业者的生产经营成本。为了享受较低的生产经营成本，全国各地的电子信息企业就有更强烈的意愿到深圳投资设厂，从而形成良性循环。可见，深圳的电子信息产业存在马歇尔所说的外部经济。

② 马歇尔 . 经济学原理 [M]. 北京：商务印书馆，1997.

③ 沈满洪，何灵巧 . 外部性的分类及外部性理论的演化 [J]. 浙江大学学报（人文社会科学版），2002（1）：152-160.

④ 庇古 . 福利经济学 [M]. 北京：华夏出版社，2007.

Problem of Social Cost）一文，对庇古关于经济外部性的观点提出了质疑，“传统方法掩盖了不得不做出选择的实质。人们一般将该问题视为甲给乙造成伤害，因而所要决定的是：如何制止甲？但这是错误的。我们正在分析的问题具有相互性，即避免对乙的损害将会使甲遭受损害，真正的问题是：是允许甲损害乙？还是允许乙损害甲？关键在于避免较严重的损害”。[①] 科斯在文中以两个农场主为例，说明在产权清晰的情况下，可以解决外部性问题，并提出了“交易费用”这一重要概念。在此基础上，经济学家将科斯的论述提炼为科斯定理[②]。科斯定理指出，经济外部性并非市场机制的必然结果，而是由于产权没有界定清晰。只要产权明晰，经济外部性问题就可以通过当事人之间签订契约或自愿协商予以解决。科斯定理使得经济外部性理论得以深化和发展。

2.2.3 经济外部性理论与ESG

经济外部性对 ESG 具有重要的启示意义。

2.2.3.1 ESG 报告促使企业披露环境信息

企业行为会带来外部性问题，而生态资源是一种产权不明晰的公共物品。根据科斯定理，生态环境作为公共物品带来的相关问题不能完全依靠市场机制解决，需要政府的干预和管制，可以包括诸如开征资源税、征收排污费或排放费、发放排污或排放配额等行政化手段，也可以是设立碳排放交易市场等。但上述行政化或市场化干预和管制的必要条件就是市场主体充分披露环境信息。ESG 报告能够促使企业充分披露环境信息。ESG 报告提供的相关信息可以成为行政干预和管制的决策依据，也可以大幅降低行政干预和管制的交易成本；同时，对环境信息的披露有利于进一步实现我国的“双碳”目标。

ESG 报告中披露的相关信息，不仅包括企业经营活动产生的负外部性，还包括正外部性，对产生正外部性企业和行为的披露能成为企业的一种激励，因为这往往象征着企业在践行 ESG 标准，有利于吸引投资和提升企业形象。

2.2.3.2 ESG 有利于降低企业行为的负外部性，增加正外部性

第一，商业性经济不考虑外部性。秉持 ESG 理念的企业将考虑企业行为的负外部性，因为 ESG 驱动型企业明白不受监督的负外部性会使得企业无法计算出所有生产成本，利润会人为地膨胀，因而创造负外部性会面临政策上的风险，即政府的新法规要求企业计入这些负外部性的成本。因此，ESG 会促进企业减少其负外部性行为。

第二，企业的 ESG 行为会增加正外部性，吸引利益相关方。当某公司减少了碳足迹，ESG 投资者会认为此公司变得更有价值。这是因为该企业的碳信用（即碳权）价值上升，以及在这一过程中所获得的声誉资产将会使该企业更容易吸引客户、员工及 ESG 投资者。此外，关于人类导致的环境恶化的公众焦虑，以及 ESG 在各种国际和国内性法规、协定和承诺（如《巴黎气候协定》）中的体现，为企业带来了新的商业机遇，如风力发电机、太阳能电池板和电动车等。

---

① 科斯 . 社会成本问题 [M]//R. 科斯，A. 阿尔钦，D. 诺斯，等 . 财产权利与制度变迁 . 上海：三联书店，2004.

② 科斯本人也承认，科斯定理并非由他提出，而是很多经济学家特别是诺贝尔经济学奖获得者 Joseph E. Stiglitz 根据科斯的“社会成本问题”等论述总结提炼形成的。

自动回收机

自动回收机收集空的容器并向用户返现。这种机器在制定了强制回收器法律的地区较为常见。在有些情况下，瓶子生产商向一个共同的资金池提供资金，由该资金池向回收空瓶的用户返现。在其他地方，如挪威，政府向供应商征收一种法定税来支持回收活动，但是并不干涉它们以何种方式缴纳。挪威有很多自动回收机。这从侧面表明自动回收机是一种高性价比的实现自发或是政府强制的资源回收义务的方法。

目前，全世界只有 10 万台自动回收机，众多 ESG 投资者看好自动回收机的中长期发展。通过调查可以发现，新的自动回收机制造商正在持续涌现。头部供应商包括美国的 Kansmacker 和 Envipoc、挪威的 Tomra、德国的 Wincor Nixdorf、印度的 Zeleno 和 Reverse Vending Corporaton。

2.2.3.3 ESG 的兴起将内化负外部性

鉴于商业行为带来的负外部性，ESG 会推动企业考虑其行为的外部性影响，ESG 投资者也会被外部性定价的技术、系统市场及商业模式所吸引，因此要推动企业内化其负外部性。近年来，可交易的温室气体排放指标被设立为一种内化外部性的方法，也被称为“碳信用”。

活跃的碳信用市场有大量的碳排放交易发生，并为其给予了较高的定价，它的存在不仅使公司管理层专注于减少排放，而且使其他公司专注于减少排放。这种焦点转移促使一个经济体转向投入更多资源和注意力在可以减少温室气体排放的商业行为和技术上。

碳信用

碳信用是一种可交易的证书或牌照，允许持有者排放一吨二氧化碳或一吨“等价气体”，如甲烷、一氧化二氮、氢氟碳化合物、氟化氮和六氟化硫。国内或国际协议创造了这些信用。温室气体排放量名义上被这些协议封顶，同时市场在被监管的排放企业中分配排放权的过程中发挥了作用。

对减少排放感到困难或者不情愿的企业，不会出售其碳信用。如果它的规模还在增长，那么它甚至希望购买更多的碳信用。但如果一家企业可以用比碳信用市值更低的成本减少排放，那么它就会有动力出售其碳信用并将其利润用于减排投资。

2.2.3.4 经济外部性推动 ESG 信息披露的发展

经济外部性还给 ESG 的发展提供了启示意义，即 ESG 报告制定信息披露准则时应明确界定环境方面的外部性空间范围，这样有利于 ESG 报告全面、准确地披露温室气体排放、能源消耗等方面的信息。例如，企业应当披露自身经营活动产生的直接温室气体排放；此外，信息披露准则还要求企业披露范围扩大至整个供应链，涵盖企业经营活动直接和间接产生的温室气体排放。外部经济性理论将推动 ESG 制定者明确这些内容。

资料链接

“双碳”目标与ESG理念推广

2020年9月，习近平在第七十五届联合国大会一般性辩论上，郑重向全世界承诺，中国二氧化碳排放力争于2030年前达到峰值，努力争取2060年前实现碳中和。

“双碳”将企业的环境责任法律化，形成全国范围内统一和强制执行的标准。根据欧洲经验，政府会通过立法明确企业的减碳责任，以推进“双碳”目标的实现。我国不久后也将出台减碳政策和法律，原本自愿的减排行为变成了法律义务，具有了普适性和强制性。碳排放量，很大程度上代表了企业在绿色投入、资源和能源的集约使用和循环利用，对有毒有害物质的处理及对生物多样性保护方面的水平，是企业承担环境责任的重要表现。

目前，碳排放已有成熟的计量体系和相对统一的标准，一些第三方机构也开始提供碳排放计算和信息披露服务。早在2016年，中国证监会就出台政策，要求重点碳排放行业的上市公司必须在年报中披露碳排放情况。随着各部委“双碳”政策和有关法律的陆续出台，越来越多中国企业将披露碳排放信息，并履行减排义务。这将有力推动我国ESG工作，碳排放表可能与企业三大财务报表并列，成为企业必备的第四张报表，政府、企业管理者、投资人及其他利益相关者都能看到企业所承担的环境责任，这将倒逼企业加大在环境保护方面的投入，加快绿色发展转型。

资料来源：陈文辉．找准“双碳”与当前投资热点结合部 吸引长期资本助力“双碳”目标实现[J]．当代金融家，2021（11）：22-26.

2.3 可持续发展理论

ESG的内涵既包括企业追求可持续发展所应遵循的核心纲领，也包括企业践行可持续发展可借助的行动指南与工具。同时，ESG通过考量环境、社会责任和治理等非财务因素不仅有利于企业长期经营的稳定性，还关注企业行为对环境、社会及更广阔范围内的利益相关方的影响，从而促进企业和人类社会的可持续发展。这也使ESG成为衡量企业可持续发展的重要维度。

此外，ESG报告也经常被冠以可持续发展报告的名称，除了因为ESG报告旨在提供可用于评价企业可持续发展的相关信息，还因为ESG的诸多理念源自可持续发展理论。可持续发展理论萌芽于20世纪六七十年代，经过多年的发展日臻成熟，现已获得广泛的认可并为世人所接受。

2.3.1 可持续发展理论的背景及定义

可持续发展理论是人们在观念上对人类中心主义（Anthropocentrism）思维模式带来的环境和社会问题不断反思，在行动上对过度工业化的警惕而逐渐形成的。在对待自然界的态度上，人类中心主义认为人类高于自然，具有打造自然、征服自然的神圣权力。因此，人类中心主义又被称为主宰论（Domination Theory）。人类中心主义最早可追溯至基督教，这种人类高于自然的宗教思想后来与世俗的科学理性主义（Scientific Rationalism）相互交织在一起，进一步助长了人类中心主义。以培根、牛顿和笛卡儿为代表的科学理性主义者认为，地球这个星球就是为了人类的福祉和开发而存在的[①]。蒸汽机和电力的发明，极大地提高了人类的生产力，西方国家步入了工业社会。在工业社会里，民众普遍认为，随着科学技术的发展，自然资源将取之不尽、用之不竭，物质主义和享乐主义大行其道。在工业化国家中，不断提高物质生活水平，成为消费者和政治家的主要追求，非工业化国家则将努力赶上工业化国家取得的成就作为经济和政治诉求。按 GDP 规模或人均 GDP 衡量的经济增长水平，成为成功与否的试金石。

人类中心主义的思维模式及科学技术的进步使得自工业革命起，人类为了提高物质生活水平对自然资源过度开发和利用，带来了诸如环境污染、气候变化、物种灭绝、资源匮乏等严重的环境问题。1962 年，美国海洋生物学家蕾切尔·卡逊（Rachel Carson）女士出版了《寂静的春天》一书，这部环境科普著作讲述的是 DDT 这种杀虫剂对鸟类和生态环境的极大危害，引起了社会公众对环境资源问题的关注，促使立法机构和监管部门对企业经营活动所产生的环境外部性进行干预，并催生了生态中心主义（Ecocentrism）的思维模式。该模式强调人类是自然界的一个组成部分，不能主宰环境，并且人类的生存和发展都离不开良好的生态环境，对资源掠夺性的开采和利用最终会危及人类自身的生存。对地球环境及资源的关注，促使 1972 年在斯德哥尔摩举行的联合国人类环境研讨会上提出可持续发展模式，即一种注重长远发展的经济增长模式。在 1987 年出版的《我们共同的未来》报告中，世界环境与发展委员会对可持续发展进行了明确定义，即可持续发展是既满足当代人的需求，又不损害后代人满足其需求的能力。它是科学发展观的基本要求之一。这一概念强调我们既要关注当下的利益，也要立足长远、考虑到后代人的生存环境，首次将全世界人凝结为一个整体来看，并对此做出翔实的论证，如 Giddings 等（2002）[②]、Cutter 等（2003）[③]、Wilbanks（2007）[④]、Spangenberg（2011）[⑤]。自此之后，可持续发展就引起了热议和关注，人们不再只关注经济发展和生态环境的关系，而是兼顾经济、文化、教育、社会、环境的整体发展，并且从经济、社会、科技等多方面给出可持续发展的定义。发达国家和发展中国家达成共识，认为经济发展应该在生态环境的承载力范围内进行，并且通过科技发展减少对环境的污染和资源的浪费。

2.3.2 可持续发展理论的主要内容

可持续发展理论的主要内容涉及可持续经济、可持续生态及可持续社会三者的有机协调统一，在具体的发展过程中既关注经济效率，也追求生态和谐及社会公平，最终实现人的全面发

---

① Baker S，Kousis M，Richardson D，et al. Politics of Stainable Development[M]. London：Taylor & Francis e- Library，2005.

② Giddings B，Hopwood B，O'brien G. Environment，Economy and Society：Fitting them Together into Sustainable Development[J]. Sustainable Development，2002，10（4）：187-196.

③ Cutter S L，Boruff B J，Shirley W L. Social Vulnerability to Environmental Hazards[J]. Social Science Quarterly，2003，84（2）：242-261.

④ Wilbanks T J. Scale and Sustainability[J]. Climate Policy，2007，7（4）：278-287.

⑤ Spangenberg J H. Sustainability Science：A Review，an Analysis and Some Empirical Lessons[J]. Environmental Conservation，2011，38（3）：275-287.

展。可持续发展理论源于环境保护问题，但在发展的过程中已将环境问题和发展问题有机结合，成为指导经济社会发展的全面性战略。可持续发展理论的主要内容包括以下三个方面：

2.3.2.1 经济可持续发展

经济发展是提升国家实力和增加社会财富的基础，而可持续发展是鼓励经济增长的重要方式。可持续发展理论强调在追求经济增长数量的同时，注重经济发展质量，倡导通过清洁生产、文明消费及资源节约等途径提高经济效益，改变传统的"高投入、高消耗、高污染"为特征的生产和消费模式。可以说，可持续发展理论在经济方面的体现就是应当采用集约型的经济发展方式。

2.3.2.2 生态可持续发展

可持续发展要求在自然的承载能力范围内实现经济和社会的发展，必须注重经济、社会发展与自然承载能力之间的协调性，强调要采用可持续的方式使用资源，注重保护和改善生态环境，在地球可承载的范围内谋求人类的发展。生态可持续发展特别关注环境保护，但并不是将环境保护和社会发展对立起来，而是要求通过转变以往的与环境对立的发展模式，从根本上解决环境问题，实现经济发展与保护环境的共赢。

2.3.2.3 社会可持续发展

可持续发展理论除经济、生态发展外，社会公平也是其强调的重点，同时社会公平也是可持续发展得以实现的机制和目标。可持续发展理论认为各个国家所处的发展阶段及发展目标不尽相同，应当改善人类生活质量，提高人类健康水平，创造一个平等、自由、教育、人权和无暴力的社会环境，这也是发展的本质。

因此，在可持续发展理论中，经济可持续是基础，生态可持续是条件，社会可持续是目的。在人类的发展进程中，应当谋求以人为本的生态、经济、社会的持续、稳定、健康发展。

17个可持续发展目标

2015 年 9 月，联合国在纽约总部召开了可持续发展峰会，193 个成员国在峰会上通过了《联合国 2030 年可持续发展议程》，提出了旨在指导各成员国解决 2015～2030 年环境、社会和经济问题的 17 个可持续发展目标。可持续发展目标（SDGS）又称全球目标，致力于通过协同行动消除贫困，保护地球并确保人类享有和平和繁荣。

这 17 个目标建立在千年发展所取得的成就之上，增加了气候变化、经济不平等、创新、可持续消费、和平与正义等领域。这些目标相互联系，一个目标实现的关键往往依赖于其他目标相关问题的解决，17 个目标见图 2-1。

实现可持续发展目标的期限仅剩不到十年，世界各国领导人在 2019 年 9 月的可持续发展目标峰会上呼吁开展行动十年、实现可持续发展，并承诺调动资金、提高国家行动力、增强机构能力，在 2030 年目标日期前实现可持续发展目标，不让任何一个人掉队。

联合国秘书长呼吁社会各界在三个层面上开展行动十年：在全球层面，采取全球行动，为实现可持续发展目标提供更强的领导力、更多的资源和更明智的解决方案；在地方层面，政府、城市和地方当局的政策、预算、制度和监管框架应进行必要的转型；在个人层面，青年、民间社会、媒体、私营部门、联盟、学术界和其他利益攸关方应发起一场不可阻挡的运动，推动必要的变革。

目标 1：无贫穷
在全世界消除一切形式的贫困

目标 2：零饥饿
消除饥饿，实现粮食安全，改善营养状况和促进可持续农业

目标 3：良好健康与福祉
确保健康的生活方式，促进各年龄段人群的福祉

目标 4：优质教育
确保包容和公平的优质教育，让全民终身享有学习机会

目标 5：性别平等
实现性别平等，增强妇女和女童的权能

目标 6：清洁饮水和卫生设施
为所有人提供水和环境卫生并对其进行可持续管理

目标 7：经济适用的清洁能源
确保人人获得负担得起的、可靠和可持续的现代能源

目标 8：体面工作和经济增长
促进持久、包容和可持续经济增长，促进充分的生产性就业和人人获得体面工作

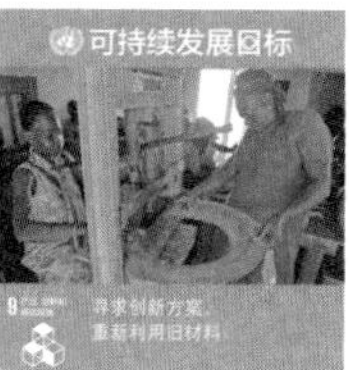

目标 9：产业、创新和基础设施
建造具备抵御灾害能力的基础设施，促进具有包容性的可持续性工业化，推动创新

目标 10：减少不平等
减少国家内部和国家之间的不平等

目标 11：可持续城市和社区
建设包容、安全、有抵御灾害能力和可持续的城市和人类社区

目标 12：负责任消费和生产
采用可持续的消费和生产模式

目标 13：气候行动
采取紧急行动应对气候变化及其影响

目标 14：水下生物
保护和可持续利用海洋和海洋资源以促进可持续发展

目标 15：陆地生物
保护、恢复和促进可持续利用陆地生态系统，可持续管理森林，防治荒漠化，制止和扭转土地退化，遏制生物多样性的丧失

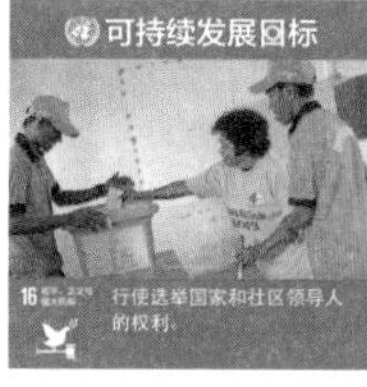

目标 16：和平、正义与强大机构
创建和平、包容的社会以促进可持续发展，让所有人都能诉诸司法，在各级建立有效、负责和包容的机构

目标 17：促进目标实现的伙伴关系
加强执行手段重振可持续发展全球伙伴关系

图 2-1　联合国提出的 17 个可持续发展目标

2.3.3 可持续发展理论与ESG

2.3.3.1 可持续发展是 ESG 的目标

可持续发展理论与 ESG 密切相连，可持续发展目标是实现经济、社会和生态环境的整个可持续性，是所有人和组织的需求和共同发展目标，需要所有组织对其负责。企业践行 ESG 实践的总体目标是能够为可持续发展做出贡献，通过关注环境、社会和治理等非财务绩效，实现企业和社会的可持续发展。由此，可持续发展是 ESG 理念的终极目标。

2.3.3.2 可持续发展理论是推动 ESG 的重要力量

可持续发展理论注重对生态环境的保护，强调人类和环境的整体性，将经济发展和生态相联系，很多 ESG 报告框架在指标体系设计思路上汲取了可持续发展理论的思想精髓，如全球报告倡议组织（GRI）的四模块准则体系中，经济议题、环境议题和社会议题三大模块，在设计理念上与社会、经济与环境三位一体的可持续发展思想一脉相承。可持续发展理论为 ESG 理念尤其是其中的 E（环境）和 S（社会）的可持续发展奠定了理论基础。

2.3.3.3 企业 ESG 表现是对企业可持续发展能力的体现

企业 ESG 表现对于一个企业的可持续发展能力进行了较好的测量。具体来说，ESG 表现综合衡量了一个企业在环境责任、社会责任承担、公司治理成效三个维度的作为，ESG 评级较高可以认为一个企业的可持续发展能力较强，并且政府通常对于这样的高质量企业的扶持力度也会大于那些高污染不可持续的企业。因此，从发展角度看，企业会因为自身可持续发展能力强、可持续发展风险小，一方面，得到政府支持，如获得低利率贷款而增强自身的盈利能力；另一方面，其因被投资者长期看好，得到证券市场参与者的信任，从而拥有较为坚挺的股价。

2.3.3.4 可持续发展，离不开“负责任”的 ESG 实践

践行 ESG 投资、依法合规开展业务是企业重要的社会责任。ESG 理念与我国双碳目标相一致，与我国“创新、协调、绿色、开放、共享”的五大发展理念相统一。ESG 评价体系提供了一种具备可操作性的可持续发展评估工具，有助于落实“十四五”规划目标，要优化投资结构，发挥投资对生态、绿色、低碳发展的作用。放眼全球，践行 ESG 投资有助于推进全球可持续发展。只有通过资本市场的倒逼，才能实现 2015 年《巴黎气候协定》中的 1.5℃温度控制目标，推动净排放进程加快。

ESG 投资也将引领整个社会从单纯的挣钱盈利的浮躁心态向可持续、负责任、和谐的发展观转变。另外，从企业社会责任角度看，将 ESG 纳入企业战略，将有助于企业从自身与社会的结合点上发现业务增长点、创造社会与企业可以共享的价值，从而获得广泛的社会认可与持续的竞争优势。

2.4 企业社会责任理论

一方面，ESG 理念的兴起，使企业与社会之间的关系变得更加密切和复杂，不仅要求企业对股东、员工、顾客负责，还要对供应商、公众、政府、媒体、社区等负责。在 ESG 的背景下，企业已然成为一个由各种利益相关方组成的集合体，应在追求经济效益的同时注重社会效

益和环境效益，通过负责任的投资和生产运营，实现可持续发展及与利益相关方的合作共赢。另一方面，相比 ESG，企业社会责任（Corporate Social Responsibility，CSR）的历史更为悠久，尽管 ESG 与企业社会责任在理念和侧重点上并不相同，但 ESG 深受企业社会责任理论的影响。因此，本部分内容就企业社会责任理论进行讨论。

2.4.1 企业社会责任理论概述

2.4.1.1 企业社会责任的基本概念

企业社会责任理论作为跨多个学科研究的重点问题，随着理论和实践的不断深入，企业社会责任的基本概念作为企业社会责任理论的核心内容并未形成一致意见，其本质上还是一个有争议的概念，在应用上也具有相对开放性。[①] 在特定的社会经济发展阶段，企业社会责任也具有不同的含义，即企业社会责任是一种动态现象。[②] 因此，随着时代的发展，企业社会责任内涵也在不断地丰富和发展，表 2-3 是国内外学者和社会组织关于企业社会责任定义的归纳和总结。

表 2-3 国内外学者和社会组织关于企业社会责任的定义

学者 / 社会组织	观 点
Oliver Sheldon	公司的经营应该与产业内外各种人类需要的责任联系起来，与公司经营利润相比，应该把社区的利益放在更加重要的位置，打破了"公司的责任就是为股东赚钱"的传统公司理论
Bowen	商人以社会目标和价值观念为基础所进行的决策和制定生产经营规则的义务
Friedman	企业的社会责任就是使利润最大化
McWilliams	那些超越企业利益、促进社会公益的行为和法律要求的行为
Johnson	组织超越规章制度和公司治理所规定的对利益相关方最低义务的要求
刘俊海	企业不能把为股东服务作为唯一目标，应充分考虑员工利益、债权人利益、消费者利益等社会利益
陈炳富和周祖诚	企业社会责任有广义和狭义之分，广义的社会责任就是经济责任、法律责任、道德责任等的总和，狭义的社会责任就是企业的道德责任
卢代福	企业社会责任，是指企业在谋求股东利润最大化之外所负有的维护和增进社会利益的义务
国际劳工组织	指企业在自愿程度的基础上，在经济、社会和环境领域主动承担超出法律要求的责任
世界银行	企业为改善利益相关者的生活质量而贡献于可持续发展的一种承诺
世界可持续发展工商理事会	企业对经济可持续发展、员工及其家庭、当地社区与社会做出贡献，从而提高人们的生活质量
国际雇主组织	在公司运作及与利益相关各方的互动中，公司将社会和环境问题纳入考虑

可以看出，国内外学者和社会性组织从不同角度对企业社会责任进行了定义，虽然不尽相同，但以上定义的共同特点都体现了对社会结构构成要素的一种责任要求。企业作为社会组织结构的一个重要构成，通过企业政策和企业行为透露出企业的一种承诺，这种承诺可能是员工发展、产品质量保证等较小的层面，也可能是涉及环境保护、可持续发展等较大的层面。企业

① Moon J，Crane A，Matten D. Can Corporations be Citizens? Corporate Citizenship as a Metaphor for Business Participation in Society[J]. Business Ethics Quarterly，2005，15（3）：429-453.

② Carroll A B. Corporate Social Responsibility：Evolution of a Definitional Construct[J]. Business & Society，1999，38（3）：268-295.

通过自愿性的社会活动，并且这种活动应该超越法律范围及其“最低的义务范围”，来完成对社会所作的承诺。

就目前的学术研究来看，本书认为，企业社会责任是企业在创造利润、对股东负责任的同时，还要承担对员工、社会和环境的责任，实现企业和社会的双赢。企业社会责任是企业的一种自觉行为，这种责任是企业的社会行为引起的必然结果。广义的企业社会责任包括对员工、消费者、交易对象、竞争对手、社区及政府机构等各种利益相关方主体承担的责任。狭义的企业社会责任主要是相关劳动法和社会保险法规定的责任。

资料链接

企业社会责任之父Howard R. Bowen

Howard R. Bowen（1908-1989）是一位杰出的经济学家和教育家。他于1935年从艾奥瓦大学获得博士学位后就在艾奥瓦大学商学院任教。第二次世界大战期间，Bowen被美国商务部聘请为众议院筹款委员会（House Ways and Means Committee）和参议院财政委员会（Senate Finance Committee）的首席经济学家。1964～1969年，Bowen担任艾奥瓦大学的第十四任校长。之后，Bowen作为经济学教授受聘于加利福尼亚州克莱蒙特大学，直至去世，他一直是该大学的名誉教授。

2.4.1.2 企业社会责任的具体内容

目前，关于企业社会责任的具体内容，学术界最为广泛接受的是Carroll于1991年提出的企业社会责任金字塔结构，该结构认为企业社会责任由低到高包含经济责任、法律责任、伦理责任和慈善责任四种，见图2-2。

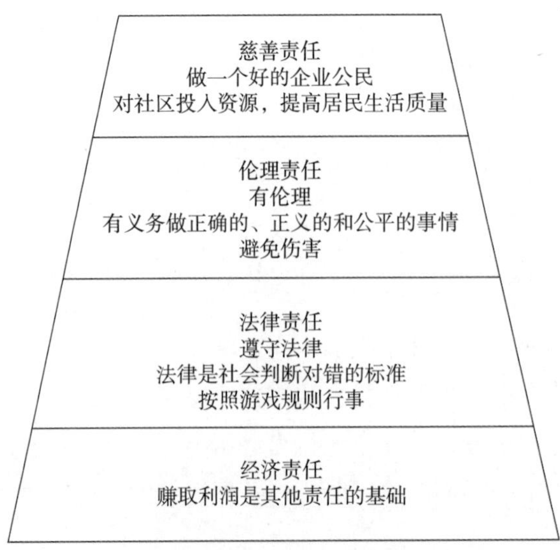

图2-2 企业社会责任金字塔结构

资料来源：Carroll A B. The Pyramid of Corporate Social Responsibility: Toward the Moral Management of Organizational Stakeholders [J]. Business Horizons, 1991, 34(4): 39-48.

在企业社会责任的金字塔结构中，经济责任是企业作为社会经济单元的基础，其基本作用是通过生产满足消费者和社会需求的产品与服务来赚取利润；法律责任是企业不仅需要为股东创造最大利润，同时还需要在法律和法规的要求下运作。Carroll 列举了经济责任的五个重要方面及企业必须遵守的法律责任，见表 2-4。

表 2-4 企业社会责任金字塔结构中的经济责任和法律责任

经济责任	法律责任
（1）企业在利润最大化原则下运作 （2）追求尽可能多的利润 （3）保持竞争优势 （4）保持较高的运作效率 （5）成功企业是能获得持续利润的企业	（1）在法律规定和政府期望下运作 （2）遵守联邦政府、州政府和地方政府的法规 （3）企业是遵守法律的企业公民 （4）成功企业是履行了其法律责任的企业 （5）企业提供的产品与服务至少满足了最低的法律要求

资料来源：Carroll A B. The Pyramid of Corporate Social Responsibility：Toward the Moral Management of Organizational Stakeholders [J]. Business Horizons，1991，34（4）：39-48.

金字塔结构中的伦理责任包括“反映消费者、员工、股东和社区认为是正确的、正义的或者是尊敬或保证利益相关方道德权利的标准、规范和期望”；慈善责任包括“为成为一个社会期望的好企业公民而做的一系列活动”，是企业自愿和自由决定承担的活动。伦理责任和慈善责任列示在表 2-5 中。

表 2-5 企业社会责任金字塔结构中的伦理责任和慈善责任

伦理责任	慈善责任
（1）企业运作与社会道德观念和伦理规范期望一致 （2）认可与尊重被社会所接受的新道德标准 （3）防止为完成企业目标而在伦理标准上做出让步 （4）企业公民应该做符合道德和伦理的事情 （5）认识到企业的诚实和企业伦理行为不仅是遵守法律和法规	（1）企业运作与社会的博爱和慈善期望相一致 （2）资助高尚的表演艺术 （3）企业的管理者和员工都在他们自己的社区内参加志愿者和慈善活动 （4）资助私人和公共教育机构 （5）自愿资助旨在提高社区生活质量的项目

资料来源：Carroll A B. The Pyramid of Corporate Social Responsibility：Toward the Moral Management of Organizational Stakeholders [J]. Business Horizons，1991，34（4）：39-48.

企业社会责任金字塔描绘了企业社会责任的四个部分：经济责任位于金字塔的最底层，这意味着经济责任是其他三方面的基础；由于法律是社会判断对错的标准，企业应当遵守法律；随后是企业的伦理责任，伦理责任最基本的要求是做正确、正义和公平的事情，以及避免或者减少对利益相关方（员工、客户、环境等）的伤害；企业应当成为一个好的企业公民，这是企业的慈善责任，慈善责任希望企业将财力和人力资源投入社区，提高社区居民的生活质量。

2.4.2 利益相关方理论

利益相关方理论回答了企业社会责任研究中最紧要的问题，即“企业应该为谁承担责任”，明确了企业社会责任的方向，并找到了正确衡量企业社会责任的方法。企业社会责任业绩是根据企业是否满足多重利益相关方的需要来加以衡量，原来泛泛而谈的企业社会责任现在可以通过它与利益相关方的关系得到明确，从而通过利益相关方利益的衡量来判定企业社会责任的表现。基于此，本节先从企业的利益相关方进行分析，以便于理解企业社会责任理论。

2.4.2.1 利益相关方的定义

斯坦福大学的研究小组于1963年首次提出“利益相关方”概念，认为没有利益相关方的支持，企业便无法生存。自此，学者们开展了广泛的研究，对利益相关方这一概念进行界定。

利益相关方（Stakeholder）概念最初是由伊戈尔·安索夫在其《公司战略》一书中正式使用的；1984年，弗里曼在《战略管理：利益相关者方法》一书中给出利益相关方的定义，自此，“利益相关方”“利益相关方理论”等术语才被广泛使用。弗里曼认为，利益相关方是能够影响组织目标实现或者能够为组织目标实现所影响的人或集团；并认为，利益相关方包括经理人、债权人、雇员、消费者、供应商、竞争者、社区、管理机构等[①]，企业的利益相关方见图2-3。

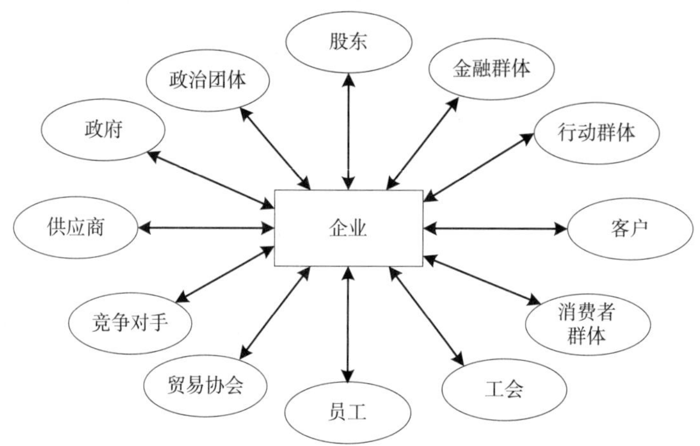

图2-3 企业的利益相关方

在此基础上，Carroll和Buchholtz认为，“利益相关方是在企业中投有一种或多种赌注，能够影响企业或者被企业影响的个人或团体”[②]。Clarkson将企业看作由多种相互联系的利益相关方群体构成的一个有机系统，企业依赖利益相关方群体实现生存和持续发展，并达到经济目的和社会目的。因此，根据利益相关方对企业的作用将利益相关方分为两级：第一级利益相关方是企业生存和持续经营不可或缺的人，通常包括股东、投资者、员工、客户、供应商、政府及社区等。第二级利益相关方是对企业产生影响或受企业影响的群体，但并不介入企业事务，不是企业生存所必需的，包括媒体、社会团体、种族组织、宗教组织和一些非营利组织等。[③]

国内学者陈宏辉也对利益相关方的概念做出了颇具代表性的定义，其认为利益相关方是那些在企业中进行了一定的专用性投资，并承担了一定风险的个体和群体，其活动能够影响该企业目标的实现，或者受到该企业目标实现过程的影响。[④] 万建华等认为，“利益相关方就是宣称在某一企业里享有一种或多种利益关系的个体或群体。利益相关方可分为一级利益相关方和二级利益相关方。前者包括财务资本和人力资本所有者、政府、供应商和顾客；后者包括公众、

① Freeman R E. Strategic Management：A Stakeholder Approach[M]. Boston：Pitman，1984.

② Carroll A B，Buchholtz A K. Business & Society：Ethics and Stakeholder Management[M]. Mason：Thomson/South-Western，1993.

③ Clarkson. A Stakeholder Framework for Analyzing and Evaluating Corporate Social Performance[J]. The Academy of Management Review，1995，20（1）：92-117.

④ 陈宏辉 . 企业利益相关者的利益要求：理论与实证研究 [M]. 北京：经济管理出版社，2004.

环境保护组织、消费者权益保护组织及社区等”①。对国内外具有代表性的利益相关方的定义进行归纳总结，见表 2-6。

表 2-6 国内外学者对利益相关方的定义

作者	年份	定 义
Freeman	1984	能够影响组织目标实现或者能够被组织目标实现所影响的人或集团
Carroll	1989	那些以资本投入方式对企业进行投资而承担相应风险及收益的个人或团体
Clarkson	1995	在企业过去、当下及未来活动中拥有或主张所有权、权利或利益的个人或团体
Fassin	2009	以股东拥有股份的方式在组织中维持股份的任何个人或集团
万建华等	1998	利益相关方就是宣称在某一企业里享有一种或多种利益关系的个体或群体
陈宏辉	2004	那些在企业中进行了一定的专用性投资，并承担了一定风险的个体和群体，其活动能够影响该企业目标的实现，或者受到该企业目标实现过程的影响

依据以上学者的相关定义，本书将企业的利益相关方理解为“那些对企业的决策制定和决策结果产生或受到其直接或间接影响的所有个体和群体”。这表明，利益相关方可被认为是企业能够通过行动、决策、政策、做法或目标而影响的任何个人或群体。反过来说，这些个人或群体也能影响企业的行动、决策、政策、做法或目标。利益相关方理论把企业对股东的责任扩展到了对所有利益相关方的责任，使企业不仅要处理好与股东的关系，还要处理好与其他各种利益相关方的关系，承担起对利益相关方的责任。企业可以在利益相关方理论的框架内针对每一利益相关方承担相应的责任。Carroll 采用利益相关方 / 社会责任矩阵的形式来表达企业对利益相关方的责任，见表 2-7。

表 2-7 利益相关方 / 社会责任矩阵

利益相关方类别	经济责任	法律责任	伦理责任	慈善责任
所有者				
消费者				
员工				
社区				
竞争者				
供应商				
社会压力群体				
公众				
……				

资料来源：Carroll A B，Buchholtz A K. Business & Society：Ethics and Stakeholder Management：3ed[M]. Cincinnati：South-Western Collage Publishing，1996.

2.4.2.2 利益相关方的分类

在利益相关方定义的基础上，学术界从不同角度对企业利益相关方进行了系统性分类，但

① 万建华，戴志望，陈建．利益相关者管理 [M]. 深圳：海天出版社，1998.

并未形成一致意见。其中以 Freeman、Mitchell、Clarkson、Wheeler 等学者的分类最具代表性。

Freeman 和 Clarkson 等从定量的角度对利益相关方进行分类，将利益相关方分为两类：一类是比较重要的，对企业生存和发展不可或缺的人，包括股东、债权人、消费者、员工、客户、政府和社区等；另一类是对企业成长有间接影响的或者受到企业影响的人，包括媒体、社会和自然环境等。Mitchell 等从利益相关方的特性，即基于合理性、影响力和紧急性将利益相关方分为三类（见图 2-4），并认为企业的所有利益相关方必须具备以上三个属性中的至少一种。[①] 其中，合理性是企业所认为的某一利益相关方对某种权益要求的正当性。例如，由于所有者、雇员和顾客与公司有着明确的、正式的和直接的关系，其要求的合理性就大于与公司关系较为疏远的社会团体、竞争者、媒体等，后者的要求具有较低的合理性。影响力是达到某种结果（做到了用其他办法做不到的事情）的才干或能力。紧急性是利益相关方需要企业对他们的要求给予关注或回应的程度。Wheeler 和 Maria 将社会维度引入，结合 Clarkson 提出的利益相关方与企业紧密性程度差异的划分标准，将利益相关方分为四种类型：一级社会性利益相关方，指与企业有直接关系的社会人，如顾客、投资者、雇员、供应商、其他商业合伙人等。二级社会性利益相关方，指与企业间接联系的社会群体，如居民、相关企业、其他利益集团等。一级非社会性利益相关方，指对企业有直接的影响，但不与具体的人发生联系，如自然环境、人类后代等。二级非社会性利益相关方，指对企业有间接的影响，不包括与人的联系，如非人物种等。[②]

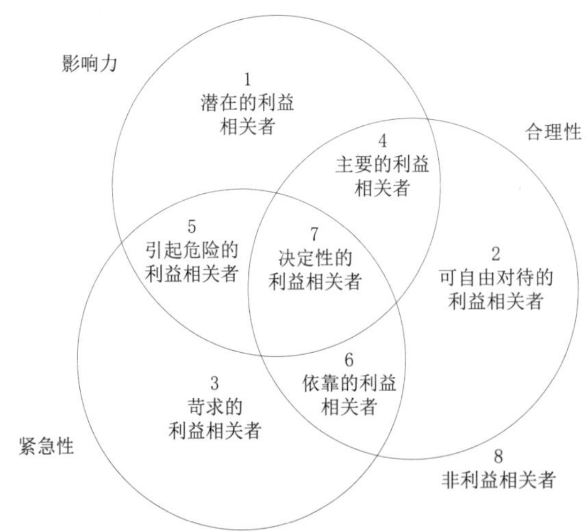

图 2-4　基于三个特性所划分的利益相关方类型

资料来源：Mitchell R K，Agle B R，Wood D J. Toward a Theory of Stakeholder Identification and Salience：Defining the Principle of Who and What Really Counts[J]. Academy of Management Review，1997，22（4）：853-886.

利益相关方理论是企业社会责任的研究基石，为企业社会责任理论提供了指导与支持。学术界在“利益相关方理论”与“股东利益至上论”之争及企业社会责任内涵的探讨的基础上，逐渐形成了企业社会责任理论。

① Mitchell R K，Agle B R，Wood D J. Toward a Theory of Stakeholder Identification and Salience：Defining the Principle of who and What Really Counts[J]. Academy of Management Review，1997，22（4）：853-886.

② Wheeler D，Maria S. Including the Stakeholders：The Business Case[J]. Long Range Planning，1998，31（2）：201-210.

企业案例

锦州港股份有限公司：与环境和谐共存，与社会和谐共荣，与利益相关方和谐共赢

锦州港股份有限公司作为我国北方第一家整体上市公司，在主业的实践中不断深入对 ESG 的理解，并将其融入运营管理体系中，建立健全 ESG 组织管理体系。公司始终积极回应利益相关方的要求和期望，为其最大限度地创造综合价值，并形成资源节约、环境友好的生产方式，依托自身优势，为社会进步和大众福祉提供可持续的支持，与社会共享发展成果，综合打造锦州港“创造财富、绿色发展、奉献社会”的企业形象。具体包括以下四个方面：①落实环境责任，走绿色发展之路。锦州港始终把生态建设嵌入发展大局，着力构建低碳环保、可持续发展的绿色港口，彰显港口的责任与担当。②践行节能减排，全方位实施降本增效。③落实社会责任，走和谐共生之路。公司在日常高水平经营的基础上，着重强调员工、客户、社会等利益相关主体之间的利益平衡，贯彻共享发展和协调发展理念，使经济发展与社会和谐之间形成相辅相成、相助相长的统一整体。④落实利益相关方责任，走综合治理之路。2020 年，公司从投资者关系维护、财务质量、投资者回报等方面综合提升公司治理水平，与投资者共享成长红利。

锦州港股份有限公司一直保持着对 ESG 信息披露的自觉意识，已连续 10 年在上海证券交易所网站单独披露《社会责任报告》，详细披露了公司在环境治理等方面所做的工作，在此过程中积累了丰富的 ESG 管理工作经验，逐步形成夯实管理基础、推进责任实践、强化透明沟通、持续改进提升的闭环 ESG 管理机制，进而促进了公司 ESG 管理的提升和 ESG 整体绩效的持续改进，有利于贯彻公司共享发展和协调发展理念，更好地处理经济发展与社会和谐之间的关系。

2.4.3 企业社会责任理论与ESG

企业社会责任理论对 ESG 有着极其重要的启示意义。

2.4.3.1 ESG 实现企业社会责任理论与投资学相关理论的联动

以获得长期利润流入而非眼前一时之利为目的的 ESG 责任投资已得到共同基金、社保基金等机构投资者的广泛认同。越来越多的投资者也意识到 ESG 因素会影响财务绩效，因而逐渐将 ESG 因素纳入投资决策的考虑范围内。ESG 责任投资理念可以为投资者提供量化数据，以判断标的企业在社会责任、公司治理方面的绩效，有利于投资者判断该企业是不是一个优秀的企业，以规避不必要的投资风险，获得更高的投资回报。将 ESG 因素与资金端的密切联系将推动企业社会责任理论与投资学相关理论的联动。

2.4.3.2 ESG 是对企业社会责任理论的丰富和完善

ESG 在企业社会责任理论的基础上增添了公司治理内容，相比企业社会责任理论，ESG 更强调公司治理，表明利益相关方不仅关心企业运营带来的环境影响和社会影响，并将关注范围拓展到了企业如何从治理结构上确保各项行动的落实。同时，对上市公司ESG相关信息的披露，表明企业要在保护环境、保障产品安全、维护员工与其他利益相关方合法权益等方面履行职责。

2.4.3.3 利益相关方崛起推动企业ESG实践

利益相关方理论强调企业经济效益分配的平衡，对企业的管理也提出了更高的要求，要求企业在寻求自身发展时还应履行相应的社会责任，如保障员工的权益和健康、保证产品的质量和安全、维护债权人和客户的利益、对社会做出更大的贡献等方面。这些都促使企业治理层和管理层以前所未有的态度统筹兼顾股东和其他利益相关方的诉求，有可能催生企业治理结构的变革，致使企业董事会将会有更多的成员来自非利益相关方，如环保人士和消费者保护主义者等。随着更多的利益相关方参与企业的经营管理活动，会迫使企业进行ESG信息披露，即从以股东利益为核心的财务披露的基础上，向以利益相关方为核心的非财务信息披露的转变，注重对各利益相关方的综合考量。

2.5 经典资产定价理论

一方面，资本市场中接连发生的“黑天鹅”事件向人们警示，纯粹地追逐经济利润而忽略与之相伴而生的潜在风险会引发灾难性的后果。资本市场是企业一切投融资活动的主要阵地，而投融资活动又对企业管理和运营的方方面面产生深刻的影响。另一方面，投资者和投资机构的投资决策对企业的ESG行为与信息披露程度非常敏感。在其他条件相同时，投资者更愿意投资ESG驱动型企业，以控制风险，保证收益的安全性。因此，如何将环境、社会和治理（ESG）因素纳入投资经理的投资过程中，以帮助他们提高投资回报、降低投资风险既符合投资者和管理层的利益，又是一个包含投资者和消费者在内的多元化股东群体共同关系的议题。经典的资产定价理论为构建基于ESG因素的投资组合策略以获得更高的投资收益提供了理论依据。

资料链接

全球ESG投资规模和影响力不断扩大

一场突如其来、席卷世界的新冠肺炎疫情再度敲响了全球经济脆弱性的“警钟”，绿色经济和可持续发展因此成为各国决策者关注的焦点。在此背景下，全球环境、社会和治理（ESG）投资备受青睐，其市场规模和影响力都在不断扩大。

国际投资管理机构克鲁力协会（Cerulli Associates）在2021年9月出炉的最新报告《2021年全球市场：不确定时期的持续增长》中提出，ESG投资领域正在出现更多的新产品，并带来新的市场机遇，但这种增长意味着需要更多的监管和投资技能。该机构的一名高管表示，在过去的一年中，该领域已经出现了两个关键性趋势：一是散户和机构投资者对可持续性投资产品的需求增加；二是这类产品的市场表现出色，预计未来全球ESG投资将继续扩大。相关经济学家指出，近年来 ESG 投资在全球范围内的影响力正逐步提升，新冠肺炎疫情暴发推动了它的进一步发展。

自新冠肺炎疫情暴发以来，ESG 投资进一步受到市场青睐，主要有以下原因：其一，新冠肺炎疫情再度警示了气候变化加剧所带来的各种风险。国际货币基金组织（IMF）总裁格奥尔基耶娃曾表示，所有国家都面临着气候变化风险带来的挑战，因此都必须加入对抗气候变化的斗争中。出于绿色经济和可持续发展的角度考量，ESG 投资在环境、社会等方面存在不少风险严控“标尺”，有助于投资者避免因为山火、飓风等带来的风险损失，投资者对其关注度也随之上升。其二，从企业的角度来看，关注社会责任、加强环境保护往往也是一块“金字招牌”，那些在该方面做得比较好的企业往往具有更好的发展潜力，因此也能契合资产管理者对长期稳定收益的追求。

事实上，近年来，欧美等发达经济体的 ESG 投资迅猛发展，已成为主流投资之一。例如，美国可持续与责任投资论坛数据显示，2020 年初，美国使用可持续投资策略的资产规模已经达到 17.1 万亿美元，在过去 10 年增长超过 4 倍，占美国本土专业管理资产的 33%。2014～2020 年，日本可持续投资资产规模增长了 368 倍。

另外，根据全球可持续投资联盟针对全球部分国家和地区（欧洲、美国、加拿大、日本、大洋洲）的统计，ESG 投资的资产管理规模从 2012 年初的 13.20 万亿美元大幅增加至 2020 年初的 35.30 万亿美元，年均增长率为 13.08%，远超全球资产管理行业的整体增速（6.01%）。日本环境省汇编的数据也显示，2020 年全球发行的 ESG 绿色债券达到 2901 亿美元。

随着 ESG 投资迅猛发展，相关的挑战也随之而来。其一，市场有关 ESG 投资是否重蹈科技投资“泡沫”覆辙的担忧正在增加。随着境外监管机构、投资者和企业对 ESG 关注度的提升，越来越多的机构投资者将 ESG 与其投资战略相结合。ESG 投资更是从早先的股票基金迅速扩容至固定收益类、权益类、商品及金融衍生品类和混合类产品，其中的金融风险值得监管者重视。其二，虽然全球在 ESG 投资理念上已经形成较为一致的原则和指引，但在 ESG 评级体系上，则体现出明显的差异，ESG 评级体系很难“求同”，如评级方法和指标体系差异的消除依赖于 ESG 投资理念和实践的进一步发展，而不同国家及地区由于社会发展阶段、政治经济文化的不同导致的差异存在其合理性，很难消除。

2.5.1 资产定价模型的假设条件

马科维茨（Harry M. Markowitz）的资产组合理论开创了经典资产定价理论的先河。在其著作 *Portfolio Selection* [①]中，假设投资者仅关注资产的收益和风险，追求期望效用最大并厌恶

① Markowitz H M. Portfolio Selection[J]. The Journal of Finance，1952，7（1）：77.

风险，那么在一个有效和完全的资本市场中，给定投资者偏好，能够求解获得一个最优的投资组合，表现为马科维茨有效前沿（Markowitz Efficient Frontier）。

Sharpe ①和 Lintner ②在马科维茨资产组合理论的基础上，加入投资者具有相同的预期和存在无风险利率资产的两个假设，认为市场中存在一种无风险的资产，并且所有投资者都有相同的预期，在这种前提下，形成了资本资产定价模型（Sharp-Lintner 版本的 CAPM）。资产定价模型针对市场的完善性和环境的无摩擦性提出了假设条件，这些条件可以归纳为以下三点：

2.5.1.1 均值—方差假设条件

（1）投资者通过证券投资组合预期收益率与标准差评价所选择的证券投资组合。

（2）在标准差一定的情况下，投资者选择有较高收益率的投资组合；在预期收益率一定的情况下，投资者选择有较低标准差的投资组合。该理论假设投资者的投资组合收益分布服从正态分布。

2.5.1.2 投资者具有同一性假设条件

（1）投资者的投资计划中所包括的投资时间和具体的投资期限是相同的。

（2）各个投资者的投资组合所包含的证券数量相同。

（3）各个投资者具有同质性预期，对所投资证券的预期收益率、标准差和协方差具有相同的估计，并且能够保证市场有效边界只能是唯一的。

（4）在有效边界上投资者对投资组合的选择是不同的，其原因是他们具有不同的风险偏好。

2.5.1.3 完全市场假设条件

（1）市场没有摩擦条件，即交易成本和税收是不存在的；所有资产可以完全分割，可以进行交易，并且没有所谓的约束性条件。

（2）市场处于充分竞争状态，对于所有的市场参与者，他们都是价格的接受者。

（3）信息成本为零，投资者可以免费和不断地获得相关信息。

（4）市场参与者都公平地接收有关信息，并且都是具有完全理性的，其投资目标是追求效用最大化。

以上假设证明：首先，投资者都具有完全理性，他们严格遵循马科维茨投资组合模型进行多样化分散投资，并且在市场有效边界上的某点选择市场投资组合。其次，资本市场具备完全有效的条件，没有任何摩擦即没有交易成本和税收阻碍。

2.5.2 资产定价模型的主要内容

资产定价模型（CAPM）假定所有投资者都寻找均值—方差有效组合，都有相同的信念，都在相同的约束条件下选择组合。在这种条件假设下，通过最大化效用原则逻辑，投资者的行为会调整资产价格使得资产的总需求等于总供给。由此可以得出，使资产市场出清的充要条件是：风险资产的最优相对比例是它们的市场价值之比。CAPM 考虑的正是市场出清条件下的风

① Sharpe W F. Capital Asset Prices：A Theory of Market Equilibrium under Conditions of Risk[J]. The Journal of Finance，1964，19（3）：425-442.

② Lintner J. The Valuation of Risk Assets and the Selection of Risky Investment in Portfolio and Capital Budgets[J]. Review of Economics and Statistics，1965（47）：587-616.

险定价问题，因此，它是一种均衡定价。CAPM 模型的基本形式为：

$$E(R_i)=R_f+[E(R_M)-R_f]\beta_{iM} \tag{2-1}$$

其中，$\beta_{iM}=\frac{Cov(R_M,R_M)}{Var(R_M)}$；$E(R_i)$ 代表个股的期望收益率；R_f 代表无风险利率；$E(R_M)$ 代表整个市场的期望收益率。

CAPM 理论说明了单个证券投资组合的期望收益率与相对风险程度的关系，即任何资产的期望报酬一定等于无风险利率加上一个风险调整，后者相对整个市场组合的风险程度较高，需要得到的额外补偿也较高。CAPM 具有两个核心观点：一是市场组合具有均值方差有效性；二是组合期望收益与市场 β 系数所具有的线性关系完全解释不同资产之间的期望收益率差异。

通过加入市场组合，CAPM 模型大大简化了马科维茨的资产组合理论，该均衡资产模型认为，资产的预期收益是市场风险的线性函数，并且由市场风险唯一决定。CAPM 虽然是最为广泛应用的定价模型①，但是在理论层面上仍存在一些不足。首先，CAPM 解释的是无风险收益率与市场投资组合预期收益率的相对水平，而不是资产的绝对价格，对资产风险和收益的本源问题进行回避，不具有完整性。其次，作为模型中的定价基准，市场组合是一种抽象的理论概念，在现实中是不可观察的，因此也是不可验证的。

自 CAPM 模型提出后，其在资产定价领域得到了广泛的应用。1980 年后，经济学家在资本市场中发现了一些资产定价模型无法解释的现象，如规模效应、价值效应、长期收益率反转等，这些金融领域的现象推翻了 CAPM 模型的前提假设，因此经济学家们尝试建立新的资产定价模型。1993 年，Fama 和 French 提出了三因素的资产定价模型②，成为近年来资产定价模型实证研究中引用频率最高的资产定价模型。Fama 和 French 将规模因子（SMB）和账面市值比因子（HML）融入资产定价模型中，该模型的具体形式为：

$$E(r_i)=r_f+\beta_i[E(r_m)-r_f]+s_iSMB+h_iHML \tag{2-2}$$

其中，$E(r_i)$ 为股票 i 的预期报酬率；r_f 为无风险收益率；$E(r_m)$ 为市场组合的预期报酬率；SMB 为规模因子，即小规模公司股票报酬率与大规模公司股票报酬率的差值；HML 为账面市值比因子，即高账面市值比公司股票报酬率与低账面市值比公司股票报酬率的差值；β_i、s_i、h_i 分别为股票的预期报酬对市场因子、规模因子、账面市值比因子的敏感度。

Fama 和 French 的三因子资产定价模型是传统资产定价模型的飞跃发展，定价因子 HML 和 SMB 的统计显著性使研究者意识到影响资产价格的因素不止一个。

2.5.3 资产定价理论与ESG

2.5.3.1 ESG 因素推动资产定价理论的丰富、完善和发展

随着社会责任投资的兴起到 ESG 责任投资的发展，对于投资者而言，责任投资中的非财务因素也会对投资价值产生重要影响。已有学者将 ESG 因素融入现代金融理论体系，以资产

---

① Cooper I. Asset Pricing Implications of Nonconvex Adjustment Costs and Irreversibility of Investment[J]. The Journal of Finance, 2006, 61（1）: 139-170.

② Fama E F, French K R. Common Risk Factors in the Returns on Stocks and Bonds[J]. Journal of Financial Economics, 1993, 33（1）: 3-56.

定价理论为基础，对资产定价模型进行修订，这有助于资产定价模型的丰富和完善，进一步推动了基于现实背景的资产定价模型的发展。

2.5.3.2 构建基于 ESG 因素的资产定价模型会带来更高的投资收益

第一，用 ESG 理念可以开发一个新的更稳健的资产定价模型，并且相关研究发现，包含市场、规模和 ESG 因素的三因素模型会得到更精确的结果，那么基于这些因素形成的投资组合会得到比传统规模和基于价值的投资组合更好的投资业绩。[①] 这表明 ESG 对于投资收益的重要性，在资产定价理论的基础之上有利于做出最优的投资组合决策。[②]

第二，将 ESG 信息纳入资产定价模型，可以促使 ESG 驱动型投资者实现高预期回报、低风险及高平均 ESG 评分之间的最佳权衡，促使投资者以较低的成本实现道德目标。[③]

资料链接

在投资向善中实现盈利

环境问题与企业的社会责任和治理状况密不可分。当公司不受任何管制和监督时，其行为往往是不负责任的、不公平的或不公正的，因为它们在追求价值时没有充分考虑"公地悲剧"那样的外部性——经济活动对不相关第三方产生的附带影响，"其结果是导致环境退化、供应链上的经济社会腐败、盗窃及其他违法行为"。

在伦理投资、责任投资、影响力投资等可持续发展框架下，在传统的财务指标和运营指标之外，更加全面量化、指标化、价值化地度量企业在环境（E）、社会责任（S）、公司治理（G）三个维度的绩效，可以对企业在促进经济可持续发展、履行社会责任等方面所做出的综合贡献与社会价值进行评估，可以帮助投资者进行更好的风险管理和创造长期可持续价值，并有望成为引导投资向善的风向标，以负责任的商业投资推动企业和社会的可持续发展，实现经济效益和社会效益的相得益彰。

资料来源：庞溟 . 资本向善：ESG 是一种价值观 [N]. 经济观察报，2021-11-29（039）.

延伸阅读

中国ESG将迎来重大发展机遇

当前，中国经济已由高速增长阶段转向高质量发展阶段。习近平总书记强调，高质量发展是"十四五"乃至更长时期中国经济社会发展的主题，关系我国社会主义现代化建设全局。未来实现高质量发展，中国必须摆脱高速发展时期对生态环境

① Maiti M. Is ESG the Succeeding Risk Factor?[J]. Journal of Sustainable Finance & Investment，2020，11（3）：199-213.

② Avramov D，Cheng S，Lioui A，et al. Sustainable Investing with ESG Rating Uncertainty[J]. Journal of Financial Economics，2022，145（2）：642-664.

③ Pedersen L H，Fitzgibbons S，Pomorski L. Responsible Investing：The ESG-Efficient Frontier[J]. Journal of Financial Economics，2021，142（2）：572-597.

破坏性巨大的粗放型经济，实现以绿色经济为主导的可持续发展。在这样的背景下，环境、社会和治理（ESG）发展理念受到了政策局、学术界以及社会公众的广泛关注，并迎来了重大发展机遇。

ESG 是环境（Environment）、社会责任（Social Responsibility）和公司治理（Governance）的简称。目前，ESG 主要作为一种投资策略流行于投资界，盛行于欧洲、北美等地区。根据全球可持续投资联盟（Global Sustainable Investment Alliance，GSIA）数据，全球 ESG 投资规模在 2020 达到 35.30 万亿美元，其中近 80% 来自欧美市场。

ESG 投资的快速发展使其在海内外拥有了庞大的参与群体，近几年，ESG 也在中国市场受到了比较广泛的关注。

2016 年 1 月 1 日，香港联合交易所正式实施披露要求更为严格的《环境、社会及管治报告指引》，引起了投资者对 ESG 的关注。为满足上市监管要求，港股上市公司开始在市场上寻求第三方专业的 ESG 服务。

2018～2019 年，明晟、富时罗素相继将 A 股纳入其全球指数系列，并逐渐提升纳入因子。受两大指数公司的影响，国际机构投资者加速布局中国市场，也带来了 ESG 理念和投资需求，再次激发了中国市场对 ESG 的热情关注。

2020 年至今，中国政府和监管机构出台了一系列有利于 ESG 发展的战略和政策，如提出“碳中和”目标、出台绿色金融政策、强化上市公司高质量发展等，促进国内市场 ESG 体系的进一步完善。自此，中国的 ESG 发展将迎来重大机遇。

1. 党的二十大开启 ESG 发展新态势

2021 年 3 月 11 日，十三届全国人大四次会议表决通过了《中华人民共和国国民经济和社会发展第十四个五年规划和 2035 年远景目标纲要》(以下简称《纲要》)。

党的二十大报告中指出，必须牢固树立和践行绿水青山就是金山银山的理念，站在人与自然和谐共生的高度谋划发展。要推进美丽中国建设，就要坚持山水林田湖草沙一体化保护和系统治理，统筹产业结构调整、污染治理、生态保护、应对气候变化，协同推进降碳、减污、扩绿、增长，推进生态优先、节约集约、绿色低碳发展。

党的二十大报告中提出的促进国内消费、推动绿色转型、促进人的全面发展等重点任务，都与 ESG 的内涵高度一致。

2. 资本市场改革将刺激 ESG 发展

如果说，“十四五”开局之年为 ESG 发展打造了温床，那么以全面注册制为主的资本市场改革工作，将进一步刺激 ESG 的发展。

据统计，2020 年共计 604 家企业过会，过会率达 96.18%，创下了过往十年过会企业数量与过会率历史新高。目前，国内市场有近 4200 家上市公司，已成为全球第二大资本市场。

中国资本市场在发展规模的同时，也开始了质量变革。自科创板落地、注册制改革试点开始，中国资本市场经历了一系列重大改革。这些改革均引领中国资本市场走向更加市场化、法治化、国际化的发展新道路。

未来，随着A股上市公司的数量增加，投资者需要系统、全面的评估与决策机制来识

别出更具长期投资价值的公司。单纯的财务考量已无法满足当下环境和社会事件频发的现状（如环保处罚、员工健康问题、合规事宜等）。ESG可以在识别公司非财务因素绩效方面发挥重要作用，以剔除可能存在长期系统性环境和社会风险的投资对象，确保长期的稳定收益。

2023年，中国资本市场的质量将进一步提高，长期价值投资将逐渐取代短期投机行为，A股市场需要迸发出更大的可持续发展价值。

3. 金融对外开放将促进ESG实践

近几年，我国金融业对外开放进程稳步推进。2018年，国家发展和改革委员会、商务部发布《外商投资准入特别管理措施（负面清单）》（2018年版），我国对外资大幅度放宽市场准入。2023年初，中国人民银行提出要持续深化国际金融合作和对外开放，有序推进人民币国际化，继续深化外汇领域改革开放。中国银保监会也提出，稳步扩大银行业保险业制度型开放；持续提升金融服务共建“一带一路”水平；积极参与国际金融治理。中国证监会则强调，稳步推进资本市场制度型开放，深化与境外市场互联互通。可见，金融业开放水平不断提升。

即使在2020年新冠肺炎疫情的冲击下，中国金融业仍然保持稳健的开放步伐。因中国率先在疫情暴发后实现经济增长，中国成为了全球外资流入最多的国家，众多境外金融机构在中国加速业务布局。据联合国贸易和发展组织估算，2020年中国实际使用外资1630亿美元（其中包括大量金融投资），同比增长约4%，约占全球外资的19%。

除经济率先恢复增长外，中国所提供的健康市场环境，也进一步增强了国际资金来华投资的信心。2023年，我国将继续推进银行、证券、保险、基金、期货等金融领域开放，深化境内外资本市场互联互通，健全合格境外投资者制度。中国经济所取得的成绩将吸引更多优质的国际资本来华投资。

打造健康、有序的市场环境，满足多元投资需求是中国资本市场稳步推进开放进程的关键。从目前来看，欧美机构投资者的ESG投资策略已经常态化、系统化，ESG投资规模占比较大。面对众多长期价值投资者，国内市场应继续完善投资环境，积极与国际规则接轨，建立信息更加透明、全面的市场环境，引领市场向可持续发展目标迈进。这不仅符合海外投资者需求，更是中国资本市场与宏观经济高质量发展的应有之义。

金融对外开放不仅要“请进来”，更要“走出去”，特别是需要金融机构“走出去”。在当今世界经济低迷，国际贸易和投资大幅萎缩的国际环境下，世界经济需要有更强治理能力的金融机构提供支持。随着人民币国际化进程的持续推进，中国金融机构“走出去”的趋势将更加明显。而“走出去”的中国金融机构将处于一个更加宽广的舞台，也将面临更为复杂的挑战和风险——全球政治格局、国际规则、气候变化等风险更为突出。对ESG风险和机遇的深刻认识，是中国金融机构“走

出去”的必备技能，更是融入国际可持续发展价值话语体系的基本能力。

ESG 理念符合世界整体发展趋势，也符合中国金融国际化的需要。未来，越来越多的中国企业将加入国际产业链。要想在全球市场中获得竞争优势，不仅要展示自身的硬实力，也要传递内在的软文化。可持续发展理念已成为全球发展的共识。

回望 2020 年，证监会在《上市公司投资者关系管理指引（征求意见稿）》修订中，增加了有关“公司的环境保护、社会责任和公司治理（ESG）信息”的沟通内容。此项修订，再次唤起了国内市场对 ESG 快速发展的期待。2022 年，国务院国资委发布《提高央企控股上市公司质量工作方案》，明确提出央企贯彻落实新发展理念，建立健全 ESG 体系。树立了央企 ESG 信披全覆盖的发展目标。

2023 年，中国进入构建新发展格局的关键时期，但国际环境日趋复杂，不稳定性、不确定性明显增加，国际经济政治格局复杂多变，贫富差距依然突出，生态环境破坏严重……世界发展面临更大挑战。此刻，我们比以往任何时候都更需要可持续发展的引领。这也是全人类共同的夙愿。

未来，中国将在自身高质量发展驱动与国际可持续发展潮流推动下迎来 ESG 的重大发展机遇。

思考题

1. 你认为联合国提出的 17 个可持续发展目标与 ESG 的理论与实践有什么关系？为什么？
2. 你认为可持续发展理论是否指导企业 ESG 实践？为什么？
3. 你认为我国在推动 ESG 快速发展的过程中，理论上还存在哪些难点与困境？

参考文献

[1] Andersson E，Hoque M，Rahman M L，et al. ESG Investment：What do We Learn from its Interaction with Stock，Currency and Commodity Markets?[J]. International Journal of Finance & Economics，2020，27（3）：3623-3639.

[2] Avramov D，Cheng S，Lioui A，et al. Sustainable Investing with ESG Rating Uncertainty[J]. Journal of Financial Economics，2022，145（2）：642-664.

[3] Baker S，Kousis M，Richardson D，et al. Politics of Stainable Development［M］.London：Taylor & Francis e- Library，2005.

[4] Carroll A B ，Buchholtz A K . Business & Society：Ethics and Stakeholder Management[J]. Mason：Thomson/South-Western，1993.

[5] Carroll A B. Corporate Social Responsibility：Evolution of a Definitional Construct[J]. Business & Society，1999，38（3）：268-295.

[6] Clarkson. A Stakeholder Framework for Analyzing and Evaluating Corporate Social Performance[J]. The Academy of Management Review，1995，20（1）：92-117.

[7] Coase R H. The Problem of Social Cost[J].The Journal of Law & Economics，1960（10）：1-44.

[8] Cooper I. Asset Pricing Implications of Nonconvex Adjustment Costs and Irreversibility of Investment[J]. The Journal of Finance, 2006, 61（1）: 139-170.

[9] Cutter S L, Boruff B J, Shirley W L. Social Vulnerability to Environmental Hazards[J]. Social Science Quarterly, 2003, 84（2）: 242-261.

[10] Fama E F, French K R. Common Risk Factors in the Returns on Stocks and Bonds[J]. Journal of Financial Economics, 1993, 33（1）: 3-56.

[11] Fassin Y. The Stakeholder Model Refined[J]. Journal of Business Ethics, 2009, 84: 113-135.

[12] Freeman R E. Strategic Management: A Stakeholder Approach[M]. Boston: Pitman, 1984.

[13] Friedman, M. The Social Responsibility of Business is to Increase its Profits[J]. New York Times Magazine, 1970, 13（9）: 122-126.

[14] Giddings B, Hopwood B, O' Brien G. Environment, Economy and Society: Fitting them Together into Sustainable Development[J]. Sustainable Development, 2002, 10（4）: 187-196.

[15] Hart O. Corporate Governance: Some Theory and Implications[J]. The Economic Journal, 1995, 105（430）: 678-689.

[16] Hart S L, Christensen C M. The Great Leap: Driving Innovation from the Base of the Pyramid[J]. MIT Sloan Management Review, 2002, 44（1）: 51.

[17] Lintner J. The Valuation of Risk Assets and the Selection of Risky Investment in Portfolio and Capital Budgets[J]. Review of Economics and Statistics, 1965（47）: 587-616.

[18] Maiti M. Is ESG the Succeeding Risk Factor?[J]. Journal of Sustainable Finance & Investment, 2020, 11（3）: 199-213.

[19] Markowitz H M. Portfolio Selection[J]. The Journal of Finance, 1952, 7（1）: 77.

[20] Mitchell R K, Agle B R, Wood D J. Toward a Theory of Stakeholder Identification and Salience: Defining the Principle of Who and What Really Counts[J]. Academy of Management Review, 1997, 22（4）: 853-886.

[21] Moon J, Crane A, Matten D. Can Corporations be Citizens? Corporate Citizenship as a Metaphor for Business Participation in Society[J]. Business Ethics Quarterly, 2005, 15（3）: 429-453.

[22] Pedersen L H, Fitzgibbons S, Pomorski L. Responsible Investing: The ESG-Efficient Frontier[J]. Journal of Financial Economics, 2021, 142（2）: 572-597.

[23] Porter M E, Kramer M R. The Competitive Advantage of Corporate Philanthropy[J]. Harvard Business Review, 2002, 80（12）: 56-68.

[24] Prahalad C K, Hammond A. Serving the World's Poor, Profitably[J]. Harvard Business Review, 2002, 80（9）: 48-59.

[25] Spangenberg J H. Sustainability Science: A Review, an Analysis and Some Empirical Lessons[J]. Environmental Conservation, 2011, 38（3）: 275-287.

[26] Sharpe W F. Capital Asset Prices: A Theory of Market Equilibrium Under Conditions of Risk[J]. The Journal of Finance, 1964, 19（3）: 425-442.

[27] Varadarajan P R, Menon A. Cause-related Marketing: A Coalignment of Marketing Strategy and Corporate

Philanthropy [J] . Journal of Marketing，1988，52 (3)：58-74.

[28] Wheeler D，Maria S. Including the Stakeholders：The Business Case[J]. Long Range Planning，1998，31 (2)：201-210.

[29] Wilbanks T J. Scale and Sustainability[J]. Climate Policy，2007，7 (4)：278-287.

[30] 保罗 · A. 萨缪尔森，威廉 · D. 诺德豪斯 . 经济学（第十二版）[M]. 北京：中国发展出版社，1992.

[31] 庇古 . 福利经济学 [M]. 北京：华夏出版社，2013.

[32] 陈宏辉 . 企业利益相关者的利益要求：理论与实证研究 [M]. 北京：经济管理出版社，2004.

[33] 黄世忠 . 支撑 ESG 的三大理论支柱 [J]. 财会月刊，2021（19）：3-10.

[34] 科斯 . 社会成本问题 [M]//R. 科斯，A. 阿尔敏，D. 诺斯，等 . 财产权利与制度变迁 . 上海：三联书店，2004.

[35] 彭华岗 . 企业社会责任基础教材（第二版）[M]. 北京：中国华侨出版社，2019.

[36] 万建华，戴志望，陈建 . 利益相关者管理 [M]. 深圳：海天出版社，1998.

[37] 阿兰 · 兰德尔 . 资源经济学 [M]. 北京：商务印书馆，1989.

[38] 卢代富 . 企业社会责任的经济学与法学分析 [M]. 北京：法律出版社，2002.

[39] 马歇尔 . 经济学原理 [M]. 北京：商务印书馆，2011.

[40] 商道融绿 - 北京绿色金融协会联合课题组 . 北京地区上市公司 ESG 绩效分析研究 [C]// 北京地区上市公司 ESG 绩效分析研究 [出版者不详]，2019.

[41] 沈满洪，何灵巧 . 外部性的分类及外部性理论的演化 [J]. 浙江大学学报（人文社会科学版），2002（1）：152-160.

[42] 叶恒 . 社会责任对企业财务策略的影响研究 [D]. 长沙：湖南大学博士学位论文，2018.

第3章 环境责任

本章导读

企业环境责任是企业社会责任中的重要内容，也是ESG中的核心内容。企业环境责任是企业在经营决策中认真考虑自身行为对自然环境的影响，并且以负责任的态度将自身对环境的负外部性降至最低水平，为整个社会的可持续发展做出贡献。

近年来，国际和国内社会对于企业履行环境责任的呼声越来越高，国际标准、法律法规不断推陈出新。ISO 14000—2015新版系列标准进一步完善了环境管理体系，新的可持续发展报告架构（GRI Standards）于2018年取代G4指南，通过“GRI 300环境议题揭露”进一步明确了环境责任的议题要求。《中华人民共和国环境保护法》、《中华人民共和国环境保护税法》、新版的《环境、社会及管治报告指引》等都从法律法规角度，用最严格的制度、最严密的法治要求企业履行环境责任。生态文明已经被提高到建设美丽中国的战略高度，“绿水青山就是金山银山”已然成为全体中国人民的共同理念。从打好污染防治攻坚战，到2030年碳达峰、2060年碳中和的目标，环境保护已然成为我国2035年基本实现社会主义现代化、2050年全面建成富强民主文明和谐美丽的社会主义现代化强国的核心命题。

面对ESG的要求，企业必须正视自身所面临的环境责任带来的风险，同时也要从战略的高度认识到环境责任也是转型升级的机遇。正如导入案例的中石化集团，在碳达峰碳中和的时代背景下，中石化集团积极增加对清洁能源开发、低碳技术、绿色工艺等方面的创新投入，将氢能视为未来能源技术革命和产业发展的一个重要机会，积极打造中国第一氢能公司，从而实现转型升级和高质量发展。

从ESG的视角看，环境责任已经不是可有可无的选答题，而是应全力以赴的必答题。从监管的角度来看，履行环境责任是顺应监管趋势、避免监管风险的需要。从投资者的角度来看，履行环境责任将直接影响到公司的价值评估。从企业运营的角度来看，履行环境责任将决定企业的转型升级及市场竞争力。

在ESG的框架下，企业应当密切关注以下关键环境议题，并将这些关键议题贯穿于企业经营管理的全过程，包括提高资源利用效率、减少污染物排放、减少废弃物的产生、减缓并适应气候变化、保护生物多样性。企业必须结合自身的业务特点，制定关键环境议题的管理目标及达成目标的步骤，明确履行环境责任的行动方案。

3

企业不应将履行环境责任仅视为一种负担或成本，而应顺势而为，寻找到企业转型升级、提质增效和技术创新的金钥匙，从而更好地实现高质量发展。

学习目标

1. 了解环境责任的内涵和履行环境责任的重要性。
2. 了解 ESG 对企业环境责任的具体要求。
3. 学会将环境责任的重要议题融入企业的生产经营活动中。

导入案例

中国石化：从单纯的加油站到“油气氢电服”综合加能站

2021 年 6 月 5 日是第 50 个“世界环境日”，中国石化雄安新区加油站作为雄安新区首座“油电服”智慧综合加能站正式投入运营。

该换电站集合加油、换电、光伏发电、洗车服务、智慧照明、智慧充电、爱心驿站、智慧支付等多功能于一体，并融合多项绿色低碳智慧创新公益元素，展示了国内加能站未来转型方向，倡导人与自然和谐共生理念。

该换电站开展的光伏发电项目，采用“自发自用，余电上网”模式，与国家电网电力实现无间断切换，在满足站内用电需求的基础上，可实现余电外供。经测算，该站光伏发电项目年发电量可达 4.5 万千瓦 · 时，每年可节约标准煤 11.8 吨，减排二氧化硫 8000 克、氮氧化物 7300 克；节约净水 47 吨；减排二氧化碳 34.6 吨，可抵消碳排放量。同时，该站还通过油气回收等多种途径实现碳减排。

从单纯的加油站到“油气氢电服”综合加能站，中石化顺应了碳达峰碳中和的大趋势。中石化逐步打造“油气氢电服”综合加能站，努力在拥抱能源革命中育先机、开新局，实现高质量发展。按照规划，到 2025 年中石化将利用原有 3 万座加油站、870 座加气站的布局优势，建设 1000 座加氢站或油氢合建站、5000 座充换电站、7000 座分布式光伏发电站点，为社会公众提供综合能源，以消费终端为突破口带动产业链的能源转型。

3.1 ESG视角下的环境责任

3.1.1 环境责任的概念及在中国的发展

3.1.1.1 环境责任的概念

蕾切尔·卡逊（Rachel Carson）是企业环境责任理念的先驱，她在 1962 年发表的《寂静的春天》一书唤醒了公众的环境意识，并改变了公众对于企业提供优质产品和提高生活质量的传统社会角色的认识。

关于企业环境责任概念，较早提出者包括美国著名的经济伦理学家乔治·恩德勒等人。乔治·恩德勒认为企业社会责任范围应当拓展，它可以包含三个方面：经济责任、政治和文化责任、环境责任。其中，环境责任主要指“致力于可持续发展——消耗较少的自然资源，让环境承受较少的废弃物”①。

经济合作与发展组织制定的《OECD 跨国公司行为准则》（2000 年修订版）对环境责任进行了明确，即“以实现可持续发展为目的，对经济、环境和社会发展做出贡献。企业应在其业务所在国家的法律、规定和行政惯例框架内，并在考虑到相关的国际协定、原则、目标及标准的情况下，适当考虑保护环境、公共健康和安全的需求，并在通常情况下以能够促进更广泛的可持续发展目标的方式开展其活动”。

环境责任经济联盟于 1989 年提出《瓦尔德斯原则》（Valdez Principle），后经修改成为《环境责任经济联盟原则》于 1992 年发布。该原则阐述了企业环境责任的十项内容：①对生态圈的保护；②永续利用自然资源；③废弃物减量与处理；④提高能源效率；⑤降低风险性；⑥推广安全的产品与服务；⑦损害赔偿；⑧开诚布公；⑨设置负责环境事务的董事或经理；⑩举办评估与年度公听会。该原则特别强调企业董事会和首席执行官应当完全知晓有关环境问题，并对公司的环保政策负完全责任，认为公司在选举董事会时，应当把环境承诺作为一个考虑因素②。

1999 年 1 月，在瑞士达沃斯世界经济论坛上，联合国秘书长安南提出了“全球契约”，并于 2000 年 7 月在联合国总部正式启动。该契约要求企业承担可持续发展的责任，即企业应对环境挑战未雨绸缪；主动增加对环保所承担的责任；鼓励无害环境科技的发展与推广。2001 年，欧盟委员会发布的《欧洲企业社会责任促进框架绿皮书》认为，“公司基于自愿而将社会和环境责任整合到它们的经营活动及其公民的互动中”。

尽管对企业环境责任的定义还没有形成比较广泛的认同，但能取得一致意见的是企业环境责任是企业社会责任的核心内容，即企业在经营决策中认真考虑自身行为对自然环境的影响，并且以负责任的态度将自身对环境的负外部性降至最低水平，承担可持续发展的责任。

---

① 乔治·恩德勒．面向行动的经济伦理学 [M]．上海：上海社会科学院出版社，2002.

② 殷格非，于志宏．企业社会责任行动指南 [M]．北京：企业管理出版社，2006.

资料链接

环境责任履行的五类企业

研究机构通过对公司总部分布在 4 个国家的 14 家纸浆造纸跨国公司的研究，将跨国公司主动承担环境责任的情形分成五种：环境落后者（Environmental Laggards）、环境被动者（Environmental Reluctants）、环境合规者（Environmental Committed Compliers）、环境战略者（Environmental Strategists）和环境笃信者（Environmental True Believers）。

环境落后者、环境被动者和环境合规者在履行环境责任方面只能部分或至多全部达到相关强制法规标准［即不为害（Do No Harm）］，无意在环境保护领域承担额外的社会责任。环境战略者企业和环境笃信者企业在遵守环境法规方面比前三种类型企业更积极主动，不仅做到不为害，还预防伤害（Prevent Harm）和为善（Do Good），见图 3-1。

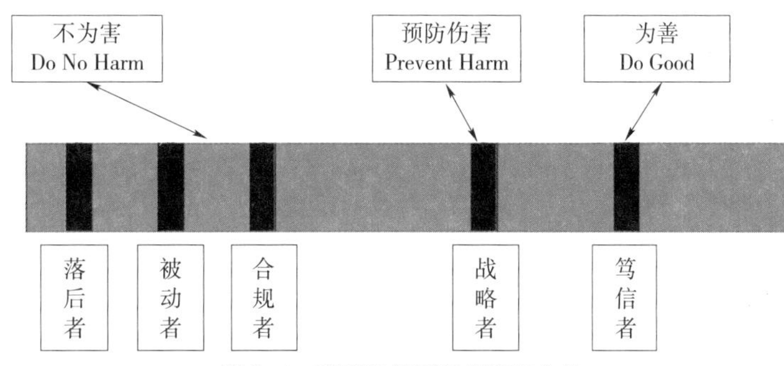

图 3-1 环境责任履行的五类企业

资料来源：Tara J Radin. Stakeholders and Sustainability：An Argument for Responsible Corporate Decision-making[J]. WM&Mary Environmental Law and Policy Review，2007，31（363）：390.

3.1.1.2 环境责任在中国的发展

3.1.1.2.1 20 世纪 70 年代

1972 年，联合国斯德哥尔摩人类环境会议为中国打开了一扇环境保护的窗户。中国组团参加了这次会议。斯德哥尔摩人类环境会议让中国认识到其也存在环境问题。在该次会议之后，中国开始在环境领域有所作为，只是关注于较为宏观的层面，企业环境问题还没有成为焦点。1973 年，中国首次以国务院名义召开全国环境保护会议，环境问题进入正式的议事日程。

3.1.1.2.2 20 世纪 80 年代

1982 年，中国第一部环境保护法即《中华人民共和国海洋环境保护法》颁布，这标志着环境问题已经进入司法程序。这部标志性的环境保护法律并没有提及海洋环境保护中企业存在的问题或应当承担的责任，但这种情况很快得到改善。1984 年 5 月，国务院作出《关于环境保护工作的决定》，指出大中型企业应根据需要设置环境保护机构或指定专人负责环境保护工作。1989 年，《中华人民共和国环境保护法》颁布并实施，《中华人民共和国环境保护法》多处提及企业产生的环境问题和应该承担的责任。这意味着，到了 20 世纪 80 年代后期，企业环境问题和责任理念开始获得人们的关注。

3.1.1.2.3 20 世纪 90 年代

20 世纪 90 年代，企业社会责任理念进入中国，有关环境资源保护和可持续性利用的企业社会责任在经历短期的抵制之后，也在中国生根发芽。1992 年，中共中央和国务院联合发布《中国环境与发展十大对策》，其中与企业环境问题和责任有关的条目包括：工业污染防治、能源利用率提高、运用经济手段保护环境。在后来颁布的一些环境政策和法规、法律修正案中，与企业承担节能减排和污染治理责任相关的条目几乎不可或缺。1992 年 6 月 11 日，我国签署了《生物多样性公约》，于 1993 年 1 月 5 日正式批准，是最早签署和批准《生物多样性公约》的国家之一。

3.1.1.2.4 21 世纪以来

科学发展观和构建社会主义和谐社会的相继提出使得环境保护上升到战略高度，有关环境资源保护和可持续发展的话语日渐增多，一些环境非政府组织、环境会议和企业环境责任组织机构开始利用互联网媒体来展示和宣传企业环境责任理念。

2014 年修订的《中华人民共和国环境保护法》自 2015 年 1 月 1 日起施行，规定每年 6 月 5 日为环境日。

2017 年 5 月 1 日，GB/T 24001—2016《环境管理体系要求及使用指南》正式实施，该指南是对应国际 ISO 14001—2015 新版标准的中国标准。

2018 年 5 月召开的全国生态环境保护大会深刻阐述了加强生态文明建设的重大意义，明确提出加强生态文明建设必须坚持的重要原则，对加强生态环境保护、打好污染防治攻坚战做出了全面部署。新时代推进生态文明建设要坚持以下六个原则：①坚持人与自然和谐共生；②绿水青山就是金山银山；③良好生态环境是最普惠的民生福祉；④山水林田湖草是生命共同体；⑤用最严格制度最严密法治保护生态环境；⑥共谋全球生态文明建设。

2020 年 9 月，习近平在召开的第七十五届联合国大会一般性辩论上表示："中国将提高国家自主贡献力度，采取更加有力的政策和措施，二氧化碳排放力争于 2030 年前达到峰值，努力争取 2060 年前实现碳中和。"这是中国基于推动构建人类命运共同体的责任担当和实现可持续发展的内在要求做出的重大战略决策。

资料链接

中国生态文明理念的发展历程

2012 年 11 月，中国共产党第十八次全国代表大会将生态文明建设纳入"五位一体"总体布局。

2015 年 10 月，中国共产党第十八届中央委员会第五次全体会议将美丽中国纳入国家"十三五"规划。

2017 年 10 月，中国共产党第十九次全国代表大会提出"建设生态文明是中华民族永续发展的千年大计"。

2018 年 3 月，第十三届全国人民代表大会第一次会议将生态文明写入宪法。

2020 年 10 月，中国共产党第十九届中央委员会第五次全体会议提出"推动绿色发展，促进人与自然和谐共生"。

2021 年 3 月，中央财经委员会第九次会议把碳达峰、碳中和纳入生态文明建设整体布局。

3.1.2 履行环境责任的紧迫性

当可持续发展已成为全球共同的愿景，当“碳中和”已成为全球的发展趋势时，环境责任做好做坏没有区分度的时代过去了。从 ESG 的视角来看，环境责任已经不是可有可无的选答题，而是应全力以赴的必答题。

首先，从监管的角度来看，履行环境责任是顺应监管趋势、避免监管风险的需要。从目前国际国内趋势来看，针对上市公司 ESG 信息披露的规范和制度日趋严格，政府或金融监管机构通过明确的法律、法规或者披露指引、披露规范等引导并规范上市公司 ESG 信息披露，甚至强制企业披露部分信息。近年来，我国持续发布与企业环境信息披露相关的政策和制度，如《关于企业环境信息公开的公告》《上海证券交易所上市公司环境信息披露指引》《生态文明体制改革总体方案》《关于构建绿色金融体系的指导意见》等。《上市公司治理准则》（2018）明确了 ESG 信息披露的基本框架，明确规定：“上市公司应当披露环境信息等社会责任相关情况以及公司治理相关信息。”这些政策和制度的出台使得中国环境信息披露的要求日益提高。香港联合交易所有限公司于 2019 年再次发布咨询文件，在《环境、社会及管治报告指引》（修订版）“不遵守就解释”（Comply or Explain）半强制性高度的基础之上，建议在 ESG 治理及风险管理、报告原则、报告边界、环境及社会范畴新增多项强制性的披露要求，全面提升上市公司 ESG 报告的合规标准。

其次，从投资者的角度来看，履行环境责任将直接影响到公司的价值评估。自从责任投资原则在 2006 年发布以来，全球越来越多的投资机构开始关注 ESG 风险，并将 ESG 因素纳入投资分析、评价和决策中。2018 年 11 月，中国证券投资基金业协会正式发布了《绿色投资指引（试行）》，对基金管理人开展绿色投资活动进行全面的指导、规范和鼓励。随着投资机构对企业 ESG 表现的关注度日益提升，上市公司 ESG 信息披露做得如何，可能将直接影响到对公司价值的评估。

最后，从企业运营的角度来看，履行环境责任将决定企业的转型升级及市场竞争力。碳中和愿景下，我国碳市场建设从试点先行过渡到全国统一市场的新阶段。我国生态环境部发布《碳排放权交易管理办法（试行）》（以下简称《管理办法》）于 2021 年 2 月 1 日起施行。《管理办法》对全国碳排放权交易及相关活动进行了规定，为建立全国碳排放权交易市场拉开序幕。2021 年 7 月 16 日，全国碳排放权交易市场正式上线交易。据统计，全国碳排放权交易市场 2021 年 7 月碳排放配额（CEA）累计成交量 595.2 万吨，累计成交金额近 3 亿元，成交均价为 50.33 元 / 吨。生态环境主管部门将符合一定条件的企业纳入重点排放单位名单，国家每年将向其分配一定量的碳排放配额（CEA），同时碳排放配额可以在这些企业中进行交易。如果企业年二氧化碳排放量少于国家给予其的碳排放配额，则盈余的碳排放配额可以出售；如果企业年二氧化碳排放量多于国家给予其的碳排放配额，则要从全国性碳交易市场中进行购买。碳排放权交易市场基础设施有序建成后，也将尽快增加纳入碳市场的行业及配额企业数量，最终覆盖到电力、石油、化工、建材、钢铁、有色金属、造纸和国内民用航空等行业后，再延展至更多行业。为实现低碳经济的长远发展目标，企业最终需要通过低碳技术的进步来降低温室气体的排放，碳交易机制极大地促进了各经济主体通过创新的发展模式赢取竞争优势，企业必须通过绿色转型升级提高竞争力。

企业案例

合肥泰禾智能科技集团股份有限公司：践行企业社会责任 全面实现绿色发展

泰禾智能作为高端装备制造上市企业，将绿色发展上升到企业战略高度，始终坚持环保发展原则，持续提升节能环保技术设备的改造预算，从加工工艺、原料选择、耗材节约等多个方面用实际行动践行绿色低碳的理念，响应国家政策并积极与众多的中国上市公司一起，着力构建绿色低碳循环发展的经济体系。

泰禾智能积极响应国家“智能矿山、绿色矿山”政策号召，研究开发、推广减少工业固体废物产生量和降低工业固体废物危害性的生产工艺和设备，为矿石分选行业快速发展提供保障。在数字经济大趋势下，泰禾智能通过全面构建人、机、物的互联，依托人工智能机器视觉技术和深度学习算法，发掘生产力提升与环境友好之间的新平衡点，为煤炭洗选领域提供一种更为节能环保的解决方案，提高煤炭利用率，减少了资源消耗和对环境的负面影响，助力实现“碳中和”目标。

泰禾卓海自主研发的光电智能干法选煤技术（见图 3-2）基于先进成像和人工智能技术，利用射线成像系统获取物料特征，深度学习算法自动分析识别出煤和矸石，控制高压风对目标进行喷吹，实现全自动原煤分选。现代化选煤厂设置了较复杂的煤泥水处理系统，尽量保证煤泥水不出厂。但是对于泥化程度较高的原煤，由于煤泥沉降难，造成煤泥水浓度过高，引起浓缩机压耙、压滤机脱水困难等事故，不得不外排造成水体污染。光电智能干法选煤技术不用水，避免了湿法选煤厂煤泥水外排造成的水体污染。光电智能干法选煤技术用于煤矸分选，处理吨煤耗电为 0.8～2 千瓦·时，相较于传统的复合式干选法约减少 30%。另外，相对于以水加入介质清洗原煤的方式（经脱水后，煤中水分留存约 5%），光电智能干法选煤技术处理的每千克煤，热值留存约可提升 400 大卡，这意味着可以极大提高煤炭能源的利用率，成为火电等高耗能行业需求侧节能减排的重要抓手。

图 3-2 淮南张集煤矿光电智能干法选煤技术应用

光电智能干法选煤技术除了应用于洗煤环节，也可应用于煤矿开采环节和矸石处理环节（见图 3-3）。煤矿开采环节在井口排除的矿石与矿井废渣合并就地排放，减少了城市燃煤产生的废渣排放压力，可以减少大量无效运输，节约运力。矸石处理环节分选出低热值煤用于矸石发电厂发电；分选出纯矸石用于制水泥、制砖或筑路、复垦、充填等，减少了煤矸石自燃的可能性，减缓露天占地后有害物质随雨水渗透对地下水造成的污染。

图 3-3 内蒙古卓伦矸石资源化回收综合利用

3.1.3 标准和指引中的ESG环境议题

为了更好地履行 ESG 中的环境责任，必须要首先确定有哪些具体的环境议题。环境议题来源于不同的标准和指引。

3.1.3.1 环境管理的国际标准

3.1.3.1.1 ISO 14000 系列标准

国际标准化组织（ISO）颁布了与环境管理体系及其审核有关的 ISO 14000 系列标准。其包括：环境管理体系（EMS）、环境审核（EA）、环境标志（EL）、环境绩效评价（EPE）、生命周期评价（LCA）等系列标准。这些系列标准之间的关系如图 3-4 所示。

随着对企业环境责任要求的不断提高，ISO 14000 环境管理系列标准也在不断地丰富。例如，ISO 14064：2006《温室气体排放标准》、ISO 14065：2007《温室气体：温室气体审定和核证机构要求》、ISO 14067：2018《温室气体—产品碳足迹—量化要求和指南》。

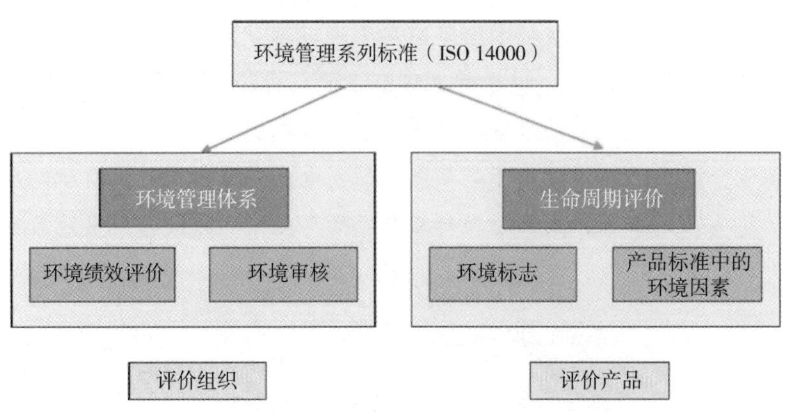

图 3-4 ISO 14000 环境管理系列标准之间的关系

资料链接

ISO 14064标准——温室气体排放标准

针对温室气体的排放量化及减排，国际标准化组织（ISO）于 2006 年发布 ISO 14064 标准，提供一套程序化的方法，以帮助各类组织量化并报告它们的温室气体排放，以应对温室气体组织分析。其包括三部分内容：

第 1 部分为《温室气体　第一部分：组织层次上对温室气体排放和清除的量化和报告的规范及指南》；

第 2 部分为《温室气体　第二部分：项目层次上对温室气体减排或移除的量化、监测和报告的规范及指南》；

第 3 部分为《温室气体　第三部分：温室气体声明审定与核查规范和指南》。

下面是三个部分之间的关系（见图 3-5）：

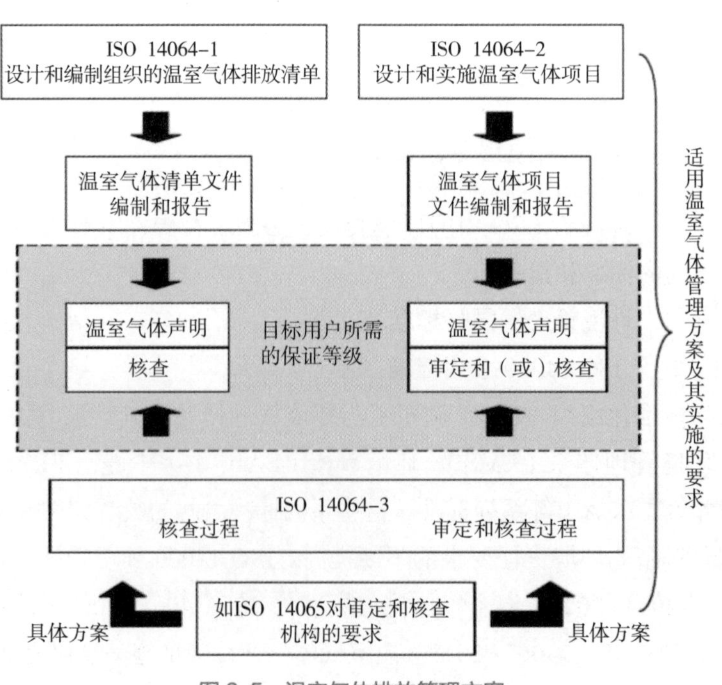

图 3-5 温室气体排放管理方案

3.1.3.1.2 ISO 26000

ISO 26000《社会责任指南》统一社会各界对社会责任的理解，环境是社会责任七个核心主题之一。

具体来说，环境分为四个议题进行阐述，其中包括：防止污染，资源可持续利用，减缓并适应气候变化，环境保护、生物多样性和自然栖息地保护。每个议题下又对具体的问题和做法进行了阐述，其中比较值得关注的内容是组织要识别其环境影响，并对其环境影响，如废水、废气和废弃物的排放数量，温室气体排放数量，危险化学品等有毒有害物质的种类和数量等进行测量、记录和报告，保持透明度，以此来减少其对环境的负面影响。组织在生产和经营活动中要不断提高水、能源等资源的利用效率，减少温室气体排放，如有可能，要采用新的技术和方法，或者采用新的设备来进行生产。在促进环境保护方面，要减少对土地资源、水资源的破坏，保护生物栖息地等。

3.1.3.2 GRI 可持续报告标准

全球报告倡议组织（GRI）于 2000 年发布了第一版《可持续发展报告指南》(G1)，经历多次更新后到 2013 年发布了第四代《可持续发展报告指南》(G4)，成为世界各国采用 GRI 指南的企业所广泛使用的版本。2016 年，GRI 公布了更新版本的可持续发展报告架构，即 GRI 标准（GRI Standards），于 2018 年 7 月 1 日取代 G4 指南，成为全世界 CSR 报告的新标准。

GRI 标准（GRI Standards）分为“通用标准”和“议题专项标准”两个部分。其中，特定议题专项标准包括：200 系列（经济议题）、300 系列（环境议题）、400 系列（社会议题）。环境议题的 300 系列主要包括八个部分的内容：物料、能源、水资源、生物多样性、排放物、废污水与废弃物、有关环境保护的法规遵循、供应商环境评估。每一项议题下还有特定的主题。

3.1.3.3 中国香港联合交易所 ESG 报告指引

中国香港联合交易所于 2015 年 12 月发布《环境、社会及管治报告指引》(修订版)，在 2012 年《环境、社会及管治报告指引》的基础上，修订版上升到了“不遵守就解释”(Comply or Explain）的半强制性高度，内容包括一般披露内容和环境范畴的关键绩效指标。2019 年 5 月，中国香港联合交易所再次发布咨询文件，建议在 ESG 治理及风险管理、报告原则、报告边界、环境及社会范畴新增多项强制性的披露要求，全面提升上市公司 ESG 报告的合规标准。

《环境、社会及管治报告指引》分为四个部分对环境议题进行了阐述，包括四个层面的内容，即层面 A1：排放物；层面 A2：资源利用；层面 A3：环境及天然资源；层面 A4：气候变化。

除了以上三类被经常使用的标准和指引外，还有很多组织从不同的角度提出了与环境责任相关的指引。这里再简单介绍两个：《气候相关财务信息披露工作组建议报告》和《可持续发展会计准则》。

气候相关财务信息披露（Task Force on Climate-Related Financial Disclosures，TCFD）工作组于 2017 年 6 月发布《气候相关财务信息披露工作组建议报告》，围绕气候相关财务信息披露提出了多条建议，随后逐渐成为许多政府和企业接受度最高的建议之一。2019 年，英国宣布计划到 2025 年强制实施 TCFD 建议，并于 2020 年 11 月发布了基于 TCFD 建议的强制性气候相关披露路线图。

可持续会计准则委员会（Sustainability Accounting Standards Board，SASB）于2018年11月发布了全球首套针对特定行业、涉及重要财务问题的可持续会计准则。《可持续发展会计准则》可与其他可持续报告框架结合使用，并与气候相关财务信息披露（TCFD）工作组的建议保持一致，同时也为GRI可持续报告标准提供了有益的补充。SASB开发了77个行业的关键性能指标和实质性问题路线图（Materiality Map®），成为全球许多企业披露其可持续发展相关信息的重要部分，提高了企业可持续发展数据的可比性。

综合以上不同的标准和指引的环境议题，本书根据ISO 26000、GRI Standards、《环境、社会及管治报告指引》这三个标准和指引进行了对比分析，进而提出了本书ESG视角下应关注的环境议题，见表3-1。本章也将按照这个环境议题的顺序展开后续的内容。

表3-1　ESG视角下应关注的五大环境议题

ESG视角下的五大环境关键议题	来源的标准或者指引		
	ISO 26000四大议题	GRI Standards八大议题	《环境、社会及管治报告指引》四大议题
E1 资源利用	2 资源可持续利用	301 物料 302 能源 303 水资源	层面A2：资源利用 层面A3：环境及天然资源
E2 污染物	1 防止污染	305 排放物 306 废污水与废弃物	层面A1：排放物
E3 废弃物	1 防止污染	306 废污水与废弃物	层面A1：排放物
E4 气候变化	3 减缓并适应气候变化	305 排放物 307 有关环境保护的法规遵循	层面A4：气候变化
E5 生物多样性	4 环境保护、生物多样性与自然栖息地恢复	304 生物多样性	层面A3：环境及天然资源

注：GRI Standards的308是供应商环境评估，本书将此部分内容放入社会责任那一章中。

3.2 资源使用

我们常说的“节能减排”一方面是节约天然资源和能量资源，另一方面指减少废弃物和排放物。“节能”对应本节内容，“减排”对应后两节内容，即污染物和废弃物。本节所谈到的资源使用的具体内容包括三个方面的资源，即能源、水资源、包装材料。

3.2.1 能源

能源管理的重点包括两个方面的内容：能源消耗量和能源使用效益。

3.2.1.1 能源消耗量

能源包括直接能源和间接能源。直接能源主要为不可再生能源的消耗，如煤、油、天然气等的使用，间接能源主要是外购的电力、供暖、制冷和蒸汽量。可再生能源指风能、太阳能、水能、生物质能、地热能、海洋能等非化石能源。

对能源消耗量的有效管理，是企业响应国家能源消费总量和强度要求的积极实践。企业作为国家能源架构调整的责任主体，系统性梳理能源消耗情况、优化企业内部能源消耗结构，有助于企业适应国家《能源生产和消费革命战略（2016—2030）》等系列部署。企业需要识别企业能源使用来源和种类，定期测量、记录和报告企业能源使用情况，注重提升可再生能源如太阳能、地热能、风能等的使用比例。

3.2.1.2 能源使用效益

能源使用效益即为能源使用强度，即能源消耗与产出的比重。根据国际能源署（IEA）的分析，提高能源效率可以为减少与能源相关的温室气体排放贡献约一半的力量，而这是未来20年使世界走上实现国际能源和气候目标的必经之路。

随着工业化、城镇化进程加快和消费结构持续升级，我国能源需求刚性增长，资源环境问题仍是制约我国经济社会发展的瓶颈之一，节能减排依然形势严峻、任务艰巨。企业需进一步明确主体责任，严格执行节能环保法律法规和标准，细化和完善管理措施，落实节能减排目标任务。企业通过提升能源的利用效率和清洁能源使用比率，缓解能源短缺压力的同时降低污染排放，推进能源创新和能源高效利用，践行“用好能源”和“能源用好”两手抓。

能源管理的具体措施包括：

（1）积极引入太阳能、水电、潮汐能、风能等可再生能源的应用，并积极提升绿色能源在企业的使用占比。

（2）新建项目在设计之初，就要考虑能源的使用效率，并在设计时作为一个重要因素考虑。

（3）淘汰一些高耗能的设备、生产工艺或者产品，引入一些新技术、新设备、新材料、新工艺，提高能源使用效率。

（4）构建能源管理体系，打通综合能源管理全链条，通过能源的精细化管理，系统提高能源效益，节能增效。

（5）推进智能化能源监测，利用数字化技术对企业使用能源的设备和场景进行智能监控和能耗分析，进而进行相关的优化措施。

（6）积极推进绿色建筑。通过建筑节能、被动式超低能耗建筑等方式，达到能耗总量和强度“双降”。

（7）充分利用互联网的相关技术，发展能源物联网，把能源生产、存储、配送、消费等能源基础设施通过先进的信息通信技术、网络技术连接起来，并运行特定的程序，实现智能感知、智能计算、智能处理、智能决策、智能控制的目标。

3.2.2 水资源

水资源管理的重点包括两个方面的内容：耗水量和用水效益。

3.2.2.1 耗水量

总耗水量包括直接用水（从自然资源中获取）和间接用水（由供水部门供给）。该项数据可通过公司水表或财务用水账单获取。企业应提供位于有水源压力的地区的营运设施层面的数据；按水源类别（如地面水、地下水、海水及第三方供水）提供取水及排水的资料。报告期内企业单位活动、单位产出或其他特定度量标准下的耗水量，可采用最合适的比值来计算强度，包括但不限于每产量单位（总耗水量 / 总产量）、每项设施计算（总耗水量 / 总设施数）、规模（总耗水量 / 建筑面积）等。

随着清洁淡水资源的逐渐枯竭，对耗水量的有效管理，有助于企业及时优化水源需求结构、理解与用水情况有关的潜在影响和风险。在水资源高度紧缺的地区，企业用水模式将影响与其他利益相关方的关系，合理用水模式可有助于相互关系的改善及企业形象的提升。

3.2.2.2 用水效益

水是生存之本、文明之源、生态之要。我国水资源时空分布不均，人均水资源量较低，供需矛盾突出。亟待提高用水效率和效益，提升水环境承载能力、优化发展环境，以高效的水资源利用培育新的经济增长点。企业为降低水资源使用强度须制订针对性的计划、管理体系和采取相应的技术措施。

为了有效推进工业节水工作，提高工业企业用水效率，我国有关部门也陆续出台了《关于进一步加强工业节水工作的意见》《京津冀工业节水行动计划》《关于加强长江经济带工业绿色发展的指导意见》《国家节水行动方案》等政策性文件，定期开展重点用水企业水效领跑者引领行动，定期发布《国家鼓励的工业节水工艺、技术和装备目录》，有效引导工业企业节水减排，降低水资源消耗。

水资源管理的具体措施包括：

（1）贯彻落实全生命周期的水资源使用管理。企业在进行水资源管理时，要识别自己的产品在其全生命周期的哪些环节耗水量最大，并通过创新的方法减少相应环节的用水量，这样才能实现最佳的水资源管理效果。

（2）水资源循环利用或再利用。实行中水回用，经过处理之后的中水，不仅能满足企业内的用水所需，而且还能提供给所在社区使用。

（3）通过优化工艺、降耗技术、采用耗水量小的设备等措施，降低水资源消耗密度，提升水资源使用效益。

（4）实施水资源使用效益计划。制定水资源消耗年度目标（如单位产量水资源消耗量降低百分之几）及实施方案。

（5）识别自身和供应链上水资源消耗和水污染排放的热点环节，推动供应商建立水资源管理体系。

（6）开展水足迹评价和报告。遵循 2020 年 1 月 1 日实施的一项中国国家标准《产品水足迹评价和报告指南》（GB/T 37756—2019），进行产品水足迹清单分析、影响评价和报告。

3.2.3 包装材料

包装材料为成品包装所采用的物料，如纸板、塑料、金属等。此项指标的普适性有限，部分行业不采用包装材料，如电力行业。“总量”为企业成品制作、包装、运输等过程中使用包装材料的总和。“每生产单位占量”为包装材料总量与企业总产量年度数据之比。

据统计，约有 90% 的商品需经过不同程度、不同类型的包装。包装对资源的消耗和废弃包装对环境的影响之大令人难以想象，如何处置产品包装物料日渐成为极具挑战性的环境问题。实施产品包装变革、打造包装绿色属性是企业适应未来发展趋势的积极表现，而这样的企业能获得更多消费者的认可和支持。

包装材料管理的具体措施包括：

（1）取消或者用较少的材料实现多种包装功能。学会利用各种复合技术、包装容器技术开发新包装材料和容器，达到包装物的高功能化，取消包装作业中的辅助工具或材料，用较少的材料实现多种包装功能。

（2）包装材料减量化、轻薄化。包装对商品起到的主要作用是保护，对商品的使用价值无任何意义，因此在强度、寿命等因素相同的条件下，尽量减少材料用量，使其轻薄化，不仅降低包装成本，而且也减少了废弃物数量。

（3）减少包装材料废弃物的产生。在设计时尽量减少边角料的产生，节省制造材料；在使用过程中避免辅助材料的浪费；在废弃时，不要产生对环境有害的垃圾。

（4）包装废弃物的回收及综合利用。研发可自行降解、无污染环境的物流材料，同时对包装产品重复利用和再生利用，节约资源，建立包装循环经济。

（5）使用绿色包装材料代替原来的包装材料，如使用天然生物包装材料，不污染生态环境，而且资源可再生，成本低，可以更好地体现品牌的价值。

（6）优化包装的采购、验收、存放、分发等环节，提升管理效率，降低管理成本。

（7）对包装材料耗费总量及单位产量耗费的包装材料情况进行统计，建立监控机制，定期对包装材料的使用进行监控。

企业案例

蒙牛：构筑“绿色产业链”新模式

蒙牛以“守护人类和地球共同健康”为愿景，承接联合国可持续发展目标，从牧场到车间再到餐桌，构筑了一条稳健发展的“绿色产业链”新模式。

在乳业产业链上游环节，蒙牛协同专业人员对牧场环保设施设备进行全面评估及整改，对牧场的能源与资源消耗进行精细化管理，大力推行粪污资源化利用技术实现粪肥还田和沼气发电。

在生产环节，蒙牛制定了生态可持续发展系统建设规划，采用工程投资+合同能源模式，建立节能技术项目库，定期升级设备和技术，提高能源利用率，实现节能降耗的目标，积极推动节能减排及低碳运营，开展能源精细管理，从能源资源节约、生态环境保护、生态可持续发展三方面入手，明确相关指标，完善支撑保障，针对每一项设立3年行动方案，打造生态可持续发展。

在流通环节，蒙牛大力推进绿色储运，联动多方利益相关方将绿色物流解决方案在整个乳业价值链里不断改进，提升循环使用比例，科学规划仓储以减少因仓储产生的各类资源消耗。

在水资源管理方面。蒙牛提出3U水资源管理策略［节约使用（Save Use）、循环使用（Recycle Use）、共同使用（Common Use）］。该策略已在蒙牛全国工厂推广使用，使得乳制品加工过程中产生的废水进入污水处理厂处理，处理达标的中水除部分排放外，其余均回收利用。回收后的水，用于包括乳制品工厂厂区绿化、牧场牛舍冲洗、牧草浇灌等。这一举措极大地提高了水资源利用率，每年节水近 50 万吨。

在包装环节，蒙牛进行技术创新并使用 FSC 认证（即全球森林体系认证）的环保包材，力求在保证产品品质的同时，也能够节约资源。据统计，蒙牛每年使用 30 亿包 FSC 认证的环保包材，相当于种树 100 万棵。同时，蒙牛整合产业生态力量，联合塑料原料供应商、包装制造商、回收再生商等产业链各方，在国内食品行业首次实现塑料包装的循环再生利用，全面应用消费后再生塑料（PCR）作为产品外包装薄膜，全部切换使用后预计每年将减少二氧化碳排放量约 300 吨，规模化减少资源浪费和碳排放。

3.3 污染物

为了应对污染物排放问题，我国曾分别于 2013 年 9 月、2015 年 4 月和 2016 年 5 月，相继出台气、水、土污染防治行动计划。这些都表明了国家对于环境问题的高度重视及对于民生健康的关注。

“科学治污、精准治污、依法治污”，要求污染防治要做到时间、对象、区位、问题、措施精准，就必须先做到“监测先行、监测准确、监测灵敏”。2015 年中央全面深化改革领导小组审议通过《生态环境监测网络建设方案》，并由国务院办公厅正式印发，作为生态文明体制改革总体方案的配套改革举措及“1+N”改革配套文件之一，成为了进一步完善生态环境监测网络的纲领性文件。我国生态环境监测要经历记录环境历史、支撑考核排名、智慧监测这三个阶段，目前正处于由第二阶段向第三阶段迈进的关键期和转型期。达到智慧监测的标志即实现感知高效化、数据集成化、分析关联化、测管一体化、应用智能化、服务社会化。为此，亟须加快推动政府与社会、企业各种监测力量的融合、生态环境技术支撑体系的内在融合、监测业务与新技术应用的融合，实现以跨界融合创新为主要特征的综合性深刻变革。

企业必须先梳理清楚，在生产经营过程中向外界排放了哪些种类的排放物及排放量，尤其是温室气体方面的排放数据，以及企业为了降低减排而做出的努力，包括组织设置、技术支持、物资设备、财力支持等。

资料链接

中国实施“全面实行排污许可制”

《排污许可管理条例》(以下简称《条例》）自 2021 年 3 月 1 日起施行。实施《排污许可管理条例》是推进环境治理体系和治理能力现代化的重要内容，是落实企事业单位治污主体责任、落实精准治污、科学治污、依法治污的有力举措。

第一，实现固定污染源全覆盖。一是根据污染物产生量、排放量和对环境的影响程度，实行分类管理，对影响较大的和较小的排污单位，分别实行重点管理和简化管理。对影响很小的排污单位，实行排污登记管理，不需要申请领取排污许可证，仅需要在全国排污许可证管理信息平台上进行一个登记便可，大概半小时内就能完成。二是管理要素全覆盖。《条例》规定，依照法律规定实施排污许可，依法将水、大气、土壤和固体废弃物等污染要素纳入许可管理，逐步将噪声等污染要素通过修法全部纳入管理。

第二，构建以排污许可制为核心的固定污染源环境监管体系。《条例》以排污许可制为核心，深度衔接融合环境管理的其他制度，如环境影响评价制度、总量控制、环境标准、环境监测、环境执法、环境统计等各项环境管理制度。一是将环评文件、批复文件或者登记表备案材料排污总量控制要求和自行监测方案等纳入排污许可管理，并将作为颁发排污许可证的条件。二是许可排放浓度衔接了污染物排放标准，许可排放量衔接重点污染物排放总量控制的要求，环境管理的要求衔接环评批复文件等管理的有关要求。三是自行监测数据可以作为行政执法的证据，规定执行报告中的污染物排放量可以作为生态环境统计、污染物排放总量核算或者是污染源清单编制时的依据。通过与有关制度的衔接融合，将分散的环境管理制度整合成为按照源头预防、过程控制、损害赔偿、责任追究的生态环境保护体系，实现固定污染源全过程管理。

第三，进一步落实生态环境保护的责任。《条例》用三成的篇幅明确了生态环境部门、排污单位、排污许可技术机构的法律责任。一是针对违反排污许可证审批和监管行为作出相应的法律责任规定。二是创新设置、按次处罚方式，对违反环境管理台账制度和执行报告等行为，规定了按次处以罚款，是生态环境法律领域里面的首例。三是细化按日连续处罚规定。四是规定了以欺骗、贿赂等不正常手段申请取得排污许可证或伪造、变造、转让排污许可证的，三年内不得再次申请排污许可证。另外，《条例》还规定了排污许可技术机构弄虚作假责任。

第四，严格按证排污和依证监管。《条例》用两章分别规定了排污单位、生态环境主管部门的责任，要求排污单位应当开展自行监测，保存原始记录、建立台账制度和提交执行报告等。执法证据这次也不仅局限于现场监测数据，还增加了排污单位污染物排放自动监测设备的数据，包括全国排污许可证管理信息平台上获取的数据，也可以作为执法的证据。

3.3.1 污染物种类

污染物按受污染物影响的环境要素可分为大气污染物、水体污染物、土壤污染物等。

3.3.1.1 大气污染物

大气污染物是指由于人类活动或生产过程中排入大气的并对人和环境产生有害影响的那些

物质。主要有以下形态：①颗粒物，指大气中液体、固体状物质，又称尘，如 $PM_{2.5}$。②硫氧化物，是硫的氧化物的总称，包括二氧化硫、三氧化硫、三氧化二硫、一氧化硫等。③碳的氧化物，主要是一氧化碳（二氧化碳不属于大气污染物）。④氮氧化物，是氮的氧化物的总称，包括氧化亚氮、一氧化氮、二氧化氮、三氧化二氮等。⑤碳氢化合物，是以碳元素和氢元素形成的化合物，如甲烷、乙烷等烃类气体。⑥其他有害物质，如重金属类、含氟气体、含氯气体等。

3.3.1.2　水体污染物

水体污染物是造成水体水质、水中生物群落及水体底泥质量恶化的各种有害物质（或能量）。从污染的性质划分，可分为物理性污染、化学性污染和生物性污染。物理性污染是水的浑浊度、温度和水的颜色发生改变，水面的漂浮油膜、泡沫及水中含有的放射性物质增加等；化学性污染包括有机化合物和无机化合物的污染，如水中溶解氧减少、溶解盐类增加、水的硬度变大、酸碱度发生变化或水中含有某种有毒化学物质等；生物性污染是水体中进入了细菌和微生物等。

3.3.1.3　土壤污染物

土壤污染物是使土壤遭受污染的物质。其来源极其广泛，主要包括来自工业和城市的废水和固体废弃物、农药和化肥、牲畜排泄物、生物残体及大气沉降物等，另外在自然界某些矿床或元素和化合物的高集中心周围，由于矿物的自然分解与风化，往往形成自然扩散带，使附近土壤中某元素的含量超出一般土壤含量。从污染的性质划分，可以分为化学污染、物理污染、生物污染和放射性污染等。其中以化学污染最为普遍，分为无机污染物，包括对动植物有危害作用的元素和化合物，主要有汞、镉、铜、锌、铬、铅、镍、钴等重金属，锶、铀等放射性元素，氮、磷、硫等营养物质及其他无机物质如酸、碱、盐、氟等；有机污染物主要是有机农药，包括有机氮类、有机磷类、氨基甲酸脂类等。此外，石油、多环芳烃、多氯联苯、洗涤剂等也是土壤中常见的有机污染物。

针对以上三类污染物，企业应当加强经营过程中的管理，落实严格要求，促进企业及周边社区健康发展。

3.3.2　污染物管理

企业应紧跟国家步伐，采取有效措施降低大气污染物、水体污染物、土壤污染物，通过前瞻性规划，主动性落实，实现可持续发展。

污染物管理的具体措施包括：

（1）排污许可证申领与执行。按照排污许可证所允许的排放量、浓度、监测要求及适用标准进行执行及监测。

（2）建设项目实现“三同时”管理。确保建设项目配套污染防治设施及风险防范措施与主体工程同时设计、同时施工、同时投产使用。

（3）定期组织环境因素识别和污染排查工作。充分识别企业决策和活动产生的污染物来源和种类，并明确排查重点及频次，对生产经营各环节排放的污染物进行分析和评估。

（4）排污口管理规范化。企业应遵循“环保标志明显、排放口设置合理、污染物排放去向合理、便于采集样品、便于监测计量、便于公众参与监督管理”的原则规范化建设。

（5）实时监控管理。建立污染物指标日常管理和监测机制，对生产运营过程中产生的重要空气污染物来源和排放情况进行系统梳理、统计和报告。安装污染源的在线监控设备，保证监控设备稳定运行，确保监测数据有效传输。

（6）监测预警及应急预案。企业可采用仪器仪表等技术手段及管理方法，对废水、废气等污染物建立应急监测预警系统及报告机制，并与企业突发环境事件应急预案相衔接。

（7）与污染源和潜在污染源所在社区进行沟通，实现透明化管理。

企业案例

中国广核电力股份有限公司环境监测系统

中国广核从核电站的规划、设计、建设、运营到维护都充分考虑对周边环境的影响，建立了成熟完善的环境监测体系和环境巡检记录体系，旨在及时追踪环境影响并采取行动，避免对环境造成破坏，同时配合外部机构监督，确保环境影响可控，并且在法规允许范围内，中国广核环境监测见图 3-6。

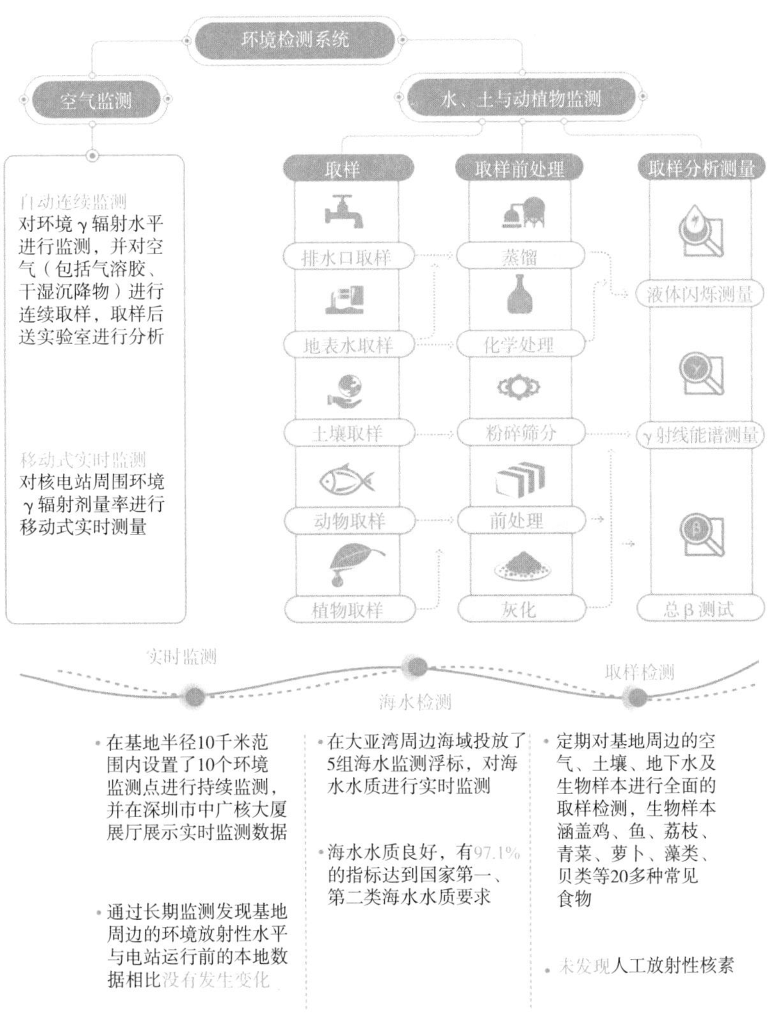

图 3-6　中国广核环境监测

3.4 废弃物

对于废弃物的管理包括三部分内容：①有害废弃物的种类；②无害废弃物的种类；③管理有害及无害废弃物的方法、目标和步骤。沿着这个逻辑，对于废弃物的管理应当包括两个方面。

3.4.1 废弃物种类

废弃物按照性质可以分为有害废弃物和一般废弃物。有害废弃物是对人体健康或环境造成现实危害或潜在危害的废弃物，或指列入《国家危险废物名录》及根据国家规定的危险废物鉴别标准和鉴别方法认定的具有危险特性的废物。一般废弃物指危险废弃物以外的废弃物。

3.4.1.1 有害废弃物

"有害废弃物"为受国家法律法规管制的废弃物。第十三届全国人大常委会第十七次会议审议通过了新修订的《中华人民共和国固体废弃物污染环境防治法》，自 2020 年 9 月 1 日起施行。《国家危险废弃物名录》（2021 年版）经生态环境部部务会议审议通过后，自 2021 年 1 月 1 日起施行。2021 年 5 月 11 日，国务院办公厅为落实《中华人民共和国固体废弃物污染环境防治法》等法律法规规定，提升危险废弃物监管和利用处置能力，有效防控危险废弃物环境与安全风险，专门制定《强化危险废弃物监管和利用处置能力改革实施方案》。

有害废弃物是一项重要的环境风险，若管理不善将对周边环境造成严重影响，并可能损害土壤、水源、空气、生物多样性和人体健康。公开披露企业有害废弃物排放情况及对周边可能存在的影响，有利于保障信息的透明度，增强利益相关方的信任与理解。同时，通过准确识别排放源并针对性制定应急预案，有利于企业降低环境风险，提升环境绩效。

3.4.1.2 一般废弃物

"一般废弃物"是指《一般工业固体废弃物贮存、处置场污染控制标准》（GB 18599—2001）规定的一般工业固体废弃物、生活 / 办公垃圾。

有效管理一般废弃物有利于企业强化产前、产中及产后一般废弃物管理流程，形成系统性、针对性的减排机制。通过采取事先预防措施从源头削减，通过重复使用或加工再利用降低过程中废弃物的产生量，同时通过循环利用降低终端一般废弃物的排放量，最大限度减少对环境的消极影响，对内降低物料成本、提升管理水平，对外则有利于构建绿色企业形象。

资料链接

新固废法的十大亮点

新版《中华人民共和国固体废弃物污染环境防治法》（以下简称《固废法》）于 2020 年 9 月 1 日起施行。《固废法》一共经历了五次修改，本次修订是第五次修改。《固废法》也是生态环境保护领域法律中修改次数最多的一部法律，凸显了该法在生态环境领域的重要地位。新《固废法》体现了新形势下固体废弃物污染环境防治成功经验，突出问题导向，回应公众期待，满足实践需求，健全长效机制，制度规范可行，用最严格制度、最严密法治保护生态环境。

（1）应对疫情加强医疗废弃物监管；

（2）逐步实现固体废弃物零进口；

（3）加强生活垃圾分类管理；

（4）限制过度包装和一次性塑料制品使用；

（5）推进建筑垃圾污染防治；

（6）完善危险废弃物监管制度；

（7）取消固废防治设施验收许可；

（8）明确生产者责任延伸制度；

（9）推行全方位保障措施；

（10）实施最严格法律责任。

3.4.2 废弃物管理

废弃物管理包括从废弃物产生到最终处置的全部活动和行动。这包括废弃物的收集、运输、处理和处置，以及废弃物管理过程的监测和调节。

通过废弃物管理，旨在减少废弃物对人类健康、环境或美学的不利影响。废弃物管理对于建设可持续发展和宜居的城市很重要。我们的城市要建成“无废城市”，我们的企业也要建成“无废企业”。

废弃物管理总原则是要遵循产品生命周期分析。产品生命周期分析是一种通过避免不必要的废弃物产生来优化对世界有限资源利用的方法。生命周期始于设计，然后进行制造、分配，接着遵循废弃物层次结构的减少来重复使用和循环利用。生命周期的每个阶段都为政策制定者提供了机会进行干预，使制定者重新思考产品的需求，重新设计以减少浪费的可能性，扩展产品的使用范围。

废弃物管理的三个重要方法：

第一，减量化。废弃物管理的一种重要方法是防止产生废弃物，也称为减少废弃物。废弃物最小化通过彻底应用创新或替代程序，减少废弃物产生的数量。

第二，资源化。该方法主要通过循环利用，将在社会生产和消费过程中产生的可回收利用废弃物资进行回收加工，重新创造价值从而再利用，即形成“资源—产品—废物—再生资源”的资源循环利用模式。

第三，无害化。经过适当的处理或处置，使废物的有害成分无法危害环境，或转化为对环境无害的物质，这个处置过程即为废物的无害化。常用的方法有填埋法、焚烧法、堆肥法、拆解法、化学法。

废弃物管理的具体措施有：

（1）严格遵守国家、地区及行业的废弃物管理相关规定，履行相关倡议、标准及行业要求。将废弃物管理机制贯穿产品的整个生命周期。

（2）识别企业经营活动中涉及的有害废弃物产生来源，建立日常监测机制。实施有害废弃物管理相关预防与准备方案，并制订应急计划。

（3）对于危险废弃物，包括放射性废弃物，应采取妥善的方式加以管理，并保持信息透明，让利益相关方知晓此类危险废弃物的存在，与利益相关方保持沟通。

（4）遵循层级削减原则，即源头削减、再利用、再循环和再加工、废弃物处理和处置。在降低废弃物产生的基础上，对废弃物进行重复使用或再利用、再循环。

（5）对于自身不具备回收和处置废弃物条件的企业，应交给具有专业技术和设备的单位进行回收和处置。

此外，废弃物的管理不仅关乎本身，而且也关乎气候变化。可持续发展咨询公司 Eunomia 的一项新研究表明，通过建立科学合理的废弃物管理体系，可有效应对气候变化带来的挑战，每年可减少 27.6 亿吨二氧化碳排放。对废弃物收集、分选和再生这些关键环节的管理进行优化组合，以实现循环经济转型，有效防止资源枯竭、减少资源浪费，促进实现碳中和目标。

资料链接

《“十四五”循环经济发展规划》

2021 年 7 月，国家发展和改革委员会印发了《“十四五”循环经济发展规划》（以下简称《规划》）。《规划》指出，大力发展循环经济，推进资源节约集约循环利用，对保障国家资源安全，推动实现碳达峰、碳中和，促进生态文明建设具有十分重要的意义。

《规划》提出，到 2025 年，资源循环型产业体系基本建立，覆盖全社会的资源循环利用体系基本建成，资源利用效率大幅提高，再生资源对原生资源的替代比例进一步提高，循环经济对资源安全的支撑保障作用进一步凸显。其中，主要资源产出率比 2020 年提高约 20%，单位 GDP 能源消耗、用水量比 2020 年分别降低 13.5%、16% 左右，农作物秸秆综合利用率保持在 86% 以上，大宗固废综合利用率达到 60%，建筑垃圾综合利用率达到 60%，废纸、废钢利用量分别达到 6000 万吨和 3.2 亿吨，再生有色金属产量达到 2000 万吨，资源循环利用产业产值达到 5 万亿元。

《规划》围绕工业、社会生活、农业三大领域，提出了“十四五”循环经济发展的主要任务。一是通过推行重点产品绿色设计、强化重点行业清洁生产、推进园区循环化发展、加强资源综合利用、推进城市废弃物协同处置，构建资源循环型产业体系，提高资源利用效率。二是通过完善废旧物资回收网络、提升再生资源加工利用水平、规范发展二手商品市场、促进再制造产业高质量发展，构建废旧物资循环利用体系，建设资源循环型社会。三是通过加强农林废弃物资源化利用、加强废旧农用物资回收利用、推行循环型农业发展模式，深化农业循环经济发展，建立循环型农业生产方式。

《规划》部署了“十四五”时期循环经济领域的五大重点工程和六大重点行动。其中包括城市废旧物资循环利用体系建设、园区循环化发展、大宗固废综合利用示范、建筑垃圾资源化利用示范、循环经济关键技术与装备创新五大重点工程，以及再制造产业高质量发展、废弃电器电子产品回收利用、汽车使用全生命周期管理、塑料污染全链条治理、快递包装绿色转型、废旧动力电池循环利用六大重点行动。

3.5 气候变化

历经几十年的经济发展，气候变化已经成为公共话题。世界各国共同生活在一个地球村中，人类是一个命运共同体。气候变化是关乎全人类生存发展和子孙后代福祉的深层次挑战。推动经济社会向绿色低碳转型是应对气候变化的必由之路，是推进生态文明建设、经济社会高质量发展和生态环境高水平保护的重要途径。

应对气候变化有两大战略：减缓气候变化和适应气候变化。

“减缓”主要是减少人类活动带来的温室气体排放，从而减缓并阻止气候变化的发生。我们所做的核算碳足迹、减少碳排放量就属于减缓气候变化的主要工作。

“适应”主要是基于气候变化已经发生，因而需要增强自身的各种能力去更好适应这一变化，从而降低气候变化对生命、财产及健康带来的各种损失和影响。

3.5.1 减缓气候变化

减缓气候变化有两大主要途径：一是减少二氧化碳等温室气体的排放，即减碳；二是保护修复森林、草原、湿地等，增加对二氧化碳的吸收，即固碳。

3.5.1.1 减碳

每个时代有每个时代的关键核心议题，减少二氧化碳排放，实现碳达峰、碳中和无疑是当代企业共同面临的时代背景。

2015 年巴黎气候变化大会通过的《巴黎气候协定》提出了将全球温升控制在 2℃以下，并进一步努力控制在 1.5℃以内的温升目标。随着各国碳中和目标的不断推出，实现《巴黎气候协定》目标已经成为现实可行的路径。2020 年 9 月，中国提出“二氧化碳排放力争于 2030 年前达到峰值，努力争取 2060 年前实现碳中和”“到 2030 年，中国单位国内生产总值二氧化碳排放将比 2005 年下降 65% 以上”等目标承诺。

目前，我国碳排放仍然处在“总量高、增量高”的历史阶段。《中国 2030 年前碳达峰研究报告》显示，2019 年我国能源活动碳排放约 98 亿吨，约占全社会碳排放比重的 87%。想要实现减碳愿景，任重而道远。碳达峰、碳中和目标正深切改变着我国“富煤、贫油、少气”的能源格局，3060 目标催生新能源产业迅速崛起，倒逼能源行业向着清洁低碳、安全高效转变，加快形成能源绿色生产和消费方式，助力生态文明建设和可持续发展。

在“双碳”目标的指引下，地方版碳达峰路线图正在加速制定。江苏省印发的《江苏省生态环境厅 2021 年推动碳达峰、碳中和工作计划》提出，构建“1+1+6+9+13+3”碳达峰行动体系，并表示要推动重点领域碳达峰工作，严控新上高能耗、高污染项目。上海市政府发布《上海市生态环境保护“十四五”规划》，提出要把降碳作为促进经济社会全面绿色转型的总抓手，持续推动能源、工业、交通和农业四大结构调整，广泛践行绿色低碳生活方式和消费模式，加强应对气候变化体系建设。《浙江省碳达峰碳中和科技创新行动方案》指出，初步构建全省绿色低碳技术创新体系，大幅提升全省绿色低碳前沿技术原始创新能力，显著提高减污降碳关键核心技术攻关能力，抢占碳达峰碳中和技术制高点。

在减碳方面，企业可以做的工作有：

（1）识别企业决策和活动对气候环境存在的消极影响，在其控制范围内逐步减少和最小化直接和间接的温室气体排放。

（2）调整能源结构，通过生产过程的电气化、智能化，减少化石能源的使用。

（3）采取清洁能源替代技术、可再生能源技术、新能源技术，通过科技创新和产业规划真正减少碳排放。

（4）实施低碳技术创新。在传统高耗能行业继续推广焦炉煤气制甲醇、转炉煤气制甲酸、水泥窑协同处置废弃物等高效低碳技术。

（5）通过减少能耗实现削减二氧化碳排放。采取清洁生产等技术来提高能效，能效技术不仅可以减少能源利用、减少排放、提高成本效益，还能通过技术转移发挥更大潜力。

（6）建立温室气体排放数据信息系统，加强工业企业温室气体排放管理。在钢铁、水泥、石化等高耗能行业，应加紧制定企业碳排放评价通则，指导和规范企业降低碳排放。

（7）以减少碳排放引致技术革新、产业转型，绿色发展在促进减排的同时，也将成为促进经济增长的重要动力。

企业案例

中国宝武钢铁集团有限公司按下减碳“快进键”

作为能源消耗高密集型行业，钢铁行业是制造业 31 个门类中的碳排放大户。以“成为全球钢铁业引领者”为愿景的中国宝武是全球最大的钢铁企业，对于钢铁行业的减碳减排有着义不容辞的责任。中国宝武率先向党中央提出实现双碳时间表：2021 年发布低碳冶金路线图，2023 年力争实现“碳达峰”，2025 年具备减碳 30% 工艺技术能力，2035 年力争减碳 30%，2050 年力争实现“碳中和”。这是中国宝武立足新发展阶段、贯彻新发展理念、构建新发展格局的使命担当。

实现“碳达峰”“碳中和”是一项长期而又艰巨的工作，需要正确处理好发展和减排、整体和局部、短期和中长期的关系。为贯彻习近平生态文明思想，认真落实党中央、国务院重大决策部署，如期实现“碳达峰”“碳中和”目标，中国宝武全力以赴，在抓好废气超低排、废水零排放、固废不出厂，实现洁化、绿化、美化、文化的同时，围绕“冶金原理 + 科学管理”攻坚突破，实现从原燃料端到生产制造端，再到使用端的深度协同降碳。

中国宝武把降碳作为源头治理的“牛鼻子”，优化能源结构，加大节能环保技术投入，不断提高天然气等清洁能源比例，加大太阳能、风能、生物质能等可再生能源利用，布局氢能产业，推进能源结构清洁低碳化；中国宝武加大行动力度，加速智能化转型，提高效率效能水平，大幅减少生产过程的碳排放；积极研发高强、耐蚀的绿色钢铁新产品，不断拓展钢铁产品应用领域和应用场景，探索开展钢铁产品全生命周期评价，促进建立更加绿色的用材标准体系；创立全球低碳冶金创新联盟，打造面向全球的低碳冶金创新技术交流平台；建立开放式研发创新模式，开展钢铁工业前瞻性、颠覆性、突破性创新技术研究；建设面向全球的低碳冶金创新试验基地，促进钢铁上下游产业链的技术合作，助推钢铁工业可持续发展。

2021 年 7 月，中国宝武发起设立国内规模最大的碳中和主题基金，充分发挥产业力量，充分运用金融手段，为我国如期实现“碳达峰”“碳中和”目标，切实履行应有的责任！

站在开启全面建设社会主义现代化国家新征程、向第二个百年奋斗目标进军的起点上，提出力争提前实现“碳达峰”“碳中和”目标，昭示了中国宝武全力打造“国之重器”、铸就“镇国之宝”的决心和使命，践行绿色发展理念、建设生态文明的责任与担当。

中国华电集团有限公司碳排放管理

中国华电在国内同类型发电企业中第一个在总部成立碳排放处，以“四个体系”（数据管理体系、交易支撑体系、技术支撑体系及能力建设体系）建设为抓手，以“低成本减排和服务绿色低碳转型为目标”的工作思路，实施低碳发展理念驱动下中国华电碳排放管理，内容如下：

（1）率先在央企中编制碳达峰行动方案，圆满完成碳达峰“双控”目标的科学分解。中国华电统筹考虑能源发展与安全，立足先立后破，以能源结构、经济效益目标为边界，基于时间和空间维度创造性提出碳达峰目标分解方法学，填补该项空白。

（2）首家实现元素碳实测全覆盖。提出一套具有普遍推广性的“元素碳检测技术指导书”，明确了碳排放核算要求下的元素碳等数据检测企业技术标准，实现公司系统元素碳含量实测的全覆盖，制定了以元素碳含量实测为核心的温室气体统计核算制度，有效保证了碳排放数据的准确性，保障中国华电从容应对以实测数据为报告依据的碳市场形势。

（3）首家在央企中发布汉英双语《温室气体白皮书》。以“温室气体排放白皮书”的创新形式，对碳排放信息进行专项披露，形成了一种基于第三方核查数据、每五年盘点、科学量化碳减排成效为基础的碳排放信息披露机制，助力生态环境部分享中国碳市场经验，提升了中国企业的绿色形象。

（4）首家搭建碳排放在线检测实验平台，实现碳排放在线监测技术在电厂复杂应用场景下的模拟和研究。牵头编制首个行业二氧化碳排放连续监测技术标准——《火电厂烟气二氧化碳排放连续监测技术规范》（DL/T 2376—2021），经国家能源局批准正式实施。

（5）不断完善“低碳数智化管理平台”建设。建成行业内首个基于生产实时数据，满足全国及试点规则的碳排放管理信息系统，提高数据获取可靠性及效率，减少基层企业 80% 的工作量。开展“区块链＋碳资产管理”信息平台建设，利用国产化区块链等新技术，拟实现碳排放 MRV、碳资产交易履约等工作全流程数字化管控。

（6）助力全国碳市场建设圆满完成首期履约任务。提前完成全国碳市场第一个履约周期碳配额清缴履约，履约率达 100%，实现全国首笔 CCER 抵销配额清缴。充分利用金融手段盘活碳资产，完成国内首单碳排放权抵押融资业务，并通过配额置换、配额回购等实现碳资产保值增值，助力火电企业碳减排技术发展。

“十三五”期间中国华电已累计减排二氧化碳 5.5 亿吨，全口径供电碳排放强度较“十二五”末下降 53 克 / 千瓦 · 时，较规划目标低 7 克 / 千瓦 · 时，创历史最好水平，为实现“3060”目标奠定坚实的基础。

3.5.1.2 固碳

大气中二氧化碳浓度是人为化石燃料排放与陆地、海洋生态系统吸收两者平衡的结果。固碳包括物理固碳和生物固碳。物理固碳是将二氧化碳长期储存在开采过的油气井、煤层和深海里。生物固碳是将无机碳即大气中的二氧化碳转化为有机碳即碳水化合物，固定在植物体内或土壤中。生物固碳提高了生态系统的碳吸收和储存能力，减少了二氧化碳在大气中的浓度。

将二氧化碳封存和固定一直是各国努力的方向和研究重点，并试图为实现更加彻底高效的碳捕获和封存引入新的方法——二氧化碳捕集、封存与利用（CCUS）。国际能源署曾表示，要实现升温不超过 2℃的目标，CCUS 技术需要在 2015～2020 年贡献全球碳减排总量的 13%。

固碳在中国还属于比较新兴的领域，本身在成本上、技术上有很多难度，但是它的作用对于能够实现碳中和目标是举足轻重的。它对于减少碳排放的贡献至少要达到 20%，这也是一个值得关注的领域。

在固碳方面，企业可以做的工作有：

（1）增加碳汇。碳汇（Carbon Sink）是通过植树造林、植被恢复等措施，吸收大气中的二氧化碳，从而减少温室气体在大气中浓度的过程、活动或机制。例如，碳汇造林是以增加碳汇为主要目的，对造林及其林木（分）生长过程实施碳汇计量和监测而开展的有特殊要求的造林活动。企业可以通过植树造林、海洋保护等行为增加碳汇。

（2）参与碳汇交易。2011 年，在林业碳汇交易试点中，阿里巴巴集团以 18 万元购买了 1 万吨林业碳汇指标，是国内购买林业碳汇的第一笔交易。2021 年 9 月，全国首个海洋碳汇交易服务平台“厦门产权交易中心”完成首宗海洋碳汇交易。

（3）投资碳汇。投资碳汇可以积累碳信用指标，未来国内碳交易市场成熟后，不仅能够抵减一定量的碳排放，而且还有望进入碳市场进行交易。

（4）发展固碳技术。通过 CCUS 技术，把生产过程中排放的二氧化碳进行捕获提纯，继而投入新的生产过程进行循环再利用或封存。

资料链接

听说过“绿碳”，那你知道“蓝碳”是什么吗?

陆地上的绿色植物通过光合作用能够固定空气中的二氧化碳，称之为“绿碳”。相对于陆地上的“绿碳”，在广袤的海洋中，利用海洋活动及海洋生物吸收大气中的二氧化碳，并将其固定、储存在海洋的过程被称为“蓝碳”。

“蓝碳”的概念来源于 2009 年联合国环境规划署（UNEP）、联合国粮农组织（FAO）和联合国教科文组织政府间海洋学委员会（IOC-UNESCO）联合发布的《蓝碳：健康海洋固碳作用的评估报告》，特指那些固定在红树林、盐沼和海草床等海洋生态系统中的碳。这些能够固碳、储碳的滨海生态系统即为“滨海蓝碳生态系统”，它们中的代表——红树林、海草床和滨海盐沼则并称“三大滨海蓝碳生态系统”。海洋储存了地球上约 93% 的二氧化碳，据估算约为 40 万亿吨，是地球上最大的碳库。海洋每年可清除 30% 以上排放到大气中的二氧化碳，对减少大气中的二氧化碳、缓解全球气候变暖起到至关重要的作用，也是“减排”之外的一条可行路径。

红树林、海草床和滨海盐沼作为三大滨海蓝碳生态系统，能够捕获和储存大量的碳，具有极高的固碳效率。虽然这三类生态系统的覆盖面积不到海床的 0.5%，植物生物量也只占陆地植物生物量的 0.05%，但其碳储量却高达海洋碳储量的 50% 以上，甚至可能高达 71%！此外，与陆地生态系统存在碳饱和现象不同的是，滨海生态系统土壤中固定的碳可大范围且长时间埋藏，因此形成巨大的碳储量。

除了强大的固碳储碳的碳汇能力外，滨海蓝碳生态系统对人类福祉和全球生物多样性意义同样重大。滨海蓝碳生态系统不仅能调节水质，为鱼类和贝类提供重要的栖息地，为人类提供木材，其还是许多濒危和珍稀物种的栖息地，也是邻近生态系统的养分来源，为重要的经济物种提供生存空间，同时兼具美学和生态旅游功能。

滨海蓝碳生态系统也是地球上最濒危的生态系统——它们正以每年 34 万～98 万公顷的速度遭受破坏。被严重破坏的滨海生态系统不仅失去了碳汇功能，甚至可能从碳汇变成碳源！除此之外，对滨海生物资源的过度利用、水体污染等人类活动还会导致滨海生态系统生物多样性降低和重要的生态系统服务功能丧失。

加强保护滨海蓝碳生态系统势在必行！

3.5.2 适应气候变化

企业除了在减缓气候变化方面做出自己的贡献外，还有一个重要的方面需要企业提高警惕，那就是“适应气候变化”，也就是说，企业要对气候变化对于自身的生产和经营的风险进行识别及做好应对措施。

2020 年，麦肯锡发布名为《气候风险和应对：物理危害和社会经济影响》的报告，历时一年，研究了未来三十年地球的气候变化将如何影响全球的社会经济系统。在报告中，气候变化对现实世界的影响集中在个人和社群、基础设施和自然资本。

该研究发现，地球气候变化产生连锁反应的速度正在加快。这主要是因为，虽然飓风那样的灾害只有受灾地区当地直接受到影响，但它的余波会沿着供应链传导，并由于社群彼此关联更强而出现意外的影响。

该研究称，数以万亿美元的经济活动和数亿人的生活都面临气候变化的风险。人们已经在感受到气候变化的破坏影响，如火灾和飓风的破坏性都超出以往。该研究还提到，全球海洋温度上升可能造成捕鱼减产，多达 8 亿以捕鱼为生的人都将受到影响。

与此同时，企业未能得当地考虑到这层层叠加的影响，进而让企业面对的风险增加。虽然企业和社群已经在为了降低气候风险而适应，但若要管控不断攀升的气候风险，适应气候变化的速度和规模可能需要大幅提升。适应可能包括成本增加，以及要考虑是否重新安置人员和重新投资。这需要多个利益相关方之间协调行动。信息系统和网络风险已经在企业和公共部门决策的考虑之中，气候变化及其后果的风险也需要成为决策的一大考量因素。

麦肯锡的研究认为，气候变化的危害在过去只是导致风险级别上升，而如今却能造成飓风等一次性事件，其影响范围更大。这意味着，当前应对一定程度风险的系统都是不堪一击的。商界领袖有必要专注于提高适应能力和风险管理，以及大范围去碳化的努力。

在全球气候变暖的大背景下，诸如暴雪、台风、暴雨等极端天气气候事件呈现出强度更高、发生次数更加频繁、持续时间更长的特点，随之而来的供电中断、城市内涝等一系列连锁反应，将对数据中心等系统造成极大的安全风险与影响。企业一定要积极识别气候变化风险，并为识别出的风险开展应对行动。为应对极端天气所造成的影响、保障公司业务的连续性运转，需要制定前瞻性极端场景应急操作流程，专门应对气候极端场景。针对各类自然灾害，通过设置公共卫生、地震、台风、火灾、人员变动、安全事故六大极端场景应急预案，开展应急演练、分散机房部署、异地备份重要系统与业务数据等方式，尽可能地减轻气候变化对企业业务造成的影响。

适应气候变化的支撑机制由监测与评估机制、资金机制、协调与信息共享机制、技术机制四方面组成，见图 3-7。

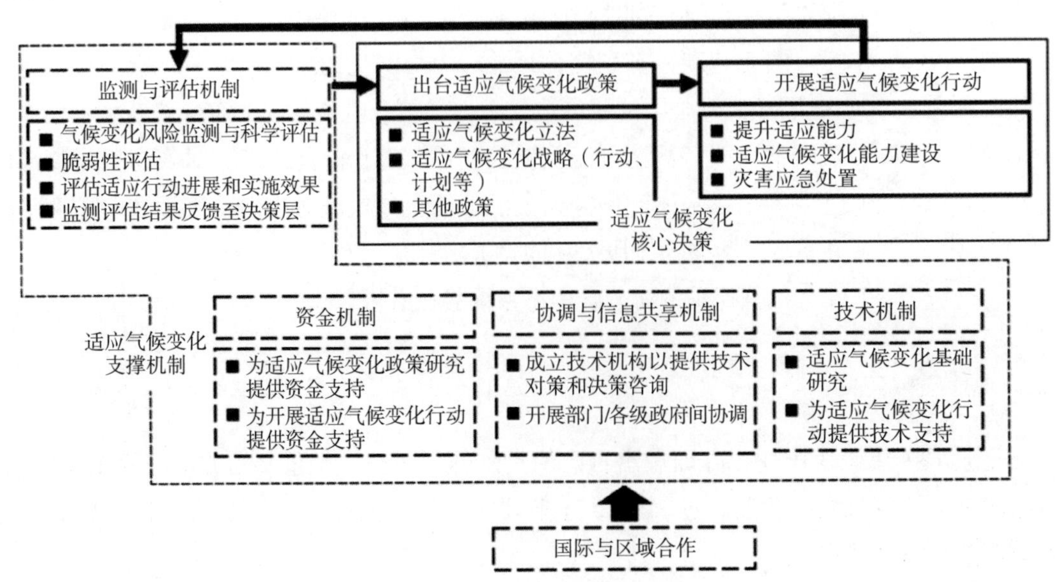

图 3-7 适应气候变化的核心决策过程与支撑机制

3.6 生物多样性

生物多样性是生物及其与环境形成的生态复合体及与此相关的各种生态过程的总和，由遗传（基因）多样性、物种多样性和生态系统多样性等组成。它包括动物、植物、微生物的物种多样性，物种的遗传与变异的多样性及生态系统的多样性。

谈到生物多样性保护时，不得不提《生物多样性公约》(Convention on Biological Diversity)。这一项保护地球生物资源的国际性公约，于 1992 年 6 月在巴西里约热内卢由各方签署，并于 1993 年 12 月 29 日正式生效。该公约具有法律约束力。我国于 1992 年 6 月 11 日签署《生物多样性公约》，于 1993 年 1 月 5 日交存加入书，是最早签署和批准《生物多样性公约》的国家之一。

为落实公约的相关规定，进一步加强我国的生物多样性保护工作，有效应对我国生物多样性保护面临的新问题、新挑战，原环境保护部会同 20 多个部门和单位编制了《中国生物多样性保护战略与行动计划（2011—2030 年）》，提出了我国未来 20 年生物多样性保护总体目标、战略任务和优先行动。生物多样性保护优先领域与行动包括：①优先领域一，即完善生物多样性保护与可持续利用的政策与法律体系；②优先领域二，即将生物多样性保护纳入部门和区域规划，促进持续利用；③优先领域三，即开展生物多样性调查、评估与监测；④优先领域四，即加强生物多样性就地保护；⑤优先领域五，即科学开展生物多样性迁地保护。这也成为企业保护生物多样性的指南。

2020 年 9 月 30 日联合国生物多样性峰会上，习近平强调，生物多样性既是可持续发展基础，我们要以自然之道，养万物之生，从保护自然中寻找发展机遇，实现生态环境保护和经济高质量发展双赢。

但是相对于其他环境议题，“保护生物多样性”的话题还没有引起企业的普遍重视。很多企业管理者认为，生物多样性与他们的日常业务关系不大，在各种环境问题中长期受到忽视。企业究竟为什么要关心这世界上千千万万种动物？为什么要投入巨大的资金来保护它们？从 ESG 的视角来看，保护生物多样性已经成为环境议题中一个必不可少的重要议题，而且已经有很多企业在行动。金蜜蜂的研究显示，2020 年我国有 414 份报告披露生物多样性信息，占报告总数的 23.93%。采掘行业企业披露生物多样性的占比最高，为 72.06%，具体见图 3-8。

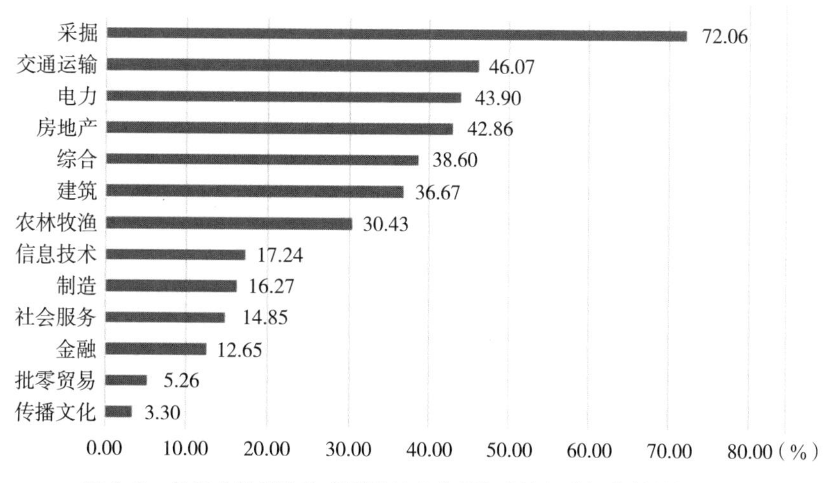

图 3-8 各行业披露生物多样性信息的报告占该行业报告总数的百分比

在当今发展背景下，气候和生物多样性的空前变化已经结合在一起，并日益威胁到世界各地的自然和人类及其生计和福祉，除非共同解决这两个问题，否则这两个问题都不会得到成功解决。例如，制止陆地和海洋生态系统的丧失和退化——特别是森林、湿地、泥炭地、草原和稀树草原、红树林、盐沼、海带林和海草草甸，以及深水和极地蓝碳生境，既是应对气候变化的举措，也是保护生物多样性的举措。

保护生物多样性，可以从以下三个方面展开：

（1）要积极探索实现气候变化和生物多样性目标协同发展路径，分享实践经验，引领转型发展。

（2）要基于自身经营方向和市场机遇，研究制定促进生物多样性保护与可持续利用的目标和战略。

（3）要积极探索各种合作机制，拓展伙伴关系，形成合力促进生物多样性保护。

典型案例1

华润电力：应对气候变化　绿色低碳转型

华润电力坚定不移地支持国家提出的碳达峰、碳中和目标，大力推进可再生能源转型，实现能源结构低碳化；加强环境管理和污染管控，提升能源利用效率。同时，持续跟踪气候变化相关政策和运营风险，积极研发碳捕捉技术、开展碳市场交易，以新技术、新模式推动公司转型发展。

一、背景

习近平在第七十五届联合国大会上宣布，中国将提高国家自主贡献力度，采取更加有力的政策和措施，二氧化碳排放力争于2030年前达到峰值，努力争取2060年前实现碳中和，这也充分彰显了我国主动承担应对气候变化国际责任、坚定不移走绿色发展道路的决心。践行碳达峰、碳中和战略，能源是主战场，电力是主力军。华润电力肩负作为综合能源企业的义务与责任，将气候变化影响融入公司战略决策中，持续提高可再生能源占比，加强环境管理和污染管控，研究应用绿色低碳技术，为社会可持续发展提供绿色动力。

二、责任行动

（一）“乘风破浪”——深耕可再生能源

华润电力的可再生能源业务包括风力发电、光伏发电和水力发电。近年来，华润电力丰富新能源业务开发策略，发挥华润集团产业多元化优势，加强内外协同，通过政府合作、与产业链上下游企业合作，大力推进发展工作，积极获取发展资源，打造新能源基地、源网荷储一体化、多能互补、区域屋顶分布式光伏发电等项目，推动可再生能源业务快速发展。截至2021年6月底，华润电力可再生能源运营权益装机容量14936兆瓦，相较2015年的4535兆瓦，增长率达229%；可再生能源运营权益装机容量占比31.1%，相较2015年的13.1%，提升了18个百分点。

图3-9为内蒙古瑞风风电场。

图 3-9 内蒙古瑞风风电场

（二）节能降耗——促进火电高质量发展

煤电在未来相当长一段时期内仍将发挥“压舱石”的作用。但在“双碳”目标下，电力行业的低碳化转型已成必然。对于华润电力来说，做优做强煤电，加大煤电机组的升级改造力度，持续提升煤电机组整体运营效率，进一步降低供电煤耗，是推动清洁能源战略转型过程中的重要任务。

2015～2016 年，华润电力率先与申能科技合作，完成对铜山电厂两台百万千瓦机组技术改造，供电煤耗下降约 10 克 / 千瓦 · 时，全年减少二氧化碳排放约 17 万吨，2019～2020 年，华润电力曹妃甸电厂两台 100 万千瓦一次再热超超临界机组投产，机组在额定纯凝工况下的设计供电煤耗低至 263 克 / 千瓦 · 时，在全球范围内煤电机组中位列前茅。在树立煤电效率新标杆的同时，华润电力也持续通过机组节能综合升级改造等手段激发各类型机组潜能。

2020 年，华润电力节能减排改造投入 12.7 亿元，燃煤发电机组实现 100% 超低排放，附属电厂供电标准煤耗 296.0 克 / 千瓦 · 时，相较 2015 年的 306.98 克 / 千瓦 · 时下降超 10 克 / 千瓦 · 时。

（三）布局前沿——持续开展 CCUS 技术研究应用

化石能源产生的二氧化碳占全球温室气体排放的 57%，是气候变化的主要原因。联合国政府间气候变化专门委员会（IPCC）已将燃煤电厂二氧化碳捕集、利用与封存（CCUS）技术作为达成 2050 年温室气体减排目标的重要技术方向之一。2021 年 5 月 13 日，华润电力曹妃甸电厂入选河北省第一批 CCUS 试点项目。

早在 2019 年，深圳市深汕特别合作区华润电力有限公司（以下简称“华润电力深汕公司”）就已成功打造亚洲首个基于燃煤电厂多线程国际碳捕集测试平台（见图 3-10），持续探索 CCUS 技术的实践应用。该项目包括预处理系统、胺法捕集系统、膜法捕集系统、压缩纯化系统等，每年可捕集二氧化碳约 2 万吨，经提纯后可满足食品加工等商业化利用，实现二氧化碳“变废为宝”，并创造经济效益。

华润电力深汕公司碳捕集测试平台项目不以盈利最大化作为商业目标，公开引进新型碳捕集技术与合作单位进行测试与示范工作，寻求降低碳捕集项目成本与技术风险的最佳方案，探索可持续的CCUS项目商业模式。平台未来将持续对广东省乃至全国低碳产业链进行研究，寻找有合作可能的企业、高校及机构等，定期召开CCUS相关专题研讨会，邀请相关上下游企业代表及专家，讨论项目发展的潜在机会和计划。同时，完成从省级到国家级工程实验室的申请，让碳捕集技术中心成为一个高质量和具有代表性的产学研项目，打造广东省乃至全国的CCUS产业链，整合产学研资源推动技术示范。

图3-10 华润电力深汕公司碳捕集测试平台

（四）参与市场——加强碳资产管理

2021年7月16日，全国碳排放权交易市场正式启动，华润电力凭借良好的市场表现，成为首批参与交易的十大集团企业之一，华润电力组织旗下化工园电厂、沈阳电厂、湖南电厂参加了首日交易。

碳交易是为了促进全球温室气体减排所采用的市场机制，有利于推动经济向绿色低碳转型。2020年11月，中国生态环境部发布《全国碳排放权交易管理办法（试行）》（征求意见稿），进一步明确了碳市场建设管理制度和支撑体系。华润电力结合国家碳资产管理相关制度，编制并发布《碳资产管理标准》《碳排放报告编制指南》等内部制度，规范碳资产核查与管理，提高碳排放盘查、核查、监测及配额核算、履约、交易等碳资产专业化水平。为全面参与碳交易体系和共同推进碳市场建设，华润电力还从组织建设与能力建设两个方面夯实基础，并积极开展区域试点碳交易，合理配置碳资产、降低企业履约成本。

2021年6月22日，华润电力（广东）销售有限公司与巴斯夫（中国）有限公司在广东电力交易中心完成广东省首笔可再生能源交易（见图3-11），交易量达245万千瓦·时，引起社会、行业及媒体的广泛关注。该合作协议快速锁定了可再生能源项目全生命周期收益，降低项目投资风险，有效提高了可再生能源项目转化率，使得发、售电企业能够在原有收入的基础上增加绿色能源价值收入，同时促进了绿色能源的生产消费模式变革，有效助力国家“双碳”目标实现。

图 3-11 华润电力与巴斯夫可再生能源电力交易签约仪式

三、履责成效

（一）发展效益

华润电力积极抢抓碳达峰、碳中和给能源和电力行业带来的重大机遇，把握中国能源结构调整的战略性方向，围绕清洁能源供应商和综合能源服务商的定位，完善战略规划，优化全国布局、高质量规模开发，加速推进储能、综合能源等业务，为公司长期可持续发展积蓄了动能。华润电力 2020 年新增风电、光伏并网容量创历史新高，未来 5 年预计新增可再生能源超过 4000 万千瓦，将有力推动公司高质量发展。

（二）环境效益

华润电力通过推动战略转型，实现可再生能源业务的快速发展，2021 年上半年，华润电力风电场、光伏电站、水电站共为社会提供了约 1.7473×10^{10} 千瓦·时的清洁能源，同时，华润电力通过科技创新等手段，提高能源使用效率，为碳减排做出自己的贡献。

（三）经济效益

在绿色转型发展战略下，2020 年，华润电力可再生能源业务净利润贡献为 41.93 亿元，首次超过火电。此外，2021 年 7 月 15 日，华润电力投资有限公司在中国银行间市场交易商协会成功发行第一期 20.05 亿元绿色定向资产支持票据（碳中和债），综合发行成本 3.25%，创电力行业同类型、同期限产品的最低水平。

（四）声誉效益

华润电力坚持企业与环境、社会共同可持续发展得到社会各界及国内外同行业的高度认可。2020 年，华润电力荣获香港绿色企业大奖之“企业绿色管治奖·环境监测及报告”“优越环保管理奖（企业）·金奖”“杰出连续获奖机构（6 年及以上）”；公司所属及旗下单位荣获“2020 亚洲能源大奖”中的四项大奖。2021 年，华润电力连续两年入选恒生 ESG50 指数和恒生可持续发展企业基准指数；2021 年 9 月，华润电力获评“央企 ESG·先锋 50 指数”榜首，也是

440家参与评级的央企控股上市公司中唯一达到五星级水平的企业。

四、展望

未来，华润电力将继续坚决贯彻国家能源安全战略和新发展理念，致力于早日实现高质量的碳达峰、碳中和目标，大力发展可再生能源，严格控制新增煤电机组，进一步深挖煤电机组节能潜力，持续开展碳捕集利用与封存技术研究应用，加大核证自愿减排量等碳资产的开发，加强电力市场、碳市场、绿证市场耦合联动；坚持创新驱动，密切关注不断涌现的新技术、新模式、新业态，为公司绿色低碳转型发展加速蓄能起势，为公司行稳致远可持续发展保驾护航。华润电力将继续朝着成为具有全球竞争力的世界一流清洁能源企业不断迈进，为能源体系清洁低碳、安全高效转型和人类可持续发展贡献企业力量。

典型案例2

伊利：落实全生命周期行动，引领行业“双碳”实践

伊利积极践行“绿色领导力”，建立“环境保护可持续发展三级目标体系”，实施全生命周期绿色行动，实现从源头控制能耗，降低温室气体排放量，引导全产业链各环节最大限度减少对环境的影响，并率行业之先承诺实现碳中和，以实际行动助力国家“双碳”目标实现。

一、背景

习近平主席在第七十五届联合国大会一般性辩论上指出，中国将力争于2030年前二氧化碳排放达到峰值，努力争取2060年前实现碳中和。实现碳达峰、碳中和是我国向世界作出的庄严承诺。在碳中和愿景引领下，伊利积极探索内部碳管理。从2010年起开展碳盘查工作，是行业内首个具有自主碳盘查能力的企业；从2014年起将每年6月设置为“伊利低碳月”，普及低碳发展理念；2019年建成EHSQ管理信息系统，实现碳排放数据自动核算；2020年建立“环境保护可持续发展三级目标体系”，推动全生命周期绿色制造；2020年联合国日，率行业之先承诺实现碳中和；2020年，成为中国业内首家通过全球环境信息研究中心（CDP）向全球披露环境信息的企业；2021年，潘刚董事长正式提出“社会价值领先”目标，表示伊利将率先实现碳达峰碳中和、达到领先的可持续发展评级，为社会创造价值，并正式启动碳中和项目，策划碳中和路线图，为实现“双碳”目标贡献力量。

二、责任行动

（一）发挥顶层设计优势，引领绿色发展方向

伊利推进覆盖全集团的可持续发展管理体系，设置“可持续发展委员会—秘书处—可持续发展联络员”的管理架构。在可持续发展委员会领导下，深入践行“绿色领导力”，建立“环境保护可持续发展三级目标体系”（见图3-12），研究制定碳中和目标、时间表和实施路径，以更高站位推动绿色发展工作，让可持续发展成为企业的“深刻自觉”。

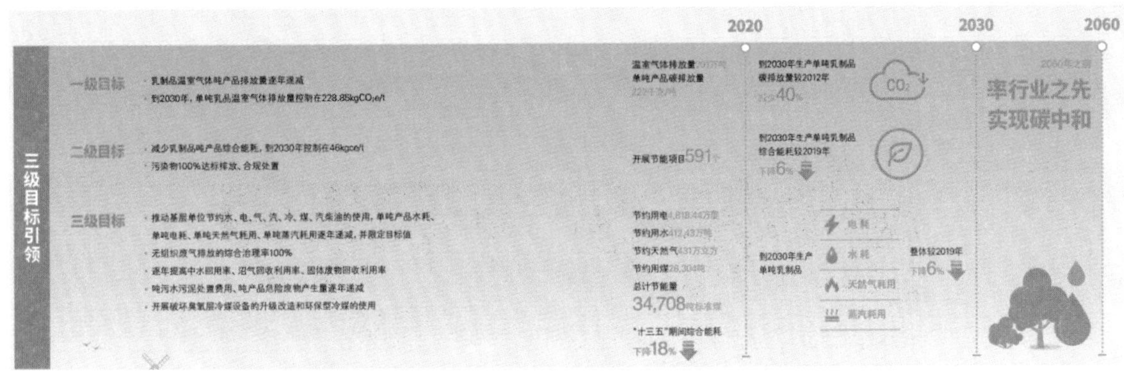

图 3-12 环境保护可持续发展三级目标实施路线图

（二）开展全生命周期行动，降低生产经营对环境的影响

伊利持续开展全生命周期绿色行动，实现从源头控制能耗，降低温室气体排放量，保护生态环境，最大限度减少生产经营对环境的影响。

1. 绿色牧场

伊利积极打造集约型牧场（见图 3-13），带动合作牧场碳盘查，帮助牧场解决环境与发展的双重挑战，推动合作牧场绿色低碳发展。

打造集约型牧场。坚持打造“绿智能牧场”，提升牧场集约性、可追溯性和上下游协同能力；推行“种养一体化”生态农业模式，帮助合作牧场就地解决饲料供应，降低饲养成本，推动粪污还田，实现农牧循环发展。

带动合作牧场碳盘查。2018 年，以现有碳盘查工作为基础，突破牧场单元的碳核算方法，将碳盘查范围从生产单位延伸至产业链上游的合作牧场，进一步促进牧场碳减排。

案例 1：科学喂养降低合作牧场奶牛温室气体排放

据测算，全球所有牛排放的二氧化碳占全球温室气体总排放量的 18%。作为与奶牛养殖密切相关的乳企，伊利积极测算并控制合作牧场奶牛温室气体排放，建立奶牛营养评估体系，合理优化奶牛日粮配方，选用营养价值高且易消化的苜蓿草和青贮玉米作为主要饲料，提升奶牛消化和吸收速率，减少奶牛肠道发酵甲烷排放。

案例 2：“种养一体化”推动奶业与生态协同发展

据测算，1 吨干秸秆饲料化利用可以替代 250 千克粮食，1 吨粪便的养分含量相当于 20～30 千克化肥。为解决牧场面临的奶牛“吃”和“拉”两大难题，伊利自 2013 年起在规模化养殖牧场推行“种养一体化”，遵循“以养带种、以种促养”原则，推动合作牧场发展优质饲草种植，提高粪污资源化使用效率，帮助牧场解决环境与发展的双重挑战。2020 年，伊利“种养一体化”项目覆盖 272 座合作牧场，打造真正意义上的乳业绿色供应链。

图 3-13　伊利集约型牧场

2. 绿色建筑

伊利将绿色生态理念贯穿于建筑项目全生命周期，在设计、选址、选材、垃圾处理等环节切实考虑环保问题，通过改善设计工艺、引进先进节能减排技术，最大限度减少污染排放。

在“伊刻活泉”水源地（见图 3-14）建立三级防护区，设置警示牌和 24 小时监控，保障大兴安岭森林腹地的低温活泉优质水源地不受污染。

图 3-14　“伊刻活泉”水源地

3. 绿色制造

伊利坚持“源头控制、过程管控、末端治理”，全面推进绿色制造。截至 2021 年底，23 家分（子）公司被工业和信息化部评为国家级“绿色工厂”，伊利 Chomthana 公司通过泰国国家级绿色工业认证。

“零碳工厂”。2022 年 2 月，伊利获得全球知名国际检验认证集团——必维集团（Bureau Veritas）颁发的碳中和工厂核查声明（PAS2060），云南伊利乳业有限责任公司成为中国食品行业的首个“零碳工厂”。

“零碳牛奶”。2022 年 3 月，伊利正式发布了中国首款“零碳牛奶”，伊利金典 A2β- 酪蛋白有机纯牛奶获得了全球知名国际检验认证集团——必维集团（Bureau Veritas）颁发的碳中和核查声明（PAS2060），实现了全生命周期的碳中和。

碳排放管理。从2010年起，连续12年对旗下所有企业温室气体排放量进行系统核算，累计减排量859万吨（依据最新的《企业温室气体排放核算与报告指南发电设施》，相当于节约了159亿千瓦·时）。同时，推动EHSQ管理信息系统结合业务使各事业部分解下发的温室气体减排目标，减少碳排放量。

能耗管理。淘汰高能耗设备，将燃煤锅炉更换为燃气锅炉，确保所有设备符合国家节能降耗标准；管控电、天然气、蒸汽、沼气的使用能耗；使用创新环保技术，推动节能降耗。

“三废”管理。管控废气、废水，自建污水处理厂（站），日污水处理能力近18万吨，年降解有机污染物约7万吨，确保所有污染物100%达标排放并合规处置；对危险废弃物、一般固体废弃物、污泥、消料等，进行处置、贮存、转移并建立台账。

水管理。引入水足迹全生命周期管理，严控用水环节，并对生产、转化环节进行优化，引入新科技提升得水率；对除臭系统循环水使用水、绿化使用水等水资源进行中水回用。

4. 绿色包装

伊利率行业之先制定包装可持续发展2025年目标，通过环保材料使用、包装轻量化、包材回收再利用，全面实施绿色包装（见图3-15）。2020年，共用FCS包材238亿包，相当于600平方千米森林得到妥善的可持续管理；产品塑料包材用量节约2000吨，纸包材用量节约5000吨。

芝士点酸奶使用爱克林包装，质量相较于传统包装减轻50%～60%

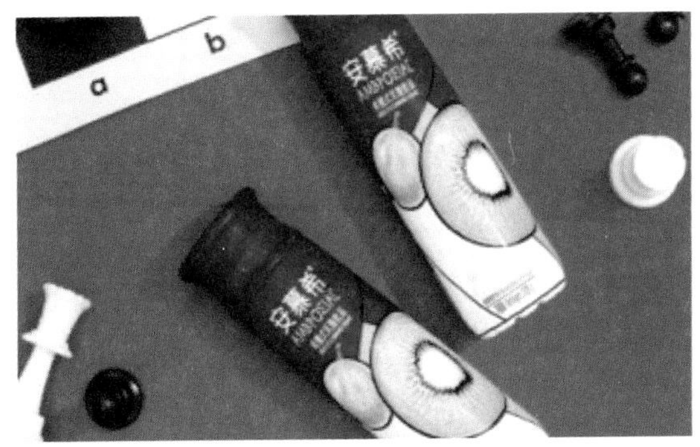

安慕希高端畅饮型酸奶采用100%可回收的PET包装

图3-15 伊利绿色包装

5. 绿色物流

伊利科学规划工厂和仓储布局，优化物流运输路径，严格控制国四及以下车辆使用，提升车辆满载率、实施全程GPS精准定位，提升产品运输过程的车辆使用率、周转率，减少物流车辆数及汽车尾气排放，最大限度降低运输环节对大气环境的影响。

6. 绿色消费

伊利运用大数据精准调研消费需求，提倡有机生活，引导消费者开展包装分类回收利用，与社会各界共享绿色生活。

7. 绿色办公

伊利注重绿色文化建设，开展多元环保培训和宣传活动，引导员工将环保理念融入日常工作，倡导低碳出行、节约水电纸张，组织“伊利低碳月”主题活动，在公司打造绿色低碳、文明健康的生活方式，推动形成崇尚绿色生活新风尚。

伊利金典发起“金典空奶盒手工大改造”全民共创活动，以绿色有机方式赋予废旧奶盒以新生命，向消费者宣传包装回收利用理念。图 3-16 为活动作品《火星村的有机新生活》。

图 3-16 《火星村的有机新生活》

（三）带动产业链伙伴降碳，共建可持续发展生态圈

乳业横跨三大产业，要实现全产业链各环节的可持续发展，既离不开龙头企业的引领，也离不开产业链伙伴的协同。伊利通过绿色采购、供应商培训、协同创新，将绿色发展理念向产业链伙伴全面延伸，提升全产业链的降碳意识，构建可持续发展生态圈。

绿色采购。强化负责任采购管理，严把准入关，验证供应商环保批复、环保验收等资质，提高供应商环保能力。2020 年，采购的棕榈油 100% 来自通过可持续棕榈油圆桌倡议组织（RSPO）认证的供应商。

供应商培训。依托伊利供应商发展学院开展培训赋能，带动供应商提升履责能力。2020 年，组织供应商培训 16 次，内容涉及阳光采购、绩效管理及复盘工具，累计培训 2334 人。

协同创新。启动全球可持续供应链全球网络 WISH 体系，发布供应商可持续发展倡议，与供应商共享信息网络，收集供应商碳排放数据，协同开展降碳行动，打造协同创新共同体。

案例 3：带动伙伴共建绿色供应链，获工业和信息化部国家级“绿色供应链”认证

为响应包装材料轻量化、去塑化的发展趋势，伊利带动上下游合作伙伴共建绿色产业链，推广应用绿色环保包装。2020 年，推动 114 家供应商应用可降解、可循环的材料及标准化的加工工艺，开展“去视窗”“无溶剂复合”等 10 个改善项目，节约成本约 1.42 亿元。伊利集团公司和天津伊利乳业有限责任公司获得工业和信息化部国家级“绿色供应链”认证。

（四）加强沟通交流，塑造绿色品牌形象

伊利坚持透明沟通，积极通过 CDP 向全球披露企业环境信息，定期发布可持续发展报告、生物多样性保护报告（见图 3-17），参加“实现可持续发展目标中国企业峰会”、联合国生物多样性大会等论坛，传递降碳理念和履责动态，塑造负责任的绿色品牌形象。

连续15年发布可持续发展报告　　连续4年发布生物多样性保护报告

图 3-17　伊利定期发布报告

三、履责成效

伊利紧跟国家“双碳”政策，通过建立组织、制定战略、创新实践，在全生命周期绿色行动、带动产业链伙伴降碳等方面取得实效，获得广泛认可。2015 年，潘刚董事长凭借“为可持续发展做出杰出贡献”，成为联合国开发计划署可持续发展顾问委员会创始成员。截至 2020 年底，伊利 7 次荣获世界经济与环境大会“国际碳金奖”。在 2020 年“实现可持续发展目标中国企业峰会”上，连续 4 年获得“实现可持续发展目标企业最佳实践”奖；减碳实践成功入选联合国全球契约组织官方发布的《企业碳中和路径图》，成为全球唯一农业食品业的代表企业案例，带领整个行业有序推进碳达峰、碳中和。2021 年，伊利连续 12 年编制《碳盘查报告》，完成五大事业部 8 个品类产品的碳足迹计算，启动建设全国首个零碳五星示范区——“呼和浩特·伊利现代智慧健康谷零碳五星示范项目”。2022 年 1 月，伊利成为国家农业农村碳达峰碳中和科技创新联盟中唯一的乳品企业，并荣登《胡润中国民营企业可持续发展百强榜》榜首。

可持续发展已成为全球共识。伊利坚信，企业可持续发展目标就是要兼顾短期利益与长期目标、统筹企业发展与环境保护、实现个体辉煌与行业繁荣、共创商业财富与社会价值，为全人类的健康福祉与美好生活做出贡献。接下来，伊利将持续响应国家政策，汇聚全球产业链、合作伙伴等各方力量，推动绿色转型，实现减污降碳的协同效应，尽早实现碳中和。

典型案例3

飞鹤：打造产业集群生态循环模式，切实助力“双碳”目标实现

创新生态循环模式，是推动生态环境保护和绿色发展的重要方法，是乳业可持续发展的必经之路。飞鹤用“更新鲜、更适合”的产品守护中国宝宝奶瓶的同时，创新打造可持续的生态循环模式，促进产业与自然环境的良性互动，为实现碳达峰、碳中和目标贡献力量。

一、企业简介

飞鹤始建于 1962 年，从丹顶鹤故乡齐齐哈尔起步，是中国最早的奶粉企业之一。2019 年

11 月中国飞鹤港股上市，成为香港联合交易所历史上首发市值最大的乳品企业。60 年来，飞鹤一直专注于中国宝宝体质和母乳营养研究，引领行业开创多种提升奶粉对中国宝宝体质适应性的技术、配方与工艺，潜心打造“更新鲜、更适合”的高品质奶粉。

飞鹤扎根北纬 47° 黄金奶源带，建设了中国婴幼儿奶粉行业首个产业集群。截至 2021 年 12 月，飞鹤拥有 8 个现代化智能工厂，7 个自有牧场，7.2 万头奶牛，近 400 平方千米专属农场，实现了从源头牧草种植、饲料加工、规模化奶牛饲养，到生产加工、售后服务各个环节的全程可控。

飞鹤致力于为广大家庭带来欢乐与健康，做最值得依赖与尊重的家庭营养专家。未来，飞鹤将继续坚持“更适合中国宝宝体质”的战略定位，为中国消费者持续创造高品质的新鲜乳粉，不断践行社会责任。

二、履责背景

气候变化是当今人类面临的重大全球性挑战，国际社会在应对气候变化上正在形成广泛共识。2020 年，在第七十五届联合国大会一般性辩论上，中国首次提出二氧化碳排放力争于 2030 年前达到峰值，努力争取 2060 年前实现碳中和。实现碳达峰、碳中和是我国向世界作出的庄严承诺，也为我国农畜牧业的高质量绿色低碳发展指明了方向。

畜牧业是中国主要的温室气体排放源之一，不同畜禽的温室气体排放不同，其中奶牛养殖的温室气体排放量位于前五。随着东北农业和畜牧业的快速发展，产生的动物粪便和农业秸秆等农业废弃物成为农村环境污染的最大根源，奶牛胃肠道发酵及几亿吨畜禽粪污的处理等会产生和排放大量的温室气体，传统的秸秆焚烧更是严重污染大气，产生大量粉尘、$PM_{2.5}$ 也大幅增加碳排放量。在此背景下，探索农畜牧业碳减排路径非常有必要，推动乳业的低碳发展也势在必行。

作为乳业低碳发展的先行者，飞鹤坚持用科技创新引领生态建设，通过节能减排、废气治理等举措，将绿色低碳实践深度融入生产运营的各个环节，大力降低碳排放量，全面推动产业链绿色转型与升级，以实际行动履行企业碳减排的社会责任，用高质量绿色发展助力国家早日实现碳达峰和碳中和。

三、履责行动

飞鹤受益于北纬 47° 独特的自然生态，在发展过程中也一直十分注重保护生态环境。2019 年，飞鹤联合产业集群合作伙伴，打造了“规模化生物天然气与有机肥循环综合利用项目”（以下简称“飞鹤产业生态循环项目”，见图 3-18）。经过 3 年的技术攻关和模式探索，

项目组突破风干秸秆发酵的技术难题，实现以畜禽粪污和玉米秸秆为原料，通过高浓度厌氧发酵，制取生物天然气和有机肥。

目前，这一项目已建成投产，每年可解决约 66.67 平方千米农田玉米秸秆的离田回收，万头牧场奶牛粪污的无害化处理，可产生物天然气 700 万立方米，有机肥 5 万吨，为我国寒区玉米秸秆和畜禽粪污资源的循环利用，提供了可复制的经验，极具社会、经济和环境效益。

图3-18 规模化生物天然气与有机肥循环综合利用项目

资料来源:《中国国家地理》。

（一）废弃物资源化利用，实现“变废为宝”

黑龙江省地处世界公认的黑土带、黄金玉米种植带和黄金奶牛养殖带，也是最早大批量养殖奶牛的省份之一。依托得天独厚的优势和条件，黑龙江省成为我国玉米的主要产区和奶牛大省。但在农畜牧业蓬勃发展的同时，也带来了废料处理的难题。大量的秸秆露天焚烧，不仅会造成空气污染、引发火灾，而且焚烧留下的草木灰会使土壤碱度升高，自然肥力和保水性能大大下降。巨量的畜禽粪污直接还田还会导致牛粪中的有害病原菌及大量的寄生虫虫卵和幼虫四处传播，不但会影响土地质量，更会危害人类健康。

飞鹤产业生态循环项目将传统的单一种植和高效饲养及废弃物综合利用有机地结合起来，以畜禽粪污和玉米秸秆为原料，通过厌氧发酵生产沼气或生物天然气，将其提供给社会，用于生物能源的供给补充，并利用沼渣、沼液生产有机肥，真正形成可持续发展产业链。不仅缓解了废弃物对环境的压力，也让农畜牧业废弃物“变废为宝”，通过废弃物再利用减少碳源，推进农畜牧业高质量发展。

（二）种养结合，打造生态循环产业链

农畜牧业作为飞鹤全产业链的上游环节，是飞鹤奶源的源头，是飞鹤种好地、养好牛、产好奶，打造“更适合中国宝宝体质的奶粉”的“第一车间”，对于飞鹤的发展有着举足轻重的作用。

飞鹤产业生态循环项目生产的有机肥，可用于青贮玉米、苜蓿、燕麦等优质饲草料种植，种植达标的优质饲草料又用作奶牛饲料，形成“牛多—肥多—饲草料多—牛多”的良性循环生态圈，实现了用地与养地的结合。

（三）深化产学研合作，引领产业发展

飞鹤与中国科学院青岛生物能源与过程研究所强强联合，共享科研资源、共建科研平台，通过众多的技术创新（见表 3-2），最终建成高纬度地区最大规模的飞鹤产业生态循环项目（见图 3-19）。飞鹤产业生态循环项目首创全产业链“双碳闭环”模式，打造完整的农牧工降碳链条，将绿色低碳实践融入产业链的每个环节。

表 3-2　飞鹤产业生态循环项目的技术创新

研发国产设备	● 进口设备不适用东北地区水分含量极低的风干秸秆，设备运行中经常产生干秸秆缠绕、搅拌上浮的问题。飞鹤产业生态循环项目组成功研制出适用东北原料的国产设备，采用创新式组合的搅拌桨，可以保持发酵罐运转的同时进行维护和更换，既节约资源也提升效益
风干秸秆发酵	● 我国为了保证粮食生产，使用的多为风干秸秆，其很难被微生物分解，发酵难度较大。为兼顾粮食生产和秸秆处理，飞鹤产业生态循环项目组在研发方面进行了诸多尝试，突破风干秸秆原料的限制，为全国大范围推广提供了条件
高浓度厌氧发酵	● 东北处于高寒地区，冬季长且气温低，水容易结冰，项目的运营难度极高。鉴于特殊的气候环境，飞鹤产业生态循环项目使用高浓度厌氧发酵工艺，实现水耗能、热耗能减少，提高容积产气率，提升运营效率和项目收益

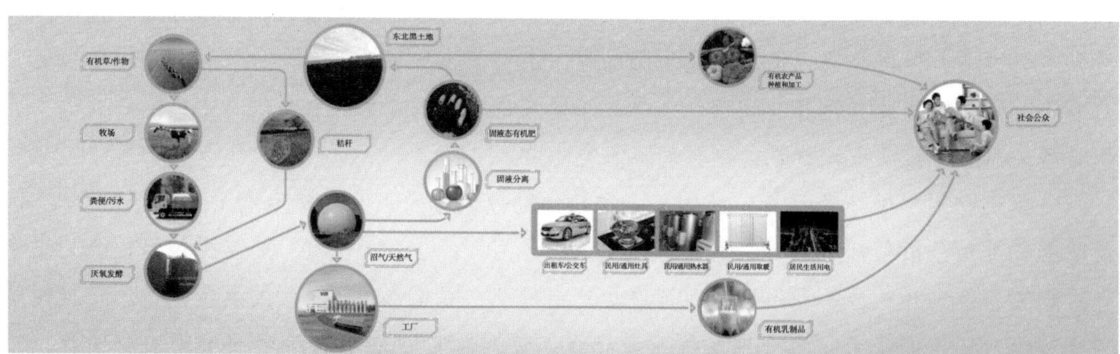

图 3-19　飞鹤产业生态循环模式

飞鹤产业生态循环项目减排成效：

（1）年处理牛粪污 10 万吨，减少牛粪分解产生的有害气体约 2 吨。

（2）年处理秸秆 4 万吨，相当于减少秸秆燃烧产生碳排放 7.2 万吨。

（3）年产生物天然气 700 万标准立方米，相当于节约近 8400 吨标准煤，减少碳排放 2.295 万吨。

（4）年产固态微生物有机肥 3 万吨、液态微生物有机肥 2 万吨，为约 1.4 万亩土地增加 1% 有机质。

典型案例 4

联想集团：ESG态度鲜明，推动绿色低碳发展

联想是一家成立于中国、业务遍及 180 个市场的全球化科技公司。联想聚焦全球化发展，树立了行业领先的多元企业文化和运营模式典范，服务全球超过 10 亿名用户。

联想作为全球领先 ICT 科技企业，秉承“智能，为每一个可能”的理念，为用户与全行业提供整合了应用、服务和最佳体验的智能终端，以及强大的云基础设施与行业智能解决方案。

一、关于联想的 ESG 与低碳发展

联想作为领先的 ICT 科技企业，以 ESG 为引领，将创造社会价值作为公司穿越周期的压轴支柱，从服务于国家、行业、民生和环境四个方面出发，以科技创新赋能，持续创造价值。在 ESG 的每个象限，联想都有自己的关键性议题及鲜明的联想态度：绿色环保、社会公益与合规治理。

联想发挥自身 ESG 领军优势，率先实现自身全面绿色低碳转型；同时，培育、带动和引领产业链上下游共同实现低碳化、数字化转型，并且结合公司 3S 战略转型，始终致力于打造 ESG 生态，积极对外赋能，助力千行百业低碳转型。

2022 年 5 月，联想再次入选 Gartner 全球供应链 Top 25 榜单，获得第 9 名，是中国、亚太地区唯一上榜的高科技制造企业。2022 年 12 月，全球最大指数公司明晟（MSCI）上调联想 ESG 评级至 AAA 级，为全球最高等级。

二、国内首批加入 SBTi，率先完成自身低碳转型

作为国内首批加入科学碳目标倡议组织（SBTi）的企业之一，联想的目标是：到 2030 年，实现公司运营性直接及间接碳排放减少 50%，部分价值链碳排放强度降低 25%，到 2050 年底之前，实现联想的净零碳排放。此外，联想在《2020/2021 财年环境、社会和公司治理报告》中，设置 ESG KPIs，并首次将温室气体减排目标上升至集团关键绩效指标考核的高度。

目前，联想在合肥、武汉、成都、惠州的生产基地已经实现了国家级绿色工厂。联想成为 ICT 行业零碳工厂标准制定的首个全程参与的企业伙伴，并在天津建设零碳工厂（见图 3-20）。联想武汉产业基地（见图 3-21）获得国内首张 ICT 零碳工厂证书，成为中国 ICT 行业首个经过第三方评价的零碳工厂。

图 3-20 联想（天津）智慧创新服务产业园

图 3-21 联想集团武汉产业基地

联想在业内首次推出了“零碳”服务，将产品 ThinkPad X1 和 X13 从原材料生产到组装加工，再到物流运输和客户使用，最终到设备处置的全生命周期内的碳排放进行碳足迹认证，并通过核销对应额度的 CCER，实现此设备全生命周期的碳中和。

联想面向员工个人推出碳普惠平台——“联想乐碳圈”，定位为员工办公、生活领域碳排放量的核算平台，兼顾积分交易及社交服务功能，打造了行业内领先的员工个人碳账户服务解决方案，引领员工做绿色低碳的践行者和代言者，为早日实现联想净零碳排放做出努力，共同助力双碳目标的实现。

三、建立绿色供应链管理框架，打造“五维一平台”

作为中国企业 ESG 实践的标杆企业，联想不断通过数字化、智能化打造绿色制造、绿色供应链体系，已逐步建立了完善的绿色管理框架，每一个环节都遵循产品生命周期评估（LCA）的指导，减少产品碳足迹，打造联想绿色供应链“五维一平台”，涵盖“绿色生产 + 供应商管理 + 绿色物流 + 绿色回收 + 绿色包装”五个维度和一个“绿色信息披露平台”，具体为：

（1）绿色生产。在生产制造环节上，联想自主研发的先进生产调度系统，是基于多种人工智能技术和数学优化算法，提供从物料齐套到生产排程的端到端解决方案，可解决制造业生产计划耗时长、效率低、无法兼顾多个目标等问题。该方案已经在联想合肥产业基地（见图 3-22）落地部署。联宝一年生产 4000 多万台笔记本电脑，平均每天处理 8000 多笔订单，其中 80% 以上的订单是单笔小于 5 台的个性化定制产品。该系统将排程时间缩短至不到 15 分钟，PC 产品通常在 48 小时内下线，5 天内交付，产品的产量比以往提升了 23%。同样的产量下，每年为合肥基地节省电力 2696000 千瓦·时，可减少 2000 多吨二氧化碳排放。

（2）供应商管理。联想积极带动供应链上下游供应商科学减碳，成为首个在 IPE 绿色供应链地图上披露供应商的 IT 品牌。强化供应商环境管理，将重要供应商名单在官网公布，接受公众监督。在供应商绿色能源使用、运输环节温室气体排放、产品报废管理等多维度制定环境管理目标，并推出“绿色发展计分卡”，从行为准则、CDP 绩效评估、水资源减用目标、冲突矿产管理、温室气体减排、可持续发展报告等 30 个以上的指标进行管理。

图3-22 联想合肥产业基地（联宝科技）

联想对供应商环境表现的管理中实施责任商业联盟（RBA）审核，支持供应商在适用的情况下优先使用环保材料。2021/2022财年，未发生供应商因对环境造成实质或潜在的重大隐患或负面影响而被联想终止合作。联想积极鼓励供应商加入科学碳目标倡议组织（SBTi）并做出承诺，收集供应商在SBTi方面的问题，并举办相关培训课程，协助供应商加入SBTi。联想的目标是占采购额95%的供应商能够落实科学碳减排活动。

（3）绿色物流。联想物流作为全球供应链的重要组成部分，致力于到2029/2030财年将上游运输和配送所产生的温室气体排放强度减少25%（相较于2018/2019财年）。物流的排放核算及减排工作与全球物流排放委员会（GLEC）框架内容一致，并通过多式联运、优化运输方式、整合和利用、优化网络、技术和自动化、奖励及认可合作伙伴的相关成绩来推动减排。2021年，联想通过实施绿色货运，促进可持续物流发展，在中国荣获亚洲绿色货运组织（GFA）颁发的三叶认证，在印度获得二叶认证。2022年，联想在澳大利亚获得亚洲绿色货运组织（GFA）的四叶认证。

（4）绿色回收。联想致力于最大限度地控制产品生命周期的环境影响，加大对可再利用产品和配件的回收，开展产品生命周期末端管理（PELM）项目，针对已停止使用、生命周期结束或报废的产品、部件等进行再利用、拆除、回收、分解、废弃物处理及处置，实现资源再生，促进节能减排和绿色循环经济发展。2021年，联想收集了超过32938吨的产品用于回收和再利用。联想在全球范围内为消费者和客户提供包括资产回收服务（ARS）在内的多种电子废弃物回收渠道，并进一步地进行无害化处理。自2005年以来，联想通过其签约服务提供商累计处理了324811吨计算机设备。2021年，联想出资或直接处理了34163吨联想自有和客户退回的计算机设备。

（5）绿色包装。联想致力于为产品提供绿色包装，通过增加包装中回收材料种类、可回收材料的比例、减少包装尺寸、推广工业（多合一）包装和可重复使用包装等多种举措来打造绿色包装。在产品设计环节（见图3-23），积极采用我国盛产的竹浆等植物性纤维，通过热压成型的工艺，减少包装体积，提升托盘利用率，减少运输碳排放。2008年以来，联想通过可降解竹及甘蔗纤维包装等技术创新，减少包装材料用量 3737 吨。同时，采用自锁底结构包装替代塑料胶带封箱，目标是到 2025 年（从 2018/2019 财年开始）减少 10 万千米的一次性塑料包装胶带。

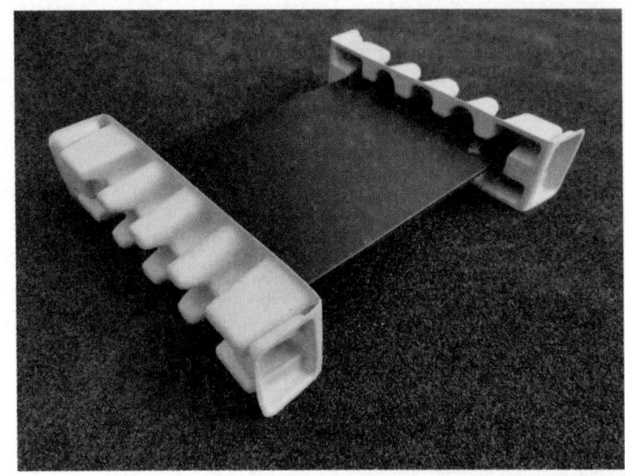

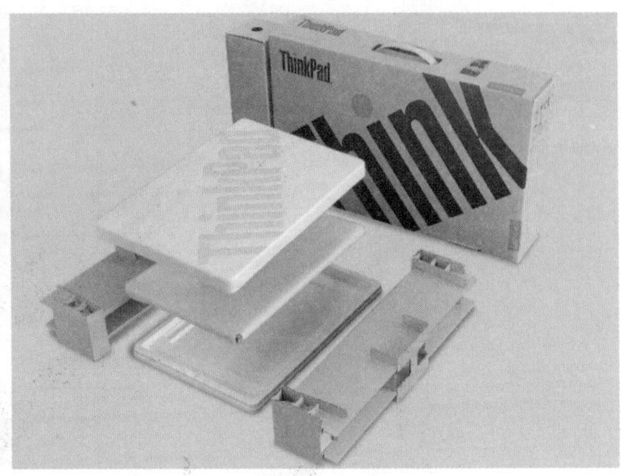

图 3-23 联想可降解包装设计

四、以绿色科技赋能，推动经济社会高质量发展

联想自主研发的“海神”温水水冷技术目前已成为降低数据中心能耗的可靠与可行的方案之一。该方案汇集了材料学、微生物学、流体力学、传热学等多学科的科研结晶，使用 18℃～50℃的去离子水作为冷媒，使用间接液冷方式，对服务器、CPU、内存、硬盘等主要部件设置了微通道进行散热冷却，90% 的热量被水带走，大幅度降低了空调用电和服务器风扇耗能，并且热量还可以循环利用，给机房、社区供热。温水水冷技术能够把整体 PUE 值降到 1.1 以下，实现每年超过 42% 的电费节省和排放降低。图 3-24 为联想温水水冷技术服务器。

基于温水水冷技术的良好基础，联想也在用绿色技术支持国家“东数西算”工程的低碳算力布局和方针战略。目前，联想通过与国内数据中心伙伴合作，已经初步完成在宁夏、甘肃、内蒙古等西部地区的绿色数据中心资源布局。放眼未来，温水水冷技术将继续在“东数西算”工程的落地中发挥作用，护航低碳数据中心的建设，为降低数据中心总能耗贡献力量。

图 3-24 联想温水水冷技术服务器

在长江流域，联想用科技助力生物多样性保护，守护长江江豚最美的微笑。长江江豚是国家一级保护动物，作为长江生态系统旗舰物种，其数量直接反映长江生态系统的健康程度。2013 年，江豚被列为《世界自然保护联盟濒危物种红色名录》(IUCN) 极危物种。联想与湖北天鹅洲保护区达成战略合作，提出“新 IT 智慧生态保护解决方案”，帮助当地解决数据存储、数据分析、数据调用等一系列问题，并搭建了保护江豚的数据中心，建设了统一的数据管理平台及智慧化监控数据大屏。联想不断优化解决方案，推进江豚 AI 识别算法的进步，为未来大数据存储及 AI 识别奠定好基础。

山积而高，泽积而长。新的发展阶段，联想将承担起更高的使命，与合作伙伴携手共赢，以创造更多的社会价值为己任，积极用科技赋能，推动数字化、低碳化转型，打造 ESG 良好生态，共建一个更智慧、更坚韧、更美好的未来！

思考题

1. 分析您所在行业的主要环境风险及应对策略。
2. 请结合您所在企业的战略发展和行业特征，制定温室气体减排的目标及行动方案。

参考文献

[1] 乔治・恩德勒 . 面向行动的经济伦理学 [M]. 上海：上海社会科学院出版社，2002.

[2] 殷格非，于志宏 . 企业社会责任行动指南 [M]. 北京：企业管理出版社，2006.

[3] 比尔・盖茨 . 气候经济与人类未来 [M]. 北京：中信出版社，2021.

[4] 管竹笋，代奕波 . ESG 管理与信息披露实务 [M]. 北京：企业管理出版社，2017.

[5] 气候风险及应对：自然灾害和社会经济影响 [R]. 2020.

[6] 2020 年中国企业 CSR 报告生物多样性信息披露六大特征 [EB/OL].（2020-12-15）[2022-03-01]. https：//www.163.com/dy/article/FSOG7AEF0538B5BJ.html.

[7] 鲁政委 . ESG 风险管控对公司可持续发展愈发重要 [N]. 中国经济时报，2019-09-24（A03）.

[8] 李伟阳，肖红军 . ISO 26000 的逻辑：社会责任国际标准深层解读 [M]. 北京：经济管理出版社，2011.

[9] 应对气候变化与生物多样性丧失，如何协同增效？[EB/OL].（2020-12-15）[2022-03-01]. https：//baijiahao.baidu.com/s?id=1702437473048943324&wfr=spider&for=pc.

[10] 付琳，周泽宇，杨秀 . 适应气候变化政策机制的国际经验与启示 [J]. 气候变化研究进展，2020(5)：641-651.

第 4 章
社会责任

本章导读

尽管目前国内外对 ESG 中“S- 社会责任”的范畴界定尚未形成统一标准，但对已发布的 ESG 相关标准指引、ESG 评价体系进行分析，发现 ESG 中“S”维度与企业社会责任概念下的社会维度，并没有明显的差异，主要关注点在于“人”，即与企业发展密切相关的利益相关方。因此，本章立足相关方视角，对“S- 社会责任”概念进行延伸，从产品与客户、劳工实践、供应链责任、公益慈善四个维度展开。

在产品与客户维度，ESG 视角下的产品责任是企业在产品的研发、生产、销售、售后等环节中对涉及的直接或间接利益相关者所承担的社会责任，技术因素不再是衡量产品市场竞争力的唯一标准，逐渐注重产品价值因素尤其是经济价值之外的社会价值、伦理价值，主要分为产品质量和安全管理、产品创新管理和产品危机管理等。客户责任是企业在与客户的互动过程中所要承担的社会责任，企业除了要在技术层面保证产品和服务的质量外，更需要在价值层面将企业与客户的互动关系从简单的商业交易关系转换为更为宽泛、深刻的“社会交往”过程，承载着包括伦理、法律、经济等多元价值的社会关系类型，具体包括客户服务管理、客户信息管理、客户服务体系管理、客户满意度管理和客户忠诚度管理等内容。

在劳工实践维度，主要聚焦在企业对员工的管理或企业承担的员工责任，重点关注企业对员工重要权益的保护和员工关系的管理。例如，平等雇佣及权益保障方面主要包括公平公正的招聘政策、劳动合同管理、劳动薪酬管理、社会保障与福利、工作时间与休息休假等内容；健康与安全方面主要包括安全生产与劳动安全卫生、职业健康与职业病防护两个维度；员工培养和发展方面包括能力培训体系和职业发展规划，构建和谐的劳动关系，实现员工与企业的共赢。

在供应链责任维度，ESG 视角下的供应链责任是组织通过自身采购行为，发挥对价值链的领导力和带动力，推动价值链成员接受和支持社会责任原则和实践，促使供应商履行社会责任。供应链责任本质上是风险链和价值链的综合体，供应链责任管理也是对风险和价值的全面管理，责任管理目标主要是降低风险、提高运营效率及确保商业的可持续性三个目标，同时也是企业进行供应链社会责任管理的驱动力，基于价值认同和能力促进的开放性供应链社会责任管理主要包括明确责任要求、敦促责任绩效改进、助力责任能力提升三个环节，最终实现供应链企业共赢共生。

4

在公益慈善维度，既可以用来指称狭义的公益，也等同于广义的慈善；可以是对人的同情心、仁慈心或爱心及帮助他人美好的行为，救助弱势群体、扶贫济困，也可以是参与三次分配、增进社会福祉、致力共同富裕的其他善行。通常，企业开展社会公益活动，可以采用捐赠、开展员工志愿服务、与当地政府或社会组织合作开展公益慈善项目等方式。

学习目标

1. 了解“S- 社会责任”概念及发展历程。
2. 了解“S- 社会责任”重点议题的内涵。
3. 掌握在“S- 社会责任”重点议题下的行动要点。

导入案例

鸿星尔克向河南灾区捐赠 5000 万元物资，销量狂增 52 倍

2021 年 7 月，河南暴雨令人揪心挂念，全国上下，不论是个人还是企业，有钱出钱，有力出力，捐款捐物，竭尽所能地帮助灾区人民渡过难关。在一众献爱心的企业中，有个老国货火了，它就是鸿星尔克。

鸿星尔克是一家在新加坡上市的民族企业（目前处于停牌状态）。在河南发生特大暴雨后，7 月 21 日，鸿星尔克在官方微博宣布通过郑州慈善总会、壹基金紧急向河南灾区捐赠 5000 万元物资，紧急驰援。

一直以来，消费者对鸿星尔克的固有印象是“土味儿”+ 低价。其天猫官方旗舰店销量最高的一双鞋，售价 119 元，券后价 99 元，远低于阿迪达斯、耐克。网友普遍认为，鸿星尔克过得很心酸，不请大牌明星代言，很少做大规模宣传，甚至连微博会员都没有开通，一副快倒闭的样子。然而，当其为河南灾区豪捐 5000 万元时，却又震惊了广大网友。为避免鸿星尔克破产，广大网友纷纷跑去鸿星尔克在各大平台的直播间抢购商品。截至 2021 年 7 月 24 日，鸿星尔克单日销量增长超 52 倍，24 小时内销售额破 2 亿元。

鸿星尔克捐款事件引发的销量增长，正是企业履行社会责任对经济效益的反哺，也印证了公司价值不仅取决于商业模式的成功与否，还与其在社会发展中扮演的角色、承担的责任和创造的价值息息相关。

4.1 ESG视角下的社会责任

与传统的企业社会责任概念相比，ESG 框架下的“S- 社会责任”涵盖内容范围更窄、议题更聚焦。关于“S- 社会责任”的基本概念，目前全球尚未形成统一定义，部分国家的监管机构、行业组织等依据国家政治体制、经济发展水平、重大社会问题等的差异性，对“S- 社会责任”范畴进行划分，明确各自关注的重点议题。

在全球，联合国责任投资原则组织（UN PRI）的“S- 社会责任”包含了员工归属感、员工参与、人力资源管理、劳工标准、劳资关系、消费者评价、客户关系、不当销售、产品安全责任、供应链管理、政府和社区关系、人权、原住民权力等关键议题。高盛集团对“S- 社会责任”维度的界定则立足于“人”，包含领导力、员工、客户和社区四个方面。明晟（MSCI）、富时罗素（FTSE）、道琼斯等评级机构发布的 ESG 评价体系中，对“S- 社会责任”范畴要素的界定与联合国责任投资原则组织、高盛集团等界定有所重合，但也各有差异，一致性较低。

在我国资本市场上，证券交易所、行业协会等虽未明确“S- 社会责任”的定义，但纷纷出台社会责任 /ESG 相关的指引文件，从信息披露视角界定了具体范畴。例如，2012 年，香港联合交易所发布《环境、社会及管治报告指引》，并进行多次修订，最新版指引明确了“社会范畴”的重点披露内容，包括雇佣、健康与安全、发展及培训、劳工准则、供应链管理、产品责任、反贪污和社区投资七个层面、28 项具体指标。中国证券投资基金业协会则将“S- 社会责任”范畴划分为股东、员工、客户和消费者、上下游关系和债权人、同业、社会等维度。

2019 年，德意志银行的研究报告就指出：“对于投资者而言，ESG 的‘S- 社会’领域将成为‘下一件大事’。”2019 年底，新冠肺炎疫情暴发，带来了前所未有的全球经济不确定性、政治格局不稳定性、安全卫生风险和民生就业等问题，进一步放大了与“S”相关的社会风险，引起了全球各界的高度关注。对“S- 社会”领域缺乏关注更容易诱发企业品牌形象受损、企业声誉挑战、供应链关系断裂等商业风险，导致“黑天鹅”事件。

尽管目前国内外对“S- 社会责任”的范畴界定尚未形成统一标准，但对已发布的社会责任 /ESG 相关标准指引、ESG 评价体系进行分析，我们发现“S”维度的主要关注点在于“人”，即与企业发展密切相关的利益相关方。因此，本章立足相关方视角，对“S- 社会责任”概念进行延伸，从产品与客户、劳工实践、供应链责任、公益慈善四个维度展开，阐述企业在“S”维度需关注的重点内容，帮助企业正视其所应承担的社会责任，与政府机构、投资者、消费者和社会大众等各个群体保持良性互动、共存共生的关系，形成一种新的基于社会因素的契约模式。

4.2 产品与客户

4.2.1 ESG视角下的产品与客户责任

ESG 致力于将环境、社会与公司的治理绩效进行系统整合，最终形成一套以社会责任为内核的多维度企业发展评价标准。在 ESG 视角下，产品与客户是企业需要关注的重要社会责任内容。

产品责任是企业在产品的研发、生产、销售、售后等环节中对相应的直接或间接的利益相关者所承担的社会责任。长期以来，企业致力于从技术层面在上述环节中投入大量资源，也因此将产品理解为一种“技术的结晶”。然而，在 ESG 视角下，技术因素已经不再是衡量产品的唯一标准，对价值因素（尤其是经济价值之外的社会价值、伦理价值）的考量要求企业在推进上述环节过程中，将产品责任视为一种最终决定产品市场竞争力的核心因素。

客户责任是企业在与客户的互动过程中所要承担的社会责任。通常来说，企业与客户之间是一种商业交易关系，即一种商品或服务与经济价值之间的兑换。在 ESG 视角下，这种互动关系的范围和深度都需要进一步拓展和深化。企业除了要在技术层面保证产品和服务的质量外，更需要在价值层面将企业和客户的互动关系从一种经济上的商业交易转换为更宽泛、深刻的“社会交往”过程。通过对客户责任的有效承担，企业和客户之间正在作为一种社会主体之间的互动关系，承载着包括伦理、法律、经济等多元价值的社会关系类型，产品责任与客户责任的重要议题和关键指标见表 4-1。

表 4-1 产品责任与客户责任的重要议题和关键指标

标准或规范	产品与客户重要议题	关键指标
香港联合交易所 ESG 指引	B6：产品责任	● 已售或已运送产品总数中因安全与健康理由而须回收的百分比 ● 接获关于产品及服务的投诉数目及应对方法 ● 描述与维护及保障知识产权有关的惯例 ● 描述质量检定过程及产品回收程序 ● 描述消费者资料保障及隐私政策，以及相关执行及监察方法
国际标准化组织 ISO 26000—2010	议题 1：公平营销、真实公正的信息和公平的合同实践 议题 2：保护消费者健康与安全 议题 3：可持续消费 议题 4：消费者服务、支持和投诉及争议处理 议题 5：消费者信息保护与隐私 议题 6：基本服务获取 议题 7：教育和意识	● 产品信息真实准确完整，不得遗漏关键信息 ● 以透明、易读的方式共享信息 ● 提供产品整个生命周期和价值链中的社会、经济和环境影响方面的信息 ● 不包含不公平的合同条款，提供清晰且全面的信息 ● 正常和合理可预见的适用情况下，提供的产品和服务对使用者和其他人员、财产及对环境是安全的 ● 评估健康和安全方面的法规、标准和其他规定是否足以处理所有健康和安全方面的问题 ● 产品上市后，如出现始料未及的危害，或存在严重缺陷，抑或是含有误导性或错误的信息，宜终止提供服务并召回所有产品 ● 最大限度地降低产品和服务的健康及安全风险 ● 推动富有成效的消费者教育 ● 为消费者提供在整个生命周期中都有利于社会和环境的产品和服务，努力减少环境和社会的负面影响 ● 采取措施向消费者提供在规定时间内的退换货或获得其他适当性赔偿 ● 检查投诉并改进投诉处理措施 ● 提供充分有效的售后支持与咨询服务体系 ● 限制个人信息收集范围，仅通过合法公正方式获取信息 ● 不泄露、不提供消费者信息，采取充分措施保护个人信息 ● 扩大基本服务的覆盖面，无歧视向消费者提供相同质量和水平的服务 ● 以公证的方式处理基本服务缩减或中断情况，以透明的方式提供定价和收费信息

续表

标准或规范	产品与客户重要议题	关键指标
全球报告倡议组织（GRI Standards）	416 客户健康与安全 417 营销与标识 418 客户隐私 419 社会经济合规	● 对产品和服务类别的健康与安全影响的评估 ● 涉及产品和服务的健康与安全影响的违规事件 ● 对产品和服务信息与标识的要求 ● 涉及产品和服务信息与标识的违规事件 ● 涉及市场营销的违规事件 ● 与侵犯客户隐私和丢失客户资料有关的经证实的投诉 ● 违反社会与经济领域的法律和法规

综上分析，在ESG视角下，产品与客户管理所涉及的重要议题和关键指标更为注重产品质量安全、客户服务体验和客户隐私等产品质量保障与客户权益的保护，保障产品质量是企业生存的本质要求，提升客户体验是企业发展的必经之路。后文将从产品质量保障和客户体验两方面进行阐述。

4.2.2 产品质量与安全管理

产品质量是产品满足规定需要和潜在需要的特征和特性的总和。产品安全是产品在使用、储运、销售等过程中，保障人体健康和人身安全、财产安全、环境安全免受破坏的能力。产品质量安全问题越来越被关注，一方面，其涉及相关方的直接利益，如企业的合规性、消费者的生命健康、政府部门的行政监管职责等；另一方面，产品的安全健康还间接影响到子孙后代的福祉。因此，产品的质量和安全保证是企业的“第一”社会责任，甚至是社会健康和谐发展的基础。

作为产品的直接生产者，企业自身是确保产品质量安全的“第一关口”，对于企业本身的运营，乃至整个的社会经济发展来说，确保产品质量安全也是经济社会成本最低的控制环节。企业对自身产品在质量安全上进行严格把控，建立产品质量安全的技术标准，制定产品质量安全的约束性规范等，对于确保产品质量至关重要，企业实现产品质量安全的常规自查自律项目见表4-2。

表4-2 企业实现产品质量安全的常规自查自律项目（以车间生产管理为例）

自查自律项目	主要条目
生产纪律	①生产过程中必须严格按产品规格要求生产；②厂区及生产车间内严禁吸烟；③爱惜生产设备、原材料和各种包装材料，严禁损坏，杜绝浪费；④员工必须服从合理的安排，尽职尽责做好本岗位的工作，不得故意刁难、疏忽或拒绝组长或上级主管命令，对不服从者按公司管理制度执行处罚；⑤衣着清洁整齐，按照要求上班必须穿工作服；⑥严禁私自外出，有事必须向生产主管请假；⑦保持车间环境卫生，不准在车间乱扔杂物，禁止随地吐痰，每次生产任务完成后要将地面清扫干净；⑧当产品出现不良状况时应立即停工并上报，查找原因后方可继续生产

续表

自查自律项目	主要条目
操作规程	①正确使用生产设备，严格按照操作规程进行（作业指导书或是使用说明书），非相关人员严禁乱动生产设备；②严格按照设备的使用说明进行生产，严禁因赶时间而影响产品质量，若因赶时间造成原材料浪费的按原价赔偿；③员工在工序操作过程中，不得随意损坏物料，工具设备等，违者按原价赔偿；④所有员工必须按照操作规程操作，如有违规操作者，视情节轻重予以处罚；⑤操作机器要切实做到人离关机，停止使用时要及时切断电源
产品质量	①必须树立“质量第一、用户至上”的经营理念，保证产品质量；②对出现的异常情况，要查明原因，及时排除，使质量始终处于稳定的受控状态；③认真执行“三检”制度，操作人员对自己生产的产品要做到自检，检查合格后，方能转入下工序，下工序对上工序的产品进行检查，对不合格产品有权拒绝接收，在发现质量事故时做到责任者查不清不放过，事故原因不排除不放过，预防措施不制定不放过；④要对所生产的产品质量负责，做到不合格的材料不投产、不合格的半品不转序；⑤划分“三品”（合格品、返修品、废品）隔离区，做到标识明显、数量准确、处理及时；⑥上班注意节约用水用电，停工随时关水关电，离开工位时必须关好水电
安全生产	①严格执行各项安全操作规程，防止出现任何事故；②贯彻“安全第一、预防为主”；③经常开展安全活动，开好班前会，不定期进行认真整改、清除隐患；④注意搬运机械的操作，防止压伤、撞伤；⑤正确使用带电设备及电气开关，防止遭受电击；⑥易燃、易爆物品应单独堆放，并树立醒目标志；⑦消防器材要确保灵敏可靠，定期检查更换（器材、药品），有效期限标志要明显
设备管理与维修	①车间设备指定专人管理；②认真执行设备保养制度，严格遵守操作规程；③做到设备管理“三步法”，坚持日清扫、周维护、月保养，每天上班后检查设备的操纵控制系统、安全装置，要润滑油路、畅通油线、清洁油毡、油压油位达到标准，并按润滑图表注油，油质合格，待检查无问题方可正式工作；④大宗设备应有专人负责；⑤制订完善的设备维修及保养计划，并做好维修保养记录，填写及时、准确、整洁；⑥严格设备事故报告制度，出现故障及时向主管领导汇报，并停止操作；⑦要求，即整齐、清洁、安全、润滑，做到“三好”“四会”“五项纪律”，“三好”即管好、用好、保养好，“四会”即会使用、会保养、会检查、会排除一般故障，“五项纪律”即遵守安全操作规程，经常保持设备整洁并按规定加油，管好工具、附件并不得丢失，发现故障立即停止，通知主管领导检查处理；⑧操作人员离岗位要停机，严禁设备空车运转；⑨设备应保持操作控制系统安全装置齐全可靠

4.2.3 产品创新管理

自 20 世纪 80 年代企业发展进入以产品开发为核心的阶段，产品创新成为企业在市场中获取竞争优势的重要战略选择。在 21 世纪初期，随着企业社会责任理念的普及，社会公众开始期望企业所提供的产品或服务亦能体现这种“附加”的社会价值。

当产品成为企业战略竞争的核心要素后，最核心的问题便是什么样的产品是“成功”的。加拿大麦克马斯特大学的 Cooper 教授早在 1979 年的一份研究中总结了新产品开发的成败因素，其中成功的关键是产品的独特性、在市场中的营销效果、生产过程中的技术效率。几乎在同一时间，美国田纳西州立大学的 X. Michael Song 等认为成功的产品创新源自八个因素，即联合制定新产品开发目标、联合制订新产品开发计划、联合进行用户需求分析、根据市场需要开发新产品、在相关部门间关于用户对新产品具体要求的信息交流、在相关职能部门间关于新产品市场测试结果的信息交流、在相关职能部门间关于用户对新产品功能看法的信息交流、在相关职能部门间关于竞争者动态及战略的信息交流。在这些因素中，能决定一个“好”产品的主要因素有两个，即技术设计因素与成本控制因素。前者主要针对产品创新的各个环节中是否体现了技术创新，从而确保产品在功能上具备较高的使用价值。后者主要指产品创新过程中是否做到了合理的成本控制，从而能够保障通过出售产品获得较高的经济价值。

20 世纪 90 年代，美国的劳工、人权等社会组织开始关注生产过程中有违伦理的现象，并通过各种途径向企业和政府部门施压，最终促成社会开始关注企业社会责任问题。例如，美国对成衣业、制鞋业发起的“反血汗工厂运动”最终迫使众多知名的服装品牌制定了旨在维护员工利益的生产守则，并最终演变成一场“企业生产守则运动”（又称“企业行动规范运动”或“工厂守则运动”）。从企业的角度看，在这个宏观背景下，将社会责任因素融入产品的研发、制造、销售等创新环节成为一种必要的生存发展策略。随后，这一趋势在经济全球化的形势下，迅速成为一种普遍的商业理念。我们可以从两个角度来进一步理解企业履行社会责任与产品创新的关系。

首先，如何在产品创新中体现企业社会责任。关于产品创新的过程，Cooper 等较早地提出过一个被广泛接受的“产品创新门径过程模型”，在模型中，产品创新被分解为需求识别、理念形成、设计、测试、生产等多个阶段。后来的学者将这个过程整合为科学研究、技术开发、产品开发、工艺开发、生产等主要环节。我国学者按照中国的具体情境，进一步将产品创新流程提炼为产品设计研发、产品生产和产品推广。

虽然对产品创新的具体环节存在一定分歧，但在不同环节中涉及的利益相关者大体是明确的，如在产品的设计研发环节，主要涉及潜在消费者、使用中的环境承受者；在生产环节，主要涉及员工等。因此，企业可以从利益相关者的视角将对社会责任的履行融入产品创新的每个环节，从而在产品创新中体现企业社会责任蕴含的伦理价值。例如，方太集团在产品研发创新过程中，改变了行业常规的以技术参数主导的设计理念，将厨电用品的主要使用者作为产品研发设计的主体视角，确立了人性化的设计标准。在吸油烟机的设计中，“吸油烟机四面八方不跑烟”原则看似缺乏科学量化，其实这才是真正为用户健康考虑的产品创新原则。方太集团围绕该原则实现了 800 多项国家专利，其中发明专利就超过 180 项。方太集团将这样的产品创新理念浓缩为“因爱伟大”“为了亿万家庭的幸福”这样的企业使命，充分体现了社会责任视角下产品创新乃至管理创新的趋势。

其次，如何通过履行社会责任促成产品创新。事实上，企业充分履行社会责任也有助于促成产品的不断创新。大量的理论研究证明，企业社会责任可以成为产品创新的重要前因。一方面，企业关注更多元的利益相关者，如与市场直接相关的利益相关者（客户、供应商、采购商等）和非直接利益相关者（生态环境、社会弱势群体），有助于企业突破惯常的视野，搜集到更多的新信息、新线索，从而转化为更多元的产品创新触发机制，实现突破式产品创新。另一方面，企业通过对利益相关者进行整合，有助于获得更充足的产品创新动力和更丰富的产品创新资源。通常来说，产品创新过程中，需要借助多方的资源，实施广泛、深度、持续的合作，在创新过程中不断对新产品进行调整反馈，实现一种渐进式的产品创新。例如，当前社会各界的环保意识普遍形成，绿色创新成为很多行业挖掘竞争力、实现持续增长的战略选择。老板电器同样作为国内厨电行业的领头品牌，在实现产品的绿色创新过程中，有意识地整合科研院所、客户和供应商等多元利益相关方，共同打造一整套绿色厨电解决方案。老板电器与中国建筑设计研究院的国家住宅工程中心共同开展排气道性能的研究，最终开发了中央油烟净化系统；与客户合作，与房地产开发商成立联合工程部，共同在住房设计阶段就深入考虑油烟抽排问题。

综合来看，一方面，企业社会责任理念的普及在客观上要求企业在产品创新过程中不得不考虑技术和成本之外的伦理因素，将更多的利益相关者，甚至是较为间接的利益相关者纳入产品创新的综合考虑中。另一方面，企业对社会责任的关注和参与也在主观上为企业的产品创新提供更丰富的动机和资源，尤其是在追求绿色创新的过程中，企业承担社会责任既是一种生存压力，也是一种重要的发展动力。

4.2.4 产品危机管理

产品危机（或称产品伤害危机）是那些偶然出现，并被广泛宣传的关于某产品是有缺陷的或对消费者有危险的事件，如奶制品污染事件就属于典型的产品危机事件。对于企业来说，这类事件一旦爆发，就需要采取及时有效的应对管理，否则将带来严重的后果，甚至威胁到企业最终的生存。从广义上看，这类事件可以视为一种违背社会责任的“违规”行为，因此从企业社会责任的视角可以有效探讨企业的产品危机管理。

首先，从企业社会责任的角度杜绝产品危机。产品危机从根本上说是在企业产品的生命周期内，由于主观原因而出现的过错行为。虽然从技术规范的角度看，绝对的零过错是难以实现的，然而这种过错之所以最终演变成“危机”，主要的原因在于公众对企业应对过错的过程和方式出现了负面归因，如承认过错不及时、不积极、不彻底，对于责任赔偿缺乏诚意等。因此，对于企业来说，产品危机管理的根本在于如何真正地将多元利益相关者，尤其是产品使用者的“大我”利益放在首位，而非仅关注股东的“小我”利益。从管理实践中，我们可以看到，那些基业长青的企业无不在自身的使命、愿景中体现出利益倾向上的自我超越，并将这种经营“哲学”转化为具体的企业文化、价值观倾向，并在规章制度中予以呈现。当前，在中国出现了一类“传统文化践履型企业”，这类企业普遍将中华优秀传统文化中的家国天下情怀融入管理实践，体现了强烈的社会责任意识。

其次，从社会责任的角度干预产品危机。产品危机一旦出现，就需要企业采取相应的干预措施，从社会责任的视角来看，主要有以下几种干预途径：其一，明确企业在产品危机中的质量预警责任。企业自身应建立完善的产品质量检测、跟踪的技术和制度体系，以便在出现产品危机的第一时间主动采取预警机制，尽量降低产品危机给用户造成的危害程度，也为后期的危机应对争取到积极主动的认错形象。其二，明确产品危机事件对于不同利益相关者的危害性质。不同利益相关者针对产品危机的核心诉求是不同的。例如，奶制品污染事件中，家长的核心诉求是直接受害者的健康恢复和赔偿；政府监管部门的核心诉求是彻查产品危害事件出现的原因，并在此基础上杜绝；社会公众的核心诉求是奶制品的质量保证。只有准确理解不同利益相关者的核心利益，才能明确企业承担的相应责任，进而提供应对危机的管理措施。在关于消费者在产品危机中个体感知差异的研究中，不同年龄组的消费者对于产品危机的伤害感知是有显著区别的，一般来说，60 岁以上的消费者会有较高等级的伤害感知，并随着年龄的增长伤害感知呈下降趋势。另外，女性消费者普遍比男性消费者有更高的伤害感知。这些研究启示了管理者在产品危机管理中需要准确界定产品对应的消费群体，从而做到精准的危机管理。

最后，从社会责任的角度化解产品危机。从危机应对的角度看，企业对社会责任的履行也是最终化解产品危机的有效途径。一方面，充分履行社会责任的企业通常能够积累良好的社会声誉。这种无形的社会资本有助于利益相关者针对产品危机做出有利于企业的积极归因，尤其在危机事件爆发的初始阶段，在信息不充分的情况下，"口碑"可以"暗示"利益相关方做出较为积极的归因。另一方面，当危机爆发后，企业可以通过履行社会责任来"自我救赎"。针对产品危机的直接受害者，企业在法定的偿付基础上，履行额外的附带责任，有助于获得受害者的谅解。例如，某汽车品牌在召回有安全隐患的车辆时，附带赠送一些车辆保养的服务。针对产品危机的非直接受害者，企业可以通过履行社会责任来转移、淡化，甚至扭转因产品危机带来的负面印象。

综上所述，企业的产品危机管理过程中，社会责任的视角提供了事前、事中和事后的多条危机管理路径和形式，成为企业持续获得市场竞争力的重要战略方向。

4.2.5 客户服务管理

在管理实践和理论研究中，企业通常将客户视为最核心、最关键的利益相关者，也是企业需要直接面对的社会责任对象。因此，在ESG视角下，社会责任实施有效客户服务管理的重要内容，甚至直接决定了企业的生存和发展。客户服务管理的本质是建立和维护高质量客户关系，最终目的是吸引新客户，留住老客户，培养忠实客户。因此，客户的满意度和忠诚度通常是体现客户服务管理绩效的重要指标。在信息社会中，客户的信息隐私和安全管理也是客户服务管理中的重要内容，这些内容是从社会责任视角下开展客户服务管理的重要立足点。在此基础上，围绕客户服务管理构建客户服务体系，既有助于企业形成基于社会责任的市场竞争力，也有助于健康和谐的市场、社会秩序建设。

4.2.5.1 客户信息管理

在当前数字化、信息化的背景下，客户的信息隐私和安全成为客户服务的重要内容。在客户关系的形成、维护过程中，企业由于主观或客观的原因，掌握了大量的客户信息，或者成为诸多商业平台收集客户信息的"信息池"。在客户服务过程中，企业承担了确保这些信息被安全、善意地应用的伦理、法律责任。一方面，对于涉及客户隐私的信息，企业在收集和储存过程中应尽可能地做到克制和谨慎。将必要的信息边界保持在最小的范围内，并做到事前告知、事后通知的基本责任和义务。对诸如客户的个人信息、财产信息，企业的财务信息等关键性隐私信息要确保使用过程的可追溯性。另一方面，对于客户的信息安全管理，企业首先要提升客户信息安全意识，认识到保护客户信息安全不仅是一种伦理和法律上的责任，也是实现经济价值、社会价值的基础。其次要建立完善的信息安全保护机制，从信息的收集、整理、储存到信息的使用，企业都应建立相应的制度规范，并将制度规范的执行落实情况纳入常规的管理考核体系中。最后要建立相应的动态机制，确保信息安全保护常态化、规范化，如建立对客户的告知和反馈机制、信息使用的跟踪机制、信息泄露的防御机制等。

4.2.5.2 客户服务体系管理

客户服务体系是企业管理系统的重要构成部分。一般来说，完整成熟的客户服务体系是以明确客户服务理念为基础，以规范的客户服务内容和流程为主体，通过相对固定的客户服务人员配置，实现以客户为中心，以提升企业知名度、美誉度和客户忠诚度为目的的企业管理体系。在 ESG 的整体框架下，客户服务体系作为企业建立和维系客户关系的管理体系，一定程度上被赋予了超出企业运营的意义，而且承载了企业在何种程度上承担社会（客户）责任的社会意义。

首先，建立以客户责任为导向的客户服务理念。在 ESG 框架下，企业实施客户服务的出发点和落脚点不再是企业的运营绩效，而是将客户的价值实现作为客户服务的最高宗旨。这需要企业在客户关系上实现巨大的认识转折。客户关系的本质不是企业与客户间的主客二元关系，而是一种“互为主体”的关系。这要求企业能够真正从客户的立场，并引导客户站在企业的立场，来共同审视和维护这种关系，通过对这种关系的有效维护，为双方带来可持续的经济社会价值。

其次，建立以客户责任为内容的客户服务规范。在 ESG 框架下，企业需要围绕客户责任，或者说客户价值，构建立体多元的客户服务规范。一方面，需要将客户价值真正融入各种成文的、显性的公司规章制度中，成为客户服务过程中“看得见”“记得住”“行得准”的操作性指南，对于客户服务的内容和流程形成稳定统一的标准。另一方面，将客户价值融入企业的各种隐形规范中。在企业的愿景、目标、价值观等战略性理念中，体现出客户价值的重要性，在企业的文化体系中，呈现出客户价值的元素。通过这种潜移默化的过程和形式，将客户价值或客户责任植入每个员工，尤其是一线客户服务人员的深层认知。

4.2.5.3 客户满意度管理

客户满意度源自经济活动需要满足客户的期望与需求这一朴素的认知。20 世纪 60 年代，Cardozo 首次将客户满意度引入营销领域。在其后的理论研究中，虽然对该概念的具体定义众说纷纭，但其中的本质内涵是明确的，即客户在对某一产品或服务的使用过程中，基于心理预期和使用体验的比较，在认知和情感上所形成的积极评价。

在当前的理论研究和管理实务中，企业的社会责任意愿及相应的行为表现成为客户满意度的重要影响因素。企业的社会责任行为，尤其是对于消费者的责任行为在一定程度上会提高客户对产品或品牌的心理预期，如产品或品牌的美誉度。在这种情况下，如果企业能够提供高质量的产品或服务，将会极大地提高客户满意度。在这种条件下，充分履行社会责任是一种客户满意度的“加分项”。然而，如果企业不能提供高质量的产品或服务，甚至一边高举社会责任（参与社会慈善），一边以次充好，那么就会给客户带来认知上和情感上的极大反差，最终会对企业的社会责任行为赋予消极的归因（利己的伪善行为），从而降低客户满意度。在这种条件下，积极履行社会责任，尤其是对间接利益相关者的责任，对客户满意度而言，反倒是弄巧成拙。在上述企业社会责任“前置”情形之外，还存在一种社会责任意愿或行为的“后置”情形，即当客户已经对产品或服务形成了满意度评价后，企业社会责任提供的一种“事后”效应。当客户满意度水平高时，企业积极履行社会责任将会起到一种效应放大器的作用。然而，在客户满意度较低的情形下，企业社会责任的影响效应可能会较为复杂。一方面，在由于客户持有过高的心理预期而导致最终满意度较低的情形下，利他归因的企业社会责任可能会进一步加剧客户的消极体验，也可能会由于在整体上对企业或品牌的积极评价而冲淡客户的消极体验，而此时的利己归因可能会在整体上放大较低的客户满意度。另一方面，在由于客户遭遇较差的使用体验而导致最终满意度较低的情形下，利他归因的企业社会责任同样可能会加剧或淡化客户的消极评价，而此时的利己归因在一定程度上由于降低了客户的心理预期，反而可能会削弱客户在情感或认知上的消极评价。

结合上述两种情况，从社会责任的角度实施客户满意度管理的核心在于客户对企业社会责任意愿或行为的归因。“穷则独善其身，达则兼济天下”，企业必须结合自身生产经营的现实情况，在将“本职”工作做好的前提下，适当合理地承担社会责任，这将有利于提高客户的满意度，否则可能会适得其反。

4.2.5.4 客户忠诚度管理

客户忠诚（Customer Loyalty，CL）可简单定义为：客户对某一市场标的物（企业、品牌、产品或服务）持续坚定的认同。这种认同主要体现在态度和行为两个层面上，前者表现为客户在情感或认知上对特定标的物的肯定和认同。通常来说，这种肯定态度是稳定和持续的，较少地受到外在环境因素的影响，甚至不受个体自身因素的影响。后者是对特定标的物的持续购买行为。同样地，这种购买行为较少地受到价格、替代品等市场因素的影响。随着在市场营销领域对企业社会责任的注重，履行社会责任越来越成为一种寻获忠诚客户的战略选择。从利益相关者的视角看，企业直接针对客户的社会责任意愿或行为能够提高客户对企业（以及其品牌或产品 / 服务）的情感认同。企业对于消费者群体的维护也有利于塑造客户的身份认同。企业对于各种间接利益相关者的社会责任有助于形成良好的企业形象和声誉，从而在客户中形成较高的用户荣誉感，这些因素都有利于提升客户的忠诚度。

当然，企业社会责任对于客户忠诚度的积极作用有着复杂的过程机制，其中最普遍的是通过企业形象和客户满意度来实现的间接作用机制。一般来说，顾客对某个品牌和产品的忠诚度在一定程度上源于对该品牌或产品的一种整体性评判。如果客户在使用中对某款产品、某个品牌感到满意，就会对该产品或品牌的生产者或所有者产生良好的印象，这种印象会促成消费者反复的购买行为。也就是说，良好的企业形象通过提高客户满意度来增加客户的忠诚度。在一定情况下，良好的企业形象有助于简化客户的购买决策过程，提供了产品或服务的质量背书，降低了消费者的购买风险，从而激励客户重复的购买现象，这说明企业形象也可能直接影响了客户的忠诚度。从客户满意度的概念内涵来看，企业通过履行社会责任来建立良好的企业形象，进而提高客户忠诚度的机制体现了客户忠诚度包含的情感忠诚内涵，表现为客户基于企业的良好形象而建立的“非理性”认同。然而，客户持续稳定的认同态度大多还是建立在理性认知的基础上，该机制主要通过客户满意度的间接作用来实现。这种理性认知机制主要表现为客户对企业积极履行社会责任的归因过程，以及满意度形成中的心理预期与使用体验的对比过程。由于前文已经分析了企业社会责任与客户满意度之间的相互关系，此处不再赘述。

总体而言，企业的社会责任履行状态能够有效地影响客户忠诚度。在激烈的市场竞争中，维护客户的忠诚度关乎企业能否建立稳定、优质的客户基础，从而有效降低市场竞争风险。从这个角度来看，社会责任是每个企业在实施客户关系管理时不能忽视的战略因素。

综上所述，客户管理是 ESG 框架下企业承担社会责任的重要形式和内容，其中客户的满意度管理、忠诚度管理、信息安全和隐私管理是客户社会责任的重要方面。结合这些内容，可以构建一套以社会责任为基础的客户服务管理体系。通过该管理体系，ESG 框架才能够在企业管理实务中得以最终落实。

4.3 劳工实践

4.3.1 ESG视角下的劳工实践

员工是企业生存与发展的宝贵财富和资源，发展依靠员工、发展为了员工、发展成果与员工共享，这已经成为众多伟大企业的共同认识。员工作为企业利益相关方之一，一直以来都是企业社会责任理念中的一个重要方面。劳工实践是被国际社会广为接受的一个概念，ISO 26000《社会责任指南》（中文版）将劳工实践定义为是组织自身开展、通过组织开展和代表组织开展的与雇员有关的所有政策和做法。ESG 视角下投资人关注一家企业的劳工实践问题，也就是企业对员工的管理或者企业承担的员工责任是怎么样的。员工关系管理是人力资源管理中很重要的一环。员工关系包括劳动关系，以及纪律的制定、纪律的执行、人员管理、管理中的沟通、单位活动和文化建设等方面。劳动关系是在劳动过程中由劳动者与劳动力使用者所结成的一种社会经济利益关系。《中华人民共和国劳动法》将劳动关系双方的构成主体规定为劳动者与用人单位。在我国社会经济领域中，劳动关系的构成形态具有两种基本类型，即个别劳动关系和集体劳动关系。

国际公约、倡议对于劳工实践的关注由来已久。早在 1919 年，国际劳工组织作为国际联盟的附属机构根据《凡尔赛和约》成立，1946 年 12 月 14 日成为联合国所属的负责劳工事务的一个专门机构。国际劳工标准一般指国际劳工组织通过的处理全球范围劳工事务的各种原则、规范和标准，它们体现在国际劳工组织制定的劳工公约和建议书当中。中国是国际劳工组织的创始成员国，也是该组织的常任理事国。截至 2022 年 11 月，我国已经批准的国际劳工公约共 28 项。

国际劳工组织理事会共认定八个“核心”公约，涉及劳动关系中的基本原则和权利，见表 4-3。

表 4-3 国际劳工组织八项核心劳工标准

公约名称	编号
《结社自由和保护组织权利公约》	第 87 号
《组织权利和集体谈判权利公约（1949）》	第 98 号
《1930 年强迫劳动公约》	第 29 号
《1957 年废除强迫劳动公约》	第 105 号
《最低就业年龄公约》	第 138 号
《禁止和立即行动消除最恶劣形式的童工劳动公约》	第 182 号
《同酬公约》	第 100 号
《1958 年消除就业和职业歧视公约》	第 111 号

资料来源：https://www.ilo.org/beijing/lang--zh/index.htm。

此外，联合国大会 1948 年通过的《世界人权宣言》其中有关经济、社会和文化权利的规定，1966 年通过的《经济、社会和文化权利国际公约》，2015 年联合国大会通过的《变革我们的世界：2030 年可持续发展议程》，都涵盖了对员工权益的关切。2000 年启动的联合国“全球契约”倡议，劳工标准作为四项核心议题之一包括四条原则：企业界应支持结社自由及切实承认集团谈判权；消除一切形式的强迫和强制劳动；切实废除童工；消除就业和职业方面的歧视。目前，比较有影响力的是国际标准化组织 2010 年发布 ISO 26000 社会责任国际标准，为全球所有类型的组织提供了一个履行社会责任的指南。全球报告倡议（GRI）自 2002 年已来持续修订推出的 GRI《可持续发展报告指南》(GRI Standards)，也在规范企业对员工的管理方面，即企业履行对员工的责任方面有许多详细的规定。

这些国际倡议、指南、标准等都体现了企业社会责任理念和可持续发展理念在国际社会逐渐形成共识，而其中劳工实践是这些国际倡议、指南和标准都共同关注的重要方面。上市公司的治理能力、环境影响、社会贡献等非财务绩效表现日益受到关注，环境、社会责任和公司治理方面的非财务指标逐渐被纳入资本市场对上市公司的评价。社会责任投资的兴起，投资人从 ESG 视角来关注劳工实践问题。

在 ESG 视角下，劳工实践所涉及的重要议题和关键指标，深受国际社会对于劳工标准的规范及企业社会责任理念下对员工责任规范的影响。香港联合交易所、上海证券交易所、深圳证券交易所等纷纷发布了 ESG 相关指引。其中，2020 年 3 月香港联合交易所发布的《如何编备环境、社会及管治报告》附录四中，明确列出了一系列国际标准 / 指引和其他资源参考列表，在涉及劳工实践的指标中，对 ISO 26000 和 GRI 进行了对标分析，梳理 ESG 视角下劳工实践的重要议题和关键指标，见表 4-4。

表 4-4　劳工实践的重要议题和关键指标

标准或规范	劳工实践重要议题	关键指标
香港联合交易所 ESG 指引	B1：雇佣（员工的薪酬及解雇、招聘及晋升、工作时数、假期、平等机会、多元化、反歧视及其他待遇及福利等） B2：健康与安全 B3：发展及培训 B4：劳工准则防止童工或强制劳工	● 按性别、雇佣类型（如全职或兼职）、年龄组别及地区划分的雇员总数 ● 按性别、年龄组别及地区划分的雇员流失比率 ● 过去三年（包括汇报年度）每年因工亡故的人数及比率 ● 因工伤损失工作日数 ● 描述所采纳的职业健康与安全措施，以及相关制定及监察方法 ● 按性别及雇员类别（如高级管理层、中级管理层）划分的受训雇员百分比 ● 按性别及雇员类别划分的每名雇员完成受训的平均时数 ● 描述检讨招聘惯例的措施以避免童工及强制劳工 ● 描述在发现违规情况时消除有关情况所采取的步骤
国际标准化组织 ISO 26000—2010	议题 1：就业和雇佣关系 议题 2：工作条件和社会保护 议题 3：社会对话 议题 4：工作中的健康与安全 议题 5：工作场所中人的发展与培训	● 认可和促进就业和雇佣关系 ● 建立负责任的雇佣关系和维护工作中的雇员基本权利 ● 在组织影响范围内落实负责任的劳工实践 ● 尊重法治、国际行为规范和人权 ● 提供的工作条件和社会保护符合道德的行为要求 ● 尊重工人的结社自由权和集体谈判权 ● 支持工人代表充分发挥在社会对话中的作用 ● 确保组织拥有并落实高水平的职业健康安全政策、原则和装备 ● 确保组织能够全面、有效地识别职业健康安全风险 ● 确保组织能够充分发挥工人在保证工作中的健康与安全的主体作用 ● 在平等和非歧视的基础上，在所有工人工作经历的各个阶段，向其提供技能开发、培训和学徒及获得职业晋升的机会 ● 确保必要时被裁员的工人获得接受再就业、培训和咨询方面的帮助 ● 制订劳资联合计划来促进健康和福利

续表

标准或规范	劳工实践重要议题	关键指标
全球报告倡议组织 GRI Standards	401 雇佣 402 劳资关系 403 职业健康与安全 404 培训与教育 405 多元化与平等机会 406 反歧视 407 结社自由与集体谈判 408 童工 409 强迫或强制劳动	● 新进员工和员工流动率 ● 提供给全职员工（不包括临时或兼职员工）的福利 ● 育儿假 ● 有关运营变更的最短通知期 ● 劳资联合健康安全委员会中的工作者代表 ● 工伤类别、工伤、职业病、损失工作日、缺勤等比率 ● 从事职业病高发职业或高职业病风险职业的工作者 ● 工会正式协议中的健康与安全议题 ● 每名员工每年接受培训的平均小时数 ● 员工技能提升方案和过渡协助方案 ● 定期接受绩效和职业发展考核的员工百分比 ● 管治机构与员工的多元化 ● 男女基本工资和报酬的比例 ● 歧视事件及采取的纠正行动 ● 结社自由与集体谈判权利可能面临风险的运营点和供应商 ● 具有重大童工事件风险的运营点和供应商 ● 具有强迫或强制劳动事件重大风险的运营点和供应商

综上分析，在 ESG 视角下，劳工实践所涉及的重要议题和关键指标更为聚焦，体现了国际规范及各国法律法规中通行的对于员工重要权益的保护，是企业依法合规经营必须遵循的。后文将从平等雇佣及权益保障、健康与安全、培养和发展三个方面加以阐述。

4.3.2 平等雇佣及权益保障

平等雇佣及权益保障是员工管理中非常重要的内容，涵盖的内容是非常广泛的，涉及企业与员工建立并运行劳动关系的全过程，从公平公正促进就业的招聘政策，到劳动合同的签订履行、合规经营，以及薪酬福利待遇、工作时间和休息休假、劳动合同的终止或解除、促进多元化等，是对企业履行员工责任非常综合的一系列规定，是 ESG 语境下投资人极为关注的。

4.3.2.1 招聘用工政策

劳动就业是劳动者基本的权利之一。劳动就业是具有劳动能力的人，运用生产资料从事合法社会劳动，并获得相应劳动报酬或经营收入的经济活动。企业要遵守有关促进就业的法律政策要求，制定公平公正的招聘政策，这是企业合规经营、建立良性劳动关系的基础。我国的劳动就业应遵循以下原则：国家促进就业、平等就业、劳动者与用人单位相互选择、竞争就业、照顾特殊群体人员就业和禁止未成年人就业。

平等机会与多元化。企业应该制定公平公正的招聘和用人政策，为不同性别、不同年龄的员工提供公平的发展机会和晋升机会。《中华人民共和国劳动法》《中华人民共和国妇女权益保障法》对妇女的劳动权、获得报酬权、休息休假权等方面加以保护，要求企业实行男女同工同酬，在晋职、晋级、评定专业技术职务等方面坚持男女平等的原则。除此之外，《中华人民共和国劳动法》和《女职工劳动保护特别规定》等还就企业对女职工，特别是从事一些特殊工种，女职工在怀孕、哺乳等情况下的一系列特别保护进行了规定。此外，随着企业日益走向海外，企业文化也应该是多元化的、具有包容性的。

企业案例

华为投资控股有限公司：员工多元化与包容性

华为的业务遍及全球170多个国家和地区。作为一家国际化公司，华为的员工来自全球162个国家和地区，仅在中国就有来自49个民族的员工。在海外，华为坚持优先聘用本地员工，持续构建多元化、多样性的员工队伍。截至2020年底，华为全球员工总数约19.7万人，其中研发员工约10.5万人，约占公司总人数的53.3%。2020年华为在海外各国共招聘本地员工3400多人，海外员工本地化率达69%，为当地创造就业机会，促进当地经济发展。

华为重视员工的多样性，致力于建立一个包容和机会平等的工作环境。华为尊重各类员工的生活方式，鼓励不同地区、不同部门根据自身特点进行灵活的交流与沟通，不干涉员工信仰和风俗，并提供满足员工信仰与风俗的便利条件。在涉及聘用、报酬、晋升等事项上，不以种族、民族、血统、宗教、身体残疾、性别、性取向、婚姻状况、年龄等方面存在歧视。与员工沟通交流上，通过经理人反馈计划、组织气氛调查、民主生活会、主管Open Day等多种方式反馈意见及建议，与员工保持有效的沟通机制，促进积极的员工关系，华为海外员工本地化率与员工性别比例见图4-1和图4-2。

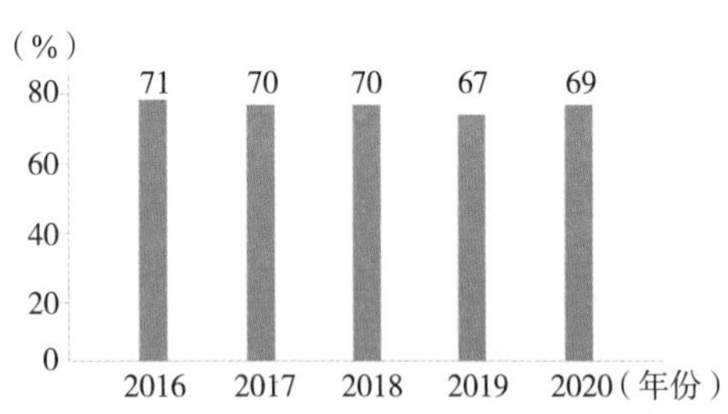

图4-1　华为2016～2020年海外员工本地化率

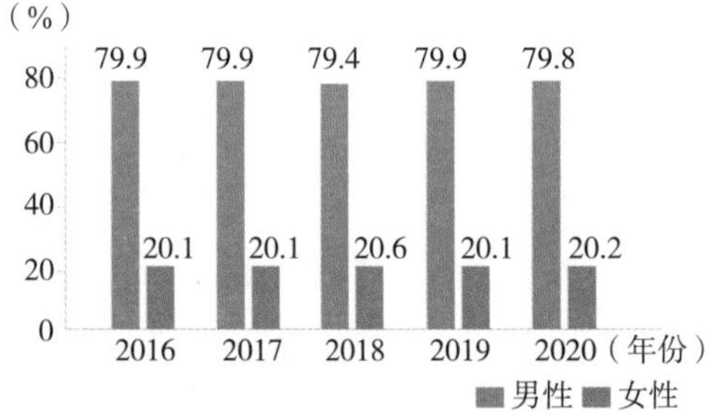

图4-2　华为2016～2020年员工性别比例

资料来源：华为投资控股有限公司《2020年可持续发展报告》。

禁止童工与强制劳动，这是被国际公约所认可的规定。《中华人民共和国未成年人保护法》第六十一条规定："任何组织或者个人不得招用未满十六周岁未成年人，国家另有规定的除外。"《中华人民共和国劳动法》第十五条规定："禁止用人单位招用未满十六周岁的未成年人。"此外，法律法规对某些特殊行业和单位招用未满十六周岁的未成年人亦有特殊规定。根据国际劳工组织第29号《1930年强迫劳动公约》，强迫或强制劳动的定义是，在非自愿的情况下，任何人因任何惩罚威胁而被榨取的所有工作和服务。任何企业都不得以暴力、威胁或者非法限制人身自由等手段强迫或强制员工劳动或服务。

反歧视。反对歧视是国际社会通行的一项准则。企业不应当仅因员工的民族、种族、性别、宗教信仰、残疾、个人特性等客观原因而在招用、培训、晋级、薪酬、生活福利、社会保险、解聘、退休等方面给予不公平的对待。企业应当尊重员工不同的风俗习惯和信仰，只要该风俗习惯与信仰在合理的范围内且不会伤害到企业或其他员工的合法权益。企业应保证员工不会受到体罚、殴打；企业也不得支持或纵容该类行为。企业应保证员工不会受到人身、性、心理或者语言上的骚扰或虐待；企业也不得支持或纵容该类行为。

4.3.2.2 劳动合同管理

在社会责任投资领域，对于员工、雇员、劳动者、劳工等这些概念的使用可能会有不同偏好，如在香港联合交易所 ESG 指引中对雇员的定义是根据当地法律或其应用与发行人有直接雇佣关系的人士。因此，雇员就是企业与之建立劳动合同的劳动者、员工或者职工。劳动合同是劳动者与用人单位之间，为确立劳动关系，明确双方的权利、义务和责任而订立的协议。劳动合同是确立劳动关系的法律依据。根据《中华人民共和国劳动法》《中华人民共和国劳动合同法》《中华人民共和国劳动合同法实施条例》等的规定，订立劳动合同，应当遵循合法、公平、平等自愿协商一致、诚实信用的原则。企业招用员工时应当按照法律法规的要求，在平等自愿、协商一致的基础上与员工签订劳动合同。劳动合同应当以书面形式订立，并具备以下条款：劳动合同期限、工作内容、劳动保护和劳动条件、工作时间、劳动报酬、劳动纪律、劳动合同终止的条件、违反劳动合同的责任。任何单位不得以结婚、怀孕、产假、哺乳等为由，辞退女职工或者单方解除劳动合同。劳动合同管理是员工管理中最重要的方面。

4.3.2.3 劳动薪酬管理

薪酬管理是企业管理中的一个重要方面，这是企业保障员工最基本权益的体现。劳动者与用人单位在平等协商的基础上建立劳动关系，作为双方约定的重要内容，劳动者付出一定劳动，企业应支付相应的工资。香港联合交易所 ESG 指引中的薪酬，也即 GRI Standards 中的报酬，指基本工资加上额外付给工作者的金额。支付给工作者的额外金额可包括：基于服务年限的费用，包括现金及股票和股份等股本的奖金、福利金、加班费、调休费及任何其他津贴，如交通、生活和育儿津贴。根据《中华人民共和国劳动法》《中华人民共和国劳动合同法》《中华人民共和国劳动合同法实施条例》等的规定，劳动者工资分配应当遵循按劳分配的原则，实行同工同酬。用人单位根据本单位的生产经营特点和经济效益，依法自主确定本单位工资分配方式和工资水平。工资应当以货币形式按照企业预定的支付周期直接支付给劳动者个人，不得克扣或者无故拖欠劳动者的工资。特别是《中华人民共和国刑法修正案（八）》的颁布，恶意拖欠工资入罪，使企业支付工资的责任更加明确。劳动者在法定休假日和婚丧假期间及依法参加社会活动期间，用人单位应当依法支付工资。《中华人民共和国劳动法》第四十八条、第四十九条规定我国实行最低工资保障制度，最低工资的具体标准由省、自治区、直辖市人民政府规定，报国务院备案。我国法律没有规定企业向员工支付工资的增长机制。从企业的人力资源管理实践来看，相当一部分企业都建立了薪酬增加制度，同时加强绩效管理，把对员工的业绩考核与职位升迁和薪酬增加挂钩，通过提供有竞争力的薪酬为企业吸引和留住优秀人才。

4.3.2.4 社会保障与福利

根据《中华人民共和国劳动法》《中华人民共和国社会保险法》《工伤保险条例》《失业保险条例》等法律法规及国务院关于企业职工养老保险、基本医疗保险制度的相关规定，用人单位应当为员工办理基本养老保险、失业保险、医疗保险、工伤保险、生育保险等，并按照有关规定及时足额缴纳社会保险费用。我国的法律对企业员工参加社会保险规定了强制性的义务，但从实际履行情况来看，企业不给职工缴纳社保，通过降低标准、减少参保时间等方式少缴社会保险费用，不按时缴纳等情况还时有发生。

在法律规定之外，一些企业也已经逐步认识到为员工提供法定之外的社会保障和福利等，对于获得员工的信任、增进员工的归属感具有重要的作用。通过年金，商业医疗保险，对员工亲属和家庭成员的保障、员工的生活需求等多种形式提供帮助，体现出企业对于员工更加全方位的关心关爱。

企业案例

阿里巴巴集团“全橙爱”综合福利计划

阿里巴巴将阿里人视为企业长青的基石，通过建立“全橙爱”综合福利计划，从财富保障、生活平衡、健康医疗三个方面，“全程”呵护员工及其家人的身心健康，为员工提供有温度的福利。iHome 项目帮助 1 万余名员工提供首付无息贷款，帮助员工缓解初次置业时首付上的压力，彩虹计划建立扶贫救困平台，扶助经济特困员工；生活平衡方面，为员工举办集体婚礼、开展阿里日庆祝活动、为员工子女提供系统的入学信息，平衡员工生活。此外，公司在健康医疗方面开展 iHealth 计划、康乃馨父母体检活动、iHelp · 蒲公英互助计划等健康福利，“全橙爱”综合福利计划见表 4–5。

表 4-5 “全橙爱”综合福利计划

财富保障
社保：根据当地政策为员工提供“五险一金”
商业保险：为员工提供全面综合的保障计划
iHome：帮助员工缓解初次置业时首付上的压力
iHope：彩虹计划建立扶危救困平台，帮助经济特困员工
生活平衡
iLove：为员工提供集体婚礼、开展阿里日庆祝活动、举行 1/3/5 周年庆
iBaby：为员工子女提供系统的入学信息
假期：为员工提供充足、灵活的假期安排
iEasy：为员工的生活刚需提供便利的优惠活动
健康医疗
iHealth：提供保障员工身心健康的健康知识、资源及工具
年度体检：为员工提供健康体检
康乃馨父母体检：为每个员工的父母提供 2 个体检名额 / 定制体检套餐
iHelp · 蒲公英互助计划：为参与计划的员工及家庭提供重疾互助金

资料来源：《2020—2021 阿里巴巴集团社会责任报告》。

4.3.2.5 工作时间与休息休假

根据《中华人民共和国劳动法》《中华人民共和国劳动合同法》《中华人民共和国劳动合同法实施条例》等的规定，劳动者每日工作时间不超过 8 小时，平均每周工作时间不超过 44 小时。用人单位应当保证劳动者每周至少休息 1 日。任何单位和个人不得擅自延长职工工作时间，因特殊情况和紧急任务确需延长工作时间的，按国家有关规定执行。《中华人民共和国劳动法》还规定：用人单位由于生产经营需要，经与工会和劳动者协商后可以延长工作时间，一般每日不得超过 1 小时；因特殊原因需要延长工作时间的，在保障劳动者身体健康的条件下延长工作时间每日不得超过 3 小时，但是每月不得超过 36 小时。在安排劳动者延长工作时间，休息日安排劳动者工作又不能安排补休，以及法定休假日安排劳动者工作的情况下，用人单位应当按照一定标准支付高于劳动者正常工作时间工资的工资报酬，即规定了加班工资的最低标准。此外，国家还规定了劳动者享有法定休假的权利，如法定节假日、带薪年休假和关于女性员工特殊时期享有的假期等制度和规定。随着经济社会的发展，用工形式多样化，一些企业也创新了工时管理模式，制定了更加人性化的休息休假制度，体现了对员工价值的尊重。

企业案例

海尔智家：工时管理

海尔智家不断围绕“人单合一”的管理模式进行探索，用智慧管理模式携手员工共同推动企业的发展，助力每一位员工实现自身价值。公司不断优化工时管理制度，设立链群和小微的自主时间管理政策，链群和小微可根据国际惯例、行业特点、业务场景来自主决策工作时间和考勤方式，为员工提供更多的便捷，更好地平衡工作及生活，海尔智家工时管理制度见图 4-3。

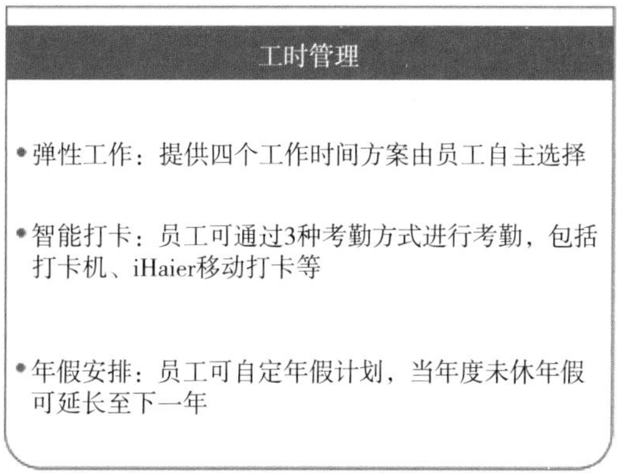

工时管理

- 弹性工作：提供四个工作时间方案由员工自主选择
- 智能打卡：员工可通过3种考勤方式进行考勤，包括打卡机、iHaier移动打卡等
- 年假安排：员工可自定年假计划，当年度未休年假可延长至下一年

图 4-3 海尔智家工时管理制度

资料来源：海尔智家《2020 年度企业社会责任报告》。

4.3.3 健康与安全

安全生产既是企业正常经营活动的保障，也是保障员工工作环境安全的前提。对于员工而言，职业健康与安全是对员工权益的重要保护。健康与安全是所有企业都非常重视的员工管理内容，影响到企业是否能够顺利运转，特别是一些特殊行业，安全生产要求高，企业要接受国家相关职能部门的管理和监督，做好安全生产和员工的职业病防治工作。因此，企业在健康和安全方面需要从安全生产管理、职业健康防护两个角度做好管理。

4.3.3.1 安全生产管理

《中华人民共和国劳动法》第五十二条至第五十四条规定，用人单位必须建立、健全劳动安全卫生制度，严格执行国家劳动安全卫生规程和标准，对劳动者进行劳动安全卫生教育，防止劳动过程中的事故，减少职业危害。用人单位的劳动安全卫生设施必须符合国家规定的标准。同时，用人单位必须为劳动者提供符合国家规定的劳动安全卫生条件和必要的劳动防护用品，对从事有职业危害作业的劳动者应当定期进行健康检查。要建立和健全安全管理体系，完善安全管理制度，系统防范安全风险。此外，企业还需要制定应急管理体系，进行演练，确保在事故发生时迅速反应，减少损失。劳动安全卫生专项集体合同，是用人单位与本单位职工（或工会代表职工与企业代表组织之间）根据法律、法规、规章的规定，通过就劳动安全卫生方面的内容进行集体协商签订的专项书面协议。

4.3.3.2 职业健康防护

根据《中华人民共和国劳动法》《中华人民共和国职业病防治法》《工伤保险条例》《中华人民共和国尘肺病防治条例》《使用有毒物品作业场所劳动保护条例》等规定，劳动者享有获得职业卫生教育、培训，职业健康检查、职业病诊疗、康复等职业病防治服务，了解工作场所产生或者可能产生的职业病危害因素、危害后果和应当采取的职业病防护措施等职业卫生保护权利。用人单位应当积极采取职业病防治管理措施，建立、健全职业卫生管理制度和操作规程、职业卫生档案和劳动者健康监护档案、工作场所职业病危害因素监测及评价制度、职业病危害事故应急救援预案等。用人单位应当对劳动者进行上岗前的职业卫生培训和在岗期间的定期职业卫生培训，普及职业卫生知识，督促劳动者遵守职业病防治法律、法规、规章和操作规程，指导劳动者正确使用职业病防护设备和个人使用的职业病防护用品。

企业案例

中国黄金集团有限公司：打造本质安全企业

中国黄金狠抓安全文化建设，不断创新和丰富安全文化内容及形式，以多种活动营造良好的安全氛围，使员工思想从“要我安全”向“我要安全”“我会安全”转变，打造本质安全企业。

中国黄金认真落实国家卫生健康委员会有关职业健康工作的要求，遵守《中华人民共和国职业病防治法》等法律法规，严格落实职业危害防治责任，不断建立健全职业健康管理机构，加强职业健康管理人员配备，建立完善职业健康管理制度，落实职业危害防治措施。集团公司督导各子公司不断加强职业健康管理，配备专职或者兼职的职业卫生管理人员，负责本单位的职业病防治工作，制订并落实职业病危害防治计划和实施方案，建立健全职业病危害警示与告知等职业卫生管理制度，对接触职业病危害因素的从业人员进行职业健康教育培训，每年组织员工到有资质的医疗机构进行职业健康体检，严格落实员工岗前、岗中和离岗体检制度，建立职业健康监护档案。

2020 年，中国黄金无新增职业病病例，严格落实员工岗前、岗中和离岗体检制度，建立职业健康监护档案，预防、控制和消除职业病危害，生产经营性企业体检及健康档案覆盖率为 100%。

资料来源:《中国黄金集团有限公司 2020 年社会责任报告》。

4.3.4 培养和发展

为员工提供必要的培训和职业发展通道，是员工非常关注的问题，将影响员工是否能够顺利地为企业工作、高效地为企业创造效益。当前，越来越多的企业认识到员工对于企业发展的重要意义，很多企业有计划地实施人才强企战略，增加员工的创造力与凝聚力。

4.3.4.1 能力培训体系

职业培训是对从业人员或就业前人员从事某种岗位或某种职业所需要的专业知识、职业技能和管理能力所进行的有目的的培养和训练活动。根据《中华人民共和国劳动法》《企业职工培训规定》《中华人民共和国职业教育法》等有关法律法规规定，用人单位应当建立职业培训制度，企业应按照职工工资总额的 1.5%～2.5% 支出职业培训经费，根据本单位实际有计划地对劳动者进行职业培训，包括在岗、转岗、晋升、专业培训等，对学徒及其他新录用人员进行上岗前的培训。从事技术工种的劳动者，上岗前必须经过培训，从事特种作业的职工必须经过培训，并取得特种作业资格。

企业案例

中国石油化工集团有限公司：人才强企工程

中国石化牢固树立“人才资源是第一资源”“没有人才，一切归零”的理念，大力推进“人才强企”的发展战略，持续完善人才成长通道建设，加大领军型、战略型人才队伍建设，创新青年人才培养开发模式，深化人才发展体制机制改革。

- 加强人才成长通道建设

中国石化深化完善人才成长发展通道，加强作用发挥、考核体系建设，健全完善专家队伍选聘与管理，优化专家管理顶层设计，推进集团公司级专家选聘，规范直属单位专家职数管理。截至 2020 年，在聘各类专家 3457 人，主任技师以上 1333 人，包括集团公司首席专家 28 人、高级专家 128 人、技能大师 45 人。

- 统筹重点人才队伍建设

中国石化编制“十四五”人才发展规划“五大计划”，人才发展体制机制不断深化、人才队伍实力加快壮大。一批优秀人才推荐或获得国家级荣誉称号，2 人获全国创新争先奖、1 人获杰出工程师奖，63 人享受国务院政府特殊津贴。推荐 2 人为

"新世纪百千万人才工程"国家级人选，推荐7人为中华技能大奖、全国技术能手候选人。组织集输工和乙烯装置操作工2项国家级二类竞赛，举办集团公司级竞赛3项，31人获"中国石化技术能手"称号。组队参加全国行业职业技能竞赛，4支队伍获得团体一等奖，9人获国家级职业技能竞赛前三名。优化创新人才培养模式，实施"三百三千"锻炼计划，启动首批150名"三百"人选、1245名"三千"人选交流挂职。举办首届青年科技精英赛，产生10名优胜者。与帝国理工学院合作培养青年科技人才7名，引进出站博士后42名，打造青年科技后备人才梯队。

● 完善职业培训体系

中国石化坚持"防疫不放松、培训不松懈"工作思路，始终抓紧抓好教育培训工作，不断优化推进各级管理人员、专业技术人才和技能人才等重点人才培训。大力开展线上线下混合式培训，各企业充分利用中国石化网络学院培训平台，及时开展"云端"在线培训，疫情期间开设"众志成城抗击疫情"等学习培训专区，举办疫情防控、EAP健康心理辅导等知识讲座，全年开展各类在线培训班11957个，累计学习时长4142万学时。举办所属单位"一把手"政治能力提升培训班、中青年干部培训班、炼化领域专家创新发展高级研讨班、高端材料研用一体化培训班、"大国工匠锻造"、"石化名匠塑造"等培训班，高质量完成人才培训计划。

● 加强境外员工培训

中国石化按照"国际化领军人才、国际化专业骨干、国际化储备人才"三个层级开展培训，探索构建分层次分专业的矩阵式国际化人才培训模式。2020年，重点举办海外项目经理能力强化、北非区和中亚区域市场开拓与专业化运营、国际商务专业人才、化工板块国际化储备人才等培训班；同时根据工作需要，分批次举办国际化经营实务英语系列培训班、国际化经营项目管理实务系列培训班，提升了海外员工HSSE管理、财税管理、风险管理、合规经营等专项能力。

资料来源：中国石化《2020年社会责任报告》。

4.3.4.2 职业发展规划

从人力资源管理的角度出发，企业和员工是劳动关系的双方，当前很多企业树立了以人为本的理念，视员工为公司的财富，注重对员工潜能的开发，为员工职业发展提供可能的通道，如职业发展和晋升的机会，体现了企业对员工的尊重和关爱，企业与员工构建一种和谐的劳动关系，最终实现员工与企业的共赢。

企业案例

中国铝业集团有限公司：人才培养模式

中铝集团为员工提供广阔的发展平台与空间，畅通员工职业发展途径，针对经营管理、专业技术及技能人才"三支人才队伍"实施"六大人才培养计划"，搭建"五级工程师""五级技师"职业通道，加强工程技术人才和高技能人才培养。全年新聘任“五级工程师”1346 名，“五级技师”1996 名，新培养高技能人才（技师、高级技师）1041 人，新建“贺婕技能大师工作室”等 15 个集团技能大师工作室，中铝集团重点人才培养工程见图 4-4。

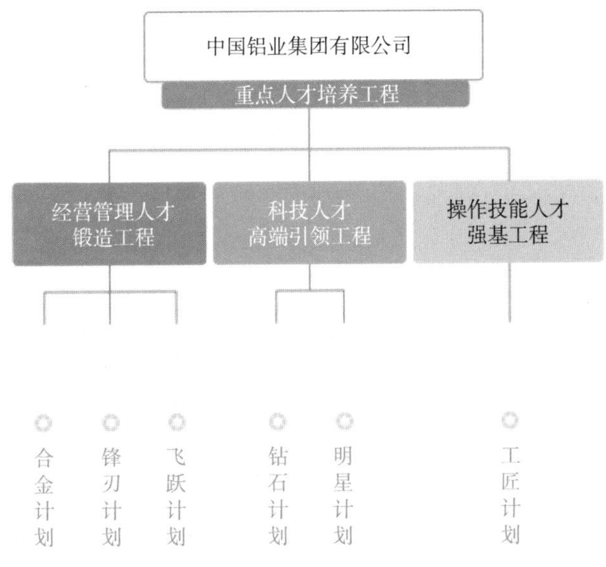

图 4-4 中铝集团重点人才培养工程

资料来源:《中国铝业集团 2020 年企业社会责任报告》。

4.4 供应链责任

4.4.1 ESG视角下的供应链责任

供应链是向组织提供产品或服务的活动或活动伙伴所组成的功能网链结构，由在社会中具有能力提供产品或服务或伙伴关系的实体组成。ESG 视角下的供应链责任是“组织通过自身采购行为，发挥对价值链的领导力和带动力，推动价值链成员接受和支持社会责任原则和实践，促使供应商履行社会责任”，核心企业起着关键作用，不仅要充分履行自身的社会责任管理实践，还要从全局出发，引导链上其他企业积极履行社会责任，最大限度地提高供应链的整体价值。

ESG 视角下的供应链责任本质上是风险链和价值链的综合体，供应链责任管理也是对风险和价值的全面管理。由于供应链功能网链结构的复杂性、交互性和动态性，虽然供应链节点上的不同企业在发展战略和经营目标上具有差异性，但在供应链责任上也具有利益共生性和风险传导性。首先，供应链责任管理最直接最重要的驱动力量还是价值，节点企业对供应链中的社会责任贡献都会影响供应链中其他企业乃至整个供应链的利益，提升整个供应链品牌信誉、获得用户信任、提高企业形象、增加产品附加值、扩大市场份额、提升节点企业和整个供应链市场价值。其次，任何一个供应链节点企业社会责任缺失都会对供应链产生巨大的破坏，严重的甚至影响整个供应链。供应链企业责任的风险传导，企业社会责任缺失会沿着复杂供应链网链结构进行风险传导，使得风险增强、传递、扩散和反馈，影响外部公众对供应链系统整体社会责任水平的认知，从而影响到供应链上的其他节点企业，严重的甚至影响整个供应链。有效管控供应链节点企业社会责任风险，提升企业竞争力，从而实现供应链企业价值增值和协同共生。

企业案例

苹果公司推动供应链ESG

2021 年 5 月 28 日，苹果公司发布了《2021 年供应商责任进展报告》。在全球可持续发展大背景下，苹果公司对供应商的要求由强调技术、成本、质量等生产能力，逐步纳入对供应商 ESG 现状的综合考量。为评估供应商对责任准则和标准的遵守情况，苹果公司每年都会通过现场走访、管理层访谈、员工访谈及审阅文档等方式对供应商的表现进行打分。评估方案由超过 500 条的评测标准组成。2020 年，苹果公司在 53 个国家和地区，开展了 1121 次供应商评估工作。其中，2021 年度的《供应链中的人与环境报告》显示，苹果公司开展了一百多次突击评估与调查，即在没有事先通知的情况下造访供应商。通过评估与调查，苹果公司供应商审核团队会寻找违反供应商责任标准与准则的行为，并督促其进行整改。在报告中，苹果公司分享了过去一年公司在人权、劳工权益、职业健康、安全与环境等供应商责任方面所采取的管理举措及取得的进展。另外，为顺应全球气候治理进程，苹果公司在 2022 年宣布了碳中和目标——到 2030 年，苹果公司整个业务、生产供应链和产品生命周期将实现“净零”排放。在此目标下，苹果公司将推动整个供应链转向使用清洁能源，并计划到 2030 年，让制造供应商完成 100% 使用可再生电力的转换。

组织践行供应链责任具体表现为两种形式：一是组织通过购买或采购决策影响其他组织履行社会责任；二是组织通过其在供应链上的影响力和带动力，促进社会责任原则在组织之间贯彻及实现。例如，中芯国际在严格遵守责任商业联盟行为准则的基础上，要求供应商共同遵守该行为准则，并与供应商签订承诺书，对主要供应商进行现场稽核，督促供应商履行社会责任。

4.4.2 供应链社会责任管理

供应链社会责任管理是企业依据社会责任战略政策，凭借在供应链中的领导力和带动力，主动调整供应链上的商业策略和采购实践影响其他组织，采取监督或协助供应商及其利益相关方沟通合作的方式，促使供应链上的其他企业共同遵守社会责任准则，确保生产的产品或服务符合社会责任整体方略和方针政策，实现供应链全体企业接受和支持社会责任原则和实践。供应链责任管理是控制社会责任风险、提高企业经营效率与效果的有效手段，对于促进供应链企业履行社会责任，维护和平衡供应链节点企业成员权益，实现企业与整个供应链协调可持续发展具有重要意义。参照联合国契约组织的研究，供应链社会责任管理目标主要是降低风险、提高运营效率及确保商业的可持续性三个目标，同时也是企业进行供应链社会责任管理的驱动力。

供应链社会责任管理可以从三个方面进行理解：①供应链社会责任是涉及组织多方主体的共同行动。复杂的供应链网络结构表明供应链责任不是一家组织的独立行为，需要供应链上的各种活动和参与者对供应链上的社会问题负有程度各异的责任。②供应链责任的执行需要一家或几家组织主导。在现实的经济活动关系中，参与供应链的组织并非在整个组织序列中拥有话语权，供应链的领导者往往是控制市场、品牌或核心技术的采购商。③供应链责任更能体现社会责任运动的主旨。供应链责任真正关注的问题是人权、劳工实践、环境保护、产品质量和商业伦理等问题。呼吁更多的企业组织关注供应链责任，关注供应链责任问题的本质，关注在供应链末端的劳工权利、环境保护等问题。例如，蒙牛致力于履行责任采购，努力打造责任供应链，将 ESG 风险理念融入供应链管理，制定《供应商管理制度》《供应商准入管理制度》等政策制度，对供应商 ESG 表现纳入蒙牛供应链管理体系和评估管理，将保障员工人权、劳工权益、达到安全环保标准作为供应商入库的前提条件，在采购中优先选择获得相关国际标准认证的供应商，对供应商进行 ESG 培训，倡导并督促供应商开展 ESG 风险管理，积极履行供应链责任。

供应链社会责任管理机制是企业落实供应链责任的具体措施，如果供应链社会责任管理得当，则管理效果好，供应链风险低。反之，如果管理不当，当供应链企业发生风险事件时，不但会提高企业经营的潜在风险，还会造成品牌责任损失，会让公众觉得企业缺乏诚信。企业认清自身供应链构成及其供应链各个环节社会责任的影响是开展供应链社会责任管理的前提，根据 ISO 26000 对供应链社会责任管理期望目标的表述，基于价值认同和能力促进的开放性供应链社会责任管理主要包括三个环节，见图 4-5。

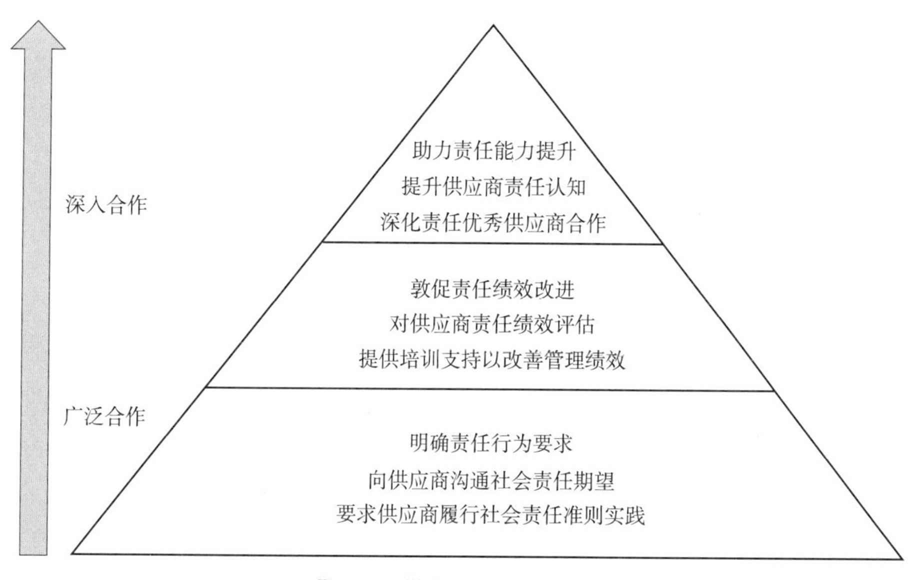

图 4-5 供应链社会责任管理

4.4.2.1 明确责任行为要求

责任行为要求是在“有关采购、分销和合同的政策和实践中，将道德、社会、环境和性别平等的准则及健康和安全要求，融入供应链采购或购买决策实践，并鼓励供应链企业采取类似社会责任政策、要求和实践，增强供应链活动与社会责任目标的一致性，实现供应链社会责任的乘数效应”。供应链责任管理是一个系统的管理过程，需要供应链上各个企业的全面参与，更需要核心企业的串联和协调。责任要求既是一个外向的过程，也是一个内向的过程，即企业在供应链责任的期望和要求既需要对参与“采购、分销和分包”的供应商有所了解，要求尽可能多的供应商遵循本企业所设立的社会责任行为准则和实践，也需要实施商业行为的内部人员知悉且执行。责任要求通常做法是制定供应商行为准则或加入行业性或公共性的社会责任倡议体系，建立供应商管理平台，要求尽可能多的供应商遵守供应链社会责任，激发供应链企业承担社会责任的积极性，促进供应链社会责任的协同推进。

例如，中芯国际建立了一套完善的供应商准入评估制度，从供应商产品质量管理体系、环保安全卫生管理、劳工人权管理、商业道德管理、产品的生产使用状况等方面进行评估，供应商只有经过评估并达到合格分数后，才能进入公司的合格供应商名录，所有签约供应商必须在合格供应商名录内。国电南瑞在供应链采购过程中，充分考虑供应商在质量、环境及职业健康安全管理体系方面的建设情况，建立供应商管理平台，制定供应商管理办法，明确供应商资质能力核实、绩效评价、不良行为处理等流程，实施供应商全流程信息化管理，将环境保护、劳工权益、职业健康安全管理、商业道德等要求纳入供应商评价标准，推动供应商管理能力和水平的提升。

4.4.2.2 敦促责任绩效改进

责任绩效改进是“对于其有关系的供应商进行恰当的尽责审查与监测，采取一系列方法和策略，督促、引导和改进供应链企业履行社会责任，向偏离社会责任目标承诺的供应商企业提供支持及其他额外帮助（技术、能力建设等其他资源），提升企业对社会责任问题和最佳实践的认知，以实现供应链责任目标”。以是否建立商业合同关系可将责任绩效监督分为合同前监督和合同后监督。合同前监督是指符合企业供应链社会责任政策或准则作为与企业签订商业合同、订立商业关系的前提条件，即供应链责任中的尽责程序，同时包括供应商的自我评估。合同后监督是对已经建立商业关系的供应商进行定期或不定期审查其是否符合供应链责任准则的监督活动。对供应链社会责任能力建设不足的企业，及时向其提供技术支持和能力建设，为其提供一定的人力、物力及财力支持，防止社会责任问题的发生，帮助供应链企业履行供应链责任目标，提升整个供应链企业自我管理、持续提升、不断改进的能力。

4.4.2.3 助力责任能力提升

责任能力提升是“积极参与提高供应链企业对社会责任原则与议题的认知，公平且可行地推动履行社会责任的成本和收益，通过恰当的购买行为、支付公平的价格、充足的时间交付产品服务及稳定的合同关系来增强供应链企业履行社会责任的能力”。供应链成员间的业务深入合作能够有效降低供应链运作成本，提高供应链运作绩效，这是企业供应链管理的高级层次；通过一系列深入合作提升供应商对社会责任的认知，构建公平可行的供应链利益格局必须考虑供应商履行社会责任的成本和收益，采取定价和合同条款给予积极履行社会责任的供应商更多的利益空间和商业机会，加强与负责任供应链企业的嵌入合作，完善供应链伙伴关系，促进供应链企业长期互利合作。

企业案例

华润水泥控股有限公司：引导供应链保护生态环境

华润水泥致力于构建“开放、协作、共赢”的供应链生态系统，在严格要求自身的同时，将商业道德、规范管理、安全环保、员工健康安全、数据隐私等理念推广至供应链上下游企业，携手共进，共同打造可持续发展能力。

在供应商选择环节，公司深入开展市场调研，选择资质齐全、环保达标、注重安全管理等符合国家政策要求的合作方，将绿色、安全、发展要求融入供应商甄选，建立可持续供应商准入及评价指标体系。

在合同履行过程中，对建立合作关系的供应商实行动态管理机制，对供应商表现及时进行考核评价，责令待整改供应商及时跟踪待整改问题，给予相应协助，限期核查整改结果。鼓励供应链企业开发和使用节能环保的新材料、新技术，加强与供应链企业深入交流合作，推动供应链企业主动履责，如推广使用当地工业废渣替代原矿类资源原材料，如铜尾渣、硫铁渣、转炉渣、铁合金炉渣、铅锌尾渣、粉煤灰等，替代原矿类资源原材料。

同时，华润水泥还通过专项培训、宣传教育等活动提升供应商的社会责任意识，助力供应商成长。2020年8月，华润水泥组织主要供应商代表及全体采购人员通过网络视频会议参加警示教育活动，提升供应商的法律意识和环境意识，打造风清气正的廉洁供应关系，从源头上预防违法违纪和不正之风的发生。

4.5 公益慈善

4.5.1 ESG视角下的公益慈善

公益、慈善和公益慈善是近年来使用比较频繁的术语。然而，人们对这几个概念的理解往往见仁见智，存在很大差异。这里首先界定公益、慈善、公益慈善的基本概念。

根据《辞源》的解释，“慈善”指“仁慈善良”；《辞海》的定义是“心地仁慈善良”；《现代汉语词典》对“慈善”的解释是“对人关怀，富有同情心”。总体来说，慈善包含了慈心和善举两个层面的含义，即对人的同情心、仁慈心或爱心及帮助他人的美好行为，它既可以是救助弱势群体，也可以是增进他人福祉的其他善行，是一种广义的慈善。不过，长期以来，日常生活中，人们对慈善的理解更多表现为狭义的慈善，指怜悯、同情和帮助弱势群体。公益，即公共利益，这个词是五四运动以后才出现的新概念。它是独立于个人利益之外的一种特殊利益。公共利益具有整体性和普遍性两大特点，总体上是整体的而不是局部的利益，内容上是普遍的而非特殊的利益。也有人认为公益是最大多数人的最大利益。公益与两个概念相对应：一是与私益或私人利益相对应，即不是为了个人的私益，而是社会公众的利益。需要注意的是，公益既可以是为了弱势群体的利益，也可以是为了包括弱势群体在内的广大公众的利益。二是与互益或相互利益相对应，即不是为了某些特定群体的利益，而是为了非特定群体的利益。例如，为了会员之间的相互利益就是特定群体的利益，属于互益，而不是公益。一般而言，狭义的公益特指民间的公益行为，而广义的公益包括政府兴办的公益事业。

在现实生活中，人们通常会使用习惯用语“公益慈善”来指称广义的慈善，也等同于狭义的公益。当然，同情心或怜悯心是爱心最主要的表现形式，也是社会关注的焦点。因此，即使是广义上的慈善，对弱势群体的关注、扶贫济困都是其主要内容之一。

4.5.1.1 共同富裕与公益慈善

党的十九届四中全会通过的《中共中央关于坚持和完善中国特色社会主义制度、推进国家治理体系和治理能力现代化若干重大问题的决定》指出，“重视发挥第三次分配作用，发展慈善等社会公益事业”。党中央首次明确以第三次分配为收入分配制度体系的重要组成，确立了公益慈善在我国社会经济发展和共同富裕目标实现中的重要地位。2021 年 8 月 17 日，中央财经委员会第十次会议研究扎实促进共同富裕问题，会议指出，要坚持以人民为中心的发展思想，在高质量发展中促进共同富裕，正确处理效率和公平的关系，构建初次分配、再分配、三次分配协调配套的基础性制度安排，要加强对高收入的规范和调节，依法保护合法收入，合理调节过高收入，鼓励高收入人群和企业更多地回报社会。当然，第三次分配不是杀富济贫，而是基于企业自愿的原则，基于企业的责任担当。

企业是社会的一员，也被称为企业公民。可以说，企业不可能脱离社会独立存在，而是与所在社区息息相关。良好的社会关系有助于企业在友好的社会环境下健康发展，而企业的健康发展也能够为社区创造财富、保护环境、增加就业机会，并且带动当地的社会经济发展。根据国际标准化组织 ISO 的解释，企业社区参与和发展的行动“在某些方面可以被理解为公益慈善”。也就是说，企业的社区责任行为在某种程度上等同于或被理解为企业的公益慈善活动。

4.5.1.2 公益慈善的法律要求

《中华人民共和国慈善法》是中国慈善行业发展的基础性、综合性法律。自然人、法人和其他组织开展慈善活动及与慈善有关的活动，均适用于该法。显然，企业开展慈善活动及与慈善有关的活动，均受《中华人民共和国慈善法》调节。根据《中华人民共和国慈善法》的规定，慈善活动，是指自然人、法人和其他组织以捐赠财产或者提供服务等方式，自愿开展的下列公益活动：

（1）扶贫、济困；

（2）扶老、救孤、恤病、助残、优抚；

（3）救助自然灾害、事故灾难和公共卫生事件等突发事件造成的损害；

（4）促进教育、科学、文化、卫生、体育等事业的发展；

（5）防治污染和其他公害，保护和改善生态环境；

（6）符合本法规定的其他公益活动。

显然，《中华人民共和国慈善法》对慈善活动采用了广义的定义，不仅扶贫济困、扶老救孤等属于慈善活动，促进教育、科学、文化、卫生、体育等事业发展和环境保护等均属于慈善活动。随着我国在 2020 年取得脱贫攻坚战的全面胜利，“十四五”时期，企业的脱贫攻坚活动将转向巩固拓展脱贫攻坚的成果并与乡村振兴有效衔接。

长期以来，企业是我国社会捐赠的主力军，每年企业的捐赠占社会捐赠总额的 60%～70%。《中华人民共和国慈善法》规定，捐赠人捐赠的财产应当是其有权处分的合法财产。捐赠财产包括货币、实物、房屋、有价证券、股权、知识产权等有形和无形财产。捐赠人捐赠的实物应当具有使用价值，符合安全、卫生、环保等标准。捐赠人捐赠本企业产品的，应当依法承担产品质量责任和义务。

与此同时，《中华人民共和国慈善法》规定捐赠人与慈善组织约定捐赠财产的用途和受益人时，不得指定捐赠人的利害关系人作为受益人。也就是说，企业捐赠时，不得指定企业的利害关系人作为特定受益人。否则，企业的捐赠不受《中华人民共和国慈善法》的保护，也不能享受减免税的优惠。

特别值得提醒的是，《中华人民共和国慈善法》规定捐赠人应当按照捐赠协议履行捐赠义务。捐赠人违反捐赠协议逾期未交付捐赠财产，有下列情形之一的，慈善组织或者其他接受捐赠的人可以要求交付；捐赠人拒不交付的，慈善组织和其他接受捐赠的人可以依法向人民法院申请支付令或者提起诉讼：

第一种情形，即捐赠人通过广播、电视、报刊、互联网等媒体公开承诺捐赠的；

第二种情形，即捐赠财产用于本法第三条第一项至第三项规定的慈善活动，并签订书面捐赠协议的。

捐赠人公开承诺捐赠或者签订书面捐赠协议后经济状况显著恶化，严重影响其生产经营或者家庭生活的，经向公开承诺捐赠地或者书面捐赠协议签订地的民政部门报告并向社会公开说明情况后，可以不再履行捐赠义务。

根据《中华人民共和国慈善法》的相关规定，经受益人同意，捐赠人对其捐赠的慈善项目可以冠名纪念，法律法规规定需要批准的，从其规定。

同时，为了鼓励自然人和企业等法人捐赠，《中华人民共和国慈善法》规定，自然人、法人和其他组织捐赠财产用于慈善活动的，依法享受税收优惠。企业慈善捐赠支出超过法律规定的准予在计算企业所得税应纳税所得额时当年扣除的部分，允许结转以后三年内在计算应纳税所得额时扣除。

4.5.2 企业公益慈善的方式方法

4.5.2.1 企业公益行为的三个阶段

企业公益 1.0 阶段：大多数企业没有专门的社会责任部门，通常情况下，企业只是遇到大的灾害时，或被动捐款时，才为灾区或社区的弱势群体捐款捐物。这一阶段，企业的公益慈善行为具有一定的偶发性，并且大多属于输血式捐赠。企业除了捐款捐物之外，并不太关注捐赠的效率与效果。对于企业而言，表达了爱心就好。

企业公益 2.0 阶段：一些企业开始设立社会责任部门，或者由公共事务部、公共关系部负责本企业的公益慈善事务，企业的公益慈善行为也从偶发行为逐步转变为常态行为。由于企业开始有专人负责公益慈善活动，其现代公益慈善知识与经验得以不断积累，企业的公益慈善行为朝着专业化方向发展，其捐赠方式也逐步从传统的输血式捐赠转向造血式捐赠，企业不仅要表达爱心，而且关注捐赠的效果。

企业公益 3.0 阶段：出现了一些新的变化与趋势。一方面，战略慈善、共享价值理念兴起；另一方面，企业在从事公益慈善责任时更注重企业公益品牌的打造，注重利用自身的科技、资源等优势开展公益慈善活动，从而不断提升企业开展公益慈善活动的效率与社会影响。

通常，企业开展社会公益活动，可以采用捐赠、开展员工志愿服务、与当地政府或社会组织合作开展公益慈善项目等方式。

企业案例

中国宝武钢铁集团有限公司：乡村振兴“授渔”计划，为脱贫地区注入内生动力

党的十八大以来，在以习近平同志为核心的党中央坚强领导下，举国同心，合力攻坚，脱贫攻坚战取得了全面胜利。中国宝武坚决贯彻落实习近平总书记重要指示和党中央重大决策部署，以大国重器的责任担当全力以赴投入脱贫攻坚战，鱼渔兼授，志智双扶，形成了全员全体系全产业链协同共建钢铁生态圈的特色扶贫模式，定点帮扶和对口支援的 11 个国家扶贫开发工作重点县全部脱贫摘帽，承担地方党委政府安排的 41 个各类扶贫点任务全部完成，帮助贫困地区群众百姓走上共同富裕的康庄大道。中国宝武定点扶贫工作成效——2018 年、2019 年、2020 年连续三年被国务院扶贫开发领导小组、中央农村工作领导小组评价为“好”的最高等次，中国宝武扶贫工作领导小组办公室被中共中央、国务院授予“全国脱贫攻坚先进集体”。

立足新起点，迈向新征程，国资央企要彰显大国重器“顶梁柱”作用，发挥自身优势助力乡村振兴战略实现。中国宝武作为中央企业，在建成国家需要、行业尊重、家国情怀、使命担当的世界一流伟大企业的进程中，将巩固拓展脱贫攻坚成果、全力推进乡村振兴作为主要任务，重点围绕促进乡村产业振兴、人才振兴、文化振兴、生态振兴、组织振兴战略，深度聚焦产业帮扶、就业帮扶、智力帮扶，积极构建产业为基、就业为本、教育为翼的钢铁生态圈乡村振兴工作新格局，发挥钢铁生态圈在动员社会力量广泛参与乡村振兴中的独特优势，以共同发展理念为牵引，为帮扶地区注入内生动力，从而促进共同富裕。

“授渔”计划（见图 4-6）聚焦“七个一批”和“十百千万”目标任务，实施“授业”“授岗”“授教”三大行动，既是中国宝武坚决扛起政治责任和社会责任的行动宣言，也是为助力乡村振兴擘画的新蓝图，更是帮扶方式从“输血”向“造血”升级转换的任务书。在助力数字产业兴村强县、特色农品优势区创建、传统农业和乡村文化品牌振兴、生态产业发展兴林富民、边境特色小镇建设、特色农品销售渠

道拓展等方面，依托中国宝武“一基五元”产业布局，结合产业链上下游企业的行业特点，深入挖潜推进乡村特色产业发展。在乡村就业创业促进、助推现代就业观念转变与技能提升、吸纳脱贫劳动力就业等方面，发挥企业人力资源管理和平台优势，助推帮扶地区脱贫群众稳岗就业、劳动致富。在持续改善提升教育质量、实施新型职业农民培育、实施抓党建促文化建设等方面，依托中国宝武作为国家产教融合型企业的平台资源优势，支持帮扶地区教育培养乡村振兴急需人才。

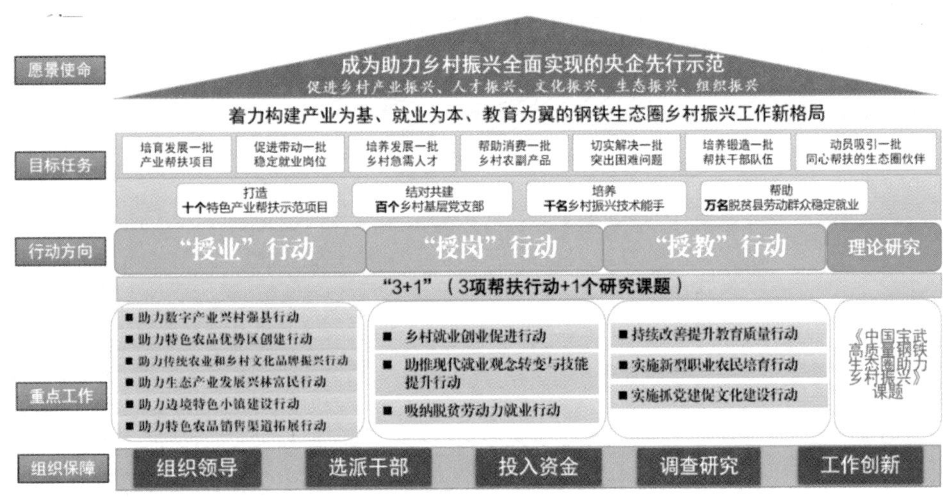

图 4-6 中国宝武乡村振兴“授渔”计划

中国宝武旨在通过乡村振兴“授渔”计划，以钢铁生态圈合力帮扶优势补“三高”制造业与生态地区产业匹配度低的短板，以全员全体系全产业链的聚合力量，助推帮扶地区加快农业农村现代化，为全面建设社会主义现代化国家做出新的更大贡献。

腾讯控股有限公司：99公益日——构建“人人爱公益”的生态，推动公益可持续

“99 公益日”是腾讯公益自 2015 年起联合公益慈善组织、用户、企业和媒体等，由中央网信办和国家民政部指导，响应国家 9 月 5 日“中华慈善日”号召，发起的一年一度的全民公益活动。历经八年时间，目前已发展成为全球最大的公益节日之一。

八年来，“99 公益日”在创新中持续成长，通过不断优化规则、开放腾讯自身平台和技术能力，引导人人公益、透明公益和理性公益的文化，在乡村振兴、文化保护传承、疾病救助、教育助学、生态环保等各领域为社会注入善意和暖流，并助力公益体系建设更加透明和完善，帮助数亿名普通人与公益产生连接，成为腾讯和广大网友一起推动社会议题解决的一块试验田。2022 年，面对互联网公益快速发展、持续性不足的社会痛点，腾讯继续升级“99 公益日”，以期给进入 3.0 阶段的互联网公益实现更可持续的发展提供借鉴与参考，腾讯 CBS 发展理念见图 4-7。

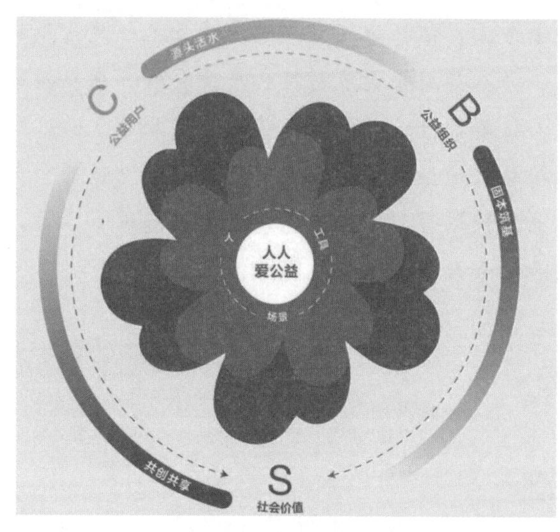

图 4-7 CBS 发展理念

注：C 是以用户为中心，推动公益共创建设，共筑“善”的同心圆；B 是通过数字化技术能力，为公益机构、企业产品嫁接公益因子，形成公益合力；S 是创新公益实践方式，持续关注、探索社会议题，创造可持续社会价值。

第一，通过为公益用户提供更多悦己悦人的好公益模式，不断激发并会聚用户内心的善意，让公益可持续发展拥有源头活水。2022 年“99 公益日”，腾讯首次推出“一花一梦想”这一全民共创的公益交互机制，向公众征集 8000 余个公益梦想，支持每一名用户成为产品经理，用小红花“票选”公益主张、助力公益梦想。这是腾讯公益平台的一次全新探索，让受助者、公益组织、捐赠人三者共同构成了完整的公益实践链条，从而激活公益参与的内生动力，推动公益的可持续发展。活动期间，“一花一梦想”吸引近 6000 万人次参与，捐赠小红花超过 1 亿朵，最终上线的 16 个梦想全部达到可执行标准。

第二，通过为公益组织提供数字工具、培育数字人才，助力解决公益慈善行业的透明度和公信力问题，为公益可持续发展不断固本筑基。腾讯公益通过技术与产品，为用户提供“小红花来信”、可视化项目进展报告等具象化反馈工具，让用户获得更加具象、透明的反馈；基于区块链等前沿技术的探索应用，帮助实现善款流进、项目支出等全流程的信息透明和可追踪，推动公益组织透明度建设；推出公益“股东人”大会、“公益真探计划”等，搭建公益用户与公益组织之间的开放沟通平台，让用户深度参与公益项目。2022 年“99 公益日”期间，腾讯为公益机构打造的普惠式数字工具箱正式上线，为公益机构免费提供多项产品权益，助力数字化升级。

第三，通过搭建多元创新的公益场景，持续关注、探索社会议题，与全社会共创共享可持续的社会价值。腾讯通过自身连接属性，在之前探索运动、答题等融入生活场景的用户参与公益方式后，不断拓展公益边界，与生态各方共创多种多样的公益场景，吸引用户更便捷、更感兴趣地参与。2022 年，腾讯围绕用户日常生活、娱乐休闲、工作等，创新性搭建了诸如支付公益场景、“益企种花”、游戏公益场景、小红花音乐会及腾讯会议、腾讯文档等多元公益场景。此外，腾讯充分发挥互联网平台和技术的聚集效应，拓宽公益的时空边界，创设覆盖城市、县域、乡村等线上线下联动的公益场景，如“99 公益日”期间，河北省 2223 个乡村的近 127 万人次，共为“关爱陪伴 10000 名乡村孤寡老人”公益梦想捐出小红花超过 640 万朵，在“本村人帮助本村人”的简单公益理念下，形成了自益、互益、共益的规范乡村公益新场景。这种全新的场景公益，打破了传统公益的时空限制和想象边界，让社会资源形成合力更简单，让公益成为每个人的生活习惯，也为更多各界合作伙伴的公益共创插上翅膀。

从 2015 年首次发起至今，腾讯“99 公益日”在不断的实践中迭代，公益数字化不断释放新动能，公益变得更有趣、更具声量且更触手可及，同时也让公益变得更加透明、高效、专业，而多元化的场景也给公益实践带来了前所未有的丰富体验。人、工具、场景的有效融合，推动了从“人人可公益”到“人人爱公益”的进化。面向未来，腾讯将继续着眼于民生发展的普遍问题，以技术力量和可持续模式参与第三次分配，推动“99 公益日”乃至公益行业走向新方向、实现新愿景。

同程旅行：坚持产业赋能，同程旅行助力乡村振兴

“绿水青山就是金山银山。”习近平总书记的“两山理论”是新发展理念的高度概括，为生态资源丰富的地区特别是乡村旅游的发展提供了思想指引。然而，如何在旅游产业基础薄弱的乡村以可持续的模式将“绿水青山”变成“金山银山”？这是长期关注乡村旅游发展的同程旅行一直在探索的重要课题，也是其践行新发展理念、助力乡村振兴的重要抓手。

在脱贫攻坚阶段，同程旅行主要通过参与东西部之间的扶贫协作机制，参与了铜仁市、黔东南苗族侗族自治州、佛坪县、留坝县等市（州、县）的旅游业特别是乡村旅游的发展当中。这一阶段的重点工作是推动当地旅游产业的互联网化和数字化，主要面向已经拥有一定乡村旅游产业基础的地区，形成了“线上 + 线下”“美景 + 好物”的成熟模式，帮助一大批市（州、县）的乡村旅游及特色农文旅产业提升了知名度，扩展了市场空间，最为重要的是帮助一些西部小城镇和乡村培养了一批旅游营销人才。

在全面建成小康社会后，乡村振兴战略随之启动，同程旅行的关注焦点也由旅游运营层面深入到了产业层面，核心任务也变成了帮助更多乡村整合农文旅产业资源，形成可持续的乡村旅游产业体系。2020 年初以来，同程旅行启动了多个农文旅项目，旨在探索乡村振兴国家战略视角下的乡村旅游发展路径。与苏州市吴中区人民政府共同启动了林渡暖村项目，全面参与吴中区农文旅产业升级，利用“文旅 + 社群”新场景助力乡村振兴高质量发展，项目总投资 10 亿元，涉及 13 个自然行政村。2021 年 10 月，同程旅行与张家港市保税区管委会签署框架合作协议，双方

将通过同程平台互联网技术优势、资源优势和文旅赋能经验推动张家港湾的农文旅融合，实现乡村振兴可持续、协调发展，将张家港湾地区打造成乡村旅游示范区典范。

林渡暖村项目和张家港湾项目是全面建成小康社会后，同程旅行在乡村旅游新发展阶段的最新探索。同程旅行将把其中经过实践验证的成功经验和发展模式向其他地区复制，尤其是广阔的中西部乡村地区，为乡村振兴贡献力量。

4.5.2.2 提升企业公益活动水平

企业从事社会公益事业越来越成为社会关注的热点。然而，做好事也需要精益求精，企业到底应该如何开展公益活动，如何产生更大的作用，并不是一件容易的事情。企业可以从以下五个方面提升公益活动的水平：

第一，企业开展社会公益活动需要有明晰的理念与战略。作为社会的一员，企业具有明确的公益慈善理念与战略，并能够通过制度化的手段践行公益慈善责任是企业做好公益慈善的基础。例如，企业在其战略规划中有关于公益慈善责任的阐述，企业有负责公益慈善活动的组织架构，既可以设立企业基金会，也可以通过企业社会责任部门或其他部门从事公益慈善活动，企业有专人负责公益慈善活动等。

第二，企业开展社会公益活动，需要不断提升项目的效果与社会影响。企业开展公益慈善活动或项目不仅是表达企业的爱心，更重要的是为受助人或社会带来实际收益或社会影响。例如，通过企业资助的公益项目，帮助当地农户脱贫致富。

第三，企业公益活动需要不断创新、精益求精。社会的公益慈善资源是有限的，企业的公益慈善资源也不例外。因此，企业在开展公益慈善活动时，也需要将企业的创新精神应用于公益慈善领域，采取创新性的或非传统的方式来解决社会问题。例如，结合企业自身的技术优势开展公益活动；整合政府或社会组织的资源，发挥各自的优势，共同开展公益项目；动员企业员工积极从事志愿者活动，调动企业的相关利益方共同参与公益慈善项目；通过捐赠，推动公益慈善组织的透明与问责；采用新的方法解决社会问题；等等。

第四，企业开展社会公益活动要注重可持续性，即在项目结束后，项目能够持续运作或产生持续的影响。例如，通过企业实施的公益慈善项目，提升受益人的知识或技能；激发社区自身的资源或潜力共同解决社会问题；吸引更多人的支持或参与，使得项目或活动能够继续运作；项目产生的效益不会因为项目的结束而结束，具有持续性。近年来，一些企业在开展乡村振兴项目时，为了更好地实现可持续的目标，也会通过设立社会企业的方式开展乡村振兴项目。社会企业由于采用市场运营的方式实现公益目标，更有助于财务的可持续性，是企业参与乡村振兴的创新尝试。

第五，企业开展的社会公益活动或项目具有示范效应，其经验可以在条件类似的其他地区推广。例如，企业所开展的公益活动或项目具有推广的价值与潜力；有其他机构前来参观学习；项目成功的经验被其他机构或地区所借鉴或推广。

典型案例

蒙牛：践行乳企社会责任，点滴营养共护未来

蒙牛将可持续发展上升至集团战略，以“更营养的产品，更美好的生活，更可持续的地球”为目标，全面开展社会责任工作，在守护上游奶源、营养普惠工程、开展环保公益、参与应急救灾等方面充分发挥乳业国家队责任担当，以点滴营养绽放每个生命，守护人类和地球共同健康。

一、责任背景

蒙牛作为一家具有民族使命感和社会责任感的乳企，将社会责任融入集团发展战略和日常运营，始终牢记回馈社会初心，坚持以产业发展带动社会发展、以持续创新塑造社会价值。进入新的发展阶段，蒙牛积极以产业链优势推进乡村振兴，守护上游奶源安全稳定，开展营养普惠工程，助力实现共同富裕；以乳业产业特色和优势助力国民健康提升，推进“健康中国2030”规划、国民营养计划等国民健康政策的贯彻落实；以切实的“减碳”行动和环保公益，践行国家“双碳”目标，引领绿色低碳发展。同时，蒙牛在保障社会民生、应对急难险重方面积极发挥国有乳企龙头带动作用，在抗击疫情、抢险救灾等行动中奋勇担当，成为乳企履行社会责任的标杆。

二、责任行动

（一）守护上游奶源

产业带动共富。不忘强乳初心，牢记兴农使命。蒙牛积极响应国家奶业振兴政策，充分发挥产业资源优势，探索出一条独具蒙牛特色的乡村振兴模式，通过“以奶带农”，将产业链完整融入地方经济发展，推动在全国落地“种养加一体化”布局，带动农牧民就业增收。蒙牛“中国乳业产业园30万头奶源基地建设项目”在巴彦淖尔市、通辽市、呼和浩特市相继开工，每年推动内蒙古超过220万吨青贮、苜蓿、燕麦等饲草产业发展，带动农牧民增加收入近9亿元，同时通过联合现代牧业、圣牧高科、富源国际及合作伙伴，直接和间接带动全国150万名农牧民发展致富。

投入扶持资金。上游牧场是奶业振兴的核心力量，为守护上游牧场稳定运营、解决融资难问题，蒙牛不仅为牧场提供短期免息借款，而且长期连续为牧场提供行业内较低年化率4%～5%的低息资金支持，2020年3～5月，向全国合作牧场紧急调拨30亿元免息资金，全年授信额度100亿元；2021年2～4月，再次增加拨款，向牧场调拨50亿元免息资金，并将全年授信额度扩大到200亿元，保障农牧民有充足的现金流，降低经营成本。

“牧场主大学”。蒙牛于2013年创建“牧场主大学”项目，依托自身人才和专业技术优势，免费为牧场提供先进管理技术交流、先进新型技术引入、先进专业技能提升等服务，助力农牧民提升技能水平。“牧场主大学”项目已累计组织技术培训3000余场，覆盖超过50000人次，帮助牧场累计提升效益超15亿元。

“爱养牛”平台。蒙牛于2019年6月正式发布“爱养牛”乳业生态共享平台，致力于通过

联合供应链伙伴，服务乳产业链提质降本增效。2021 年 4 月，爱养牛平台首个云仓储服务中心——驻宁夏灵武办事处及仓储中心正式挂牌成立。平台利用科技优势、数据驱动、平台资源，为产业链伙伴打造公开、公正、公平、阳光、透明的交易环境。截至 2020 年，爱养牛供应商注册数量 600 余家、牧场注册数量 1000 余家、平台交易额突破 100 亿元。

支援牧场抗疫。自新冠肺炎疫情暴发以来，蒙牛积极响应国家关于维护畜牧业正常产销秩序、做好“肉蛋奶”稳产保供的号召，提出“稳定信心、守护上游”五大保障举措，即“保收购、保供应、保运力、保资金、保运营”，帮助合作牧场和农牧民渡过疫情难关，保障上游牧场稳定可持续发展。

（二）营养普惠工程

公益体系升级。2021 年，为打造更全面、更综合、更专业的营养普惠公益体系，蒙牛正式将“蒙牛营养普惠计划”升级为“蒙牛营养普惠工程”，在中国青少年发展基金会的支持下，以“营养普惠 守护未来”为使命，聚焦营养改善、教育赋能、身心健康提升、环保降碳等领域，开展“普惠行动”“教育行动”“大健康行动”及“环保行动”四大公益行动，从而实现“让每个生命都拥有健康和快乐”的公益愿景。

牛奶爱心捐赠计划。作为首批响应国家“学生饮用奶计划”的企业之一，蒙牛始终以提高中小学生，特别是贫困地区中小学生的健康水平为己任。针对贫困地区儿童营养改善问题，蒙牛开展“营养普惠计划”，累计投入超过 6000 万元，为全国 30 个省、自治区、直辖市，1000 余所学校捐赠学生奶，80 余万名学生受惠。

关爱抗疫英雄。疫情期间，蒙牛成为全国医护人员饮用最多的品牌，不仅为全国 1 万多家医疗单位、上百万名白衣天使提供牛奶营养支持，还为全国 42600 名援鄂医护人员捐赠全年特仑苏牛奶。2020 年 12 月，蒙牛宣布捐资 670 万元支持“传薪计划”公益项目，为全国 160 名抗疫牺牲英雄子女，提供长达 22 年教育、营养资助。

学龄前儿童改善计划。蒙牛于 2018 年开始与联合国世界粮食计划署（WFP）合作开展学龄前儿童营养改善项目，对中国乡村孩子的营养问题进行摸底分析，期望推动政策立法，更好地解决乡村儿童，尤其是贫困儿童营养改善问题。2020 年 6 月，蒙牛支持的广西学龄前儿童营养改善试点项目落地，项目为期三年，将着力解决贫困儿童营养问题，为孩子们带来营养和健康保障。

支持“青椒计划”。扶贫先扶智，扶智先强师。2020 年，蒙牛营养普惠计划与“青椒计划”继续推进合作，打造了针对每年新入职特岗教师培训的创新公益项目——“特岗青椒计划”，为内蒙古、河北、甘肃等地的 1251 名乡村教师提供帮扶，通过“互联网 +”方式，为乡村教师们定制线上专业课程、师德课程，并通过各种线下培训活动与社区运营，让乡村青年教师吸收更广泛的知识，助力提升贫困地区教育水平。

（三）开展环保公益

环保公益行动。蒙牛以实际行动守护企业与环境的和谐共存，积极落实国家“碳达峰、碳中和”目标，把环境保护理念和行动融入日常生产经营中，开展环保公益活动与志愿服务。2020 年，蒙牛依托“地球一小时”“世界环境日”等活动契机，开展了工厂停电一小时活动，参与“零废弃”环保公益活动、生物多样性志愿活动、净滩活动等志愿服务，为环境保护贡献力量。

创新活动形式。蒙牛将环保行动作为履行社会责任的核心行动之一，不断创新环保公益行动模式，开展了线上种树活动、蒙牛家族光盘行动，拍摄蒙牛绿色行动代言宣传片等，号召全体员工参与到环境保护中，共同守护绿色家园。

（四）参与应急救灾

抗击疫情。面对突如其来的新冠肺炎疫情，蒙牛以完善的应急响应机制带动全产业链保供应、保质量、保价格，并全力为抗疫一线捐款捐物达7.4亿元，捐赠总值位列全国第二、消费品行业第一，助力打赢疫情防控阻击战。在应急管理机制方面，集团领导亲自部署，迅速启动一级响应机制，成立疫情应急工作小组，推进抗疫工作有条不紊地开展。在生产调整机制方面，蒙牛客观评估疫情期间生产经营能力，精准安排生产任务，坚决做好保供工作，维持集团全链条正常运转。在调度运输机制方面，蒙牛依托自身覆盖全国的庞大物流系统，保障供应链顺畅运转，并推进成立中华慈善总会（蒙牛）疫情防控应急物资中心，打通紧急驰援疫情“最后一公里”。

应急救援。蒙牛建立了完善、科学的应急救灾行动机制，在各类自然灾害、应急事件发生时均第一时间响应，挺身而出。2021年5月，蒙牛紧急驰援云南、青海地震灾区，全力保障灾区群众和一线救援人员物资需求；7月，面对河南遭遇的罕见汛情，蒙牛迅速做出反应，第一时间启动应急机制，组织专项救灾工作组，与中华慈善总会、蓝天救援队等公益伙伴携手，根据一线灾情需要，持续开展救灾行动，捐资支持河南受损校园灾后重建等，累计捐赠款物近800万元，为受灾群众提供支持。

三、履责成效

蒙牛始终坚守龙头乳企责任担当，依托“从牧场到餐桌”的全产业链优势，在资金、技术、渠道等方面坚定守护上游奶源，带动农牧民增收致富；升级营养普惠工程，开展消费者营养普惠、健康教育、环保倡导等行动，助力建设“健康中国”；面对急难险重，充分发挥应急快速响应机制，守护人民生命安全健康，为社会公共安全和民生福祉做出应有贡献。

蒙牛的社会责任实践受到利益相关方和社会各界的广泛认可和赞誉。蒙牛综合扶贫案例、产业扶贫案例分别入选国务院扶贫办2020年“企业精准扶贫综合案例50佳”和“企业精准扶贫专项案例50佳”，成为唯一一家“双案例”入选乳企；荣获第十一届“中华慈善奖”；荣获中央广播电视总台“2020年度企业社会责任影像巡展”之“2020年度最具社会责任优秀案例”；荣获中国红十字会新冠肺炎疫情防控工作“特殊贡献奖”及“人道勋章”等奖项，树立了中国乳业责任典范。

思考题

1. 在产品与客户、劳工实践、供应链管理、公益慈善四个议题下，各找一家做法有特色的企业，总结其履责的经验。

2. 请结合您所在企业的业务属性，分析在履行“S- 社会责任”方面的机遇和挑战。

参考文献

[1] Cooper R G. Dimensions of Industrial New Product Success and Failur[J]. Journal of Marketing，1979，43（3）：93-103.

[2] Hopkins D S. New-Product Winners and Losers：Research Management[J]. The Journal of Science Policy and Research Management，1987，2（4）：525.

[3] 胡树华 . 国内外产品创新管理研究综述 [J]. 中国管理科学，1999（1）：65-76.

[4] Cooper R G，Kleinschmidt E J. Stage Gate Systems for New Product Success[J]. Marketing Management，1993，1（4）：20-29.

[5] Floricel S，Dougherty D. Where Do Games of Innovation Come From? Explaining the Persistence of Dynamic Innovation Patterns[J]. International Journal of Innovation Management，2007，11（1）：65-91.

[6] 苏敬勤，林海芬，李晓昂 . 产品创新过程与管理创新关系探索性案例研究 [J]. 科研管理，2013（1）：70-78.

[7] 毛蕴诗，王婧 . 企业社会责任融合、利害相关者管理与绿色产品创新：基于老板电器的案例研究 [J]. 管理评论，2019（7）：149-161.

[8] Siomkos G J，Kurzbard G.The Hidden Crisis in Productharm Crisis Management[J]. European Journal of Marketing，1994，28（2）：30-41.

[9] 晁罡，钱晨，陈宏辉，等 . 传统文化践履型企业的多边交换行为研究 [J]. 中国工业经济，2019（6）：173-192.

[10] 方正 . 论不同消费群体对产品伤害危机的感知危险差异：基于中国消费者的实证研究 [J]. 社会科学家，2006（5）：159-162.

[11] 贾生华，陈宏辉 . 利益相关者的界定方法述评 [J]. 外国经济与管理，2002（5）：13-18.

[12] 戴海宏 . 客户满意度和客户忠诚度在客户关系管理中的应用研究 [D]. 济南：山东大学硕士学位论文，2005.

[13] Tahir Islam. 企业社会责任和消费者购买行为：取自巴基斯坦的实证证据 [D]. 合肥：中国科学技术大学博士学位论文，2017.

[14] 李玉赋 . 工会基础理论概论 [M]. 北京：中国工人出版社，2018.

[15] 李玉赋 . 工会权益保障工作概论 [M]. 北京：中国工人出版社，2018.

[16] 李玉赋 . 工会劳动和经济工作概论 [M]. 北京：中国工人出版社，2018.

[17] 陈英 . 企业社会责任理论与实践 [M]. 北京：经济管理出版社，2009.

[18] 管竹笋，林波，代奕波 . ESG 指标管理与信息披露指南 [M]. 北京：中国三峡出版社，2019.

[19] 周秋光，曾桂林 . 中国慈善简史 [M]. 北京：人民出版社，2006.

[20] 莫文秀，邹平，宋立英 . 中华慈善事业：思想、实践与演进 [M]. 北京：人民出版社，2010.
[21] 孟令君 . 中国慈善工作概论 [M]. 北京：北京大学出版社，2008.
[22] 孙笑侠 . 法的现象与观念 [M]. 济南：山东人民出版社，2001.
[23] 佟丽华，白羽 . 和谐社会与公益法：中美公益法比较研究 [M]. 北京：法律出版社，2005.
[24] 邓国胜 . 公益慈善概论 [M]. 济南：山东人民出版社，2015.

第 5 章 ESG 治理

本章导读

ESG 理念强调的是公司发展的可持续性，主要涉及公司在环境保护、社会责任和公司内外部治理等方面的事宜，反映了公司非财务风险和价值。公司只有在 E、S、G 三个维度中均表现优异，才能获得较高的 ESG 评级（分），并从行业中脱颖而出，获得投资者青睐，实现自身的可持续发展。近些年来，上市公司对环境和社会类议题的关注程度逐渐升高，如在节能减排、产品质量、职业健康与安全等议题上投入了大量的资源，并取得显著绩效。但在公司治理方面，我国上市公司的治理水平还有待提高。粗略估计，在 MSCI 公开的 400 余家 A 股公司中，有 1/3 的公司在"公司治理"（Corporate Governance）表现上落后于全球同业企业；只有 8% 的公司在公司治理议题上获得领先于全球同业企业的分数。提升上市公司的"G"水平及 ESG 的治理和管理水平，显得尤为紧迫和重要。

本章从 ESG 治理、ESG 管理两个层面为企业开展 ESG 管理工作提供指引。首先，阐述 ESG 治理的重要工作内容，涉及指导 ESG 总体工作的董事会管理方针，以及确保 ESG 实施的相应工作架构、董事会重点监管事项和目标检讨内容。其次，解释了 ESG 管理过程中的重要环节，包括战略决策、组织管理、融入运营和管理流程、利益相关方沟通及与实施 ESG 相匹配的企业能力建设。

将本章内容进行总结，可以用"3 层架构、4 线贯通、5 个维度、6 项能力"来概括，便于记忆。

"3 层架构"就是指董事会的 ESG 委员会的指导和监管工作、ESG 工作领导小组的执行和管控工作、ESG 融入业务和职能的日常工作。

"4 线贯通"指的是从决策到执行再到报告的贯通、从战略到运营再到绩效的贯通、从业务到职能再到流程的贯通、从机遇挑战到风险管控的贯通。

"5 个维度"指在制定以实现可持续商业为目标的 ESG 策略时应关注五个重要方面的动态和进展：宏观及行业政策法规、社会激励与监督、消费者行为和投资行为、企业技术创新和商业模式创新、社会化合作生态。

"6 项能力"指的是可持续商业领导力的六大关键要素。

5

学习目标

1. 了解和掌握 ESG 治理的目标、方法。
2. 了解和掌握 ESG 管理包含的内容及实践经验。

导入案例

花王集团“Kirei Lifestyle Plan”战略

2020 年，花王集团 ESG 部门负责人戴夫·蒙兹（Dave Muenz）在接受访谈时，介绍到，为增加企业对环境、社会问题的重视程度，花王集团于 2018 年 7 月成立了直属于社长管辖的 ESG 部门。新部门从 ESG 角度为各个业务部门在基础研发、产品生产等领域提供建议，并对外传播企业环保活动相关信息。

蒙兹说到，始于 2018 年中期的“Kirei Lifestyle Plan”战略，旨在推动公司员工为消费者提供更优质的服务。在这项战略的指引下，公司会为消费者提供更好的服务，使他们有更多选择去过更美好的生活。最开始的时候，公司在不同国家和地区了解社会诉求，并在公司内部了解员工们工作中关于 ESG 的挑战及想要达成的业务目标。通过总结内外见解，大家一起协作逐渐形成了 Kirei 战略。蒙兹强调：我们的关注点在从股东财富最大化向利益相关者最大化转移，而利益相关者实际上包括了公司业务触及的每个人。ESG 使得我们看待业务活动的视野更宽广了；我们在思考，在社会方面该如何去做，如何让公司更具包容性，如何治理公司，怎样用符合利益相关方期待的方式更好地开展业务。

当被问及“这是否意味着一种重新定义商业战略的新方式、重新思考公司应以一种什么样的方式存在、发展，应如何做商业？”时，蒙兹确认道：正是如此，通过 ESG 的“镜片”，重新审视公司目前的所有活动，再次思考为什么要开发这个技术，为什么要做那个产品。因此，ESG 实际上重塑了我们看待问题的视角。“Kirei Lifestyle Plan”（美丽健康的生活方式）战略有三个立足点：①以消费者为中心，承诺“使我的每天都更加舒适美好”；②聚焦社区和社会，承诺“做出对社会有利的选择”；③承诺“让世界更清洁健康”，希望通过商业的不断努力，让世界变得更加美好。

5.1 ESG治理概述

近年来，市场和消费者日益要求企业提供环境友好、负责任的产品和服务，并承担起利益相关方的责任；监管、资本市场和交易所对上市公司信息披露也逐渐提出了更高、更清晰、更可衡量的要求。客观上，ESG 实践为推动企业向着可持续发展变革的管理提供了动力，这一变革使得企业的管理目标从追求利润最大化转向追求综合价值最大化；管理对象从企业内部的人财物拓展到外部利益相关方的资源、能力和优势及生态环境、自然资源等；管理机制从优化企业资源配置发展到优化社会资源配置；管理内容从以利润目标为中心的商业管理内容，拓展到综合价值管理、社会和环境风险管理、利益相关方管理、透明度管理等 ESG 的要素范畴。

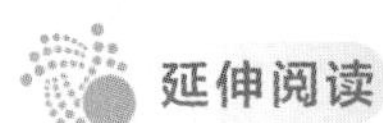

ESG报告：助力中国腾飞聚势共赢

2021 年 3 月，普华永道与世界经济论坛联合发布的《ESG 报告：助力中国腾飞聚势共赢》，指出了中国企业在推进 ESG 历程中的关键观点，其中着重强调了企业若要对 ESG 事项进行有效的报告和管理，企业董事会层面的支持必不可少；高增长企业必须摆脱对眼前收益的追逐，转而实施目标明确的战略，并需要考虑多重利益相关方的利益；与传统的企业社会责任（CSR）相比，ESG 因素在业务战略制定与 ESG 风险及机会管理中的整合为投资者提供更有意义的信息；成功的企业在开展 ESG 工作时，都通过实质性评估，重点关注那些和业务经营最相关的问题。

ESG 涉及公司在环境保护、社会责任和公司治理三大方面的表现和持续性改进，反映了公司非财务风险和价值；同时，强调了公司的发展应当以可持续性为目标。在这三个方面中，“G”是关键，它决定了实施 ESG 治理的有效程度。

董事会对公司 ESG 治理至关重要。首先，这是交易所对上市公司董事会从规则角度的要求。正如香港联合交易所就董事会参与 ESG 治理的重要性所阐述的：“董事会参与环境、社会及治理报告的过程非常重要，因为这样可以让董事会更好地了解公司，并向公司其他成员传达董事会重视环境、社会及治理汇报的信息。通过审阅发行人的环境和社会政策及数据，董事会将更有效地评估和回应发行人在环境和社会方面的风险和机遇。”其次，公司可持续性发展战略和 ESG 的目标制订，需要提升到董事会层面自上而下地贯彻实行，这样才能确保顶层设计的重视程度；确保 ESG 工作与企业经营战略的一致性和与日常运营的融合度；确保监测、评估和报告提升到公司年报的重要位置。因此，在一定程度上，ESG 可以说是“董事会工程”，需要董事会、董事长和高级管理层重视、推动，并融入企业战略、经营、管理、文化。

董事会在推动企业 ESG 的系统认知和强化 ESG 在企业中的落地实施方面发挥着重要作用。董事会层面上的支持，是确保 ESG 工作取得成功的首要和关键因素。因此，应在董事会上建立 ESG 治理方针。在香港联合交易所最新修订的《环境、社会及管治报告指引》中，特别强调了董事会在 ESG 治理方面的完善工作。在新版 ESG 指引之前，董事会对于 ESG 的责任主要集中在 ESG 战略和报告，评估和确定与 ESG 相关的风险，确保适当、有效的 ESG 风险管理和内部控制系统，管理层应向董事会确认这些系统的有效性方面。从 2021 年开始实施的新版 ESG 指引则要求董事会提高对 ESG 治理的实效水平，体现在 ESG 议题的监管责任方面，董事会声明中的强制性披露要求包括：

（1）董事会对 ESG 问题的监管；

（2）董事会的 ESG 管理方针及策略（包括用于评估、优先排列和管理与 ESG 相关的重大议题及风险的流程）；

（3）董事会如何根据与 ESG 相关的目标和指标来检讨进度。

这意味着，董事会需建立一个正式的 ESG 治理架构，以确保董事会的有效参与及相关部门的问责制；还意味着董事会需要在 ESG 方面拥有足够的知识和专业，内部风险管理流程需要将 ESG 与风险管理联系起来，制定一个具备明确目标和指标的总体 ESG 战略。

5.2 董事会ESG治理

5.2.1 董事会ESG管理方针

ESG 管理方针是基于公司在实施 ESG 的起始点及治理 ESG 策略的制高点上所确立的方向性指引，它更清晰和更有利于公司应对重大议题和风险的挑战，更聚焦于与公司经营相关的 ESG 报告中的重要事项，提升投资者信心。

上市公司 ESG 管理方针高度概括了公司在沿着可持续发展道路前进中的愿景和原则。通常，管理方针会根据企业的核心价值、经营领域、关键技能、综合资源这四大要素，结合利益相关方诉求及与企业运营发展相关联的重大环境、社会问题来确立，为 ESG 实践指明方向，促进公司可持续发展。管理方针为自上而下贯通 ESG 治理架构、ESG 战略规划、ESG 行动绩效、ESG 报告披露所组成完整体系提供了统一认知和行为准则。

上市公司的 ESG 管理工作应当从两个维度上规划：一是要做好符合 ESG 报告标准要求的报告撰写、报告披露工作；二是要切实保证做好 ESG 的各项实际工作，防范 ESG 风险事件的发生。没有实效的 ESG 实践，报告是“编”不出来的。要想持续地、深入地做好 ESG 工作，创造出社会价值和企业价值，获得利益相关方的认同和信任，就需要建立起适合本公司的 ESG 治理架构，即有明确的工作目标和工作范围、清晰的职责和权力界定、高效的工作机构和工作机制、与各职责部门之间的畅通工作关系和系统的工作流程及规范。ESG 治理架构的主要职责是制定 ESG 战略及目标、推动 ESG 战略“认知—澄清—解码—落地—成果”的进展、对 ESG 相关的重大风险领域和重要议题进行系统性监管。

这一架构涉及董事会、ESG 治理委员会、ESG 执行层三个层面。在董事会层面，要强调董事会对上市公司的环境、社会及治理策略与汇报承担全部责任（包括关于策略、管理和监管等的董事会公开声明）。

董事会应定义治理架构及其组成与组织的宗旨、价值观和战略，识别、评估和管理重要的

ESG 相关议题，以及风险管理，评估经济、环境和社会绩效，确立可持续发展报告（或 ESG 报告）等方面的权力、地位和作用，以确保治理机构的合法性、权威性、实效性。同时，还应当对最高治理机构的能力和绩效建立客观、公开和透明的评价标准。

5.2.2 董事会ESG工作架构

董事会是 ESG 工作的最高决策机构，对 ESG 策略及实践承担领导责任。通常，ESG 治理架构最高层应设立在董事会层面，这符合香港联合交易所的指导原则和要求。由于公司发展阶段、历史沿革、治理重点的不同，也有 ESG 工作组向经营管理层汇报的情况，随着对 ESG 重要性的认知和实效性管理的完善，ESG 工作的架构层级应当向董事会层级提升，ESG 委员会的权限设立与被赋予的主要职能见表 5-1 和表 5-2。

董事会层面的 ESG 委员会（部分企业可能是可持续发展委员会或企业社会责任委员会，抑或是与风险委员会一并纳入）的设定形式在架构方面与上市公司常见的审计委员会、薪酬委员会等相类似。作为上市公司专门委员会，ESG 委员会的成员一般由公司董事会成员担任，包括独立非执行董事。委员会主席一般为董事会主席或独立非执行董事。典型的公司 ESG 治理架构见图 5-1。

表 5-1 ESG 委员会的权限设立

职权类别	权限定义描述
委任权	ESG 委员会可以向主席授权，使其可就 ESG 事宜做出决定；也可以将部分职责授予小组委员会，并向小组委员会授予相应职权
资源权	获取资源的权利，ESG 委员会有权获得其认为履行职责所需的适当资源，包括培训、雇员、外聘顾问或专家等
信息权	获取信息的权利，ESG 委员会有权获取公司有关 ESG 事务的资料、记录或报告，并可在需要时要求相关雇员出席委员会会议并回答问题
审议权	ESG 委员会可应董事会的要求，检讨或审议与 ESG 相关的其他事宜

表 5-2 ESG 委员会被赋予的主要职能

职能类别	职能范围描述
监察战略	监察企业 ESG 战略的制定：检视 ESG 相关的政策、法规、标准、趋势及利益相关方诉求等，并据此判定公司 ESG 事宜的重大性，就公司的 ESG 战略向董事会提供决策咨询建议以供批准，包括 ESG 愿景、目标、策略、政策等
监察实施	监察企业 ESG 战略的实施：监察企业对 ESG 战略的执行情况，审阅相关成果报告，检讨 ESG 目标达成的进度，评估 ESG 工作对外部及内部的影响，听取内部及外部对于 ESG 工作的反馈意见，并就下一步的 ESG 工作提出改善建议
监察费用	包括但不限于监察企业 ESG 工作的经费预算和支出，监察企业 ESG 工作的内外传讯、利益相关方的沟通，以及审阅 ESG 报告等

在 ESG 执行层面，可建立向董事会汇报的 ESG 工作领导小组。小组成员应包括高级管理层及其他具备环境、社会及治理方面专业知识及足以胜任对内外部议题和内外部利益相关方进行评估的人员。ESG 工作小组被董事会授予执行各项设定工作的权力、工作的范畴（包括进行

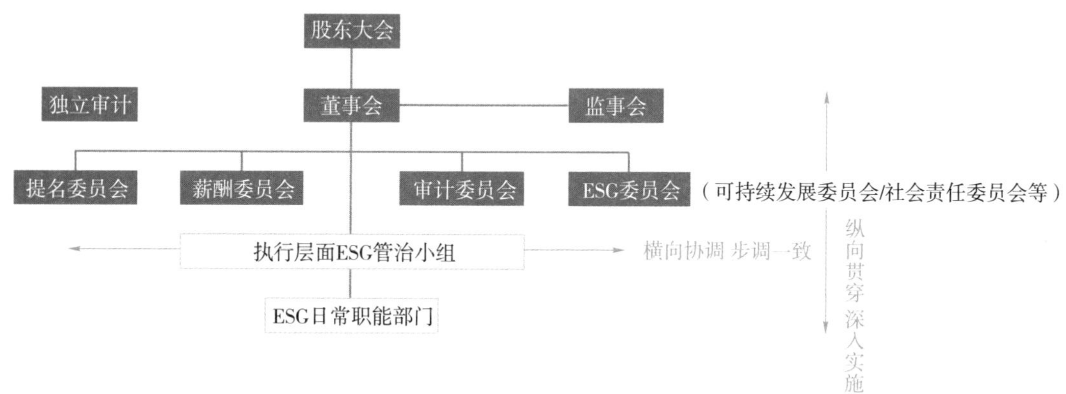

图 5-1 公司 ESG 治理架构

重要性评估)及发行人愿意提供的费用及资源。通常，ESG 工作小组由集团各部门负责人组成，执行董事会的 ESG 策略与政策，根据高级管理层的安排开展 ESG 具体工作，向高级管理层汇报 ESG 工作进展和年度 ESG 报告。ESG 工作小组成员来自与 ESG 工作相关的各个业务和职能部门（实际上，就环境、社会、公司治理所涉及范围的广度而言，公司内部的大部分部门都会参与进来），如董秘、法务、投资者关系、财务等部门（与资本市场合规事务有关），安全环保及生产部门（EHS 部门），人力资源部门（与员工权益和发展有关），内审和风险管控部门（与企业操守、风险管理、反贪腐等相关），还有质量管理、客户管理、供应链管理等相关部门，执行层面 ESG 工作小组权限设定及 ESG 工作小组的职能设定见表 5-3 和表 5-4。

表 5-3 执行层面 ESG 工作小组权限设定

权限类别	权限定义描述
建议权	就 ESG 工作对 ESG 委员会、董事会提供建议的权利
资源权	获取执行 ESG 工作所需资源的权利，包括资金、人力等
信息权	出于 ESG 工作成果汇报、ESG 报告编制等需求，向其他相关部门和同事获取必要信息的权利

表 5-4 ESG 工作小组的职能设定

职能类别	职能范围描述
风险识别	与利益相关方保持持续沟通，进而识别在 ESG 方面，企业所面临的风险，上报董事会，并针对各项 ESG 风险制定管理政策和计划
制订计划	制订 ESG 管理目标、工作计划等，供董事会审批
编制报告	汇报 ESG 工作成果，编制 ESG 报告等
本职工作	在自己的本职工作上满足相关 ESG 合规要求

两级 ESG 治理架构，即以董事会为核心的决策层，以 ESG 工作小组为核心的执行层，是目前企业在 ESG 实践中普遍采用的方法。此外，为兼顾对公司业务的深度和对 ESG 专业程度的把握，公司的主要业务板块负责人、重要职能部门负责人、审计内控、信息安全等部门也可以受邀参与 ESG 治理。在执行层面，ESG 工作小组应突出其跨部门的特性，以便于将公司集团层面的各个业务部门、职能部门、各分公司或子公司层面的 ESG 战略规划、战略解码、战略实施工作统筹起来。ESG 工作小组还应吸纳公司风险管控、投资人关系、品牌等重要部门的参与。

设置 ESG 治理架构，是健全 ESG 治理和管理的重要一步，也受到上市公司 ESG 治理架构合规要求的约束和社会监督。尽管中国企业在积极学习和探索，但是真正着手建立 ESG 治理架构的企业还不多。根据安永对 2016/2017 财年 1200 份中国香港上市公司 ESG 报告的调研报告显示结果，2017 财年，仅有 5.8% 的企业设立董事会级别的 ESG 委员会，而由董事会或高管成员指导 ESG 工作的仅有 6.6%，由中层管理人员组成 ESG 工作小组的仅有 7.8%，在 ESG 报告中说明董事会领导 ESG 工作的重要性的也仅有 19%。完成 ESG 治理架构的设置仅是做好 ESG 治理的第一步。真正优秀的 ESG 治理，一定是通过在常态化的工作中付出持续不断的努力而达成的。

企业案例

紫金矿业集团股份有限公司：ESG管理体系

紫金矿业经过探索实践，建立了有效的 ESG 管理体系和运作机制。2020 年，紫金矿业在原董事会战略委员会中加入了 ESG 治理的职能，并将其更名为“战略与可持续发展（ESG）委员会”，正式确立了董事会 ESG 治理的组织架构。选择不增设新的治理组织，而是把 ESG 的职能融入董事会治理架构，适合紫金矿业自身的特点，降低了对原有治理架构调整的难度，在 ESG 管理体系建设初期，保证 ESG 因素与公司治理融合的同时，减轻了对公司原本稳定的治理模式的冲击。在调整后的治理架构职能中，ESG 委员会由董事长担任主任委员，负责主持工作，旨在提高 ESG 决策效率和执行力度。委员会成员人数充足且专业背景丰富，包含业务（如矿产资源开发）及可持续发展议题（如安全、环境、合规）相关专业背景的人员，可以从业务发展与可持续性需求的双重角度，为公司 ESG 工作提出指导和见解，提高决策的合理性和可行性。委员会 9 名成员中有一半以上是非执行董事（5 名），其中 4 名为独立董事。独立董事的参与有助于委员会做出更为客观、公正的独立判断，提供更多外部视角的思考和建议。为保证各个层面 ESG 工作的有效性，紫金矿业还在监事会及经营层面设立 ESG 指导监督委员，由监事会主席、独立董事组成，负责对公司 ESG 工作在董事会层面、经营层面、执行层面全面监督和指导。

5.2.3 董事会ESG监管与目标检讨

上市公司不应仅视 ESG 为合规要求，而是通过实施 ESG 向可持续发展模式转型。因此，应将 ESG 因素纳入日常管理决策和运营中，避免每年循例一次进行检视，扎实地落实常态化的持续管控。

ESG 委员会在董事会层面对有关环境、社会、治理的重大事项进行监督和指导，确保 ESG 管理方针和策略得以系统性、持续性、一致性地贯彻实施；同时确保与投资者和监管机构的期望与要求同频，研判 ESG 事项对公司业务模式和长远发展的潜在影响及相关机遇和风险，整合 ESG 要素并将其纳入业务决策流程，促进形成公司可持续发展的文化。董事会及 ESG 委员会应对以下监管事项着重关注：

第一，公司和利益相关方优先关注的 ESG 议题。通过 ESG 委员会进行 ESG 重要性评估流程，深入了解利益相关方的优先关注事项和公司的重大 ESG 议题（实质性议题），这些议题也构成公司 ESG 报告的重点内容。

第二，有关 ESG 战略，竞争环境（如竞争对手统计和报告的侧重点、内容，新兴的监管要求，了解当前的形势和公司发展趋势），重大社会、环境风险。

第三，ESG 数据对公司 ESG 战略的重要性应与相应的法规及数据相关的风险级别一致。

第四，ESG 数据和报告的流程应具有真实性、准确性、透明性，使其真正反映公司现状和发展趋势，扎实呈现相关指标和目标。

第五，公司对 ESG 指标的鉴证程度及公司确定的优先鉴证顺序（如由于碳排放的鉴证标准认可度较高，因此经常被优先应用于鉴证）。

对于公司的重要议题和关键绩效指标，均应制定相应目标，并说明为达到这些目标而采取的步骤，以便更好地进行管控（如环境议题是设定目标的重中之重，包括排放量、能源使用、用水效益、减废等）。

目标管理应将历史数据和展望数据综合考量。采用未来展望式的目标设定，要说明公司未来 5～10 年的发展方向和发展计划，采用预定目标对公司 ESG 的落地工作形成倒逼机制（如碳达峰、碳中和所涉及的减排、能耗减量、能效提升、资源有效利用等；气候变化转型风险、健康、安全、发展、培训、劳工准则等；供应链、产品责任、反贪腐、社区投资等这一系列与公司运营相关的社会议题）。

在总体方针指引下，公司需要对重要性议题的实施及关键绩效指标设定合理、可行的目标，并由董事会审批确认。在目标设定过程中，需考虑以下因素：

（1）董事会对 ESG 目标和对目标所产生的影响的了解。

（2）设立目标的目的和目标的期限。

（3）目标设定的合理性、可达性。

（4）公司的长期和整体目标。

（5）分解为子公司、分公司、部门、运营地的中短期目标。

（6）目标基准线和基准数据。

对于目标实现过程的管理，构成了 ESG 委员会和 ESG 工作小组的重要职责。对于此项工作，应当常态化并有重点地做出以下检讨：

（1）目标进度的检讨方式、频率。

（2）目标的跟踪、评估和责任部门、责任人、反馈机制和闭环的流程。

（3）落实到各个分公司、子公司、部门和运营地的步骤、资源、协调机制。

（4）目标调整的机制与流程。

（5）目标未达成所造成的影响评估及反应机制。

在董事会、ESG 委员会、ESG 工作小组的架构设置下，ESG 委员会在指导和监督 ESG 工作小组开展工作时，应重点关注对主要方面事项的监管，见表 5-5。

表 5-5　ESG 委员会主要监管事项

监督指导类别	具体监管事项
愿景策略目标	监督和建议 ESG 的愿景、策略、目标及架构的实施，检讨目标达成情况
实质性议题	指导并监督 ESG 工作小组对公司战略发展和日常运营所涉及的重大影响和主要利益相关方诉求的事项，进而识别和审议 ESG 相关的实质性议题及影响和诉求的重要程度
风险管控	指导并监督 ESG 工作小组开展 ESG 风险的研究、分析、识别、评估和应对工作；将 ESG 风险融入企业全面风险管理体系
利益相关方	指导并监督 ESG 工作小组构建与公司利益相关方的沟通渠道及方式，确保公司建立起系统性、常态化的利益相关方关系和沟通政策、机制、渠道及沟通的有效性
报告和披露	指导并监督 ESG 工作小组建立 ESG 报告框架，审核公司 ESG 相关报告及重要事项，并提交董事会审议

此外，董事会还应当建立自身对于 ESG 治理的现状及未来的行动方向的自我评估措施，并作为董事会常态化议题（详见香港联合交易所《在 ESG 方面的领导角色和问责性》）。自我评估问题表为董事会在 ESG 方面的监管工作（包括重大议题、监管事项、目标检讨、监管有效性等）提供了一个很好的工具。

另一个值得注意的问题是有关 ESG 的数据治理和管理问题。在推进 ESG 目标实现中，我们发现这样一些挑战：①数据基础薄弱；②部门和组织的 ESG 数据相对分散（分公司、子公司、运营地、业务部门、职能部门等）；③数据精准度（标准缺失、定量不足、人为误报等）；④数据与决策脱节。建议公司在第三方协助下，制定统一的报告标准、工具、流程及数据质量监管措施，确保数据和口径一致性，明确指标定义、计算标准、计量和评估方法、转换因素溯源，开展信息收集、信息填报、信息校核的培训。

5.3 ESG管理

5.3.1　战略决策

ESG 治理与管理架构形成了公司内部建立健全 ESG 体系的基础，为 ESG 战略和目标提供了系统性、一致性支撑。ESG 战略和目标引领公司在企业可持续发展和实现 ESG 承诺方面的实践路径、行动和行为。

ESG 战略的制定，与公司的使命、愿景、价值观吻合，结合利益相关方关注的社会—经济—环境重大问题（如气候变化、健康安全、社会福祉等），围绕着业务发展和 ESG 的双重维度，针对识别和衡量 ESG 风险和机遇、识别与公司相关的 ESG 重要议题（实质性议题定义），将公司的增长策略、组织能力、企业文化、核心竞争力、经营管理、品牌和影响力等有机地整合起来，并对 ESG 报告范围给出指引。在此基础上，进一步对战略进行解码，输出（财务及非财务衡量的）定量和定性的目标体系及战略落地路径图。在此过程中，公司开展实质性议题评估，并以此为基础制定战略决策，聚焦最为相关的问题，并明确详细的实施计划和目标，激励绩效和评估进展，这会对 ESG 实施产生更好的效果。

ESG 战略是可持续商业战略的组成部分。可持续商业战略是现代企业寻求长期存续的根本基础，这就要求企业摒弃只崇尚股东权益最大化的固有思维，在融合经济—社会—环境三重底线理论［约翰·埃尔金顿（John Elkington）］、利益相关者理论［爱德华·弗里曼（R. Edward Freeman）］、可持续发展科学理论（Kates R. W.，Clark W. C. and Corell R.）、可持续发展的空间维度理论（Cash D. W.）、生态经济学理论［赫尔曼·E. 达利（Herman E. Daly）］、非市场战略理论（Kenneth Arrow）及联合国《2030 年可持续发展议程》等多维度思想基础上，协同企业—行业—社会多方资源以实现在创造企业价值最大化的同时，创造推动社会进步与环境和谐的积极影响。从这个认知起点出发，ESG 管理战略，不仅要确保公司治理策略和结构（"G"的要素），还要确保公司管理战略和体系都能符合企业可持续发展的目标，建立系统的闭环框架，并包含以下主要元素：

（1）确立包含 ESG 三大核心要素（环境、社会责任、公司治理）在内的企业可持续发展总体战略（即可持续商业战略），使之进入企业永续经营的根本保障体系。制定可持续商业战略的基本方法，是将企业的核心价值主张、主要经营领域、关键技术特长、综合能力资源这四大要素与社会和环境重大问题形成"交集"。也就是说，对企业自身发展和解决与企业发展所关联的社会及环境问题解决方案进行有机和深入的对接，目的在于能够在创造企业价值的同时，推动社会进步和环境和谐。

（2）确立有关三大核心要素融入企业战略决策、设计及发展规划全过程，这一过程既应当整合企业内部产生的业务发展关键诉求，也应当纳入企业内外部各利益相关方诉求，既考量由企业价值观驱使所做出的价值选择，也考量来自监管的制度约束，以及新的社会需求。这些内外因素，对可持续商业的走向产生影响，并形成了企业的实质性议题，也促使企业在经济—社会—环境三个维度上寻找和把握商业机遇。

（3）在可持续商业战略指引下，确立涉及三大核心责任（环境、社会责任、公司治理）的整合公司治理和公司管理的企业全面风险管理体系（Enterprise Risk Management Framework），并从由"问题地图"（Issue Mapping）开始，到风险化解（Risk Mitigation）再到危机应对（Crisis Management）的全生命周期进行系统闭环和鸟瞰式管理。

（4）将 ESG 实践系统性地整合到运营和管理活动中，建立完善的管理组织体系，强化董事会在 ESG 治理方面应担当的重要角色和应发挥的重要作用；建立与之相对应的治理链、对接点、责任网络、相关流程体系。

（5）将 ESG 行动可视化地进行规划和呈现，对 ESG 标准和达到的效果进行量化、可比较性分析，常态化地甄别差距进而确立改善目标，并为投资风险管理提供重要的非财务绩效评估补充和评估框架。

（6）确立 ESG 报告的内容侧重点，规划披露、评级及在 ESG 绩效方面取得进展的内容，进行战略传播，形成对可持续商业生态的积极影响力和对企业信任度、美誉度的提升。特别需要强调的是，涵盖了企业非财务信息的 ESG 评估分析，对于投资者、监管者、供应商等识别企业的可持续发展价值至关重要，也是对金融体系可持续发展变革的重要撬动力量。

（7）充分了解 ESG 投资策略，锚定适合的投资方或选择有利于企业可持续发展的投资行为，从而为企业发展争取有利的资源，或为企业投资确立正确而稳健的方向，可持续商业实践范式见图 5-2。

从经典战略到可持续商业战略

出发点 解决社会环境问题

临界点 突破企业局限边界

落脚点 形成优势互补结构

平衡点 创造长期共享价值

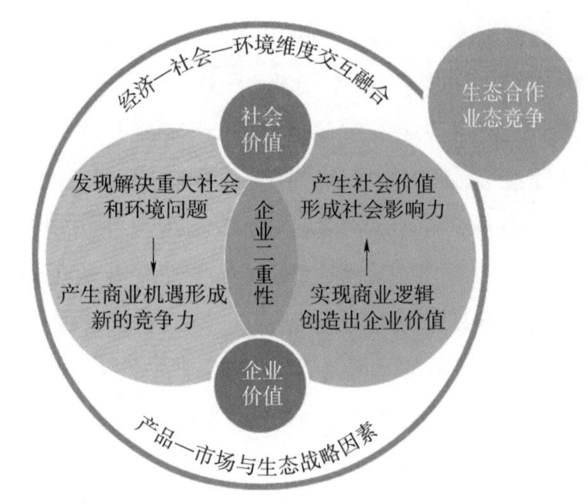

图 5-2 可持续商业实践范式

可持续商业实践范式模型给出了整合式的ESG战略顶层设计框架，出发点是锚定与企业相关的经济—社会—环境重大议题，价值创造目标建立在突破企业边界与生态相融合的临界点，最大限度地利用价值网络，落脚点是与可持续商业—社会生态形成优势互补的结构，从而发挥出企业的四要素作用（核心价值、主要领域、关键技能、综合资源）。这种战略的稳定性和动态性平衡点在于持续地创造共享价值。

企业案例

宝山钢铁股份有限公司：系统全面地推进ESG管理工作

宝钢股份作为中国宝武钢铁集团有限公司的核心企业，从2020年底开始系统、全面地推进ESG管理工作，并聘请咨询机构帮助公司对标国际先进同行，识别自身的问题与差距，逐项予以改进。

系统性优化ESG管治体系。为完善宝钢股份治理结构，加强董事会在可持续发展工作的参与度，公司建立了由董事会，战略、风险及ESG委员会，ESG工作小组组成的三级ESG管治架构。其中，战略、风险及ESG委员会由宝钢股份董事长任委员会主任。架构明确了各层级的构成与职能，强化公司ESG管治的顶层设计，确定了各项指标的落实主体，为ESG工作的全面推进奠定了坚实的组织体系基础。

由E（环境）、S（社会）、G（公司治理）三个维度出发识别问题。宝钢股份在外部ESG评级中，环境与公司治理维度的评分相对较弱，如碳排放与水压力的指标披露与管理措施披露情况。公司区分各类细分问题，甄别出能够直接改进或能够在母公司与监管层面的支持与帮助下改进的问题，制订推进计划，明确推进节点与责任者。短期可以提升的事项立即整改，同时面向未来，为中长期可以实现的事项做好整改计划，争取持续提升。

发布全新可持续发展报告。2021年，宝钢股份发布第16份可持续发展报告，完善公司ESG指标体系与报告框架，对利益相关方进行全面调研，总结于公司、于社会的重要议题，并依据全球报告倡议组织《可持续发展报告标准》核心方案、联合国可持续发展目标（SDGs）等国际指标，优化各项指标披露，公开公司在可持续发展背景下所面临的风险和机遇，提高公司在环境、社会责任及公司治理三个方面的披露指标覆盖率。其中，环境部分首次披露碳排放、固废、外购清洁能源等能环类关键性数据，以及制造、人力资源、供应商管理方面的部分细分数据。报告经独立第三方进行审核验证，提高报告内容的公信度。

外部评价推动内部提升。在推进 ESG 工作的过程中，宝钢股份对各个环节提出新的要求，对 ESG 调研问卷必须做到有问必答，过程中及时发现与揭示管理中存在的不足，并推动相关部门抓紧改进，化外部压力为自身提升的动力。

宝钢股份秉持认真、务实的态度推进 ESG 管理工作，获得来自外界的认可，2021 年以第 7 名的成绩入选“央企 ESG · 先锋 50 指数”，公司的明晟 ESG 评级也由 B 调升至 BB。未来，宝钢股份会再接再厉，持续完善公司治理结构，推动公司的可持续发展，提升公司的 ESG 管理水平，构建企业发展价值，以国际化视角体现央企的责任担当。

5.3.2 组织管理

在公司 ESG 战略指引下，ESG 的组织管理工作侧重五个方面的内容：①健全 ESG 目标和制度化管理体系；② ESG 议题管理和风险管控；③将 ESG 纳入业务全流程和价值创造活动；④ ESG 信息披露；⑤与利益相关方的系统性沟通互动。

在组织管理方面，除了有 ESG 治理高层架构（董事会、ESG 委员会、ESG 领导小组），还需要对接日常经营的业务层面，将 ESG 理念融入日常管理职能当中，落实到经营和职能部门的各个流程、各个环节、各个岗位。全员参与的 ESG 管理模式是组织管理 ESG 并确保其持续性和实效性的方法，ESG 组织管理结构见图 5-3。

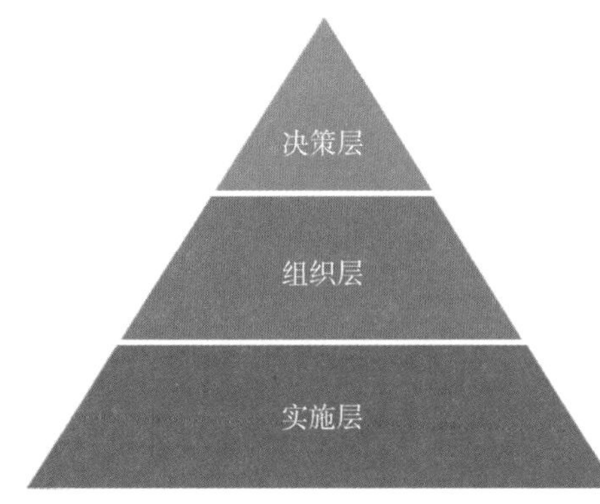

图 5-3 ESG 组织管理结构

全面的 ESG 管理体系是董事会 ESG 决策在公司内部有效落实的重要保障，为此需要在业务和职能层面设置落实 ESG 常态化工作的组织体系。业务和职能层面由多个与 ESG 相关的部门负责人组成，共同负责 ESG 政策和目标的具体执行与跨部门的联络和协调工作。这一层组织应负责 ESG 决策在各个业务环节的落实，拟定各项 ESG 议题的制度、规划和标准，阶段性工作计划和实施方案；协调资源，解决 ESG 工作中遇到的跨部门协作和配合问题；负责对公司 ESG 信息进行收集、汇编，编制 ESG 报告及相关文件；反馈、汇报和总结 ESG 工作中的问题和成果，向 ESG 委员会报告进展，提出合理化建议。

例如，在紫金矿业的 ESG 实践中，设立了各个业务部门专职分管 ESG 的副总经理和 ESG 专员，并在 ESG 工作小组的管理下开展相关工作，形成了董事会层宏观领导、经营管理层具体负责、业务执行层实际落实的 ESG 管理体系。伊利在集团范围建立了来自各个业务和职能部门的可持续发展联络员机制，将集团的目标下达到基层，并监督基层和运营部门、运营环节上的 ESG 实施工作进展。

5.3.3 融入流程

将 ESG 管理融入流程，要抓好这几个重要环节：基于实质性议题和重大风险识别的议题甄别流程，利益相关方管理流程，ESG 议题的对标流程，战略解码和路径设计流程，ESG 议题落实到公司治理、运营管理与目标实现监管的流程，报告框架制定和重要内容确立的流程，信息和管理流程。其中，实质性议题识别是最为关键的流程。

5.3.3.1 实质性议题识别与管理

实质性议题分析是对公司 ESG 重要性议题识别的方法，它是根据对利益相关方的影响、对企业发展影响的重要程度及其风险的整合认知、确认和识别过程；也是企业与内外部利益相关方沟通的重要途径和表现形式，使得公司 ESG 管理和经营过程中有了重点关注的指引，使得 ESG 报告和披露有了重点披露框架和议题聚焦，使得公司能够更好地回应利益相关方的重要关切。实质性议题识别是 ESG 战略的落地基础，也是 ESG 目标顶层设计的起点。开展实质性议题评估，可以帮助公司聚焦在 ESG 和公司运营发展最为相关的问题上，产生明确详细的目标。公司可参照全球报告倡议组织（GRI）工具、ESG 指引、可持续发展会计准则委员会（SASB）的“实质性地图”（SASB Materiality Map ®）等方法来主导实质性议题识别的流程。

实质性议题分析的第一阶段工作重点在于与内外部利益相关方沟通，采用结构化信息调研、访谈、问卷等方式，形成 ESG 相关的议题，同时兼顾公司的 ESG 管理方针、发展战略、业务经营特征等筛选出重要议题。完成重要议题的初步筛选之后，可再反馈给利益相关方代表，进行评估打分。对打分的结果进行梳理、归类，按照“对利益相关方的重要性”（纵轴）和“对企业可持续发展的重要性”（横轴）两个维度，将梳理归类的数据呈现出来，绘制出二维矩阵图，见图 5-4。

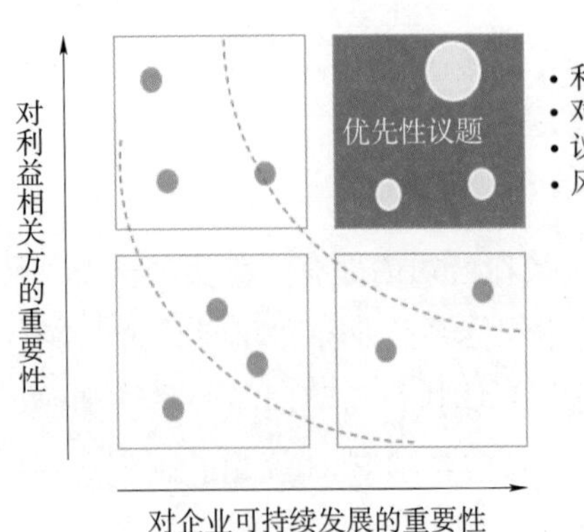

图 5-4 实质性议题分析

5.3.3.2 融入业务流程

实质性议题二维矩阵图确定后，就需要推动这些议题的实施落实，即把议题融入生产运营环节、管理流程当中；把量化的职责内容、考核指标落实到运营管理的各个单元；把跨部门的横向协作流程建立起来。

黄祎在《企业应如何识别与落实社会责任——一个实质性议题的两阶段分析方法》中，强调了后续流程（即第二阶段）的工作重点：强化关键性议题与产品全生命周期关系分析。第二阶段的工作主要是确保与内部利益相关方的沟通，通过构建产品全生命周期分析（或采用价值链分析方法）的方式，对实质性议题进行解码，实现议题的责任落地。根据产品的全生命周期，识别出产品的所有生产经营阶段（如设计、采购、工艺、生产、物流、销售、客户或消费者使用），然后对应每个生产经营阶段，识别各关键性议题与该阶段之间的相关关系。针对每个阶段及细分环节都列示出该阶段或环节涉及的所有关键性议题。

这个过程把落实ESG的职责和责任主体清晰地框定出来、衔接起来，有利于各个部门行动和各个部门之间的配合；有利于通过对总体目标的拆解和细分为分解目标，连接到生产运营环节，使得每一个相关环节都有明确的分解目标、分解任务、分解进度表，便于管理和考核；有利于每一个环节的管理者和员工都能够被纳入内部沟通过程当中，让他们有参与感、清楚地了解自己所能贡献的价值、了解自己所需完成的目标。将ESG纳入业务全流程和生命周期，是实现ESG管理实效性强调的重点，ESG责任落实见图5-5。

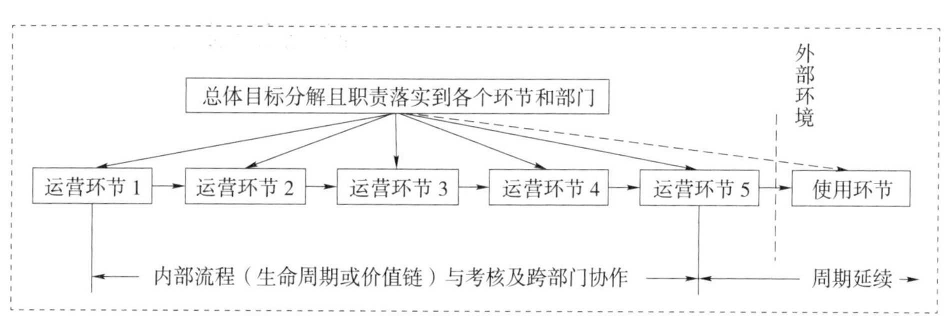

图5-5 ESG责任落实

企业案例

兴业银行股份有限公司：将ESG纳入信贷流程

兴业银行将ESG纳入信贷流程，既要将ESG尽职调查作为贷前调查的一部分，也要在贷后管理中进行ESG评估，对融资项目在环境、社会两方面的风险和效益进行评估，而不是仅关注项目的经营情况和财务状况。完善银行的风险管理体系，是兴业银行在与利益相关方进行深入沟通之后，识别出的ESG关键议题之一。为了做好这项工作，兴业银行从环境和社会因素出发，对全行组织体系、部门及岗位职责、业务流程和管理制度进行梳理和完善。

从风险角度，明确环境与社会风险定义，构建环境和社会风险管理全流程，将其与传统金融风险相融合，纳入核心业务流程中，进行识别和评估，并通过环境和社会绩效核算工具，完成监督与后评价。整个流程涵盖了“环境与社会风险识别与分类→评估与核实”，即“开展尽职调查→控制与监测→信息披露与绩效评价”。在此基础上，兴业银行提出增加纳入一级预警管理、加强重点行业客户存续期管理、开展针对性检查、提高企业准入标准等风险管控流程，全流程把控风险。在一项对282家上市公司样本的研究报告中，兴业银行的ESG得分位于前五名，评级为AAA。

如何开展ESG对标？

在制定ESG目标的过程中，一些企业采用了与联合国可持续发展目标SDGs、ISO 26000、全球报告倡议组织（GRI）报告标准、ESG指引对标的方法。SDGs涵盖了社会、经济和环境三个维度的普遍性问题，包含17个大目标，169个具体目标，提供了一个连贯、整体、整合的框架，用以应对世界上最紧迫的可持续发展挑战。联合国全球报告倡议组织（GRI）、联合国全球契约组织（VNGC）、世界可持续发展工商理事会（WBCSD）还共同编制推出了《SDGs（联合国可持续发展目标）企业行动指南》，阐述了联合国可持续发展目标对企业的影响，并为企业围绕可持续发展制定战略提供了框架基础。ESG实质性议题对标方式见图5-6。

	环境表现	社会表现	治理表现	财务绩效
• 实质议题	优先项议题	优先项议题	优先项议题	
• 标准对标	如联合国可持续发展目标、GRI目标、国标和最佳实践对标			
• 评估对照	如各类通行的综合评估指数、专门类别的评估指数			
	非财务报告			财务报告

图5-6　ESG实质性议题对标方式

德勤为公司开展对标工作提出了实施步骤：①梳理现状。公司根据其ESG管理方针、管理模式、经营领域、ESG报告和评级等要求，对自身的ESG管理现状进行梳理和诊断。②对标分析。公司基于利益相关方诉求、同业最佳实践、行业标准、政策和监管要求，由外向内对自身的价值链上各环节进行分析，评估各个业务环节对各项SDGs目标的影响特征和影响程度，识别出企业实现业务价值、风险管控与SDGs保持一致的最佳途径，确定融入公司业务流程的ESG管理内涵。③优先排序。优先项与排序的目的在于综合考虑成本效益、风险管控、长期发展，对其最有价值、最相关的商业挑战与机遇进行对比分析之后做出选项，对与公司所选择的选项和优先事宜在SDGs的17个目标维度上进行排序、定位，制定出适合企业的优先目标清单。④设计与创新。依据优先目标清单进行分析，制订完善计划，或融入创新思路，对内部和外部的价值创造机会或风险管控点进行旨在提升的系统设计。⑤项目开发。对设立的优先重要议题制定落地实施方案，再对方案进行层层落实与细化；将公司层面的总体目标拆分为部门层面和岗位层面的分目标；针对拆分后的目标制订具体行动计划。⑥监测评估。针对已设立的目标，建立进度监测及风险预警机制，实时监测与检视 ESG 进度与成本控制情况，对目标实施情况进行定期的评估，针对各个目标延误情况及可能造成的影响，制定应对方法或针对性补充和修订。

5.3.3.3 风险管理

ESG 风险管理要从风险评估开始，通过对风险类别（如战略风险、经营风险、资源风险、声誉风险等）、发生概率（非常可能、可能、不太可能）、严重程度（十分严重、一般性、不严重）、对公司业务和社会及环境的影响程度（很大影响、一般影响、微小影响），使用不同方法定性或定量地进行评估。同时，应当引入利益相关方反馈、专家建议、历史数据对潜在风险的影响进行预测与估值、开展情景分析、使用 ESG 风险评估工具等。

将 ESG 风险管理纳入企业全面风险管理（Enterprise Risk Management，ERM）是一种有效的方式。全面风险涉及围绕企业总体经营目标、企业管理各个环节和全过程中执行风险管理的策略、体系、流程、措施、组织职能、信息系统和内部控制系统，以及长期培育的风险管理文化。Kent D. Miller 从控制和组织的角度提出了整合式风险管理（Integrated Risk Management）的概念，认为企业要从整体角度出发分析、识别、评价企业面对的所有风险并实施相应的管理策略。企业风险管理框架按三个维度来设计：①企业的四个目标（战略目标、经营目标、合规目标、报告目标）；②全面风险管理的八个要素（内部控制、目标设定、事件识别、风险评估、风险应对、控制活动、信息与交流、监控）；③企业的层级（整个企业、各个职能部门、各条业务线及下属各公司）。全面风险管理框架的设立应遵循预测先导原则，采用历史事件回顾与未来场景预设的方法，建立风险发生可能性的预判；在此基础上，权衡风险的性质、程度、影响范围和轻重进行合理评估，制定风险管理方针和化解风险策略；更进一步，依据成本效益原则对因进行风险管理而产生的成本及绩效进行比较，择优采用。风险管理信息系统建设见图 5-7。

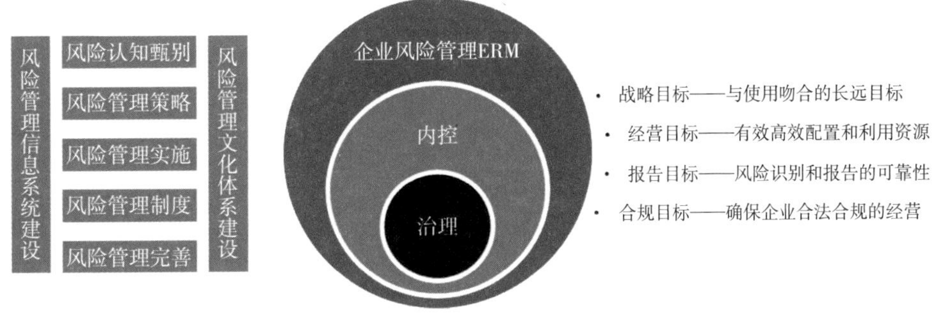

图 5-7 风险管理信息系统建设

风险管理流程贯穿于 ESG 管理过程的各个环节和方面，既有前瞻性地考量风险的存在和预防，也有作为风险管理子系统的内部控制，内控系统是必要的、高效的和有效的风险管理方法。内部控制不负责企业经营目标的具体设立，只是对目标的制定过程进行评价，特别是对目标和战略计划制定当中的风险进行评估。在实践中，值得注意的是，全面风险管理与企业内部控制对于风险的对策并不一致。前者在风险度量的基础上，有利于企业的发展战略与风险偏好相一致，将增长、风险与回报进行关联性考量，引入了风险偏好、风险容忍度、风险对策、压力测试、情景分析等方法，帮助董事会和高管层实现全面风险管理的目标。未来，随着内部控制和风险管理的不断完善，两者之间的交叉、融合会更多，直至统一。因此，需要从全面企业风险管理的流程中将两者衔接起来。

为使企业风险管理有效实施，设立风险管理机构，构筑全面风险管理组织体系，是提高企业风险管理水平的重要保证。全面风险管理主要涉及企业法人治理结构、风险管理职能部门、内部审计部门、法律事务部门及其他有关职能部门、业务单位的组织领导机构。董事会应该成为企业全面风险管理工作的最高决策者和监督者，就企业全面风险管理的有效性对股东会负责。董事会内部可以设置风险管理委员会，专门研究和制定企业风险管理政策与策略等。经理层应该成为企业全面风险管理政策与策略的执行者，主要负责企业全面风险管理的日常工作，就企业全面风险管理工作的有效性对董事会负责。企业风险管理职能部门等内部有关部门，应该形成各有分工、各司其责、相互联系、相互配合的有机整体。各机构人员应该由熟悉本职工作、能对个案做出风险评估和处理的专家或专门人才组成。根据各企业经营特点，应该确立各部门、各单位风险控制的重点环节和重点对象，制定相应的风险应对方案；监督企业决策层和各部门、各单位的规范运作，风险发生时，风险管理组织系统应该能够全面有效地指导和协调风险应对工作。

在风险管理方面需要注意以下三点：

第一，实现 ESG 重大风险与业务流程有效对接。公司运用风险管理知识和技术，围绕企业战略目标，全面开展各专业、各领域的风险辨识和梳理，评估确定公司层面和专业层面重大风险，根据业务流程对接确定重点业务范围和关键控制流程，确保风险管理工作在具体业务流程中落地。

第二，实现风险管理目标和风险控制要求嵌入业务流程。在已确定的关键业务流程基础上，明确业务流程的关键控制点、控制措施、控制活动和控制责任，强化业务流程的过程控制，确保风险管理工作在流程控制中落地。

第三，实现风险管理与流程监控的动态交互。建立流程监控系统，对流程执行情况的全过程进行节点和结果监控、预警。这既可以通过流程监控结果为风险管理工作提供初始信息，也在流程监控系统中部分实现对风险的控制功能。

5.3.3.4 信息管理

ESG 信息繁杂，涉及诸多部门。跨部门管理，是企业开展 ESG 考核中常遇到的挑战。ESG 数据绩效涵盖生产、采购、销售、人力资源、法务、合规、环保及安全、财务、分公司、子公司等多个领域和部门，有些数据难以越过企业内部各部门之间的边界，并且各部门之间的数据采集口径可能不尽一致。公司应当建立统一的数据规范、标准、换算、统计口径，并组建各部门 ESG 数据管理协作架构，设定 ESG 数据专门联络人负责部门数据收集等工作，从而提高 ESG 数据管理的效率和准确性、透明度。ESG 的信息管理是日常化管理工作的重要内容。一些企业在积极尝试在线信息管理平台，通过信息化、智能化手段实现 ESG 数据的在线填报、汇总和换算，提高数据管理的效率和规范性。与此同时，公司应当考虑寻求外部咨询机构的支持。

在 ESG 信息管理方面，应规范统一的信息标准、信息收集、信息报告流程和管理机制。公司可以通过建立一整套的指标体系手册、数据填报工具和填报审核流程等进行规范化管理。同时，结合国际国内 ESG 相关标准指引及利益相关方调查结果，确定报告拟披露的重要议题及数据指标。指标体系手册进一步明确公司需收集的文字信息、数据指标、具体定义及归口管理部门；规定公司、分公司、子公司、各业务和职能部门及基层单位分别需要填报的数据指标、数据收集模式、适用范围、指标定义等；公司在梳理数据指标时，区分各归口管理部门及下属单位根据指标手册统计并填报信息；对需上报的指标采用“逐级上报、层层审核”的收集模式。

5.3.4 能力提升

企业能否通过 ESG 的实施，为公司带来良好的绩效和积极的社会影响，取决于公司在 ESG 执行中的能力。ESG 能力建设需要在基础方面加强，从战略议题目标（实质性议题、目标确立、对标、实施路径）、管理组织体系（ESG 管理机制和全面责任管理体系、风险管控、组织架构和职责分工、考核）、融入经营活动（目标分解、部门和资源协调）、利益相关方、数据信息披露五个维度入手，沿着“计划—执行—检查—完善”（PDCA 持续改善循环）的过程，在行动—复盘的滚动中不断精进，ESG 能力组合见图 5-8。

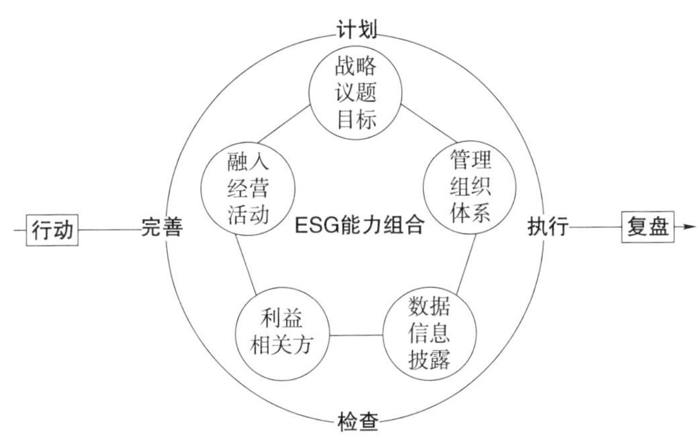

图 5-8 ESG 能力组合

此外，在经济、社会、环境三个维度组成的企业生存与发展的新空间里，在颠覆式创新、跨界式融合、开放式合作的“新商业—社会生态”中，传统领导力的一些关键特征正在发生变化，而企业具备与这一变化、这一新生态中的可持续发展相匹配的领导力，正成为决定企业向可持续商业战略转型、取得 ESG 成功的关键因素。这个领导力，本书将其定义为可持续商业领导力，见图 5-9。

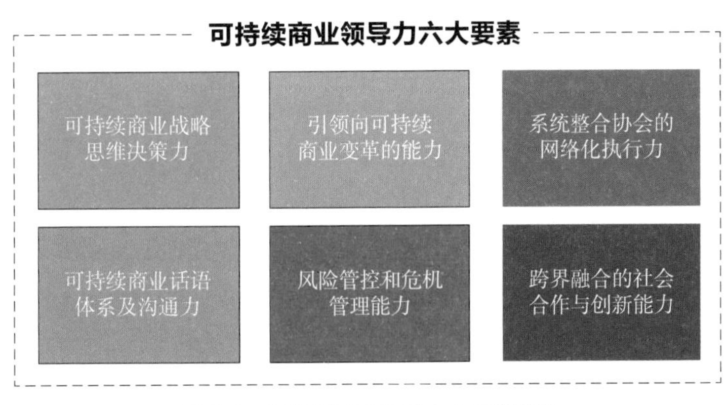

图 5-9 可持续商业领导力六要素模型

5.3.4.1　考量公司 ESG 的战略决策力

除了一些必备的因素和方法之外，战略决策还取决于提出正确的问题、拥有格局的视野、具备变革的果敢。企业在商业—社会可持续生态中制定战略时需要追问的问题是，商业在社会进步中究竟扮演什么角色、发挥什么作用、创造什么价值，而不是肤浅地停留在生产出什么产品、服务于什么市场层面。企业所需拥有的视野是，经济—社会—环境交互作用的维度所形成的生存与发展的时空，全生命周期和全价值链的融合与开放的过程。企业应当谋划的是面向未来的满足社会进步和环境和谐的深刻变革路径，而不是简单地在现有经营模式中复制规模、叠加社会责任的项目。

多年来，企业决策层习惯于经典企业管理战略方法论，承袭安索夫创立于 20 世纪 60 年代的战略管理体系（安索夫矩阵）。经典战略管理理论侧重企业如何通过经营战略影响外部市场环境、获得竞争优势。在这个框架里，企业战略主要基于产品—市场这一轴线，并以此为核心进行线性思考、设计策略。然而，企业的行为还受到超越产品和市场的诸多因素影响，如政府、监管、政策、法规、公众认知度和认同感、利益相关方诉求、媒体等 ESG 所要考量的非财务因素。1995 年，戴维·巴伦（David P. Baron）在《商务学：市场与非市场环境》中提出：企业战略需要指导企业在市场与非市场环境中行动，即同时并有机地整合企业经营、供应链、客户契约型作用机制，以及交易之外的社会、政治、法律等方面的制约和非市场调节因素；从而系统地、有效地、负责任地应对政府、社会、文化等非市场影响对企业的挑战，确保良好的竞争战略、商业目标的实现与企业的核心价值协调一致。戴维·巴伦给出了企业战略决策中新的参考坐标，该观点建立在这样一种逻辑上，即将企业的经营环境作为制定战略的基础，将企业战略作为促进企业竞争优势和价值创造的主动性行为。企业在战略决策、运营管理、市场拓展时，必须兼顾利益相关方诉求，这些诉求不仅是企业承担社会责任时必须的考量，也是建立可持续商业竞争优势的重要资源（如政策、公众认可、媒体观点），它们关乎企业的成败。非市场战略的引入，为企业战略决策在践行经济效益和社会效益并重方面提供了新的工作范式。

应当充分考量企业的经济属性和社会属性（企业二重性），建立起更为全面的和系统的坚持企业使命和价值观的、源于企业内生发展需求、与社会进步和环境和谐紧密相关及回应多重利益相关方诉求的思维框架。这是战略决策所需的新型能力。

具备了这样的可持续商业战略力，雀巢（创造持续的共享价值）、陶氏（足迹—手迹—蓝图整合式系统性可持续商业路径）、联合利华（可持续商业即是企业战略的“美好商业”）、奥图泰（有效利用自然资源在矿物加工和金属生产方面为客户提供创新、环保、节能、循环经济的解决方案）等，都为企业发展和经济—社会—环境多重价值创造提供了清晰和可实操的战略，为实现可持续商业目标铺平了道路。

5.3.4.2　变革管理能力

从传统的战略考量、经营模式、管理方法，到可持续商业，没有一蹴而就的捷径。企业不可能依托传统的经营和管理方式走进 ESG 体系支撑的可持续商业，不可能依托传统的方式在 ESG 实践中获得成功。推进 ESG 实践，这实际上是行业和企业必经的一场变革。获得引领变革的能力是推动转型成功的重要前提。

引入变革方法论，是系统推进变革成功的有力保障。变革的艰巨性在于自觉走出习惯的商业模式、运营体系和管理方式。它需要“制造”紧迫感，建立引领团队，指明愿景和阐述价值；它需要让全员都充分认知变革的意义、战略、路径和目标，并且给部门和员工赋能进而创造出积极的进展；它需要持续的声势、深入的参与、有效的推进、细致的沟通；它还需要在阶段性进展基础上不断扩大战果、规模化复制，并在此基础上固化取得的成绩，将升级后的最佳实践植入新的作业流程、管理体系和文化与行为。在变革管理中，有一条著名的 J 曲线（详见 *Managing the Dynamics of Change*），当企业在原有状态下引入变革时，常常会遭遇反对、阻力和疑惑；此外，大多数人的心理期望是一下子从起点到达新业绩常态的飞跃。然而，在取得变革成功之前，常有一段颠簸和曲折的路要走，甚至在此过程中，往往会伴随着业绩下滑。此时，走回老路、返回原状的鼓噪会动摇军心。直到有些早期变革的局部成功出现，士气和信心得以重归。能否不惧阻力、驱散迷雾、坚持下去、不断扩大成果、鼓舞更多的人加入推进变革的阵营是对企业领导层变革领导力的艰巨检验。在到达变革成功的阶段时，以各种方式（更新和固化标准作业流程 SOP、提升和深化企业文化、充分的沟通等）固化成果，是完成变革闭环的关键一步。

在变革当中，需要建立清晰且精准的愿景，确立核心信息，使得全体员工能够了解为什么变革、变革什么、如何实施和完成变革，以及变革带来的影响（正负两方面、内外两角度）。需要确定变革在不同阶段和过程中所涉及的部门和人员；需要组成坚强的变革领导集团和有效的协调机制。在此基础上，制定明确且可视化的路径图和分阶段目标，建立起可以量化的计划进程表，管理好伴随着变革出现的情绪变化，加强变革进程中的分阶段不同策略的沟通。

5.3.4.3 系统性全生命周期价值网中的执行力

执行力即交付结果和履行承诺的能力，是通过严谨和科学的方式和行为，把预设目标转化为切实可行的行动计划，并通过团队的努力及社会合作使预设目标变得有价值和影响力。这既需要企业决策层、执行层对企业使命和价值观有充分和一致的认同，并将对 ESG 议题的承诺转化为日常的自觉行为，进而形成上下一致的合力；也需要有完备的 ESG 责任目标管理和督察体系；还需要以开放式的心态和系统性的方法接受多重利益相关方的监督。目标的达成需有围绕着全生命周期、全流程、全岗、全员的赋能和协作，需有以可持续商业为核心建立起来的企业组织和 ESG 文化。

在可持续商业战略实施中，执行力还将从传统的划板块、划单元、划部门的线性传递和线性执行转变为板块、单元、部门协作的网路型非线性集约能力。在这个网络中，每一件物料、每一道工序、每一个岗位、每一位员工都必须打破以本位出发的“做到”式心态，从各个节点上将多重价值创造的内生和外延机遇整合起来。

5.3.4.4 风险管控与危机管理的能力

企业在运营中时刻面临着商业、运营、声誉三个层次上的风险。安全、环保、健康、社区等利益相关方及市场、合同、政策、法律、财务、文化等各方面都构成不同时期、不同程度、不同效应的风险因素，而且这些因素之间，还存在着相互影响、相互诱发、相互叠加的连锁隐患。对于那些海外发展的企业来讲，国别制裁和当地经营环境等风险对企业更是提出了额外的挑战。因此，针对企业风险管理的领导力需要特别加强，并且应当从源头开始，到风险链、风险爆发点、风险影响和危机应对进行全周期的预判和管理。通常可以将问题画像（Issue Mapping）、风险识别（Risk Identification）、风险评估（Risk Assessment）、风险监测（Risk

Monitoring）、风险预防（Preventative Measures）、风险化解（Risk Mitigation）完整地纳入企业全面风险管控架构之中，有机地与内部管控相链接。

危机发生时，应对和处理危机的能力，即是对企业领导力的有效检验。面对危机，第一时间反应极为关键。此时，企业危机应对机制和预案应当立即激活。在事发原因及主体责任尚无法判断时，争取最大时间宽裕度和获得社会暂时性宽容尤为重要。危机管理方面的专家们常提醒企业，一定要依据五大原则处理好危机，即承担责任原则、真诚沟通原则、速度第一原则、系统运作原则、权威证实原则。本着合情、合理、合法的三层次方法，在找到根本原因和确立主体责任的同时，采取真诚面对、有效处理、妥善化解的策略来处理好危机。危机过去之后，企业声誉和信誉重建，是一个艰苦的过程，需要有精准设计的策略和持续跟进的行动与测评。与此同时，在危机中发现的问题、漏洞，学到的经验教训，要不失时机地总结出来，制定改善措施，将改善成果充实到全面风险管控和危机管理体系中，形成闭环管理。

5.3.4.5　可持续商业话语体系和沟通能力

利益相关方沟通和参与不是简单的公共关系，而是ESG和可持续商业价值链闭环管理的重要环节。这是一项双向互动的工作。它贯穿于实质性议题的甄别、ESG日常实践的执行、结果检验和价值创造、评估、披露的全过程。这个过程以确保企业在战略设计中奠定创造社会—经济—环境多重价值的正确定位和基础，以增进和利益相关方的相互理解和解决问题为目标，增加企业战略和经营的透明度，赢得利益相关方的信任，有效利用利益相关方的反馈提高企业社会责任绩效，发现新的市场机会和通过创新实现新的价值为重要的六大原则。

以往的企业传播在目标、内容、方式上存在着很大的局限性，集中反映在缺乏系统的话语体系、缺乏对利益相关方沟通的深入理解方面。企业叙事正在发生根本变化，但很多企业传播和沟通，仍以对公司进行历史性的描述，以企业为本讲述业务活动，堆积大量事实，描述业务类别和规模，注重沟通业务的最基本信息，忽视了信息内容与利益相关方产生的有效互动。当ESG越来越成为全球性话题，并被投资人作为投资参考依据、被监管部门作为对企业高质量可持续发展的考评依据、被行业作为行业发展新高度的标准、被消费者列为选择产品的重要考虑因素时，需建立一个全球性、社会化、交互式的话语体系，需与利益相关方所关心的问题挂钩，进而对企业进行战略性描述，对企业和社会相关性及存在意义进行说明。

为此，企业领导层应当着力打造和熟练掌握适用于ESG和可持续商业的沟通话语体系。没有这个话语体系，企业的领导层、业务单元和员工不清楚ESG的理念、规划、措施、行动及利益相关方对企业的影响作用，很难有效地调动企业内部力量从而顺利推进ESG实施、交付令社会认同的答卷；也无法有效地与政府、监管部门、股交所、当地社区、行业、供应商、客户、消费者、媒体等进行良好对话。近年来，许多优秀的企业正在改写其企业使命的描述，强化企业的社会目的（Social Purpose），这些企业正在为建立可持续商业的话语体系做着积极的尝试。ESG理念、方针、策略是企业在本土运营和国际化进程中，与利益相关方沟通的全球话语体系，这个体系可以参照一系列国际和本土原则、标准、最佳实践，根据企业自身特点来开发和建立。可参用的有联合国可持续发展目标、全球报告倡议组织（GRI）的框架和指标体系、ESG披露指引、五大发展理念（创新、协调、绿色、开放、共享）的高质量发展、生态文化和循环经济模式等，并将此融入ESG绩效考核的描述语言中。这个话语体系，既支撑对外沟通交流，也形成内部语言规范，特别是企业领导层、业务单元和部门中层领导，要娴熟掌握、一致性使用。

5.3.4.6 开放式社会合作与创新力

美国著名管理学家、哈佛大学教授迈克尔·波特（Michael Porter）曾指出，商业模式创新是企业在价值链上实施差异化竞争战略的动态过程，有助于企业可持续竞争优势的构建。企业在保持平稳高效和盈利的运营之外，为实现高质量可持续商业的目标，也在加大创新力度，创造新的竞争能力（技术、市场、供应链、商业模式、品牌等），从而稳固企业的可持续发展根基。

创新是一个包含了三个层面的架构概念，即科技创新、模式创新、平台创新。在可持续商业体系中，科技创新活动应当以“科技向善”为引领，给社会进步和环境和谐带来解决方案；模式创新活动应当以“美好商业”为引领，使得商业活动能够创造出多重利益相关方共享价值；平台创新应当以“积极影响力”为引领，通过上下游、产业间和社会参与的深度、跨界、融合的合作，最大限度整合商业—社会资源，并影响和调动起更广泛的社会合作力量。

这一广义定义的创新，还包含了“社会创新”。威立雅携手全球最大食品包装公司利乐从废弃饮料盒里淘金进而推动产业链上的循环经济发展；复星基金的“乡村医生”；诺和诺德的“向糖尿病宣战”；巴斯夫、宝洁等参与的“终结塑料垃圾”，这些实践和探索，都产生了积极的效果，为这些企业建立起了一个对行业产生深远影响的思想领导力平台。这些公司的举措，在提升自我可持续发展能力的同时，带给了行业、社会有实际意义的示范作用，在它们所倡导的理念下，形成有上下游产业链参与、横向客户和供应商参与、多层次媒体参与、相关科研机构参与、公益组织参与、政府参与的互动平台，这个平台所发挥出的对商业模式的变革、行业格局的变革、社会意识的变革的积极影响作用及由此而释放出的能量、产生的价值，不可估量。

企业领导层想要建立可持续商业导向的创新力需要在以下八个方面取得突破：①将可持续发展作为企业发展的核心内容；②深刻认知和辨识与企业经营相关的社会和环境问题；③考量企业核心能力对于解决这一问题的机遇；④提出一个价值主张；⑤获得上下游或横向合作伙伴的认同与支持；⑥建立价值链上共赢机制；⑦形成社会影响力平台；⑧技术创新与商业模式创新相结合。这与以往的产品创新不同，它不是单纯的技术提升，也不是简单的生产要素重新组合。

可持续商业领导力的核心是发现、激活、协调、累积、集约、实现上述生态中价值链上和价值网络中的可持续竞争优势和发展优势的能力。这个优势，是由企业在行业内寻找最顶尖合作伙伴，整合资源、共生共荣而形成，并且由跨领域的不同行业中的领军企业为合作平台，以聚合发力的形式得以稳固；由此促进商业生态圈的形成、进化和壮大。对于企业而言，这个优势，就是企业获得可持续增长和竞争力增强的“长板”，是一个具有整体性、系统性、动态性特征的“长板”。伊利提出的“激活长板优势”与“共倡可持续发展”理念，显示出伊利集团在可持续商业领导力方面的深刻洞见和系统认知。“激活长板优势”与“共倡可持续发展”形成了伊利可持续商业战略中相互依托、集约整合、内外驱动的完整领导力体系的框架雏形，代表了伊利在行业中的可持续商业进程上的先进水平。“激活长板优势”不再是运用传统的企业管理战略思维模式，简单地从企业的产品—市场线性思维来考量盈利和发展策略，而是在商业—社会可持续生态中的企业所拥有的角色、所发挥的作用、所参与的价值链和价值网络的格局上，重新考量企业及合作伙伴对“世界共享健康”这一重大社会和环境议题的答案。打造

“全球健康生态圈”成为这一答案的根本逻辑架构。伊利要做的是动员起广泛的企业、行业、社会力量，凝聚发展共识、创新合作模式、建设美好未来。

5.3.5 相关方沟通

要做好 ESG 管理，很重要的一个前提是识别公司的 ESG 关键议题，然后才能针对这些关键议题制定具体的管理优化措施。识别 ESG 关键议题的一个常用方法，就是通过问卷调研等方式与利益相关方进行交流互动，听取他们对于公司所涉及的 ESG 关键议题的意见。

很多公司对利益相关方的理念、利益相关方沟通的重要性都已不陌生，但是在系统性、结构化、双向性、常态化的沟通方面仍存在着差距，输出信息多，反向交流少；零星沟通有，常规沟通无；短期目标强，长远目标弱。为使与利益相关方沟通行之有效，需要建立常态化的利益相关方沟通的规范、互动机制、沟通流程、反馈机制。

利益相关方分析的目的在于了解与公司 ESG 战略和实施有紧密关系的利益相关方对公司的诉求及公司对利益相关方的回应（通常以头脑风暴、座谈等形式进行），利益相关方调查见表 5-6。

表 5-6 利益相关方调查

利益相关方	对组织及议题的诉求和评价	对组织及议题的影响有哪些	如何对组织和议题产生影响	相关方的重要性及影响程度	组织对利益相关方有何要求
客户					
供应商					
员工					
股东和投资人					
政府监管					
社区					
环境					

将这些问题的回答一一整理出来，再相应地制定出对于不同利益相关方群体适合的沟通渠道，形成一张利益相关方 ESG 议题诉求表。对这些问题的回答、梳理、整合，可以帮助企业了解组织所面临的内外部环境、制定和提炼 ESG 议题的关注方向、形成实质性议题的基础、确定战略规划的侧重点。

值得注意的是，近几年来随着 ESG 的深入推行，利益相关方的组成概念正在发生变化。以往的公司经营方针偏重于股东利益最大化，股东是公司最重要的利益相关方。公司董事会和管理层的主要责任是对公司股东负责，其他利益相关方的利益都是股东责任的延伸。2019 年 8 月，美国商业圆桌会议（BRT）发布了《关于公司宗旨的声明》，提出公司不再是仅为了股东利益，而必须为了包括雇员、供应商等利益相关者的利益，公司的首要任务是创造一个更美好的社会。这一事件反映了企业经营方针的变化，以可持续发展为导向的 ESG 渐成主流，倡导公司考虑多重利益相关各方的综合利益。

与利益相关方的沟通通常按照以下结构式的方法来组织：

开展重点沟通。在 ESG 策略制定过程中及 ESG 报告编制过程中，针对 ESG 议题，公司往往可以通过现场访谈、调查问卷等方式了解利益相关方对于公司 ESG 议题的重视程度，并根据形成的重要性议题分析矩阵对报告披露内容进行动态调整。在 ESG 报告发布后，公司持续关注资本市场的反应，对于投资者及投资机构提出的疑问，积极协调相关业务部门予以解答，尊重投资者的知情权。

开展日常沟通。开设常态化的信息反馈通道，获得来自各个利益相关方的意见、建议。中国移动通过总裁信箱、总经理接待日、官方微博、官方微信等听取各方意见和反馈。总裁信箱自 2010 年 11 月正式开通以来，累计收到来自客户、合作伙伴和员工的信件超过 12000 封。总经理接待日近三年累计接待客户超过 34 万人次，解答客户咨询投诉 31.6 万件。

开展专题沟通。就公司所涉及的 ESG 主要领域，设立围绕着公司战略的沟通专题，深层次地进行交流讨论。同时，可以与国内外相关学术机构、ESG 和可持续发展组织开展广泛对话或建立研讨合作项目，参与国务院国有资产监督管理委员会、国家工业和信息化部、行业协会 ESG 管理体系和实践范例的相关课题研究。

重视投资者沟通。通过股东大会、投资者来电、投资者邮箱等多种形式的互动交流，提升公司与股东、投资者之间的交流，建立公开透明的投资者关系，重视投资者的意见与建议，并努力回报投资者。

开展协调沟通。ESG 的目标管理通常会遇到来自利益相关方诉求、外部监管、内部各部门共识及可操作性的挑战和制约（如环保行业指标涉及的监管对象和 ESG 报告口径不一致、监管力度和企业减排计划的现实差距等）。为保障 ESG 目标的合理性，ESG 委员会和 ESG 领导小组需要在内外部之间通过多方、多轮协调，在监管和规划的基础上进行调整，达成目标共识，找寻合理公正可行的最大公约数。

建立沟通机制。在 ESG 委员会和 ESG 工作领导小组指导下，建立一个跨部门协调机制，提高内部 ESG 信息流通和资源协调的效率，管理定期的按计划的与利益相关方双向沟通的内容表、时间表、信息收集表、信息处理和汇报。此外，协调机制还有利于将分散的信息汇集，以便及时、有效地回复问询。例如，针对投资者的沟通，单纯依靠投资关系部门是不够的。投资关系部门本身不生产信息，信息源通常来自其他业务部门和职能部门，特别是对于 ESG 投资者关心的那些非财务问题和数据，要从公司战略部、法务部、采购部、人力资源部、公关部等获得。

典型案例1

中国移动：深化ESG管理，创造可持续价值

中国移动科学把握新发展阶段，坚决贯彻新发展理念，服务构建新发展格局，锚定“创建世界一流信息服务科技创新公司”的“新定位”，全面实施“5G+”计划，面向个人、家庭、政企、新业务四个市场，服务近 10 亿名个人客户、2 亿多个家庭、1800 多万个政企客户，是全球网络规模最大、客户数量最多、盈利能力和品牌价值领先、市值排名位居前列的电信运营商。

一、提升治理水平，打牢可持续发展基础

中国移动积极推动建立现代企业制度，通过有效的公司治理，与利益相关方共同创造长期

可持续价值。公司董事会由8名董事组成，包括4名执行董事及4名独立非执行董事。董事会下设三个主要委员会，包括审核委员会、薪酬委员会和提名委员会，全部由独立非执行董事组成，通过充分发挥独立非执行董事经验和专长，促进公司治理结构和决策机制进一步完善。

中国移动全面审视来自企业发展过程中存在的风险和挑战，持续健全合规管理与风险管控体系，不断规范工作流程，提升风险抵御能力。通过风险收集、风险辨识、聚合评估、措施分解、量化监测进行风险管理，围绕五项重点风险制定24项管控措施和30余项量化监测指标，定期跟踪措施和指标完成情况；持续强化重要领域风险管控，对重大项目开展专项风险评估，将评估结果纳入决策依据；创新数智化风险监管手段，对重点风险实施集中化监管，构建模型，增强风险识别的有效性、及时性；将内控要求嵌入系统，进一步强化内控的刚性约束、防控人为舞弊。

中国移动秉持“至诚尽性、成己达人”的履责理念，强化董事会和经理层对ESG的责任，设立可持续发展指导委员会，由董事长任委员会主任，总部各部门共同参与，构建了高层深度参与、横向协调、纵向联动的ESG治理组织体系。建立常态化ESG关键议题对标管理机制，积极跟进国内外第三方评估体系，学习业界最佳实践，组织各单位共同开展对标管理，与时俱进提升关键议题管理水平，保持良好绩效。

二、践行绿色低碳，积极履行环境责任

中国移动全面贯彻落实碳达峰、碳中和的政策部署，在不断降低自身碳排放的基础上，赋能千行百业脱碳增长。中国移动连续十五年开展“绿色行动计划”，并升级实施“C2三能——碳达峰碳中和行动计划”，构建“节能、洁能、赋能”与“绿色网络、绿色用能、绿色供应链、绿色办公、绿色赋能、绿色文化”的“三能六绿”绿色发展新模式。2021年，各项节能措施节电量总计超过43亿千瓦时；通过实施绿色采购，新增主设备绿色包装应用比例超过80%，实现节材代木26.2万立方米。中国移动依托5G、大数据、人工智能等数智技术，赋能能源、工业、交通等行业及全社会节能减排，联合合作伙伴打造智慧绿色工厂、环境治理等数智化解决方案，有效提高能源利用效率、降低温室气体排放。图5-10为工人通过5G技术远程操控装载机。

图5-10 工人通过5G技术远程操控装载机

三、推进科技创新，积极履行社会责任

中国移动以全面推进信息基础设施建设、全面推进全社会数智化转型“两个推进”为抓手，助力数字经济加速发展。在连接方面，建成全球领先的通信网络，基站总数超过550万个，其中5G基站超过73万个，千兆平台能力覆盖全部市、县城区。在算力方面，形成“4+3+X”的数据中心全国布局，可对外服务的数据中心机架数量超过40万个。在能力方面，持续锻造业界领先的人工智能、云计算、区块链、大视频、高精定位等核心能力引擎，智慧中台已汇聚325项共性能力，月均调用量超过81亿次。在科技创新方面，中国移动积极构建“一体四环”科技创新布局，实施“联创+”计划，坚持自主创新，牵头5G国际标准项目155个，申请5G专利3600件，稳居全球运营商第一阵营；在新一代移动通信技术领域获批国家工程研究中心。在产品服务方面，中国移动着力布局9大行业创新平台，携手行业伙伴打造200个5G龙头示范标杆，累计拓展超过6400个5G商用案例，有力推动千行百业转型升级、降本增效。图5-11为中国移动大型固定翼无人机为灾区通信护航。

图5-11 中国移动大型固定翼无人机为灾区通信护航

中国移动坚持以人民为中心的发展思想，与全社会共享发展成果，以高质量发展促进共同富裕。在主动服务国家区域发展战略方面，中国移动部署推动区域协调发展专项工作，积极推动“一带一路”沿线基础设施建设，提供高质量国际化信息服务。在提升通信保障、安全水平方面，中国移动扎实做好防汛救灾应急保障，有效打击治理电信网络诈骗犯罪，为人民群众创造健康、安全的通信环境；通过产品和服务帮助老年人、残障人士、偏远地区居民等特殊群体跨越数字应用鸿沟、共享信息红利。深化“网络+”乡村振兴模式，制定实施《数智乡村振兴计划》，接续做好“七项帮扶举措”巩固拓展脱贫成果，创新实践“七大乡村数智化工程”注智赋能乡村振兴。中国移动公益平台获批民政部第三批互联网募捐信息平台，成为国内运营商中第一个获得该资格的企业；公益项目累计为中西部农村地区培训中小学校长近13万名、搭建多媒体教室4029间，为7000余名贫困先天性心脏病患儿提供免费手术救治（见图5-12）。

图 5-12 中国移动在天津泰达国际心血管医院开展中国移动“爱心行动”冰雪公益活动

四、关于 ESG 信息披露的经验及相关亮点

中国移动连续十六年编制并发布可持续发展报告，在坚持突出企业特点与时代特色的同时，遵循《环境、社会及管治报告指引》、《上海证券交易所上市公司自律监管指引第 1 号——规范运作》、中国企业社会责任报告指南（CASS-CSR 系列）等最新标准，全面、系统、规范披露 ESG 信息。报告连续九年获得“中国企业社会责任报告评级专家委员会”五星级评价。

（一）确定可持续发展模型

从 ESG 角度全面审视企业的愿景、使命和价值观，梳理形成富有企业特色的 ESG 理念和经营哲学，使之融入企业文化，引领企业发展。中国移动确定了“至诚尽性、成己达人”的履责理念，形成“履责理念—行动主线—责任议题”的责任管理模型，指导编制可持续发展报告。履责理念与责任模型一方面提升了 ESG 信息披露的系统性，另一方面也帮助企业更好地对内对外传播 ESG 绩效。

（二）深入推进企业可持续发展

中国移动以通用标准对标分析、可持续发展热点分析、企业战略解读为研究基础，建立可持续发展议题实质性分析模型，分析比较不同议题对相关方及对企业自身发展的影响，全面盘点企业在实质性议题方面的实践情况，促进相关领域高质量发展。中国移动按照多年实践形成的可持续发展报告编制方法，根据企业当年实践亮点，筛选重点披露的实质性议题，确定可持续发展报告的主题、框架、关键议题、写作方式和传播形式，通过可持续发展报告向利益相关方和全社会展现企业的可持续发展成绩。

通过多年对 ESG 管理和实践的探索，中国移动深切感受到：加强 ESG 管理及信息披露，不仅来自利益相关方的高度关注，更重要的是来自企业自身追求卓越、践行可持续发展的战略选择。在深入推进“十四五”发展目标落实的进程中，中国移动将充分发挥 ESG 管理在完善公司治理和提升综合价值方面的作用，持续保持良好的可持续发展绩效。

典型案例2

台达：ESG管理实践

台达创立于 1971 年，是电源管理与散热解决方案的领导厂商，在工业自动化、楼宇自动化、通信电源、数据中心基础设施、电动车充电、可再生能源、储能与视讯显示等多项产品方案领域居重要地位。台达运营网点遍布全球，在五大洲近 200 个销售网点、研发中心和生产基地为客户提供服务。台达于 1992 年在广东东莞、上海建立工厂及运营中心，业务运营全面涵盖研发、生产、销售与服务，共设有广东东莞、江苏苏州、安徽芜湖、湖南郴州 4 个主要生产基地，30 多个研发中心与实验室，80 多个运营网点，员工总数达 4 万余人。

面对日益严重的气候变化议题，台达秉持“环保 节能 爱地球”的经营使命，运用电力电子核心技术，整合全球资源与创新研发，深耕三大业务范畴，包含“电源及元器件”“自动化”“基础设施”。在营收持续成长的同时，台达不遗余力地实践可持续发展。基于对环境保护的承诺，台达注重运营场所的能源管理及提升能源使用效率；通过结合企业核心能力，台达积极参与并赞助各类社会公益活动，范围涵盖环境教育、绿建筑推广、人才培育、学术研发等。台达以持续行动为社会与环境所做出的具体贡献屡获肯定，如连续 10 年入选道琼斯可持续发展指数之“世界指数”，更是第 5 次获选为全球电子设备与零组件“产业领导者”；CDP“气候变化”与“水安全”均荣获领导等级 A，“供应链参与度”亦荣获领导等级；名列“2020 中国企业社会责任发展指数”电子行业 3 强，并连续 6 年获得中国社科院《企业社会责任蓝皮书（2020）》10 强殊荣等。

2021 年，是台达成立 50 周年，特别以“影响 50 迎向 50”为主题，开展一系列活动，向同人、客户、外部专家顾问及过往成就台达的各界人士表达由衷感谢。纪念活动以“节用厚生”为主题，呼应台达经营使命“环保 节能 爱地球”。“节用”指的是对能源的珍惜，也就是台达一直以来的致力提升能源效率；“厚生”则是厚待万物与环境，关心水资源与海洋生态，让改变发生、让世界更美好。“影响 50 迎向 50”，回顾台达走过的 50 年，致力能源效率提升、实践环保理念，将以核心科技整合数字发展，迎向下个 50 年。

2021 年 5 月 9 日，台达联合《南方周末》在苏州举办了“备战碳中和，释放绿色商业价值”为主题的“CSR 思享荟”。来自政府、高校、研究机构的专家学者及各行业的企业代表聚焦低碳领域，共同探讨在碳达峰、碳中和的新趋势下，企业如何抓住机遇加快绿色转型发展，谋划企业可持续发展新路径。适逢台达 50 周年系列庆典活动，与会代表们受邀参观了台达 50 年来稳健发展的历程展览。

早在 2015 年台达就签署了 *We Mean Business*，2017 年通过了科学减碳目标（Science Based Targets，SBTs），随后积极导入了气候相关财务披露（Task Force on Climate-Related Financial Disclosures，TCFD），加入了全球可再生能源倡议组织 RE100，并承诺台达全球所有网点将于 2030 年达成“100% 使用可再生电力”及“碳中和”的总目标。2020 年已实现碳密集度下降 55%，全球可再生电力使用比例约 45%，并持续朝向 2030 年目标迈进。

台达在经济、社会、环境三个维度上常年保持稳健增长和持续发展，与其完善的公司治理水平紧密相关，尤其是台达瞄准 ESG 三个重要方面的对标战略和对标管理实践发挥出了实效作用。

台达可持续发展委员会是台达内部最高层级的可持续管理组织，于2007年成立后，为适应可持续发展趋势的领导转型，于2019年设立永续长（可持续发展官）一职，以利推动及深化台达的可持续发展，台达组织架构见图5-13。

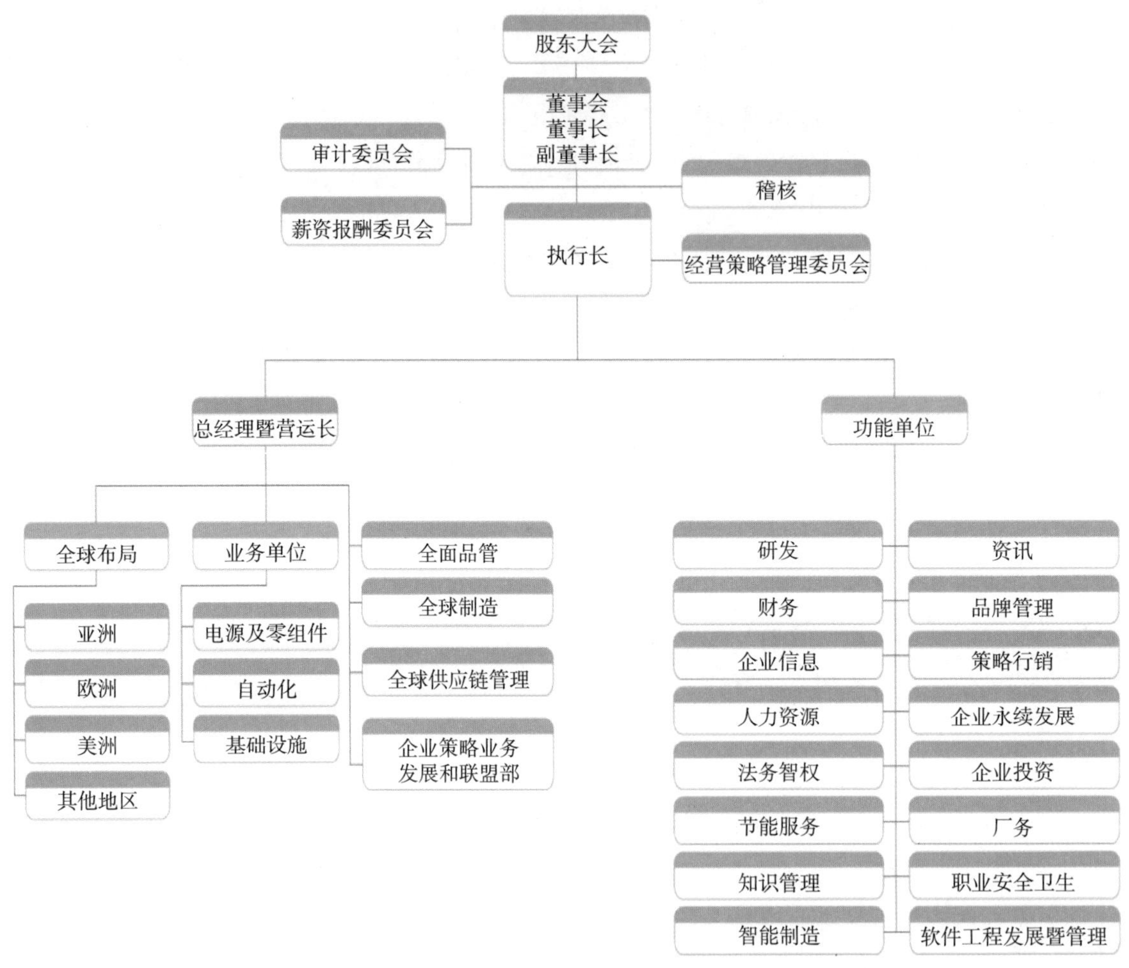

图5-13 台达组织架构

可持续发展委员会由创办人暨荣誉董事长担任荣誉主席，董事长担任主席，委员会成员包含副董事长、执行长、营运长等多位董事会成员和永续长、地区运营主管及功能主管，下设幕僚机构与执行单位，包含各式项目小组和企业永续发展办公室。其中“企业永续发展办公室”担任秘书处的角色，负责研析国际可持续发展趋势，深入了解利益相关方需求，以甄别重大议题，针对气候变化等重大议题对运营可能造成的冲击进行调适与减缓，并与各功能子委员会共同规划应用策略及执行方案，同时每年编写永续报告书，呈报全球永续推动委员会发行。

委员会下辖公司治理、环保节能、员工关系及社会参与三层架构（见图5-14）。2020年在公司治理层下新增“责任商业联盟”，设立十大项目小组。项目小组由业务单位、地区及相关部门主管组成，负责拟定台达各项项目方针、开发工具与流程，并通过定期会议，制定永续年度策略规划，检视集团及各功能委员会的运作方向并督导执行成效，执行成果每季向董事会呈报。

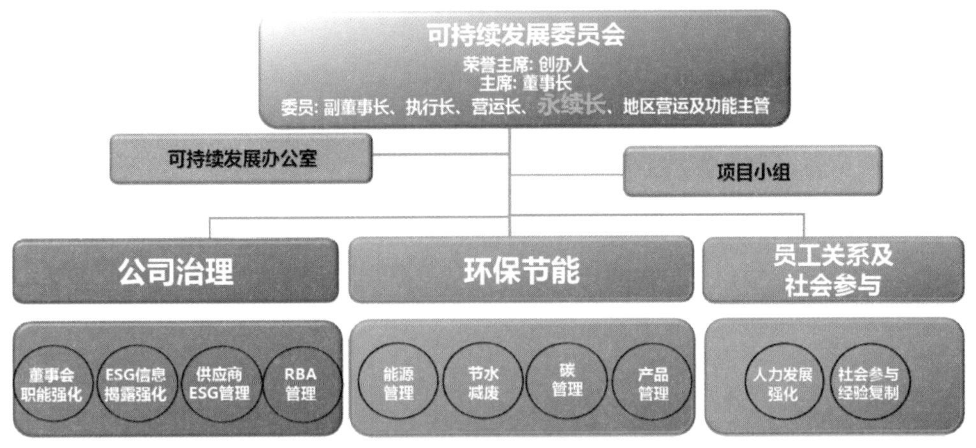

图 5-14 台达可持续发展委员会架构

（1）诚信经营。诚信经营是台达的核心价值也是企业的 DNA，深植于企业文化及制度之中。2020 年，台达修订《诚信经营守则》，并通过宣传、讲座、讨论等方式对员工开展诚信经营、公平竞争教育，强化员工诚信经营的理念。

（2）守法合规。台达在公平竞争、劳动保障、知识产权保护、环境保护、消费者保护、廉洁经营等领域，不断建立健全守法合规体系，并通过合规管理体系的制定修改、各部门合规系统维持与管理、提供合规指南培训、实施合规诊断并规制违法违规人员以及把握并跟踪法规制定与修订现状等活动的开展，确保公司商业活动合法化、规范化。

在反腐败方面，台达秉持“坚持绿色永续经营，建设健康的市场环境”的理念，通过预防教育、制定制度、开展监督等方式，推进廉洁组织文化建设，规范员工廉洁观念。例如，对内颁布《员工行为准则》，对廉洁诚信进行制度上的规定；组建专业内部稽核团队，监察及杜绝商业腐败；对外与合作方签订《廉洁承诺书》，约定双方廉洁诚信经营等。此外，公司畅通电子信箱、电话等监督渠道，鼓励公众对违反廉洁诚信经营的行为进行检举、揭发，对收到的每一个举报，均会据实查证，严肃处理，台达守法合规覆盖领域见图 5-15。

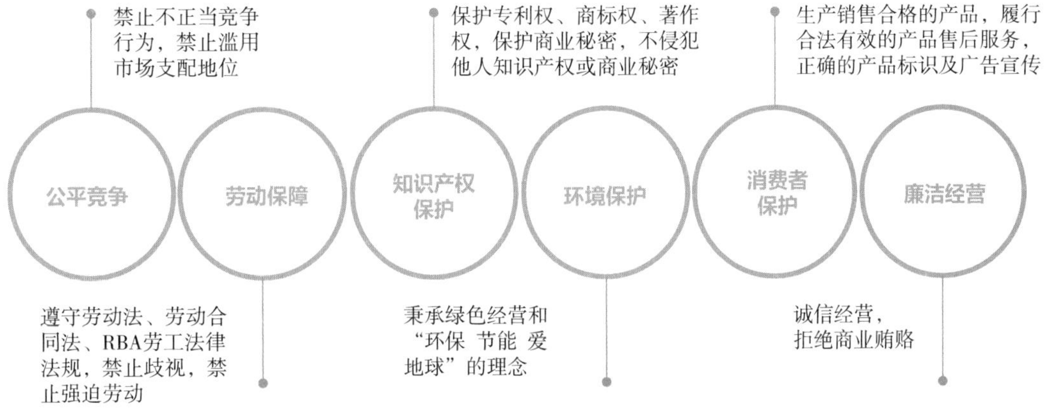

图 5-15 台达守法合规覆盖领域

（3）风险管理。台达不断完善财务、投资、资讯、法律、环境、安全卫生等领域风险管理，将风险管理流程贯穿于管理经营各环节，努力构建全面风险管理体系，旨在将风险控制在与公司经营总目标相适应并可承受的范围内，着力提高公司经营效益及效率，创造更大的社会价值。

以新兴风险为例，针对2019年底暴发的新冠疫情，台达于全球厂区及网点皆落实防疫工作：防疫指挥中心兼任秘书处，统筹区域疫情、法规更新、防疫物资统筹管理、对台达影响的评估及对内防疫公告审核等工作；全球各区域最高主管定期回报各厂区防疫状况并执行落地计划，以及通报全球各网点疫情；业务单位最高主管定期汇报所属厂区或产线的产能状况、可能面临问题与客户沟通等；总部人资、统购、法务、财务、信息等部门，提供完整后勤支持，包括要求各区执行厂办防疫，密切监控全球员工健康状况、统一对外信息沟通、防疫物资采购、各种法律问题与资金安全问题等。

（4）信息披露情况。台达将公司治理相关信息披露于公司官网、ESG网站及公司年报、可持续发展报告中，为各利益相关方提供便利的信息获取平台。

- 公司官网：https://www.delta-china.com.cn/zh-CN/index。
- ESG网站：https://esg.delta-china.com.cn/index。
- 年报下载链接：https://www.deltaww.com/zh-TW/Investors/annual-Reports。
- 可持续发展报告下载链接：https://esg.delta-china.com.cn/CSR-Reports。

台达在永续经营领域，积极投入资源，加大治理力度；设有永续发展办公室，规划并推动公司ESG发展相关策略与项目。永续发展办公室是台达ESG智库，负责开发可持续新项目并将其推展落地，经常需要与全球各单位跨部门合作，并通过各式渠道，如ESG报告书、国际评比与倡议活动等，对内外部的利益相关方沟通台达可持续发展。

从台达的ESG治理，到由上至下各层级业务单元和员工的积极参与，我们看到了台达深入实施社会责任管理，促进社会责任与企业经营管理相融合，并从完善公司治理、落实安全管理及强化供应商管理等方面，全面提升企业经营管理水平和综合能力，推进公司可持续发展的卓越实践；也看到了台达自成立以来，始终秉持“环保 节能 爱地球”的经营使命，将可持续发展理念与企业日常管理相融合的系统化、结构化、动态化的体系建设。台达制定的《企业社会责任守则》，明确定义四项主要原则，包括落实公司治理、发展永续环境、维护社会公益及加强企业社会责任信息披露。作为全球企业公民，台达积极响应联合国可持续发展目标，结合企业发展，聚焦其中八项作为台达对标的未来重点发展方向。同时，台达制定可持续发展年度战略规划，定期召开可持续发展委员会会议，审查可持续发展工作方向与执行成效，并向ESG委员会及集团领导呈报；通过构建和完善ESG指标体系，为ESG管理实践及信息披露提供指引。

思考题

1. 请结合本企业的战略发展和行业特征，制定ESG工作目标及行动方案。
2. 在ESG治理、ESG管理方面，各找1～2家标杆企业，分析其体系架构、工作方法。
3. 结合ESG管理核心步骤，制定企业的ESG管理体系。

参考文献

[1] 迈克尔·柯利．环境金融准则：支持可再生能源和可持续环境的金融政策[M]. 大连：东北财经大学出版社，2017.

[2] 国家电网公司的全面社会责任管理模式 [EB/OL].（2012-07-09）[2022-03-09]. http：//www.sinomach.com.cn/ztzl/gjjtqmkzgltshd/xxjl_174/201412/t20141218_49410.html.

[3] Lars Kaise. ESG Integration：Value，Growth and Momentum[J]. Journal of Asset Management，2020，21（1）：32-51.

[4] 陈宁，孙飞 . 国内外 ESG 体系发展比较和我国构建 ESG 体系的建议 [J]. 发展研究，2019（3）：59-64.

[5] 从 181 位 CEO《企业宗旨宣言》到 1300 位 CEO《重塑全球合作声明》[EB/OL].（2020-10-04）[2022-03-09]. http：//www.yici.com/news/100790055.html.

[6] 可持续发展是企业生存的必经之路 [EB/OL].（2021-02-08）[2022-03-09]. https：//www2.deloitte.com/cn/zh/pages/risk/articles/international-esg-ratings-and-suggestions.html.

[7] 可持续商业的新生态、新范式和新领导力 [EB/OL].（2019-11-26）[2022-03-09]. http：//www.chinadevelopmentbrief.org.cn/news-23540.html.

[8] 全球报告倡议组织董事吕博士：在可持续商业领导力体系中引入变革的能力 [EB/OL].（2019-10-28）[2022-03-09]. http：//www.163.com/dy/article/ESJI3KMK0519QIKK.html.

[9] 邱慈观 . 可持续金融 [M]. 上海：上海交通大学出版社，2019.

[10] 孙冬，杨硕，赵雨萱，等 . ESG 表现、财务状况与系统性风险相关性研究：以沪深 A 股电力上市公司为例 [J]. 中国环境管理，2019（2）：37-43.

[11] 环境、社会及管治报告指引 [R]. 2015.

[12] 杨蕙宇 . 国内外 ESG 体系的比较 [J]. 企业改革与管理，2020（2）：51-52.

第6章
ESG信息披露

本章导读

ESG生态正在逐渐形成，走入主流的ESG投资趋势也在进一步加强，对于整个ESG生态来说，企业的ESG信息披露是基础设施，是整个ESG生态形成的先导和基石，是推动ESG评级、ESG投资的必要条件。全球ESG生态兴起以来，资本市场积极推进的ESG信息披露取得了较大的进展，但ESG信息披露质量不高也成为影响整个ESG生态建设的核心障碍。未来，资本发展要从以纯粹逐利阶段转变为以共同富裕、社会福祉为出发点的阶段，但资本追求增长的第一逻辑不会变，资本将着力寻求对社会有益的、可持续的、稳健的投资主线，ESG投资会成为主流选择。企业明确、精准、系统地披露ESG信息，告知投资者和公众自身在ESG方面的表现，便于投资者和公众能够较为准确、客观地判断其管理质量、确定业务风险敞口，并评估其利用商业机会的能力。

完善的ESG信息披露体系是上市公司深化履行社会责任、积极与利益相关方沟通的重要载体。本章主要从ESG信息披露概述、ESG报告和ESG信息披露的其他方式三个方面详细展开阐述，为企业开展ESG信息披露工作提供更好的参考和借鉴意义。第一部分ESG信息披露概述主要阐述ESG信息披露的重要性、全球交易所上市公司ESG信息披露情况和ESG信息披露原则，方便读者了解全球ESG信息披露的发展情况，评估当前开展ESG信息披露的重要性和紧急性。第二部分介绍ESG报告，ESG报告是ESG信息披露的重要形式，利用好ESG报告这一工具，对于提升上市企业市值管理和品牌价值管理水平，引领企业高质量发展具有重要意义，本部分重点阐述ESG报告的功能、披露框架、ESG报告编写流程等。第三部分向读者介绍ESG信息披露的其他方式。由于ESG报告多为一年发布一次，对于非报告节点的各类ESG信息，企业可以通过网站和其他新媒体、年报和其他专项报告、线下活动等多元渠道动态、系统地披露ESG信息。

学习目标

1. 了解ESG信息披露的重要性、全球ESG信息披露情况、ESG信息披露原则。
2. 掌握主流ESG报告编写指南框架、ESG报告编写流程、ESG报告发布方式。
3. 了解ESG信息披露的其他方式。

6

导入案例

越来越多的中国企业开始发布 ESG 年度报告。截至 2023 年 8 月底，沪深 300 范围内发布 2022 年 ESG 报告的公司占比 93%，较 2020 年的 83% 明显提升。与其他主要股指成分股平均水平相比，沪深 300 公司在 ESG 信息披露的范围和质量上平均排名较为靠后，与之相较的其他主要股指包括中国香港恒生指数、日经 225、美国标普 500、英国富时 100 和韩国 KOSPI200①。

从 2015 年开始，中国香港恒生指数的平均披露得分快速攀升。正是在 2015 年，香港联合交易所发布了咨询文件，将“建议披露”更改为“遵从并解释披露”，提高了 ESG 披露的要求。此后，许多在香港联合交易所上市的企业开始陆续发布其首份 ESG 报告。2021 财年共有 1265 家港股独立发布 ESG 报告，ESG 报告独立披露率为 51.2%。这表明更加严格的监管可以更好地推动 ESG 信息的系统披露。

虽然中国内地企业的 ESG 披露意识正在觉醒，但在 ESG 报告披露的深度和广度上面临多个难点和痛点。上市企业在 ESG 管理机制向上融入治理层面动力不足，较少企业的 ESG 治理体系能够满足资本市场的期望；披露指引多且分散、重大议题的判定难题、数据统计困难且质量不高依然困扰着企业；中国 A 股监管对上市公司 ESG 披露的要求较为原则化，没有细则和强制性要求，上市公司的 ESG 信息披露质量与成熟市场仍有较大差距，投资者难以获取有效的 ESG 信息。

① 参见平安数字经济研究院、平安集团 ESG 办公室的《ESG 在中国信息披露和投资的应用与挑战》。

6.1 ESG信息披露概述

企业披露 ESG 信息的首要推动方是投资者，企业系统披露 ESG 信息可以降低投资者因不了解企业的环境、社会、治理等要素而带来的投资风险，有利于投资者掌握更全面的企业信息并在市场上选择合适的投资标的。对于企业来说，系统披露 ESG 信息可以吸引优质的投资者，是企业市值管理提升的重要方式。随着国际上越来越多证券交易所或者监管机构推出上市公司 ESG 信息披露要求，对上市公司控制环境和社会风险、推动其更好地管理非财务绩效提出更为明确的指引。

6.1.1 ESG信息披露的重要性

6.1.1.1 监管机构：ESG 信息披露是资本市场健康发展的重要保障

上市公司是国家经济增长与结构转型的中坚力量。随着以信息披露为核心的证券发行注册制在我国的实施，更加明确了信息披露是资本市场健康发展的生命线，是维护资本市场公平公正的基础。在资本市场的信息披露中，非财务信息和财务信息是相辅相成的，企业的财务信息相对非财务信息更容易获得、更加量化，可以通过大数据进行收集、分析，而以 ESG 信息为核心的非财务信息则较难获得，一方面企业自身还未形成对 ESG 信息的收集体系，另一方面 ESG 投资还在逐渐被市场认可中。我国的 ESG 生态圈正在形成，能看到 ESG 信息披露创造出市场价值、社会价值的企业还不多，上市公司也就没有动力进行系统、规范的 ESG 信息披露。识别出企业面临的 ESG 风险和机遇，某种程度上更能反映出企业的长期投资价值，尤其是在经济下行压力加大、供给侧结构性改革的背景下，这些 ESG 信息具有资本市场"风向标"的作用，能够减少证券市场信息不对称，让投资者充分降低其风险溢价，从而充分发挥证券市场定价和资源配置功能，促使资本市场健康发展。

6.1.1.2 投资者：ESG 信息披露是投资决策的重要依据

投资者和社会公众对企业信息的获取渠道会因企业是否上市而不同。如果是上市公司，投资者和社会公众主要是通过阅读其披露的各类临时公告和定期报告，包括企业的 ESG 报告；对于非上市公司，投资者和社会公众更多的是看其官方网站、官方微信上公开披露的信息，并对这些公开信息进行分析判断，从而将这些信息作为投资决策的主要依据。如何通过非财务信息和财务信息筛选投资目标，是投资决策的关键。上市公司只有真实、全面、及时、充分地进行信息披露，提高 ESG 信息披露的数量和质量，才能够促使价值投资者更准确、更合理地定位公司盈利能力及可持续发展状况。当前，上市公司的财务信息披露已经基本形成了既有的格式和模板，投资者和研究机构获取上市公司的财务信息相对容易，但随着经济业务活动越来越复杂，仅对财务信息披露已不能对公司的经营能力、业绩驱动因素、核心竞争力及存在的风险进行全面评估，看似经营状况极佳的财务报告，可能由于企业对 ESG 风险识别不足或者 ESG 信息的瞒报、漏报，使企业的经营暗藏危机，对企业的可持续发展造成重大影响。为了降低财务分析发现不了的风险，深入分析 ESG 信息已成为投资者决策的重要依据，通过将 ESG 纳入投资策略中，除了可以规避企业的环境风险、道德风险、治理风险等以外，还能够在系统性风险发生时，筛选出抗风险能力强、自身管理能力强的投资标的来缓解市场冲击，进而获得更高回报。随着越来越多的投资者将 ESG 信息纳入他们的投资决策中，ESG 投资理念逐步成为投资者的主流投资策略，这也能够倒逼企业去改善 ESG 表现，提升 ESG 信息披露质量，进而推动整个市场的高质量发展。

6.1.1.3 企业：ESG 信息披露是价值管理的重要手段

信息披露是企业向投资者和社会公众沟通信息的桥梁，良好的信息披露能够让企业在资本市场树立良好的形象已经成为共识，也是企业价值管理的主要方式。企业进行信息披露既是监管机构的规则要求，也是吸引投资者或者潜在投资者投入资金，帮助实现企业价值的重要途径。已经有很多研究表明，上市公司市值的变动从长期来看与企业所处行业的发展前景和政策趋势、公司治理、环境影响及风险、社会责任履行等 ESG 相关的议题信息息息相关。据深交所调查，2020 年，51% 的深交所上市公司有过自愿信息披露行为，内容以行业经营、公司治理和战略规划等 ESG 信息为主，其中 98% 的上市公司认为相关信息披露有助于向投资者传达公司的成长属性和潜在价值。随着债信评级逐步将 ESG 纳入考量因素，即使对于非上市公司来说，ESG 信息披露的重要性也日益凸显。

主动进行 ESG 信息披露的价值还表现在：帮助企业建立稳健的利益相关方生态圈，倒逼企业增强自身责任感和使命感；此外，ESG 信息披露是企业参与国际竞争的应有之举，具备国际领先水平的 ESG 信息披露有利于帮助中国企业更好“走出去”，用 ESG 这一国际话语与合作方进行对话，提升中国企业在全球市场的声誉，赢得国际客户的信任。

6.1.2 全球交易所推动ESG信息披露

6.1.2.1 全球 ESG 信息披露概况

自联合国提出 ESG 概念以来，人们对于非财务业绩信息的关注越来越聚焦于企业在环境、社会责任和公司治理方面的表现。伴随 ESG 信息披露制度在许多国家和地区的建立和完善，很多企业已纷纷开始积极评估和披露自身的 ESG 表现。在 ESG 信息披露制度从建立完善到落地运转的过程中，各国和地区监管机构往往最先开展行动，交易所等平台机构紧随其后，而专业服务机构则跟进提供相应支持，企业相继开展信息披露行动，形成了多部门、多主体合作推进 ESG 信息披露的态势。

美国是全球最早制定专门针对上市公司环境信息披露制度的国家。1934 年通过的《证券法》的 S-K 监管规则中规定了上市公司要披露包括环境负债、遵循环境和其他法规导致的成本等内容，以此加大对上市公司环境问题的监管。近年来，美国的上市公司 ESG 信息披露采用的框架以联合国全球契约组织（UNGC）、全球报告倡议组织（GRI）、可持续发展会计准则委员会（SASB）等国际主流的 ESG 信息披露标准为主。纳斯达克证券交易所发布了《ESG 报告指南 2.0》，就环境、社会和公司治理事项提出了披露要求，对各项指标包括的内容、计量方式、披露方式等进行了详细的说明。纽约证券交易所在其官方网站设置“可持续性报告的最佳实践”专栏，通过 8 个步骤详细指导上市公司汇报 ESG 信息。2022 年 3 月，美国证券交易委员会(SEC) 发布《上市公司气候数据披露标准草案》，提出未来美股上市公司在提交招股书和发布年报等财务报告时，都需对外公布公司碳排放水平、管理层的治理流程与碳减排目标等信息。

欧盟在 2014 年颁布了《非财务报告指令》(*Non-Financial Reporting Directive*，NFRD)。指令要求欧盟成员国出台国内法令，强制员工人数超过 500 人以上的大型企业进行 ESG 信息披露。2022 年 11 月 28 日，欧盟理事会最终通过了企业可持续发展报告指令（*Corporate Sustainability Reporting Directive*，CSRD），成为欧盟 ESG 信息披露核心法规，正式取代欧盟于 2014 年 10 月发布的《非财务报告指令》。符合指令的企业必须按照《欧盟可持续发展报告准则》(*European Sustainability Reporting Standards*，ESRS）披露 ESG 报告。2023 年 7 月 31 日，欧盟委员会正式通过《欧盟可持续发展报告准则》(ESRS）授权法案，该准则将于 2024 年 1 月 1 日生效。首套 ESRS 共包含 12 项披露准则，包括 2 份跨领域交叉准则（Cross-cutting Standards）与 10 份主题准则（Topic-specific Standards），实现了对环境、社会责任和公司治理领域的 ESG 议题全覆盖。德国和意大利相继在 2016 年和 2017 年出台针对大型企业的强制性 ESG 信息披露规定，并要求不遵守的企业须做出解释。到 2021 年上半年，所有欧盟成员国均已根据《非财务报告指令》完成了国家层面的相关法规建设工作，而丹麦、瑞典等国则更进一步，将强制信息披露要求的适用范围拓展至所有员工数大于 250 人的企业。以法国的 ESG 信息披露制度的形成过程为例，先是由国家最高权力机关出台了统领性的政策法规，然后交易所和金融监管部门则相应承担起制定配套文件和执行政策的任务。

亚洲国家中，日本相关制度体系的搭建来自许多部门的共同努力：从日本金融厅联合东京证券交易所在 2015 年首次颁布、2018 年修订《日本公司治理守则》，到日本经济贸易和工业部在 2017 年出台《协作价值创造指南》，再到日本交易所集团及其子公司东京证券交易所在 2020 年 5 月发布《ESG 信息披露实用手册》，都显示出日本对 ESG 信息披露的重视。

各国都在推进 ESG 信息披露工作，但披露的要求各有不同。例如，法国在 2017 年颁布的《法令 n° 2017-1180》中要求公司在报告基本的“环境事项”之外，附加披露“公司活动及其服务和产品对气候变化的影响”。长期饱受贪腐问题困扰的意大利则是在披露项目中添加了“反贿赂和反腐败”的内容。印度时至今日仍面临贫富差距过大、人权缺乏保障、种姓间冲突割裂、空气与水污染严重等一系列严峻的社会与环境问题。印度公司事务部发布《国家商业社会、环境及经济责任自愿指引》，提出一个相对均衡但同时突出了社会议题维度的 ESG 信息披露框架（见图 6-1）。

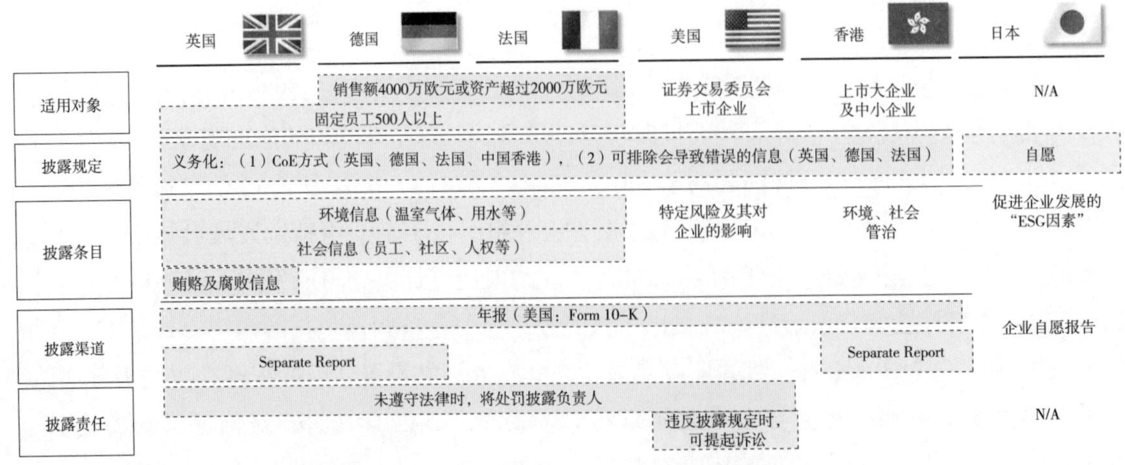

图 6-1 全球部分国家对企业 ESG 披露信息的相关要求

资料来源：责任云研究院整理。

在各方推动力量中，证券交易所组织并监督证券交易，促进并监督上市公司进行 ESG 信息披露责无旁贷。2009 年，时任联合国秘书长潘基文主持召开可持续证券交易所倡议（Sustainable Stock Exchange Initiative，SSEI）的第一次全球对话，呼吁监管机构、证券交易所支持并执行 ESG 信息披露指引。截至 2020 年 11 月，全球 98 家交易所加入联合国可持续证券交易所倡议，成为 SSEI 伙伴交易所，广泛分布在北美洲、欧洲及亚洲等地区。在 SSEI 的支持和引导下，越来越多的证券交易所要求或鼓励上市公司重视开展 ESG 实践，促进自身和社会、环境的可持续发展。

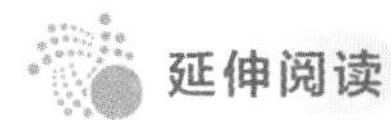

全球上市公司ESG信息披露率

根据 2019 年 CorporateKnights 发布的《测量可持续性方面的披露》报告，披露情况排名前三的交易所是芬兰纳斯达克赫尔辛基证券交易所、西班牙马德里证券交易所与葡萄牙里斯本泛欧交易所，其上市公司披露率分别达 80.6%、77.7% 与 73.8%（见表 6-1），并且仍旧保持增长态势。上海证券交易所和深圳证券交易所上市公司在一些关键指标上的披露率分别为 24.2% 和 18.1%，在评估的 48 个交易所中排名第 41 位和第 44 位。香港证券交易所相对表现较好，披露率达 43.5%，排名第 27 位，增长率为 26.1%，为第二高。

表 6-1　世界部分交易所上市公司 ESG 信息披露情况

排名	交易所	所在地区	披露率（%）	披露增长率（%）	披露及时性（天数）
1	纳斯达克赫尔辛基证券交易所	芬兰赫尔辛基	80.6	3.6	126
2	西班牙马德里证券交易所	西班牙马德里	77.7	2.3	181
3	葡萄牙里斯本泛欧交易所	葡萄牙里斯本	73.8	3.7	205
4	巴黎泛欧交易所	法国巴黎	68.8	2.2	190
5	约翰内斯堡证券交易所	南非约翰内斯堡	68.1	0.0	—
6	意大利证券交易所	意大利米兰	66.3	10.7	149
7	阿姆斯特丹泛欧交易所	荷兰阿姆斯特丹	64.9	6.6	134
8	哥伦比亚证券交易所	哥伦比亚波哥大	64.6	11.8	124
9	泰国证券交易所	泰国曼谷	60.3	8.5	105
10	纳斯达克斯德哥尔摩证券交易所	瑞典斯德哥尔摩	60.0	5.1	98
10	纳斯达克哥本哈根证券交易所	丹麦哥本哈根	60.0	2.1	73
……					
27	香港证券交易所	中国香港	43.5	26.1	168
……					
41	上海证券交易所	中国上海	24.2	19.6	—
……					
44	深证证券交易所	中国深圳	18.1	16.6	—

资料来源：社投盟研究院整理。

6.1.2.2 H 股 ESG 信息披露发展情况

在亚洲地区的交易所中香港联合交易所的 ESG 信息披露制度要求呈现日趋强制性这一特征。香港联合交易所于 2012 年发布《环境、社会及管治报告指引》，建议所有上市公司披露相关信息，这一指引被列入交易所《上市规则》附录中，并于 2013 年 1 月 1 日正式生效。香港相关部门在 2014 年出台新修订的《公司条例》，要求所有在港注册公司（除豁免公司外）披露 ESG 相关信息。香港联合交易所于 2015 年对《环境、社会及管治报告指引》进行修订，要求企业披露 ESG 报告，并将部分指标分阶段提升至“不遵守就解释”。2019 年 12 月 18 日，香港联合交易所发布公告，披露《环境、社会及管治报告指引》的咨询总结，陈述了市场各方对 2019 年 5 月 17 日《环境、社会及管治报告指引》修订建议的反馈意见。总体来看，各项修订建议都获得 83% 或以上的支持，显示市场对 ESG 报告的较高支持度。因此，香港联合交易所决定在对修订建议方面略做调整后推行，同年发布了第三版《环境、社会及管治报告指引》，生效时间为 2020 年 7 月 1 日至 2021 年 12 月 31 日。现行《环境、社会及管治报告指引》由 2022 年 1 月 1 日起生效，明确提出“发行人须在刊发年报时，同时刊发环境、社会及管治报告”。2023 年 4 月，香港联合交易所刊发咨询文件，就建议优化环境、社会及管治（ESG）框架下的气候信息披露征询市场意见。香港联合交易所建议规定所有发行人在其 ESG 报告中披露气候相关信息，以及推出符合国际可持续发展准则理事会（ISSB）气候准则的新气候相关信息披露要求。

6.1.2.3 A 股 ESG 信息披露发展情况

早在 2006 年、2008 年，深圳证券交易所、上海证券交易所分别出台了关于上市公司社会责任信息披露的相关要求，其需要披露的内容也正是企业的 ESG 相关信息。2018 年，证监会修订《上市公司治理准则》，要求上市公司披露扶贫、环境和治理等信息。2018 年，上海证券交易所开始制定《上海证券交易所上市公司 ESG 信息披露指引》，深圳证券交易所起草相关 ESG 信息披露指引，两份文件多次召开征求意见座谈会。2022 年 5 月，证监会发布新版《上市公司投资者关系管理工作指引》，在投资者关系管理的沟通内容中首次纳入“公司的环境、社会和治理信息”。

在监管政策的倡导和推动下，越来越多的 A 股上市公司开展 ESG 信息披露工作，并主动发布 ESG 报告、社会责任报告、可持续发展报告。截至 2023 年 6 月底，A 股上市公司中共有 1817 家发布了 2022 年度 ESG 相关报告，约占上市公司数量的 35%。

随着中国碳达峰、碳中和“3060”目标的提出，政府、监管机构、交易所等各方愈发关注并大力推动 ESG 发展。在此趋势驱动下，上市公司进行高质量的 ESG 信息披露将愈发重要。

6.1.3 ESG信息披露原则

国际上 ESG 披露实践主要遵循四个原则：实质性原则、量化原则、平衡性原则、一致性原则。

6.1.3.1 实质性原则

实质性原则也被称为重要性原则或者影响显著性原则，该原则是会计和审计行业普遍遵循的重要原则之一，现在它也成为衡量 ESG 信息披露质量的一项重要参考依据。实质性原则是当环境、社会及公司治理事宜会对投资者及其他权益人产生重要影响时，企业就应该做出信息披露。

许多国家和地区的 ESG 信息披露制度对信息披露的实质性提出了要求。但值得注意的是，不同交易所的 ESG 信息披露政策中，对于何为“实质性”有着不同的界定。

在一些政策框架中，实质性是从公司自身业务发展和利润回报等经济角度进行定义的。例如，在 2016 年新加坡证券交易所发布的《可持续发展报告指引》中，实质性 ESG 信息的范畴被界定为“作为实现（公司）短期、中期和长期业务目标的障碍或促进因素”。在中国香港，市场监管者对于 ESG 信息实质性有着更为多元的定义，强调公司需要关注的是那些对投资人和其他利益相关方会造成影响的议题。

近年来，在欧盟委员会的推动下，“双重实质性”的理念在许多欧洲国家成为制定 ESG 信息披露政策的核心概念之一。在 ESG 报告中遵循“双重实质性”原则，意味着公司不仅要考察某一议题对企业自身的发展、经营和市场地位的影响，还要考量这些议题对外部经济、社会和环境的影响。

6.1.3.2 量化原则

量化原则指的是 ESG 信息披露时关键绩效指标须可予计量。针对重大的 ESG 关键绩效指标可以定下目标，并披露目标的完成程度。这样环境、社会及治理政策与管理系统的效益可被评估及验证。量化资料应附带说明，阐述其目的及影响，并在适当的情况下提供比较数据。量化信息的披露应有助于利益相关方和投资者对企业的 ESG 表现进行横向和纵向的分析和比较。ESG 信息披露的数据若不能标准化，投资者在制定投资决策时试图整合 ESG 信息就会遇到困难。低质量的 ESG 数据被认为是财务分析中 ESG 整合所遇到的主要障碍。

量化原则主要影响环境类指标的披露。根据企业反馈的 ESG 信息披露难点，其中或多或少存在数据计量口径不统一或计算不准确的问题。例如，将用电量换算为二氧化碳排放量的过程中，一个非常重要的步骤是选取碳排放系数，不同区域电网的二氧化碳排放系数是不同的，但很多企业在换算过程中并没有考虑这一点，外界的非专业人士也很难仅从 ESG 报告披露的二氧化碳排放总量中看出问题。有的交易所已经在逐步规范企业信息披露的量化问题。再如，香港联合交易所现行版的《环境、社会及管治报告指引》要求披露有关计算排放量 / 能源耗用所用的标准、方法、假设及 / 或计算工具的数据，以及所使用的转换因素的来源，有利于提升 ESG 报告数据的准确度和可信度。

6.1.3.3 平衡性原则

ESG 信息披露应该不偏不倚地披露企业的表现，避免可能会不恰当地影响信息收取者决策或判断的情况。尤其是上市公司的报告，为了让投资者能够获取有价值的信息点，更要中肯、真实地披露企业的相关信息。

长期以来，“报喜不报忧”是很多企业进行 ESG 信息披露的常态，很多企业即使发布 ESG 报告或者社会责任报告，也都以宣传为主，很少有企业主动在 ESG 报告中披露负面信息或者披露在该议题下的风险。例如，电力行业的某企业在其报告中披露了风电、太阳能等清洁能源的装机容量，但不披露企业的火电装机容量及火电业务的未来规划。众所周知，火电对环境造成的影响会更大，但该企业在报告中很少提及火力发电污染环境这方面涉及的信息，有些年份甚至从未提及，这就无法满足利益相关者的需求。再如，互联网企业的信息披露中极少有企业提到对于国家反垄断政策的应对，对于员工加班时长、平均工作时长等投资者和公众关注焦点，会因对企业造成负面舆情而闭口不谈。

6.1.3.4 一致性原则

一致性原则是企业应使用一致的披露统计方法，包括纵向一致（单个企业应持续使用一套数据计算及披露方法，以使报告具有历史可比性）和横向一致（跨行业可比），令环境、社会及治理数据可以横向和纵向进行有意义的比较。

由于我国A股市场以自愿型信息披露制度为主，鼓励上市公司自愿披露ESG相关信息，虽然2018年修订的《上市公司治理准则》中确立了ESG信息披露的基本框架，但是该准则仅提供了框架，未对信息披露的格式、指标体系和指标的统计口径做出明确的要求。因此，企业披露的信息大多仍以定性描述披露为主，定量指标披露量少，并且披露内容也比较随机。尤其对于环境数据，如二氧化碳排放量等数据，石化类企业很少披露绝对值，通常采用同比上升、下降等方式进行披露，这不利于同行业之间的对比。此外，企业应及时披露统计方法的变更（如有）或任何其他影响比较的相关因素。

中国企业ESG报告评级的“七性”原则

2010年，时任国务院国资委研究局局长、中国社会科学院经济学部企业社会责任研究中心常务副理事长彭华岗先生领导社会责任领域的专家制定并发布我国第一份社会责任报告评价标准——《中国企业社会责任报告评级标准（2010）》，邀请我国企业社会责任研究者及各行业专家共同组成“中国企业社会责任报告评级专家委员会”（以下简称“评级专家委员会”），出具附有专家签名的评级报告，帮助中国企业提升社会责任报告编制水平。截至2023年8月31日，“评级专家委员会”已累计为超350家中外企业出具1183份评级报告，报告评级已成为国内最具权威性、最有影响力的报告评价业务，为中外企业所广泛认可。

ESG报告评级提出好的报告应当符合七大指标：过程性、实质性、完整性、平衡性、可比性、可读性、及时性。

（1）过程性是指企业在编制、使用ESG报告的过程中对报告进行全方位的价值管理，充分发挥报告在利益相关方沟通、合规要求响应、ESG绩效监控中的作用，将报告作为提升公司ESG管理水平、获得资本市场认可的有效工具。

（2）实质性是指企业在ESG报告中披露ESG重点议题及其识别过程、企业运营对利益相关方的重要和实质影响。

（3）完整性是指ESG报告全面反映了企业对社会环境的重大影响，利益相关方可以根据ESG报告知晓企业在报告期间关于ESG工作的理念、制度、措施以及绩效。

（4）平衡性是指ESG报告应公允地表述企业的正面影响，并中肯、客观、不偏不倚地披露企业在报告期内的履责不足之处及整改举措，客观分析企业经营中面临的风险和机遇，避免可能会不恰当地影响使用者决策或判断。

（5）可比性是指 ESG 报告对信息的披露应有助于利益相关方对企业 ESG 绩效进行比较分析。

（6）可读性是指 ESG 报告的信息披露易于使用者理解和接受。

（7）可及性是指企业 ESG 报告尽可能地遵循与年度财务报告相同的时间线，以便使用者能够便捷、及时、快速获取 ESG 报告及相关信息。

6.2 ESG报告

ESG 报告是企业向投资者、监管机构等利益相关方披露其在环境、社会及治理等方面的理念、措施、表现及重大影响的工具和载体。企业通过定期发布 ESG 报告可以加强风险管理、改善集资能力、满足供应链需求等。发布 ESG 报告是企业系统、全面进行 ESG 信息披露的主流方式。

6.2.1 ESG报告功能

香港联合交易所在既往版本的《环境、社会及管治报告指引》咨询文件中指出，本交易所的角色是“确保市场公平有序及信息灵通”。“信息灵通”的市场须同时提供非财务及财务资讯。ESG 可反映公司的管理实力及长远发展前景。通过加强环境、社会及治理监管从长远来看能够为公司创造有形和无形价值，从而推动公司整体价值的提升。香港联合交易所在既往版本的《环境、社会及管治报告指引》中对公司的 ESG 表现及报告如何提升公司的价值进行了诠释，包括以下八项：

（1）风险管理；

（2）改善集资能力；

（3）供应链需求；

（4）提升声誉；

（5）缩减成本及提高利润率；

（6）鼓励创新；

（7）保留人才；

（8）社会认可。

ESG 报告的具体功能如下：

第一，“防风险”。通过编制和发布 ESG 报告，主要满足机构投资者、资本市场、监管机构等利益相关方对于企业信息披露的强制、半强制或倡导性要求，避免“合规风险”，推动企业可持续发展能力的提升。

第二，“促经营”。通过编制和发布 ESG 报告，一方面，为资本市场的研究、评级机构提供充分信息，获得资本市场好评，提升投融资能力和效率；另一方面，通过对重点项目、重点产品社会环境影响的梳理，提升其影响力。

第三，“强管理”。通过编制和发布 ESG 报告，在全流程工作推进过程中提升 ESG 管理水平（“以编促管”）；同时，在宣贯理念、发现短板、解决问题过程中强化基础管理水平，进而促进企业持续、健康发展。

第四，“塑品牌”。通过编制和发布 ESG 报告，传递企业社会责任理念、愿景、价值观及履责行为和绩效，对内吸引并保留人才，对外贡献社区，实现与社会共赢，从而展现企业负责任的形象，提升品牌美誉度。

6.2.2 ESG报告与CSR报告、SDR报告比较

近年来，监管机构对 ESG 的要求逐渐加强，资本市场对 ESG 的关注度明显提高，越来越多的投资者通过 ESG 报告等渠道获取企业 ESG 表现，并将其作为投资决策的重要参考之一。我国上市公司需进一步提升 ESG 信息披露质量，在满足监管合规的基础上，有效回应投资者关注。除 ESG 报告外，企业社会责任报告（以下简称“CSR 报告”）、可持续发展报告（以下简称“SDR 报告”）、企业公民报告等也是上市公司披露 ESG 信息的主要形式。

那么 ESG 报告、CSR 报告及 SDR 报告有哪些异同点呢？通过表 6-2 进行详细辨析。

表 6-2 ESG 报告、CSR 报告及 SDR 报告的异同点

比较维度	ESG 报告	CSR 报告	SDR 报告
受众群体	主要是资本市场参与方，特别是机构投资者及监管机构	兼顾各利益相关方	兼顾各利益相关方
披露重点	重点披露各个议题对自身业务的影响	主要披露自身的业务对各利益相关方的影响	主要披露自身的业务对各利益相关方的影响
报告框架	遵循相关 ESG 报告要求，同时参考 GRI 标准等框架	一般遵循 GRI 标准、中国社会科学院 CASS4.0 等框架，从经济、社会和环境维度来披露	主要回应联合国 2030 年可持续发展目标，同时一般遵循 GRI 标准等框架，从可持续发展角度进行披露
指标披露	更系统，强调量化指标	更全面，强调利益相关方回应和作为	更精准，强调对 SDGs 的落实行动
报告内容	对特定内容有要求，如雇佣、供应链、碳排放等，对量化披露的要求更高，一般情况下要求与上市公司合并报表保持一致	根据框架写作，内容（定性、定量）弹性空间较大	根据框架写作，内容（定性、定量）弹性空间较大
是否强制	从半强制（不披露则解释）逐步过渡到强制	鼓励发布较为常见	不强制，常见于能源、电力等行业
发布时间	与财务报告同步或在财务报告后的 3 个月内	无明确规定，企业自行确定	无明确规定，企业自行确定
发布形式	与财务报告同时发布或直接上传到公司网站，一般还要同时提交给交易所	单独发布或与品牌活动结合	单独发布或与品牌活动结合
对外作用	投资者沟通功能	传播、沟通功能	传播、沟通功能
对内作用	ESG 管理体系导入的重要部分	CSR 管理体系的抓手，以报告促管理	促进可持续发展理念的内部传播与认同

从专业角度看，不管是 CSR 报告、ESG 报告还是 SDR 报告，都可以统称为企业的非财务信息披露报告。最早的企业非财务信息披露可以追溯到 20 世纪初的公司年报中的附带性披露，再到 20 世纪七八十年代出现的雇员报告，后来环境浪潮催生出企业环境报告，再后来全球报告倡议组织（GRI）成立并推动报告规范化，企业可持续发展报告、社会责任报告成为主流。

ESG 报告是非财务信息披露的新的表现形式。从历史角度来看，从 CSR 报告、SDR 报告再到 ESG 报告，反映了各类社会责任问题对经济系统的影响越来越大：从消费端（品牌）到采购端（供应链）再到投资端（资本市场）。这一趋势也会影响非财务信息披露的未来走向。

6.2.3 ESG报告披露框架

针对 ESG 内容披露和报告编写，许多国际组织针对 ESG 理念发布了多种框架和指引，跨国公司和国际企业普遍采用以下机构的框架来发布报告：全球报告倡议组织（GRI）、可持续发展会计准则委员会（SASB）、联合国全球契约组织（UNGC）、全球环境信息研究中心（CDP）、气候信息披露标准委员会（CDSB）及金融稳定理事会（FSB）成立的气候相关财务信息披露工作组（TCFD）。

从 2006 年开始，我国各监管机构陆续发布 ESG 信息披露相关政策及指引。2008 年，上海证券交易所发布《上海证券交易所上市公司环境信息披露指引》《〈公司履行社会责任的报告〉编制指引》。香港联合交易所自 2012 年发布《环境、社会及管治报告指引》起，不断提升 ESG 信息披露要求，加强在港上市公司在 ESG 表现方面的信息透明度。2018 年，证监会修订《上市公司治理准则》，确立环境、社会和公司治理信息披露的基本框架。中国社会科学院研究团队于 2022 年编制并发布《中国企业社会责任报告指南（CASS-ESG 5.0）》，指南体系囊括 ESG 信息披露的基本要求。中国 ESG 信息披露正处于由自愿披露向强制披露的转变过程中。

6.2.3.1 全球报告倡议组织（GRI）指南

全球报告倡议组织（GRI）指南，是第一个也是全球应用最广泛的可持续发展信息披露规则和工具，目前已被来自 90 多个国家和地区的上万家机构应用。全球报告倡议组织（GRI）成立于 1997 年，其发展历程见表 6-3。

表 6-3 全球报告倡议组织发展历程概况

年份	关键事件
1997	美国的一个非政府组织，对环境负责的经济体联盟（Coalition for Environmentally Responsible Economies）和联合国环境规划署（United Nations Environment Programme）共同发起一个组织，即全球报告倡议组织（GRI）
2000	GRI 发布第一代《可持续发展报告指南》(G1)，这一指南影响了南美洲国家、北美洲国家、大洋洲国家、欧洲国家及日本，有 50 个机构参照《可持续发展报告指南》发布了各自的可持续发展报告
2002	GRI 正式成立为一个独立的国际组织，同年在南非约翰内斯堡的世界可持续发展峰会上正式发布了第二代《可持续发展报告指南》(G2)
2006	全球报告倡议组织于荷兰阿姆斯特丹发布第三代《可持续发展报告指南》(G3)
2011	全球报告倡议组织 GRI 发布了新的可持续发展报告指南 3.1 版，同 GRI3.1 一同发布的还有技术协议，也适用于报告的内容原则。GRI3.1 涵盖更多的可持续发展领域，更加完善了目前 GRI 的可持续发展报告指南，相比于 GRI3.0，GRI3.1 版新增了关于人权、性别和社区方面的报告指引

续表

年份	关键事件
2011	GRI 发布第四代《可持续发展报告指南》(G4)。新的 G4 增加了关于选择实质性议题的详细指南，增强了报告关注点与当地和区域性报告要求框架整合的灵活性，引用了对其他国际组织认可的报告指南文件等
2016	全球报告倡议组织发布英文版的 GRI 标准（GRI Standards），并于 2018 年 7 月 1 日全面取代 G4
2021	GRI 发布 GRI Standards 2021 版，该系列标准已于 2023 年 1 月 1 日正式生效

现行的 GRI 标准（2021 版）由通用标准、行业标准和议题标准构成。

GRI 通用标准包括 GIR 1 基础、GIR 2 一般披露和 GIR 3 实质性议题。GRI 1 基础概述了 GRI 标准的目的，阐明关键概念，并说明报告组织应该如何使用这些标准。GRI 2 一般披露可用于披露有关组织及其可持续发展报告实践的背景信息，涵盖组织概况、战略、道德和诚信、治理、利益相关方参与做法、报告流程等信息。GRI 3 实质性议题用于指导组织如何确定实质性议题，包含确定实质性议题的过程、实质性议题列表以及如何管理每个实质性议题信息的披露指引。

GRI 行业标准为企业提供信息以确定所在行业可能的实质性议题。企业应采用适用于所在行业的 GRI 行业标准确定实质性议题，并确定相关信息披露项。目前已发布的 GRI 行业标准包括：

- GRI 11：石油和天然气行业
- GRI 12：煤炭行业
- GRI 13：农业、水产养殖业和渔业行业

其他 GRI 行业标准正在陆续开发中。

GRI 议题标准包含一系列披露项，用于报告与特定议题有关影响的信息。GRI 议题标准涵盖了经济类、环境类与社会类议题，每个议题标准包含主题概述，特定主题的披露以及报告组织如何管理其相关影响。企业可使用通用标准的 GRI 3 确定实质性议题清单，并据此采用相关的 GRI 议题标准。

表 6-4 GRI 议题标准

经济相关的议题标准	环境相关的议题标准	社会相关的议题标准
经济绩效（GRI 201） 市场表现（GRI 202） 间接经济影响（GRI 203） 采购实践（GRI 204） 反腐败（GRI 205） 反竞争行为（GRI 206） 税务（GRI 207）	物料（GRI 301） 能源（GRI 302） 水资源和污水（GRI 303） 生物多样性（GRI 304） 排放（GRI 305） 废弃物（GRI 306） 供应商环境评估（GRI 308）	雇佣（GRI 401） 劳资关系（GRI 402） 职业健康与安全（GRI 403） 培训与教育（GRI 404） 多元化与平等机会（GRI 405） 反歧视（GRI 406） 结社自由与集体谈判（GRI 407） 童工（GRI 408） 强迫或强制劳动（GRI 409） 安保实践（GRI 410） 原住民权利（GRI 411） 当地社区（GRI 413） 公共政策（GRI 415） 客户健康与安全（GRI 416） 营销与标识（GRI 417） 客户隐私（GRI 418）

6.2.3.2 香港联合交易所《环境、社会及管治报告指引》

2012 年，香港联合交易所发布《主板上市规则》附录二十七及《创业板上市规则》附录二十《环境、社会及管治报告指引》(以下简称《指引》)。2015 年 12 月，修订《指引》内容，将原本四个范畴合并为了“A. 环境”与“B. 社会”两个范畴，并将《指引》中部分指标的遵循要求提升至“不遵守就解释”(即强制披露)。2019 年底，香港联合交易所公布于 2020 年 7 月 1 日起生效的第三版《指引》。现行版《指引》则由 2022 年 1 月 1 日起生效。香港联合交易所 ESG 指引修订进程见表 6-5。

表 6-5 香港联合交易所 ESG 指引修订进程

时间	内容
2012 年	发布《主板上市规则》附录二十七及《创业板上市规则》附录二十《环境、社会及管治报告指引》
2015 年 12 月	修订《指引》内容，将原本四个范畴合并为了“A. 环境”与“B. 社会”两个范畴，并将《指引》中部分指标的遵循要求提升至“不遵守就解释”(即强制披露)
2016 年 1 月	《指引》披露强制第一阶段实施：11 个层面的一般披露的指标由“建议披露”提升至“不遵守就解释”
2017 年 1 月	《指引》强制披露第二阶段实施：将“主要范畴 A. 环境”的 13 个关键绩效指标提升至“不遵守就解释”
2018 年 5 月	发布《有关 2016/2017 年发行人披露环境、社会及管治常规情况的报告》，针对第一阶段 ESG 信息披露情况进行检视
2018 年 11 月	发布《如何编备环境、社会及管治报告——环境、社会及管治汇报指南》，对汇报和编制程序进行指导和建议
2019 年 5 月	参考国际可持续发展趋势，发布有关检讨《环境、社会及管治报告指引》及相关《上市规则》条文的咨询文件，全面加强指标披露监管要求
2019 年 12 月	披露《ESG 报告指引》咨询总结，自 2020 年 7 月 1 日或之后开始财政年度实行修改后的《上市规则》及《指引》，届时上市公司需要在 2021 年按修订后的《指引》刊发 ESG 报告
2020 年 7 月	第三版《指引》正式生效，部分披露要求升级为强制披露
2022 年 1 月	现行版《指引》自 2022 年 1 月 1 日起正式生效

第三版 ESG 指引在 ESG 治理、风险管理、报告边界、环境及社会范畴均新增了多项强制性披露要求，主要包括：①鼓励与年报刊发时间一致或最迟不晚于财年结束后 5 个月；②强化董事会对 ESG 的日常管理；③提升报告原则和边界的透明度；④环境指标新增气候变化的应对，使用 TCFD 框架，并强制要求披露；⑤社会指标全部上升至“不遵守就解释”的强制披露。

强制性的要求对于促进香港联合交易所上市公司加强社会责任管理、防范 ESG 风险起到了更加积极的推动作用，现行版《环境、社会及管治报告指引》指标对照见表 6-6。

表 6-6 《环境、社会及管治报告指引》指标对照

不遵守就解释		
主要范畴、层面、一般披露及关键绩效指标		
A. 环境		
A1 排放物	一般披露	一般披露 有关废气及温室气体排放、向水及土地的排污、有害及无害废弃物的产生等的：（a）政策；及（b）遵守对发行人有重大影响的相关法律及规例的资料。 注：废气排放包括氮氧化物、硫氧化物及其他受国家法律及规例规管的污染物。 温室气体包括二氧化碳、甲烷、氧化亚氮、氢氟碳化合物、全氟化碳及六氟化硫。 有害废弃物指国家规例所界定者
	关键绩效指标 A1.1	直接（范围 1）及能源间接（范围 2）温室气体排放量（以吨计算）及（如适用）密度（如以每产量单位、每项设施计算）
	关键绩效指标 A1.2	直接（范围 1）及能源间接（范围 2）温室气体排放量（以吨计算）及（如适用）密度（如以每产量单位、每项设施计算）
	关键绩效指标 A1.3	所产生有害废弃物总量（以吨计算）及（如适用）密度（如以每产量单位、每项设施计算）
	关键绩效指标 A1.4	所产生无害废弃物总量（以吨计算）及（如适用）密度（如以每产量单位、每项设施计算）
	关键绩效指标 A1.5	描述所订立的排放量目标及为达到这些目标所采取的步骤
	关键绩效指标 A1.6	描述处理有害及无害废弃物的方法，及描述所订立的减废目标及为达到这些目标所采取的步骤
A2 资源使用	一般披露	有效使用资源（包括能源、水及其他原材料）的政策 注：资源可用于生产、储存、运输、楼宇、电子设备等
	关键绩效指标 A2.1	按类型划分的直接及 / 或间接能源（如电、气或油）总耗量（以千个千瓦时计算）及密度（如以每产量单位、每项设施计算）
	关键绩效指标 A2.2	总耗水量及密度（如以每产量单位、每项设施计算）
	关键绩效指标 A2.3	描述所订立的能源使用效益目标及为达到这些目标所采取的步骤
	关键绩效指标 A2.4	描述求取适用水源上可有任何问题，以及所订立的用水效益目标及为达到这些目标所采取的步骤
	关键绩效指标 A2.5	制成品所用包装材料的总量（以吨计算）及（如适用）每生产单位占量
A3 环境及天然资源	一般披露	减低发行人对环境及天然资源造成重大影响的政策
	关键绩效指标 A3.1	描述业务活动对环境及天然资源的重大影响及已采取管理有关影响的行动
A4 气候变化	一般披露	识别及应对已经及可能会对发行人产生影响的重大气候相关事宜的政策
	关键绩效指标 A4.1	描述已经及可能会对发行人产生影响的重大气候相关事宜，及应对行动

续表

不遵守就解释		
主要范畴、层面、一般披露及关键绩效指标		
B. 社会		
雇佣及劳工常规		
B1 雇佣	一般披露	有关薪酬及解雇、招聘及晋升、工作时数、假期、平等机会、多元化、反歧视以及其他待遇及福利的:(a)政策;及(b)遵守对发行人有重大影响的相关法律及规例的资料
	关键绩效指标 B1.1	按性别、雇佣类型(如全职或兼职)、年龄组别及地区划分的雇员总数
	关键绩效指标 B1.2	按性别、年龄组别及地区划分的雇员流失比率
B2 健康与安全	一般披露	有关提供安全工作环境及保障雇员避免职业性危害的:(a)政策;及(b)遵守对发行人有重大影响的相关法律及规例的资料
	关键绩效指标 B2.1	过去三年(包括汇报年度)每年因工亡故的人数及比率
	关键绩效指标 B2.2	因工伤损失工作日数
	关键绩效指标 B2.3	描述所采纳的职业健康与安全措施,以及相关执行及监察方法
B3 发展及培训	一般披露	有关提升雇员履行工作职责的知识及技能的政策。描述培训活动 注:培训指职业培训,可包括由雇主付费的内外部课程
	关键绩效指标 B3.1	按性别及雇员类别(如高级管理层、中级管理层)划分的受训雇员百分比
	关键绩效指标 B3.2	按性别及雇员类别划分,每名雇员完成受训的平均时数
B4 劳工准则	一般披露	有关防止童工或强制劳工的:(a)政策;及(b)遵守对发行人有重大影响的相关法律及规例的资料
	关键绩效指标 B4.1	描述检讨招聘惯例的措施以避免童工及强制劳工
	关键绩效指标 B4.2	描述在发现违规情况时消除有关情况所采取的步骤
营运惯例		
B5 供应链管理	一般披露	管理供应链的环境及社会风险政策
	关键绩效指标 B5.1	按地区划分的供应商数目
	关键绩效指标 B5.2	描述有关聘用供应商的惯例,向其执行有关惯例的供应商数目,以及相关执行及监察方法
	关键绩效指标 B5.3	描述有关识别供应链每个环节的环境及社会风险的惯例,以及相关执行及监察方法
	关键绩效指标 B5.4	描述在拣选供应商时促使多用环保产品及服务的惯例,以及相关执行及监察方法
B6 产品责任	一般披露	有关所提供产品和服务的健康与安全、广告、标签及私隐事宜以及补救方法的:(a)政策;及(b)遵守对发行人有重大影响的相关法律及规例的资料
	关键绩效指标 B6.1	已售或已运送产品总数中因安全与健康理由而须回收的百分比

续表

不遵守就解释		
主要范畴、层面、一般披露及关键绩效指标		
B6 产品责任	关键绩效指标 B6.2	接获关于产品及服务的投诉数目以及应对方法
	关键绩效指标 B6.3	描述与维护及保障知识产权有关的惯例
	关键绩效指标 B6.4	描述质量检定过程及产品回收程序
	关键绩效指标 B6.5	描述消费者资料保障及私隐政策，以及相关执行及监察方法
B7 反贪污	一般披露	有关防止贿赂、勒索、欺诈及洗黑钱的：（a）政策；及（b）遵守对发行人有重大影响的相关法律及规例的资料
	关键绩效指标 B7.1	于汇报期内对发行人或其雇员提出并已审结的贪污诉讼案件的数目及诉讼结果
	关键绩效指标 B7.2	描述防范措施及举报程序，以及相关执行及监察方法
	关键绩效指标 B7.3	描述向董事及员工提供的反贪污培训
社区		
B8 社区投资	一般披露	有关以社区参与来了解营运所在社区需要和确保其业务活动会考虑社区利益的政策
	关键绩效指标 B8.1	专注贡献范畴（如教育、环境事宜、劳工需求、健康、文化、体育）
	关键绩效指标 B8.2	在专注范畴所动用资源（如金钱或时间）

6.2.3.3 气候相关财务信息披露工作组（TCFD）

根据世界经济论坛发布的 2019 年全球风险报告，气候变化引起的经济风险已经成为全球发生概率最高且影响最大的风险因素。2015 年 12 月，G20 金融稳定理事会牵头成立了气候相关财务信息披露工作组（Task Force on Climate-Related Financial Disclosure，TCFD），通过制定统一的气候变化相关信息披露框架，帮助金融机构和非金融机构合理地评估气候变化相关风险及机遇，以做出更明智的财务决策。

TCFD 建议将气候相关信息在年报、ESG 报告或独立报告中进行公开披露。由于气候变化经常引发重大风险，因此在上市企业披露重大风险时，TCFD 的框架可以为其提供一个符合各司法管辖区法律义务的有效基准。为确保数据的说服力，TCFD 提出需将气候变化纳入公司治理，由公司高级管理层进行审查等治理控制。

TCFD 在披露建议框架中，要求企业针对气候变化从治理、战略、风险管理、度量与目标四个方面进行管理和披露（见表 6-7）。针对不同行业，TCFD 也提供了不同内容的披露建议。以 TCFD 框架为披露建议，企业可就其气候变化风险管理进度调整披露内容。

表 6-7　TCFD 工作组建议及其建议披露的信息

治理	战略	风险管理	度量与目标
披露机构在气候相关风险与机遇治理方面的信息	披露气候相关风险与机遇对机构业务、战略和财务规划产生的实际和潜在影响	披露机构如何识别、评估、管理气候相关风险	披露用于评估和管理气候相关风险与机遇的度量和目标

续表

治理	战略	风险管理	度量与目标
建议披露信息： a. 董事会监管气候相关风险与机遇的情况 b. 管理层在评估和管理气候相关风险与机遇上的作为	建议披露信息： a. 机构短、中、长期识别到的气候相关风险与机遇 b. 气候相关风险与机遇对机构业务、战略和财务规划的影响 c. 气温上升 2℃等不同情况下，机构业务、战略和财务规划可能遭受的影响	建议披露信息： a. 机构识别和评估气候相关风险的程序 b. 机构管理气候相关风险的程序 c. 将识别、评估、管理气候相关风险的程序并入机构整体风险控制系统的方法	建议披露信息： a. 机构根据其战略与风险管理程序，用于评估气候相关风险与机遇的度量 b. 温室气体（GHG）的直接排放量和间接排放量（适当情况下加上其他间接排放量），以及相关风险 c. 机构用于管理气候相关风险与机遇的目标及其业绩

6.2.3.4 中国社会科学院《中国企业社会责任报告指南（CASS-ESG 5.0）》

为了给中国企业披露社会责任信息、编制社会责任报告提供一个完整的框架和指导，中国社会科学院研究团队于 2009 年、2011 年、2014 年、2017 年分别发布《中国企业社会责任报告编写指南（CASS-CSR 1.0）》《中国企业社会责任报告编写指南（CASS-CSR 2.0）》《中国企业社会责任报告编写指南（CASS-CSR 3.0）》《中国企业社会责任报告编写指南（CASS-CSR 4.0）》，成为中国本土历史最久、行业最多、应用最广的企业社会责任报告指南，为中国企业编写社会责任报告提供专业参考。

在 ESG 事业加速发展，ESG 信息披露成为上市公司必选动作的背景下，中国社会科学院研究团队对指南进行再升级，于 2022 年 7 月在“ESG 中国论坛 2022 夏季峰会”上发布《中国企业社会责任报告指南（CASS-ESG 5.0）》（以下简称《指南 5.0》），力图形成一份要素全面、流程规范、体系完善的 ESG 报告编制手册，更好指导我国上市公司编制高质量的 ESG 报告。

《指南 5.0》具有以下突出特色：

（1）构建更贴近于中国实际的 ESG 信披框架。《指南 5.0》创新构建了包含治理责任（G）、风险管理（R）及价值创造（V）的“三位一体”理论模型，首次将社会价值创造纳入建议披露范围，更贴近中国国情，凸显企业社会贡献。

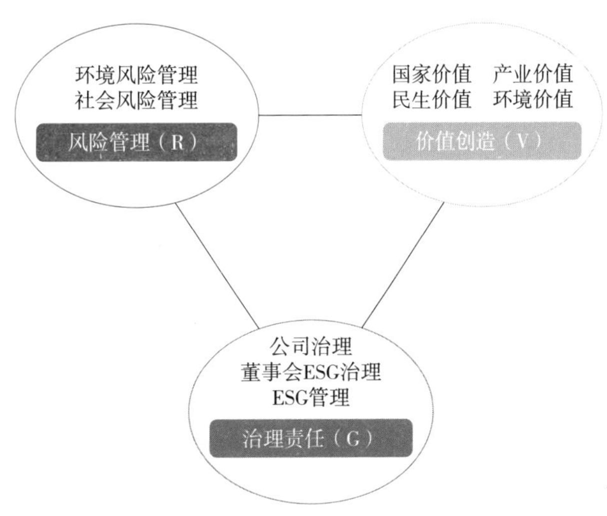

图 6-2 《指南 5.0》理论模型

（2）建立接轨国际、适应本土的指标体系。在对标国内外最新 ESG 标准的同时，研读中国监管部门 ESG 相关文件，构建接轨国际、适应本土的指标体系，从报告前言、治理责任、环境风险管理、社会风险管理、价值创造和报告后记六大维度设置 20 余项议题、153 个指标，全面覆盖 ESG 领域的重点内容。

（3）升级 ESG 报告流程管理模型。《指南 5.0》建立了包括组织、策划、识别、研究、启动、编制、鉴证、发布、总结九个环节的 ESG 报告流程管理模型，指导公司更好开展报告全生命周期管理。

《指南 5.0》继承了《指南 1.0》至《指南 4.0》的优秀成果，融合 ESG 信息披露关键指标，更新部分指标的描述解释，吸纳最新信息披露政策、标准、倡议，结合中国社会责任政策趋势，指导中国企业提升 ESG 报告编制水平，以高质量的信息披露支撑 ESG 工作水平迈上更高台阶。

扫码查看下载
《中国企业社会责任报告指南（CASS-ESG 5.0）》

6.2.4 ESG报告编写流程

发布独立的 ESG 报告是上市公司披露 ESG 信息最常见也是最有效的方式。一份高质量的 ESG 报告可以向利益相关方传递企业先进的 ESG 治理理念，展示完善的 ESG 风险防控能力，并呈现优秀的 ESG 工作绩效。ESG 报告编制流程通常可分为五个步骤：策划、界定、指标分解、撰写、发布。重视并加强编制流程管控，优化并做实报告编制过程，能够有效提升 ESG 信息披露的质量。

6.2.4.1 策划

启动报告编制前，要对报告进行系统策划。策划是报告的第一要素，报告负责人必须先思考 ESG 报告希望达成的目标，并分清主要目标和次要目标，进而对报告进行明确定位。在此基础上，针对性地策划报告的内容、风格、流程、工作重点和资源匹配等问题。具体来说，ESG 报告的定位主要包括合规导向、风险管控导向、品牌导向、管理导向。

好的顶层设计是提升报告编制水平的重要保障。短期策划主要针对当年度 ESG 报告，包括主题、框架、创新、时间等要素的策划，见表 6-8。

表 6-8 报告短期策划要素详解

要素	意义	策划的要点	思路或案例
主题	—	文化元素导入	借鉴或应用企业已有的愿景、使命、价值观构思报告主题
		ESG 元素导入	借鉴或应用企业已有的 ESG 理念或口号构思报告主题
		价值元素导入	紧贴经济、社会和行业发展需求，通过凸显企业价值主张构思报告主题
框架	提纲挈领彰显特色	经典标准型	按照“可持续发展报告标准（GRI Standards）”“香港联合交易所《环境、社会及管治报告指引》”“联合国可持续发展目标（SDGs）”等上市公司广泛参考的标准，完整借鉴或升级改造后，形成 ESG 报告框架
		特色议题型	梳理出由企业特定的行业、定位、属性、发展阶段等要素决定的重大性 ESG 议题，直接形成 ESG 报告框架
		ESG 层次型	对企业 ESG 因素进行重要性辨析，划分层级，形成框架；按照 ESG 影响的范围与可及性构思报告框架，常见的有“企业—行业—社会—环境”及在此基础上的改进类型
		行动逻辑型	对企业履行 ESG 的行动逻辑进行阶段切分，形成框架，常见的有“理念—战略—管理—实践—绩效”及在此基础上的改进类型
		功能划分型	为满足沟通、合规等不同功能要求，用上下或上中下篇来构思报告框架
		主题延展型	用解读和延展报告主题内容构思报告框架
创新	匠心独具提升质量	报告体例	各章节通过构思相同的内容板块、表达要素或行文风格，凸显报告的系统性和整体感，同时确保章节自身的 ESG 表现逻辑完整、连续、闭环，报告内容丰富、亮点突出
		报告内容	紧跟 ESG 发展的宏观形势，立足国家改革发展的新政策、新要求、新方向，结合企业转型升级的重大战略、创新推出的拳头产品服务及年度重大事件策划报告内容，确保战略性与引领性。同时，适时适当延伸，增强内容的知识性、趣味性
		表达方式	应用多种表达方式，让报告更简洁、更感人、更易读。常见的有将文字变为“一张图读懂……”；将常规案例变为综合案例，把故事说深、说透、说动人；使用有冲击力、生动具象的图片等
时间	详细计划统筹推进	推进方式	报告周期大于 6 个月，按月制订推进计划；报告周期 4～6 个月，按周制订推进计划；报告周期小于 3 个月，按日制订推进计划
		效率提升	时间规划要预留出节假日、资料搜集、部门会签、领导审核等不可控因素，通过工作梳理实现相关流程和事项并行

6.2.4.2 界定

界定工作的第一步是要构建企业的议题清单，议题清单的导入质量决定了企业是否能够以及在多大程度上识别出自身的重大性 ESG 议题。因此，构建一个全面、科学、与时俱进的议题清单至关重要。议题清单的识别来源于企业对 ESG 背景信息的分析，在构建议题清单的过程中，需要分析信息类别和信息来源，议题清单的组成要求见表 6-9。

表 6-9 议题清单的组成要求

要求	释义	控制点
全面	覆盖企业内外部利益相关方诉求和有影响力的 ESG 政策、标准，倡议所要求的 ESG 披露要素	广泛度
科学	以企业的行业、属性、发展阶段为基本立足点，纳入与企业自身 ESG 活动相关的议题	精确度
与时俱进	紧跟国内外 ESG 发展趋势及经济社会发展的最新战略方向和现实需求	准确度

界定工作的第二步是要界定实质性议题。构建 ESG 议题清单后，企业可以从“对企业可持续发展的重要性”和“对利益相关方的重要性”两个维度，对议题进行排序，界定出实质性议题，见图 6-3。

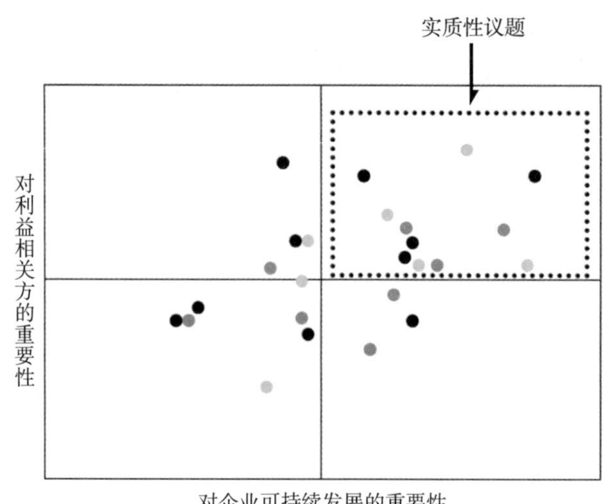

图 6-3 实质性议题筛选模型

如何判定议题对企业可持续发展的重要性及对利益相关方的重要性，需要采取多种理论、工具和方法。要判断议题对利益相关方是否重要，需要股东、客户、合作伙伴、政府、员工、社区代表等利益相关方的参与。可以采取有针对性的利益相关方访谈，也可大范围发放议题调查问卷，还可以综合采取以上两种方式，议题对企业可持续发展的重要性判别标准见表 6-10。

表 6-10 议题对企业可持续发展的重要性判别标准

类别划分	议题类型	判别等级
服从区	底线要求，企业必须要做的事，否则会影响企业生存	五星
选择区	对企业品牌有价值，但对企业核心业务的促进作用不明显	一星至四星
结构区	对社会有价值，但对企业价值不明显	一星至四星
战略区	极富社会公共价值，又能发挥企业专业优势，强化自我，形成壁垒	五星

在初步筛选出一定规模的实质性议题后，应征询内外部专家意见，并依照专家意见进行调整，报送企业董事会审核批准。在实质性议题得到董事会审批后，企业应对重大性议题进行应用和管理。在企业 ESG 报告中集中重点披露重大性议题的界定过程和企业在重大性 ESG 议题方面的管理、实践和绩效，并对议题进行定期更新升级。

6.2.4.3 指标

ESG 报告是规范、专业地呈现企业的 ESG 议题下的风险和机遇的沟通工具，必须符合相关标准的规范性要求。构建归口明确、层次分明的 ESG 指标体系能够提升报告编写的质量和效率。企业可从权威性、针对性和操作性三个维度综合选择确定自身参考的报告编写标准。然后对报告参考标准中的具体指标进行研究，并围绕指标准备素材。具备条件的企业，可以在上市公司广泛使用的标准基础上研发企业自身的 ESG 报告指标体系，将指标固化、内化。指标研发遵循以下原则：

（1）综合参用国内外权威标准的指标内容；
（2）与企业已有的经营管理指标尽量结合；
（3）围绕主要业务板块策划企业特色指标；
（4）区分定性指标和定量指标、短期指标和长期指标；
（5）数量适中，每个指标都有对应部门落地实施；
（6）指标体系中对实质性议题要划分到各个对口业务部门；
（7）应保留数据流转过程中的所有资料，以便后续复核；
（8）各项指标应划定归口管理、报送及收集的部门 / 人员；
（9）应配套建立指标体系的工作程序文件和管理制度；
（10）可借助信息系统，提高数据流转效率。

6.2.4.4 撰写

根据 ESG 发展的不同阶段和实际情况，企业可以采取两种报告撰写方式，即核心团队撰写（牵头部门 + 外部专家）和部门分工撰写，见表 6-11。

表 6-11 报告撰写方式

类别	释义	适合企业	关键要素	优点
核心团队撰写	以 ESG 牵头部门和外部专家组成的核心团队为主，撰写 ESG 报告。职能部室和下属单位负责提供素材和审核内容	起步期企业	深度挖掘素材 精准语言表述	降低风险 提高效率
部门分工撰写	以职能部室为主，按职能条线分工撰写 ESG 报告。核心团队规定编制要求、制定版位表、开展培训和汇总统稿。下属单位向集团各职能部室分别提供相关素材支撑并审核内容	成熟期企业	稳定的工作组 精确的版位表 高质量的培训 强有力的管控	完善机制 形成合力 培育文化

ESG 报告从初稿撰写到文字定稿，是多次修改完善、数易其稿的结果。从过程上看，包括：素材搜集、重点人员访谈、报告分工、初稿撰写、初稿研讨、素材补充、修改完善、报告统稿、部门会审、修改完善、领导审核、修改完善、文字定稿。

充足、有针对性的素材是报告质量的保证。企业在收集报告编写素材时可采用但不限于下发资料收集清单和开展研究。资料清单的要点如下：

（1）针对不同部门和单位制作针对性清单；
（2）内容包括定量数据、定性描述（制度、举措）、优秀案例、利益相关方评价、照片和影像等；
（3）填报要求要清楚、翔实，如数据要规定年限、统计口径，定性描述要规定描述的维度和字数；
（4）优秀案例要规定案例的撰写要素和字数，图片要规定大小等；
（5）有明确的填报时间要求；
（6）明确答疑人员及其联系方式。

6.2.4.5 发布

监管机构或交易所对上市公司 ESG 报告发布时间有一定要求。例如，香港联合交易所要求上市公司应尽可能在接近财政年度结束的时间，而不迟于该财政年度结束后 5 个月，刊发环境、社会及管治报告。非上市公司则可根据自身需要，灵活选择 ESG 报告发布时间。发布时间结合公司重大纪念日或全球、国家的主题节日使 ESG 报告发布能够产生较为广泛的社会影响。

当前，ESG 报告最主要的发布方式有两种：第一种是挂网发布；第二种是召开发布会。同时，企业还可根据需要进行重点发布，见表 6-12。

表 6-12 ESG 报告发布方式

类别	释 义	优点	缺点
挂网发布	将定稿的电子版报告上传监管部门平台、企业官网或以官微推送，供利益相关方下载阅读。这是报告最常见的发布形式	成本低 难度小	影响小
召开发布会	可分为专项发布会和嵌入式发布会。专项发布会即专门为发布报告筹备会议，邀请嘉宾和媒体参与；嵌入式发布会即将报告发布作为其他活动的一个环节，如企业半年工作会、企业开放日等	影响大	成本较高 工作量较大
重点发布	对于重要的利益相关方（高度关注企业或企业高度关注），将 ESG 报告印刷版直接递送或将 ESG 报告电子版或网站链接通过邮件推送	影响精准	需跟其他方式组合发布

6.3 ESG信息披露的其他方式

企业的 ESG 信息披露是围绕着投资者知情权和吸引 ESG 投资来展开的。ESG 报告是企业进行 ESG 信息系统披露最系统、最全面的载体，但由于 ESG 报告的时间限制——企业的 ESG 报告一般一年发布一次，与年报一同发布或者是在年报发布后的 3 个月内发布，多数企业会选择在次年的第二季度发布上一年度的 ESG 报告。受重大 ESG 信息具备突发性等影响，企业也会采用多样的 ESG 信息披露方式。例如，在官方网站、官方微信、微博等线上渠道进行披露，在年报、社会责任报告及其他临时报告中进行披露，还可能通过新闻发布会、股东大会、产品推荐会、媒体专访、企业开放日等线下活动，发布 ESG 信息。

通过其他渠道发布和传播 ESG 信息，不能代替强制披露，如香港联合交易所要求上市企业发布 ESG 报告，这是不能通过其他信息披露方式代替的。尤其需要注意的是，通过其他渠道发布的信息，尽管不属于持续信息披露范畴，但仍应当真实、准确，符合 ESG 信息披露的原则，避免因披露不当误导投资者和公众。

6.3.1 网站及新媒体

在当下碎片化传播的环境下，仅通过每年发布一次 ESG 报告既不能满足企业通过加强 ESG 管理塑造品牌的要求，也无法满足投资者和公众对于企业 ESG 信息透明的诉求。企业通常会建立日常的信息披露途径。其中，最常见和易于操作的就是网站和微博、微信、头条号、百家号或抖音、快手等线上渠道。

6.3.1.1 官方网站、官方微信、官方微博等线上渠道

官方网站、官方微信、官方微博等企业自媒体是 ESG 日常信息披露的主要阵地。自媒体是企业自己的舆论阵地，企业自己可以掌控自媒体上的信息发布。很多企业在自己的官方网站上专门设立“社会责任”专栏或“可持续发展”专栏（见图 6-4），将 ESG 的相关信息在专栏中进行呈现。也有一些企业在官方微信、官方微博等品牌传播渠道中就 ESG 的相关信息在一篇稿件中进行集中回应和披露。近年来，比较常见的情况是企业会在一段时间内面临社会对公司的某个 ESG 议题的质疑，甚至因此陷入舆情风暴之中，企业会根据情况决定是否澄清自身在该议题下的风险、机遇、目标、价值和管理等方面的内容。由于这样的舆情出现具有突发性和偶然性，这些信息会影响投资者和公众对企业的印象和判断，甚至影响公司的股票价格。当这样的舆情出现时，企业通常会在网站、微信、微博等自媒体上进行官方回应，及时有效地向公众传递企业关于该议题的态度、措施、绩效等。

与 ESG 报告这样的严肃披露相比，企业自媒体对议题的回应和披露会有一定的感性色彩，披露议题的方式也较为多元，既可披露该议题下企业的战略思考和宏观布局，也能讲述这些议题对于利益相关方的影响，对他们带来的改变。

图 6-4 中国石化网站社会责任专栏

6.3.1.2 其他外部媒体或者专家

为了增加企业披露信息的公信力，增加宣传效果，有的企业也会与外部媒体合作进行 ESG 信息披露。比较常见的有三种：一是在证监会的指定媒体上进行自愿披露，公司采用临时公告方式自愿披露信息，需要在所披露的公告标题中标注“自愿披露”字样，公告题目应当有助于投资者理解自愿披露关键信息的类别。例如，公司自愿披露战略合作协议的，可以以“自愿披

露签订战略合作协议的公告”为公告题目。上市公司因涉及国家安全、公共安全、生态安全、生产安全、公众健康安全等领域的重大违法行为受到行政处罚的，应当以临时报告的形式在证监会指定的媒体上及时披露相关违法行为的具体情况、被处罚的情况、对公司的影响及整改措施。二是主流媒体对企业进行报道，这类报道一般是由权威媒体主导的，通常是企业的某个 ESG 议题与该媒体关注的热点问题有重合，由媒体记者进行采编，发布的报道具有客观性和公信力，但这种披露不属于企业的主动披露，企业只是基本信息的提供方。三是与专家、意见领袖、行业媒体合作，将企业的 ESG 信息在第三方的媒体上进行发布，这种发布通常是为了宣传企业在某个议题方面的主动布局、特色实践，这类发布不属于持续信息披露范围的宣传类、广告类信息，也应当避免误导投资者和公众。

6.3.2 年报、社会责任报告及其他专项报告

当企业未形成 ESG 报告的常规披露时，ESG 信息的披露会放到年报、社会责任报告及其他专项报告中。

6.3.2.1 年报与半年报

对于上市公司来说，年报的披露是企业必须完成的工作。在有的企业还没有建立单独的 ESG 报告披露系统时，会在年报中设置独立篇章进行 ESG 信息披露。为了确保流通股持有人的信息知情权，证监会和证交所也鼓励企业在年报中披露 ESG 信息。

2021 年 5 月，中国证监会对《公开发行证券的公司信息披露内容与格式准则第 2 号——年度报告的内容与格式》《公开发行证券的公司信息披露内容与格式准则第 3 号——半年度报告的内容与格式》进行了修订，向社会公开征求意见。新版《公开发行证券的公司信息披露内容与格式准则第 3 号——半年度报告的内容与格式》增加了环境和社会责任章节，将定期报告正文与环境保护、社会责任有关条文统一整合至新增后的“第五节 环境和社会责任”；在新版中，环境条文中新增报告期内公司因环境问题受到行政处罚情况的披露内容，鼓励公司披露在报告期内为减少其碳排放所采取的措施及效果。新版发布后全部上市公司都会在半年报和年报中增加“环境与社会责任”一节，对 ESG 信息披露会起到较大的促进作用。

6.3.2.2 社会责任报告或可持续发展报告

除 ESG 报告外，企业社会责任报告、可持续发展报告、企业公民报告等也是上市公司披露 ESG 信息的主要形式。本章前文专门介绍了 ESG 报告与社会责任报告、可持续发展报告的比较。在 ESG 报告出现之前社会责任报告和可持续发展报告是企业进行非财务信息披露的主要方式。对于众多非上市公司来说，选择使用社会责任报告或可持续发展报告进行非财务信息的披露更加具有灵活度，这也是众多企业一直使用社会责任报告进行披露的原因。

6.3.2.3 专项报告

企业有时会针对特定的 ESG 议题发布专项报告（见图 6-5），通过专项报告跟投资者、公众进行单一议题的系统沟通。最早的专项报告是 20 世纪七八十年代欧美制造业企业发布的雇员报告，后来环境浪潮来临，很多企业开始发布企业环境报告。近年来，企业要关注的议题越来越多元，需要跟公众透明沟通的内容也越来越多。各个利益相关方关注的焦点也不相同，企业开始根据自己的业务发布各类专项报告，更加聚焦于企业的关键、核心议题来披露相关的信息。

中铝集团降碳报告　　国投集团精准扶贫报告

中交集团“一带一路”ESG 暨可持续发展报告　　苹果供应链报告

图 6-5　企业发布的报告

6.3.3　线下活动

企业通过召开新闻发布会、投资者恳谈会、企业开放日等线下活动，帮助更多投资者及公众及时全面地了解公司的重大 ESG 信息。

新闻发布会是企业直接向新闻界发布公司的重大决策和事件的常用方式。新闻发布会通常形式正规，内容严肃，符合一定的规格，根据发布会的议题内容精心选择召开的时间和地点；邀请记者、新闻界（媒体）负责人、投资者及利益相关方参加；通过报刊、电视、广播、网站等大众传播手段的集中发布，迅速将信息扩散给公众。新闻发布会的基本程序是先由企业的发言人发布新闻，然后再由企业各相关部门回答记者提问。尤其是在媒体或公众对企业的某个 ESG 相关决策或者事件出现重大质疑时，可以及时召开新闻发布会，对相关事项进行说明。

召开投资者恳谈会或者接受分析师和机构调研，是企业进行投资者关系管理的重要手段。

越来越多的投资者和机构在对企业的调研中，会将 ESG 相关的信息作为重要部分，期望企业给予回复。为了确保信息披露的公平性，公司在线下的活动中进行 ESG 信息披露时，应当避免向分析师和调研机构提供未披露的重大信息。如果在调研过程中，分析师和调研机构知悉了相关重大信息，公司应当立即进行临时公告。例如，清洁能源发电企业的研发进展，可能对投资者做出投资决策具有较大价值，公司在向社会进行公告披露相关信息前，不宜通过线下的恳谈会、调研等方式向少数投资人和机构披露。

近年来，企业开放日也成为企业宣布重大 ESG 决策、发布 ESG 战略、开展 ESG 议题宣传的阵地。让社会公众走进企业，了解企业履行社会责任的实践，体验企业在科技、环境、治理等多方面取得的成就，既讲好企业故事，又满足了社会公众多样化的需求。

资料链接

国企开放日“百千万”工程

国务院国有资产监督管理委员会文明办指导中央企业深入开展国企开放日“百千万”工程，采取中央企业与地方国企联动、区域联动、行业联动等方式，让百家企业同开放、千家媒体同发声、百万公众同参与。其中，中国建筑利用分布在 8 个国家 37 座城市的 50 个工程，举办 47 场开放日活动，形成并广泛传播了“中国建筑奇迹之旅”品牌。鞍钢集团根据受众不同，举办 130 多场次开放日活动，打造了“百年鞍钢”“魅力鞍钢”等 8 条精品线路。中国石化在全系统开展开放日活动，打造了“阳光石化”“绿色石化”品牌。中国大唐每年一个主题，连续 12 年举办开放日活动，与企业所在地研究机构、政府部门形成了实时信息发布机制，及时回应社会关切。

开展线下活动进行 ESG 信息披露可能受到场地、企业接待能力等影响，以投资者为代表的利益相关方能够到现场参与活动的人数也受到相应限制。为使所有关注企业的相关方均有机会参与其中，线下活动可以采取线上直播的方式，由企业提前发布公告，说明线下活动的时间、方式、地点、网址、公司出席人员名单和活动议程、重点披露的主题等，让更多的对企业感兴趣的相关方能够通过直播看到企业的信息披露，避免部分利益相关方因信息不透明，影响 ESG 信息披露价值。

典型案例

华润置地：“四位一体”特色ESG信息披露模式

华润置地是世界五百强企业华润集团旗下的地产业务旗舰，1996 年在香港联合交易所上市，2010 年被纳入香港恒生指数成份股。截至 2020 年底，业务布局境内外 83 个城市，总资产 8690 亿元，签约额 2850 亿元，位居行业前十，是最具行业影响力的城市投资开发运营商。

华润置地将信息披露作为推进 ESG 管理和加强利益相关方沟通的有效抓手，按照国务院国有资产监督管理委员会、华润集团和资本市场的相关要求，坚持以创新披露理念为特色，以夯实履责实践为基础，以强化制度建设为保障，以内容形式创新为抓手，积极开展立体多元、上下联动、持续创新的 ESG 信息披露工作，打造特色模式，讲好责任故事。

一、坚持理念先行，打造信息披露特色

作为在港上市公司，华润置地高度重视与股东、客户、员工、伙伴、环境、公众等主要利益相关方的沟通交流，探索形成了具有华润置地特色的“4C”信息披露框架［沟通（Communication）、信心（Confidence）、连接（Connection）、协同（Coordination）］。以社会责任报告编制为核心，多渠道、立体化开展信息披露，持续提升 ESG 管理水平，见图 6-6。

图 6-6 华润置地 4C 信息披露模式

在沟通方面，华润置地按照及时、准确的原则，向股东和投资者披露经营信息。2020 年，公司举办 C-Level 高管见面会 6 次，参加大型投资者论坛 22 场，深入了解各利益相关方的诉求并予以回应。

在信心方面，华润置地以优秀的经营业绩筑牢与利益相关方的信任之桥。坚持“城市投资开发运营商”的战略定位和“3+1”一体化的业务模式，坚持战略引领精准投资和生产运营精细化管理，全力打造科技赋能、金融创新和组织变革、激励三大发展引擎，全面落实“降本、提质、增效”和“高质量发展”的管理目标。2021 年上半年，公司实现综合营业额 737.4 亿元，股东应占溢利 131.3 亿元，各项核心业绩指标继续保持稳健增长，圆满达成了半年业绩目标。

在连接方面，华润置地持续关注产学研与多元跨界合作，与合作伙伴不断探索新的商业合作模式。截至 2020 年末，公司在大健康产业、数字经济、智慧城市、虚拟化园区、新基建、金融等领域广泛开展合作，推动行业创新和创造，实现各方互惠互助，共同发展。

在协同方面，华润置地联合政府部门、行业协会、研究机构、标杆企业和新闻媒体等多方力量，创新工作理念，改进工作方法，持续探索新的沟通模式，推动行业常态化沟通、透明化运营、高质量发展。

二、加强履责实践，夯实信息披露基础

华润置地坚持“与国家共命运，与城市共发展”，积极承担新时代赋予的产业责任和社会

责任，在城市建设运营、生态环境保护、公益慈善事业、企业管控治理等方面持续努力、积极作为，不断擦亮红色央企、责任央企的底色，为高质量开展信息披露奠定基础。在助力城市发展方面，华润置地响应国家号召，投身城市建设，代建代运营第14届全国运动会主场馆西安奥体中心、第31届世界大学生夏季运动会主场馆成都东安湖体育公园，始终紧扣为广大人民群众服务的主线，不仅满足场馆的办赛能力，还满足赛事结束后市民日常健身需求，兼顾了场地的市民性与公共属性；始终坚守"品质给城市更多改变"的信念，保持着对产品和服务品质的更高追求，积极投身保障房、人才公寓等项目建设，持续增加住房供给的同时深耕城市更新领域，致力解决住房问题，让更多人们住有所居。

在保护生态环境方面，华润置地积极践行"绿水青山就是金山银山"的理念，发挥业务优势，全过程代建深圳大沙河生态长廊，打造了全国都市型河流生态营造和景观提升的标杆项目。响应国家"双碳战略"，推进绿色建筑、低碳运营，将环保理念融入各个业务板块和工作环节，在绿色建造、绿色运营方面取得新的进展。2020年，公司新增98个绿色建筑项目，新增绿色建筑总面积1300万平方米。

在助力公益慈善方面，华润置地自2008年以来，以零利润形式承接希望小镇项目总承包任务，携手员工、合作伙伴、社区居民等利益相关方，为希望小镇的建设提供全方位资源支持和专业服务，累计完成施工产值超10亿元，高品质交付了广西百色、河北西柏坡、江西井冈山、陕西延安等11座希望小镇，助力当地乡村振兴。

在企业管控治理方面，华润置地建立并不断完善自上而下的可持续发展治理架构，加强董事会参与，在董事会层面成立了企业社会责任委员会，于执行层面成立ESG工作小组，由董事会对ESG事务进行领导与监督，指导公司整体的营运和业务发展策略，监察所有业务的企业管治实务，以及建立健全内部控制和风险管理体系。

三、强化制度保障，完善信息披露机制

面对日益严格的监管要求，华润置地持续推动ESG管理提升，2020年11月，编制央企上市公司和房地产行业首本《ESG工作管理手册》，明确ESG信息的指标及释义、汇报及审核、考核与评价，填补了行业ESG信息量化统计的标准空白。华润置地《ESG工作管理手册》依据香港联合交易所上市规则附录二十七之《环境、社会及管治报告指引》、中国社会科学院《中国企业社会责任报告编制指南（CASS-CSR4.0）》、《SDGs（联合国可持续发展目标）企业行动指南》、全球报告倡议组织《可持续发展报告标准》（GRI Standards）和《华润集团社会责任管理办法》等制度要求和标准指引，确立了以董事会为最高决策层的三层ESG管理架构，分解了五个核心工作阶段的具体工作步骤，梳理了ESG目标制定和ESG指标管理的职责分工和统计口径，最终通过明确ESG工作管理中的日常汇报、审核及考核评价要求，指导过程管理，达到常态化管控ESG工作的目标。《ESG工作管理手册》的发布，标志着华润置地在落实ESG管理架构、加强ESG数据管理、持续优化社会责任/ESG报告内容等方面的决心，也是华润置地加强常态化ESG管理的有效工具。

四、坚持上下联动，构建信息披露体系

按照华润集团"以编促管"的要求，华润置地推动所属单位编制独立社会责任/ESG报告，通过量化信息披露，直观、有效地检讨自身ESG工作情况，充分保障利益相关方在报告编制过

程的知情权和参与权。华润置地及各单位 2020 年社会责任报告编制情况见表 6-13。

表 6-13 华润置地及各单位 2020 年社会责任报告编制情况

单位	发布时间	星级
置地总部	2021 年 4 月	五星佳
华北大区	2021 年 6 月	五星
华东大区	2021 年 6 月	五星
华南大区	2021 年 6 月	五星
华西大区	2021 年 6 月	五星
东北大区	2021 年 6 月	五星
华中大区	2021 年 8 月	五星
建设事业部	2021 年 6 月	五星
万象生活	2021 年 4 月	四星半

华润置地在 ESG 领域的探索实践得到了社会各界认可，连续五年获全球房地产可持续发展评估体系（GRESB）四星评级。2021 年，晋升香港恒生可持续发展企业指数成份股，明晟（MSCI）指数晋升为 BBB 级。

未来，华润置地将会把 ESG 作为实现企业高质量发展的重要抓手，持续深化理念、优化实践、细化制度、强化联动，继续打造华润置地 ESG 管理实践和信息披露的差异化品牌，在全球 ESG 蓬勃发展的背景下，推动企业实现更加包容、更有质量、更可持续的发展。

思考题

1. ESG 报告编制应该由企业的哪个部门来牵头？需要哪些部门参与？
2. 结合本章 ESG 报告编写流程，制定企业自身 EGS 报告编制方案。

参考文献

[1] ESG 在中国信息披露和投资的应用与挑战 [R]. 2020.

[2] 香港联交所 2019 年 ESG 实施回顾与企业可持续发展管理提升研究报告 [R]. 2020.

[3] 李文，顾欣科，周冰星 . 国际 ESG 信息披露制度发展下的全球实践及中国展望 [J]. 可持续发展经济导刊，2021（1）：41-45.

[4] IFC. Beyond the Balance Sheet[Z]. 2018.

[5] 东方金诚信用绿色金融部 . A 股上市公司社会责任信息披露现状与建议 [EB/OL].（2020-05-15）[2022-03-10]. http：//www.docin.com/p-2361940002.html.

[6] 钟宏武，汪杰，张蒽，等 . 中国企业社会责任报告指南基础框架（CASS-CSR 4.0）[M]. 北京：经济管理出版社，2018.

[7] 李强 . 关于我国上市公司非财务信息披露问题的研究 [J]. 国际商务财会，2020（5）：51-53.

第7章 ESG 评级

本章导读

ESG 评级是评级机构、研究机构等基于对 ESG 概念的全面分析，梳理 ESG 领域的重点议题，制定评级标准、构建评价模型，形成系统的 ESG 评级方法论。同时，通过公开渠道收集、问卷调查、访谈调研等方式获得上市公司相关信息，依据既定指标及赋权方式，对上市公司 ESG 表现进行评价，并赋予相应等级。ESG 评级是衡量主体商业模式可持续性的框架，本质上反映了企业的价值取向、行为范式，是衡量上市公司可持续发展能力的重要参照，对吸引长期投资者有很大意义。

据不完全统计，全球已有超过 600 家 ESG 评级机构，推出各类评级产品。明晟、富时罗素、标普道琼斯等机构发布的评级产品在国内外资本市场上认可度较高。随着中国对外开放，以明晟为例，2018 年 6 月，中国 A 股正式被纳入明晟 MSCI 指数，并逐步加大对 A 股上市公司的评价范围。依据评级数据信息，明晟已成功开发了中国气候变化指数、低碳系列碳指数等评级产品，引起中国资本市场的关注。伴随着我国对外开放步伐的加快，外资巨头纷纷进军中国，设立 QDLP 和申请全资公募牌照，参与中国境内投资发展。

本章拟通过分析国际国内主流 ESG 评级产品，对当前主流 ESG 评级产品的评级主体、评级目的、评级内容、评级流程等进行研究，比较不同评级方法的共同点、差异性，归纳关注要点，帮助上市公司、资管机构、投资机构等系统认知国内外主流 ESG 评级产品，帮助上市公司掌握国内外 ESG 评级方法，为构建中国 ESG 评级体系提供有益参考。

学习目标

1. 了解 ESG 评级的发展历程及主要目的。
2. 熟悉国内外 ESG 评级机构特征。
3. 掌握国内外 ESG 评级的评价内容。
4. 熟悉国内外 ESG 评级的评价流程与方法。

7

导入案例

央企 ESG 先锋 · 100 指数

2021 年起，国务院国资委委托责任云研究院连续发布《中央企业上市公司环境、社会及治理（ESG）蓝皮书》(简称《央企上市公司 ESG 蓝皮书》)，通过对央企上市公司开展 ESG 评级，编制形成"央企 ESG · 先锋 100 指数"①，跟踪分析央企上市公司 ESG 工作的进展、成效及问题，为统筹推动央企上市公司 ESG 工作提供参考。

课题组构建了包含 ESG 治理、社会价值、风险管理的"三位一体"ESG 评价模型。ESG 治理是企业系统推动 ESG 工作的基础，管理 ESG 关键风险议题的水平极大影响着企业的市场价值，也是 ESG 评价的重要方面。同时，还应充分考虑国有企业、中央企业在社会价值创造方面的特殊性，中央企业创造的巨大社会价值正是其有效管理社会环境影响，积极履行社会责任、环境责任的重要表现。

在《中央企业上市公司 ESG 蓝皮书（2023）》中，课题组以 441 家中央企业控股上市公司为评价对象，基于企业公开信息及第三方信息进行内容和定量分析，对其 ESG 治理水平、社会环境价值创造和风险管理水平进行综合性评价，排名位列前 100 的企业形成"央企 ESG · 先锋 100 指数"。该指数已经得到中央企业广泛认可，成为央企 ESG 工作的重要推动力量。

① 为表彰先进，以评促管，课题组于 2023 年将"央企 ESG · 先锋 50 指数"扩充为"央企 ESG · 先锋 100 指数"。

7.1 ESG评级概述

7.1.1 ESG评级的概念及源起

随着全球气候变暖和极端天气的频发，经济发展带来的环境成本逐年提升，世界诸国对于本国经济的可持续绿色发展给予高度重视。以此为发端，近年来全球范围内 ESG 理念迅速成为政府政策、企业战略、金融机构投资等领域的导向。如何评价企业的 ESG 表现水平则成为从理念到可执行层面的一个主要考虑因素，即如何对纷繁复杂的 ESG 各项指标进行比较和量化，从而将 ESG 评价应用于政府政策、企业战略和投资机构投资决策，形成了市场上对 ESG 评级的强烈需求。

ESG 理念体系在发展中逐步形成了独特的风格，考虑了传统投资利润最大化之外的环境、社会责任和公司治理等非财务因素，满足了资本市场对此有偏好的投资者的需求。特别是 ESG 理念提供的相关信息，具有系统性、全面性和定量可比等特征，可以为实行 ESG 理念的投资者提供投资行为的指引。因此，国际上将 ESG 理念贯彻于实践中的资金规模正逐步扩大。然而，由于 ESG 评价要素的多维性和复杂性，针对 ESG 各项指标的评级就显得尤为重要。

所谓 ESG 评级，是将企业 ESG 各项指标同传统信用评级方法和模型的有机结合，是 ESG 投资和传统信用评级行业的交叉领域。它在传统信用评级债项评级模式的基础上，在评级方法和模型中融入了企业的环境 E（Environment）、社会 S（Social）和治理 G（Governance）三个维度的指标，从而给出被评主体的 ESG 评级级别。同传统的信用评级相比，ESG 评级事实上是将信用评级的理论、方法和模型应用于 ESG 领域，从而以可排序的数字或符号模式，对被评主体的 ESG 总体水平给予指数化标识。从评级要素方面，依照评级机构关注的重点不同，所选取的要素范围和给予的权重差异也较大。但大体而言，ESG 评级的三个维度涵盖的范围应该包括表 7-1 中的因子。

表 7-1　ESG 评级三个维度中包含的主要因子

环境（E）	社会（S）	治理（G）
反映企业在生产经营过程中对环境的影响，揭示企业可能面临的环境风险和机遇。指标包括气候变化、污染与废物排放、自然资源、环境管理、环境机遇等	反映企业对利益相关方的管理及企业社会责任方面的管理绩效和声誉提升，揭示企业可能面临的社会风险和机遇。指标包括利益相关方、责任管理和社会机遇等	反映企业通过相关机制保证决策科学化，维护企业可持续运营及保障企业各方利益合理安排的能力，揭示企业可能面临的治理风险。指标包括股东治理、治理结构、管理层、信息披露、企业治理异常和管理运营等

资料来源：根据网络资料整理。

从 ESG 评级发展的脉络上，主要是基于传统信用评级基础上的拓展。ESG 评级所依托的信用评级，其发展可以追溯到 20 世纪初的发源地美国。20 世纪初，随着金融市场的发展和债务融资工具的持续增多，投资者对信用风险评估的需求持续增多，而信用评级在解决信息不对称、提高资源配置效率上发挥了重要作用，加之这段时期评级结果的公正性、独立性和可靠性较好，信用评级业务逐渐发展成为资本市场不可或缺的组成部分，评级机构获得了金融市场和监管机构的广泛认可，开始发挥“金融市场看门人”的作用，评级机构地位也一度上升至“准监管”，即评级结果被监管机构采纳，并应用到对金融机构的资本管理等监管中。在我国，专业信用评级机构的发展则起步较晚，1988 年 3 月，我国第一家独立于银行系统的社会专业信用评级机构——上海远东资信评估公司率先成立，该公司由上海社会科学院投资组建。1992 年 7 月，由中国金融教育发展基金会、上海财经大学等参股的上海新世纪投资服务公司成立。1992 年 10 月，中国建设银行信达信托、中国证券业协会等一些非银行金融机构联合组建了中国诚信证券评估公司。1993 年 3 月，深圳市资信评估公司（后更名为鹏元资信评估有限公司）成立。这样中国本土正式形成了在银行系统之外的评级机构，标志着中国信用评级业由此拉开了序幕。在日渐兴起的 ESG 评级活动中，由于技术和模型的相似性，在信用风险评价领域积累了丰富经验的专业评级机构将发挥积极的作用。

7.1.2 ESG评级的作用与目的

ESG 评级的发展是同 ESG 相关的投资发展及政府绿色发展理念政策推动共同作用的结果。ESG 评级作为推动 ESG 投资和企业发展战略的重要一环，其所发挥的信息平台和资本投资导向作用不可或缺。

首先，ESG 评级通过促进企业绿色发展，进而推进一国可持续发展战略和全球抑制气候变暖目标的实现。ESG 评级通过对企业经营中环境、社会和治理三个维度指标的评价，有助于引导企业进入绿色可持续发展模式，从而促进企业环境保护、社会责任和治理水平的全面提升。ESG 理念与企业社会责任理念一脉相承，都与可持续发展息息相关。企业社会责任强调企业的存在和发展不仅是为股东创造利润，还包括为更广泛的利益相关方（如员工、客户、供应商、政府、社区等）做出贡献。从这一角度看，ESG 评级从更广泛的角度涵盖了企业和国家可持续发展的多个维度，比以往单纯的经济指标评价、企业责任评价及单一的环境保护评价更加全面，更能反映国家可持续发展的综合要求。全球各国和地区 ESG 导向下的企业发展战略，将协同促进世界各国和地区的绿色可持续发展，增进人类生存环境的改善，早日达成《巴黎气候协定》设定的抑制全球气候变暖的目标。

其次，ESG 评级有助于为机构投资者提供更好的指引，通过资本的引导促进国家产业的优化调整。从近期全球 ESG 评级及相关成果的应用来看，随着第三方研究和咨询机构的介入，对 ESG 投资的研究越来越细化和深入，对企业 ESG 实践水准的评级也越来越准确。基于这些更为细化和准确的评级，越来越多的实证研究表明，ESG 评级较高的股票组合（基金或 ETF）的投资回报在中长期表现不俗。ESG 相关研究成果的投资转化，反过来进一步推进了 ESG 相关领域的研究，不但增强了资产委托者和受托者增配 ESG 资产、金融中介开发推广 ESG 产品的愿望，也加强了企业改善 ESG 实践的动力。如此一来，一个正向激励机制就在这个生态系统里形成，不断推动 ESG 投资、咨询与实践活动循环往复，并自我增强。由此可以看出，ESG 评级在引导资本投资方向的同时，也形成了自身围绕 ESG 相关指数的金融产业链，形成 ESG

评级与资本流动良性互动的局面，是推动 ESG 评级走向专业化的内生力量。

最后，ESG 评级广泛地影响金融体系可持续发展。ESG 评估通过分析企业非财务信息，帮助投资者和其他利益相关方（如供应商等）识别企业的可持续发展价值，从而成为金融体系可持续发展变革的重要撬动力量。从不同的交易主体来看，投资者通过 ESG 评估挖掘的异质性投资信息，有效识别出了更优秀的企业，获得了更好的投资机会；交易所通过规范企业 ESG 信息披露标准，提高了企业的透明度和市场的有效性；企业通过 ESG 信息披露加强了与利益相关方的沟通互动，也通过 ESG 评估的结果甄别了自身可持续发展能力的长短板和改进方向；对于各类金融主体而言，ESG 评估更是提供了重要的基准工具，促进了金融产品的多元化，拓展了价值创造的新渠道、新方式，构建了更为丰富的可持续金融生态体系。从不同的金融部门来看，银行、证券、保险、基金和信托等部门均能通过 ESG 评估提高金融生态的可持续性。此外，ESG 因素在风险控制和绩效表现方面的普适性使其能很好地融入各类金融业态，催生了多元化的 ESG 投资策略，也有效地促进了金融产品创新。

7.1.3 国际主要ESG评级标准的形成

ESG 评级标准一方面是伴随着 ESG 投资需求的增加而不断发展，另一方面是各国政府对绿色发展政策的鼓励，推动了相关投资机构和企业将 ESG 纳入各自的投资和发展战略中。在这一过程中，也同时催生了一批专门致力于 ESG 研究、评级、认证、咨询、信息披露、数据整合等服务的第三方服务机构，形成了一个由政府机构、市场平台（如交易所）、资产委托机构（如主权财富基金、退休基金、家族办公室等）、资产受托机构（如基金公司）、评级公司、认证机构、信息收集与数据整合机构、合规服务商、指数编制机构、金融中介（如投资银行、商业银行）、上市公司与非上市企业组成的完整的生态系统。在这一生态系统里，ESG 基金、ESG ETF、绿色债券、社会责任债券、可持续发展债券、绿色信贷、绿色保险、碳金融、碳交易等各类 ESG 相关的金融产品应运而生，给生态系统的各方参与者提供了丰富多样、具备吸引力的投资机遇和商业机会。

与 ESG 相关的监管、实践、信息披露、评级、认证、咨询、投资、融资等活动相互支持、相互推动，逐步形成一个完整的生态系统。尤其是最近几年，这一生态系统愈发丰富与完善，各类机构分工更加细化，形成一个强大的正循环机制。各主要国际组织和投资机构，也都纷纷瞄准 ESG 评级市场，各类 ESG 评级标准也得到了长足的发展。从 ESG 评级的发展阶段而言，不同的国际组织和投资机构都在积极参与相关标准的制定，当前主要 ESG 评级标准呈现多样化的特点，全球范围内尚未形成统一的标准。

目前，已有多个国际组织发布了大量 ESG 体系相关原则指引（见表 7-2）。其中，联合国责任投资原则组织（UN PRI）和全球报告倡议组织（GRI）的可持续发展报告指引是全球范围内使用较广泛的 ESG 框架。在交易所层面，联合国部分机构提出了可持续证券交易所倡议（Sustainable Stock Exchange Initiative，SSE），旨在通过建立各国交易所参与和互相学习的平台，增强多方合作，促进 ESG 等可持续投资理念。截至 2023 年 8 月，全球已有 122 个交易所加入了该组织（含上海证券交易所和深圳证券交易所）。从各国交易所对 ESG 披露的要求看，以鼓励披露为主，部分交易所要求强制披露，但更多的交易所采取“不遵守就解释”的原则。

表 7-2 主流国际组织和机构发布的相关 ESG 评价指引

国际组织	报告 / 指引
联合国责任投资原则组织（UN PRI） 联合国环境规划署金融行动机构（UNEP FI） 联合国全球契约机构（UN GC）	联合国责任投资原则
全球报告倡议组织（GRI）	可持续发展报告指引
国际标准化组织（ISO）	ISO 26000 社会责任指引
经济合作与发展组织（OECD）	公司治理指引
可持续发展会计准则委员会（SASB）	相关会计准则

资料来源：陈宁，孙飞．国内外 ESG 体系发展比较和我国构建 ESG 体系的建议 [J]. 发展研究，2019（3）：59-64.

7.2 ESG评级主体

7.2.1 国际ESG评级主体

国际上比较有影响力的 ESG 评级机构包括明晟（MSCI）、穆迪（Moody's）、标准普尔（S&P）和惠誉国际（Fitch）等，它们各自都有一套独立的计算和衡量 ESG 绩效的方法。

7.2.1.1 明晟

（1）基本情况。明晟（Morgan Stanley Capital International，MSCI）是一家美国指数编制公司，在资本国际（Capital International）的资助下由摩根士丹利（Morgan Stanley）创建于 1986 年，总部位于纽约。MSCI 旗下公司编制了多种指数，ESG 评价指数是其中的指数之一，广受投资人的欢迎，常常被用作投资参考。

（2）产品特征。MSCI 出品超过 1500 个 ESG 指数，按 ESG 投资策略可以分为 ESG 整合（Integration）、价值观体现（Values & Screens）和影响力投资（Impact）三大类，见表 7-3。

表 7-3 MSCI 主要 ESG 指数产品

主要类型	面向股票市场	面向固收市场
整合 （Integration）	● ESG 领袖（ESG Leaders） ● ESG 聚焦（ESG Focus） ● ESG 通用（ESG Universal） ● 低碳（Low Carbon） ● 气候变化（Climate Change）	明晟（MSCI） ● ESG 通用（ESG Universal） ● ESG 领袖（ESG Leaders） ● 气候（Climate） ● 彭博巴克莱 - 明晟（Bloomberg Barclays MSCI） ● ESG 加权（ESG Weighted） ● 可持续（Sustainability）

续表

主要类型	面向股票市场	面向固收市场
价值观体现（Values&Screens）	● 社会责任（Socially Responsible） ● KLD 400 社会（KLD 400 Social） ● ESG 筛选（ESG Screened） ● 排除争议性武器（Ex Controversial Weapons） ● 排除烟草（Ex Tobacco Involvement） ● 排除化石燃料（Ex Fossil Fuel） ● 基于信仰（Faith Based）	● 彭博巴克莱－明晟（Bloomberg Barclays MSCI） ● 社会责任（Socially Responsible） ● 基于信仰（Faith Based）
影响力（Impact）	● 可持续影响力（Sustainable Impact） ● 全球环境（Global Environment） ● 女性领导力（Women's Leadership）	● 彭博巴克莱－明晟（Bloomberg Barclays MSCI） ● 绿色债券（Green Bonds）

资料来源：明晟官网。

（3）国内实践。针对中国市场，MSCI 从 2018 年开始，将越来越多的 A 股上市公司纳入 ESG 评级范围。同时，开发出两款 ESG 指数产品——“MSCI 中国 A 股人民币 ESG 通用指数”（该指数基于母指数“MSCI 中国 A 股人民币指数”构建）和“MSCI 中国 A 股国际通人民币 ESG 通用指数”（该指数基于母指数“MSCI 中国 A 股国际通人民币指数”构建）。这两个产品反映的投资策略是通过偏离自由流通市值权重，寻求增持展现出稳健 ESG 概况及 ESG 概况积极改善的公司，在最低限度内剔除母指数的成份股。

7.2.1.2　穆迪

（1）基本情况。穆迪 ESG 解决方案小组（ESG Solutions Group）是穆迪公司下属的一个业务部门，服务于全球日益增长的对 ESG 和气候相关的分析需求。该部门利用穆迪在 ESG、气候风险和可持续金融领域的数据和专长，并与穆迪投资者服务公司（Moody's Investors Service）和穆迪分析（Moody's Analytics）紧密合作，向市场提供全面、综合的 ESG 和气候风险解决方案，包括 ESG 评分、分析、可持续性评级和可持续金融审核 / 认证服务。

（2）产品特征。穆迪 ESG 相关产品包括为公司进行 ESG 评估和争议筛查、气候风险评估、可持续债券与贷款审查、ESG 专业指数、整合了 ESG 风险因素的信用评级及整合了 ESG 和气候风险因素的风险管理解决方案。

（3）国内实践。2019 年 9 月，穆迪收购了中国本土 ESG 数据及分析服务机构——商道融绿的少数股权。后者在中国为金融机构和企业提供 ESG 数据与评级、绿色债券认证、绿色金融解决方案等服务。2021 年 3 月，北京金融控股集团有限公司与穆迪（中国）有限公司在北京签署了战略合作备忘录，双方将围绕 ESG 风险画像体系构建、社会责任投资推进、绿色金融产品及服务创新等领域探讨合作机会，共同助力中国绿色低碳发展。

7.2.1.3　标准普尔

（1）基本情况。标准普尔 ESG 业务主要通过旗下 Trucost ESG Analysis 实现。自 2000 年以来，Trucost 一直在评估与气候变化、自然资源限制及更广泛的 ESG 因素有关的风险。各公司和金融机构使用 Trucost 信息可以了解它们的 ESG 风险，掌握企业韧性，并为更可持续的全球经济确定变革性解决方案。

（2）产品特征。标准普尔越来越多地在产品中增加 ESG 视角的内容，提供的产品包括

ESG 评估、包含 ESG 因素的信用评级、ESG 数据和分析、ESG 指数及 ESG 研究。特别是，2019 年标普道琼斯指数公司（S&P Dow Jones Indices）推出标普 500 ESG 指数，该指数复制了标普 500 指数的风险和回报，同时整合进 ESG 标准，如不包括烟草公司、某些武器的生产商，以及按照联合国全球契约组织“负责任企业原则”得出的评分较低的公司。

（3）国内实践。与我国企业相关性较大的是道琼斯可持续发展指数（Dow Jones Sustainability Index，DJSI），该指数（以及分指数）是全球运行时间最长的可持续性基准指数，已经成为投资者和公司进行可持续性投资的关键参考因素。中国企业入选该指数的数量不多，包括光大国际、中国平安、百胜中国。2020 年 11 月，百胜中国控股有限公司被评为 2020 年 DJSI 餐饮和休闲行业领导者，并同时被正式纳入 2020 道琼斯可持续发展世界指数（DJSI World）和 2020 道琼斯可持续发展新兴市场指数（DJSI Emerging Markets）。

7.2.1.4 惠誉国际

（1）基本情况。惠誉国际于 2019 年 1 月宣布推出全球首个结合环境、社会责任和公司治理（ESG）三大因素的企业信用评级系统，其核心技术是研发出 ESG 评级相关性评分模型。

（2）产品特征。当前，惠誉国际已经为超过 10200 家发行人、交易和计划发布了超过 143000 项 ESG 评级相关性评分，评分对象涵盖非金融企业、金融机构、主权机构等。根据评分对象的不同，ESG 评级相关性评分模型也有一定差异。整体来看，惠誉国际通过对受评主体的 ESG 风险因素进行评分，判断每个要素与信用评级决策的相关性和重要性，评分越高表示该 ESG 风险因素与信用评级的相关性和重要性越高，见表 7-4。

表 7-4 惠誉国际 ESG 评级相关性评分分值及分值定义

评分	信用相关度	描述
1	无影响	与主体、交易或计划评级无关且与行业无关
2	无影响	与主体、交易或计划评级无关，但与行业有关
3	低影响	评级相关度很小，对主体、交易或计划评级影响很小或者因为受到主动管理而对评级无影响
4	中影响	与主体、交易或计划评级相关，但不是主要驱动因素，与其他因素共同对评级产生影响
5	高影响	评级相关度高，是对主体、交易或计划评级有重大影响的关键评级驱动因素

资料来源：惠誉国际官网。

（3）国内实践。除去进行广泛的 ESG 与信用评级相关性检测外，惠誉国际也定期发布 ESG 相关研究报告。例如，惠誉国际在 2021 年初报告了与信用评级相关的五个 ESG 趋势。一是 ESG 报告要求和统一标准的提高将改善 ESG 数据质量，扩大数据量，促使金融机构加强 ESG 尽职调查。二是可持续发展市场将很快纳入“社会”“转型”“绿色”等因素。三是惠誉国际认为 2021 年会有更多净零排放承诺的细节公布，这些政策路径将为承诺的长期经济影响提供线索。四是受新冠肺炎疫情的社会影响，如不平等加剧和贫困，将导致社会紧张局势。五是对可持续发展关注度的日益提高引发了有关公司治理框架如何培育长期负责任的企业行为的讨论。

7.2.2 国内ESG评级主体

我国 ESG 评级市场起步较晚，但随着 ESG 理念在国内越来越受到重视，ESG 评级市场不断扩容，ESG 评级机构数量不断增长。目前在国内有较大影响力的 ESG 评级机构包括社会价值投资联盟、中央财经大学绿色金融国际研究院、中证指数有限公司、上海华证指数信息服务有限公司、责任云研究院等。

7.2.2.1 中证指数有限公司

（1）基本情况。中证指数成立于 2005 年 8 月，由上海证券交易所、深圳证券交易所共同出资发起设立的一家专业从事证券指数及指数衍生产品开发服务的公司。

（2）产品特征。中证指数管理各类指数 5000 余条，覆盖股票、债券、商品、期货、基金等多个资产类别。在 ESG 领域，中证指数自主研发 ESG 评级体系，并推出多款 ESG 指数产品。截至 2021 年中，中证指数累计发布 ESG、社会责任、绿色主题等可持续发展相关指数 70 条，其中股票指数 56 条，债券指数 14 条。ESG 指数包括沪深 300、中证 500、中证 800 的 ESG 基准、ESG 领先和 ESG 策略等指数。

（3）最新行动。2021 年 9 月，中证指数和上海证券交易所联合发布中证证券公司债指数系列、上证证券公司债指数系列、中证绿色资产支持证券指数和中证交易所绿色资产支持证券指数，为债券投资者和 ESG 概念投资者提供更丰富的标的选择。

7.2.2.2 上海华证指数信息服务有限公司

（1）基本情况。上海华证成立于 2017 年 9 月，是一家面向各类资产管理机构的独立第三方专业服务机构，主要提供指数与指数化投资综合服务。

（2）产品特征。公司已取得上海证券交易所和深圳证券交易所的行情授权，重点围绕指数与指数化投资的研发，提供包括研究咨询、产品设计、营销推广、估值及数据信息等全产业链服务，旨在推动指数与指数化投资在我国的深入发展。在 ESG 领域，上海华证集成传统数据与另类数据，打造 AI 驱动的大数据引擎，通过按季度定期评价与动态跟踪相结合的方式，系统测算全部 A 股上市公司、1000 多个债券主体的 ESG 水平，拥有超过 20000000 条 ESG 评价数据。此外，公司也提供 ESG 因子、ESG 指数及投资组合的 ESG 跟踪评价等数据和服务，力求不断推进国内 ESG 投资发展。

（3）最新行动。为支持绿色金融发展，2021 年 4 月，“碳中和指数”和“碳中和 300 指数”正式上线。这些指数由上海华证与国网英大长三角金融中心合作编制开发，反映在碳中和领域起到关键作用的上市公司的长期表现。2021 年 6 月，“气候投融资指数”正式上线。该指数由上海华证与上海财经大学和上海国际金融中心研究院（SIIFC）合作编制开发，反映在气候投融资领域起到长期、关键作用的上市公司的整体表现。

7.2.2.3 责任云研究院

基本情况：责任云研究院是专注于企业社会责任、ESG 及可持续发展的专业智库。研究院以中国社科院、清华大学、北京师范大学等教研机构学者为依托，汇集国内外顶级专家参与，打造连接政商学界的专业平台。研究院服务国家发改委、国务院国资委、国务院扶贫办、工业和信息化部等国家部委及华润集团、伊利、三星等世界 500 强企业。

产品特征：2009 年以来，责任云研究院每年开展中国大型企业的社会责任发展指数研究，发布“中国企业社会责任发展系列指数”，这是国内最具影响力的企业社会责任研究成果。2021 年起，责任云研究院探索研究、创新构建接轨国际、符合国情的中国企业 ESG 评价体系，编制发布“央企 ESG · 先锋 50 指数”“科技责任 · 先锋 30 指数”等，在业内产生广泛影响。

最新行动：责任云研究院持续推出 ESG 系列指数，开展 ESG 评级及诊断，贡献于中国 ESG 体系建设。

7.2.2.4 社会价值投资联盟

（1）基本情况。社会价值投资联盟（以下简称“社投盟”）成立于 2016 年，由友成企业家扶贫基金会、联合国社会影响力基金、中国社会治理研究会、中国投资协会、青云创投、明德公益研究中心领衔发起的，近 50 家机构联合创办的中国首家社会联盟类公益机构。社投盟致力于研发可持续发展价值评估体系，建设推动可持续发展的投资者和投资标的的聚集平台，倡导提升经济、社会、环境综合价值的理念。

（2）产品特征。自 2017 年起，社投盟定期发布《发现中国“义利 99”：A 股上市公司社会价值评估报告》，并与国内领先的基金公司合作开发主动配置基金和 ETF 基金产品。目前，社投盟的产品体系包括：排行榜（“义利 99”排行榜）、评级（可持续发展价值评级）、数据库（可持续发展价值 ESG2.0 数据库）、报告（“义利 99”报告、蓝皮书）、指数（“义利 99”指数、中证可持续发展 100 指数）、基金（博时中证可持续发展 100ETF）。

（3）最新行动。社投盟致力于影响力投资方面的研究，并于 2021 年 3 月对外发布《可持续发展梦想照进现实：影响力投资共识、生态与中国道路》研究报告，旨在为国内市场各方探索开展有实质性的影响力投资，并为找到适合中国市场的创新实践道路提供思路。

7.2.2.5 中央财经大学绿色金融国际研究院

（1）基本情况。中央财经大学绿色金融国际研究院（以下简称“绿金院”）是国内首家以推动绿色金融发展为目标的开放型、国际化的研究院，2016 年 9 月由天风证券股份有限公司捐赠设立。绿金院前身为中央财经大学气候与能源金融研究中心，成立于 2011 年 9 月，研究方向包括绿色金融、气候金融、能源金融和健康金融。绿金院是中国金融学会绿色金融专业委员会的常务理事单位，并与财政部建立了部委共建学术伙伴关系。绿金院以营造富有绿色金融精神的经济环境和社会氛围为己任，致力于打造国内一流、世界领先的具有中国特色的金融智库。

（2）产品特征。绿金院坚持独立研究，以多维视角对中国乃至全球绿色金融前沿领域进行研究和探索，为推动我国绿色金融发展提供研究支撑。截至 2021 年 4 月，绿金院共出版专著 24 部；发布涉及绿色债券、气候金融、绿色股票、地方绿色金融等研究报告 89 份；承接各部委、地方政府、金融机构、国际组织等课题 120 项；发表观点文章 1320 篇。同时，绿金院注重绿色金融相关领域科研成果的创新与实践，打通科研成果向创新金融产品的通道，向市场提供多元化的服务，包括金融机构和企业咨询、绿色评估认证、ESG 指数、ESG 数据库等。

（3）最新行动。绿金院 ESG 团队继续聚焦于打造国际领先 ESG 数据库、开展 ESG 学术研究、实现 ESG 研究成果转化、加强交流合作等方面的工作。

7.3 ESG评级内容

ESG 包含了环境、社会责任及公司治理三个维度，各维度下又包含多项重点议题。国内外评级机构聚焦某个或多个维度，辨识重点议题，设置细分指标，评价企业 ESG 表现。依据现有评级产品的覆盖内容，可划分为 ESG 综合评级与专项评级。

7.3.1 综合评级

综合评级是评级机构综合考虑三个维度，评价内容全面覆盖环境责任、社会责任、公司治理。环境维度主要评估企业生产经营对气候变化的影响、对自然资源的保护情况、能源合理有效利用情况及废水、废气、废弃物的排放和处理方式等，评价企业运营的环境外部影响。社会维度主要包括产品安全与质量保障、员工队伍管理及薪酬福利、上下游供应商及服务商管理、社区关爱及税收贡献等，主要对企业生产经营中对社会造成的各种外部性影响进行评价。公司治理维度主要评估企业在合规运营、激励约束、董事会监督、信息披露、风险防控等方面的表现，掌握公司治理结构与治理机制构建情况，ESG 综合评级内容比较见表 7-5。

表 7-5　ESG 综合评级内容比较

E 环境维度						
明晟	道琼斯	汤森路透	富时罗素	OWL	中证指数	华证指数
自然资源	环境政策 / 管理系统	资源利用	生物多样性	污染防治与环境修复	环境管理	内部管理体系
污染和废弃物	运营生态效率	低碳排放	气候变化	反污染政策和环境透明度	自然资源	经营目标
气候变化	气候变化	创新性	污染排放和资源利用	能源和资源效率	污染与废物	绿色产品
与环境相关的发展机会	环境报告		公司供应链情况		气候变化	外部认证
	商业风险和机遇		水资源使用		环境机遇	违规事件
S 社会责任维度						
明晟	道琼斯	汤森路透	富时罗素	OWL	中证指数	华证指数
人力资本	雇员	雇佣职工	客户责任	薪酬和员工满意度	员工	制度体系
产品责任	劳工权利	劳工权利问题	产品健康与安全	员工多样性、待遇和劳动者权利	供应链	经营活动
利益相关者的否决权	就业	社区关系	人权及团队建设	员工继续教育、培训、工作条件、安全和健康	客户与消费者	社会贡献
和社会相关的发展机会	产品与服务	产品责任	劳动标准	社区参与和慈善活动	责任管理	外部认证
和社会责任相关的发展机会	反垄断		供应链	人权活动家、供应链、劳工政策	社会机遇	
	社区投资			商业模式与产品		

续表

G 公司治理维度						
明晟	道琼斯	汤森路透	富时罗素	OWL	中证指数	华证指数
公司治理	董事会成员	管理	反腐败	董事会独立性、多样性和有效性	股东治理	制度体系
公司行为	董事会下属机构	股东	运营治理	管理标准与道德	治理结构	治理结构
	治理政策及渠道搭建	社会责任策略	风险管理	披露、透明度和利益相关者问责制	管理层	经营活动
	高管薪酬		税务透明度		信息披露	运营风险
					公司治理异常	外部风险
					管理运营	

比较明晟、道琼斯、汤森路透、富时罗素、OWL 5 家国际机构及中证指数、华证指数 2 家国内机构的 ESG 评级内容，我们发现各机构在环境、社会责任及公司治理三个维度下所关注的重点议题重合度较高。环境方面，资源及能源使用、污染和废弃物、气候变化三项议题关注度较高。社会方面，员工雇佣及权利保障、员工培训与发展、安全与健康、供应链管理、客户与消费者管理、社区管理这六项议题关注度较高。公司治理方面，董事会结构、运营治理、风险管理三项议题的关注度较高。

与此同时，不同评级机构在评级内容上又各有侧重。例如，环境维度，道琼斯、中证指数两家评级机构将“环境管理”作为独立议题，强调环境管理制度及管理组织的建设；汤森路透设置“创新性”议题，注重衡量企业环境研发支出、新能源车辆、噪声减少、核能生产、木材耗用、转基因农产品生产等各项可能对环境有所影响的新型能源及产品开发情况；华证指数强调企业是否设置环境经营目标、获得外部认证。社会维度，道琼斯将“反垄断”作为独立议题，注重企业为维护公平竞争的行业环境所做出的努力；OWL 强调企业的商业模式与产品对社会带来的正面影响和价值。公司治理维度，明晟注重企业对于商业运营相关的社会机遇的识别与把控；富时罗素、华证指数关注企业在运营风险管理方面的行动；汤森路透和中证指数对“ESG/ 社会责任管理”予以单独考量。

7.3.2 专项评级

除了综合评级外，部分机构在环境责任、社会责任、公司治理中选定某个具体维度，明确评级内容，构建评级体系。

7.3.2.1 环境专项评级

环境专项评级是聚焦环境责任维度，对环境相关的战略、制度、治理、绩效等进行评价。从国际来看，全球环境信息研究中心（CDP）是较为成熟的环境专项评级，采取问卷调查的方式，获取企业环境领域的公司策略、管理方案、碳排放数据、风险与机遇分析及其他碳排放相关信息。具体来看，其评级内容涵盖低碳战略、温室气体排放核算、碳减排的公司治理和全球气候治理四个方面的 13 个分项议题，对企业的环境绩效进行打分，见表 7-6。

表 7-6　全球环境信息研究中心（CDP）评级内容

重点议题	分项议题
低碳战略	碳风险管理
	低碳发展机遇
	碳管理战略
	碳减排目标
温室气体排放核算	碳核算方法
	碳排放的直接核算
	碳排放的间接核算
碳减排的公司治理	责任
	个人绩效
	沟通
全球气候治理	气候变化的责任分担
	总体和个体的排放成效
	国际气候治理机制

国内，随着各界对应对气候变化、碳排放等环境问题愈发关注，也已涌现出环境专项评级。其中，中央财经大学绿色金融国际研究院（以下简称“绿金院”）“绿色评级”较为有名。2016 年，绿金院开发“绿色评级方法学”，推出“沪深 300 绿色领先指数”。“绿色评级方法论”具体包含三个部分：第一部分是定性指标，基于国际 ESG 评级产品在“环境维度”的定性指标，并适度融入适合中国的衡量指标，从企业绿色发展战略及政策、绿色供应链全生命周期来衡量企业绿色供应链和污染治理等情况；第二部分是量化指标，依据国家产业政策发展方向，在污染排放、能源消耗、资源消耗和绿色收入四个方面设置具体指标；第三部分是负面行为，包括负面环境新闻和政府环保处罚。综合上市公司在这三个部分的具体表现，形成上市公司绿色指数得分。

7.3.2.2　公司治理专项评级

公司治理是上市公司质量的基础和核心。有效的公司治理既能保证股东权益，又能保障公司独立运营。因此，部分机构从公司治理维度出发，深入研究公司治理原则与实践应用，构建公司治理评价体系，客观呈现上市公司治理水平。

国际公司治理评价开展较早，始于 20 世纪末。标准普尔、戴米诺、里昂证券亚洲等全球知名企业参考世界银行公司治理指引、经济合作与发展组织《公司治理准则》、美国《公司治理的声明和美国的竞争力》《公司治理原则：分析与建议》、英国《公司治理财务方面的报告》等世界各国公司治理原则制定评价指标体系，形成公司治理专项评级产品，国际社会认可度较高。国内，南开大学中国公司治理研究院、鼎力公司等机构整合国内外实证和规范研究成果，参照国际公司治理相关准则，结合《中华人民共和国公司法》《中华人民共和国证券法》《关于在上市公司建立独立董事制度的指导意见》等，构建了适用本土的公司治理评级产品，具体内容见表 7-7。

表 7-7 公司治理专项评级内容比较

标准普尔	戴米诺	里昂证券亚洲	南开大学
国家法律基础	股东权利与义务	公司透明度	股东治理
外部监管	接管防御范围	管理层约束	董事会治理
信息披露监管	公司治理披露	董事会的独立性与问责性	监事会治理
市场基础	董事会结构与功能	小股东保护	经理层治理
公司所有权结构及其影响		核心业务	信息披露
金融相关者关系		债务控制	利益相关者治理
财务透明与信息披露		股东的现金回报	
董事会的结构与运作		公司的社会责任	

比较标准普尔、戴米诺、里昂证券亚洲、南开大学开发的公司治理评级内容，我们发现股东权利、董事会结构、信息披露情况是国内外机构共同关注的细分议题。同时，由于各机构参考标准指引、评价对象有所差别，公司治理评级内容又具有特殊性，一些机构将国家评分纳入评价内容。例如，美国标准普尔公司治理评价体系综合考虑国家评分与公司评分两方面。国家评分主要考虑公司运营所处的宏观环境，包含法律基础、监管、信息披露制度及市场基础四个维度。公司评分主要侧重内部治理机制，从所有权结构及其影响、金融相关者关系、财务透明与信息披露、董事会的结构与运作四个维度评价公司内部治理结构和运作。戴米诺评价系统中的接管防御范围也关注国家分析，侧重于对公司治理有关的法律方面的分析，以及对各国公司治理总体情况的分析，以期反映各国蓝筹公司的公司治理实践。

2020年全球国家及地区公司治理趋势

2020 年，随着全球对 ESG 的关注度持续升温，利益相关者对人力资源管理等董事会治理方面的关注度也进一步加强。罗盛咨询公司采访了 40 多家跨国公司、积极投资者、养老基金经理、代理机构和其他公司治理专业人士，识别出未来影响全球公司治理的五大趋势：

（1）高度重视“ESG”中的“E”环境责任和“S”社会责任。全球投资者除了强调好的公司治理外，注重优先考虑董事会和管理层是如何解决、整合并监督与业务发展密切相关的环境和社会问题的。

（2）公司宗旨日益重要。2019 年 8 月，188 名美国商业圆桌会议成员中，有 181 名 CEO 共同签署了关于修订公司宗旨的声明，摒弃公司首要目的是股东回报最大化的传统观点，要求公司将利益相关者置于公司宗旨的核心地位。

（3）加强董事会对企业文化和人力资本管理的监督。投资者开始向董事会问询，了解其正在采取哪些行动确保企业经受住转型和变革考验，实现稳健发展。同时，投资者希望董事会提高在文化和人力资本管理方面的透明度，确保董事会在其中发挥关键作用。

（4）更加关注董事会的多样性（如种族）。性别多样性在全球范围取得长足进步。未来，随着机构投资者投票权的提升，对性别多样性的需求也在急剧增长。2020 年，董事会将承受更多来自种族多样性等方面的压力。

（5）公司将面临更多激进主义。全球投资者积极性持续提升，汇集了多元风格和方法，并持续变化。董事会需要通过更稳健的评估流程，提升运营效率，随时准备好回应或缓解投资者的考量。

资料来源：2020 Global and Regional Corporate Covernance Trends[R]. 2020.

7.4 ESG评级方法

ESG 评级的完善和构建为 ESG 投资的快速发展提供了具体的方法论，在定量和可比的角度为投资者提供了更为明确的投资信号。ESG 评级标准的对象、体系、流程、呈现形式等虽各有侧重，但依旧具有共通之处。总体而言，评级机构通过企业官网、政府资料库、媒体、非政府组织和其他组织公开发布信息，或定向邀请企业填写调查问卷等方式获取 ESG 信息，根据企业在环境、社会责任及公司治理方面的相关政策、制度、措施、绩效等表现进行指标匹配，并通过特定计算方式按照企业所属的行业为行业特性赋权评分，形成每家企业的 ESG 评级结果。

本节以明晟、道琼斯、富时罗素、汤森路透、全球环境信息研究中心 5 家国外评级机构及中证指数、华证指数 2 家国内机构为例，介绍 ESG 评级的一般方法。

7.4.1 评级对象选取

ESG 评级会基于评级对象 ESG 综合表现，评选出在可持续发展方面有卓越表现的企业，为投资机构的 ESG 投资决策提供参考。在评级对象的选取上，ESG 评级机构主要采取三种形式。

第一，所有被纳入指数的上市公司均参与 ESG 评级。明晟 ESG 指数的评级对象为所有被纳入明晟指数的上市公司，截至 2020 年 12 月，已覆盖 8700 家公司及超过 74 万个股权和全球固定收益证券。富时罗素的评级对象是富时罗素全球指数系列、富时罗素新兴指数系列、罗素 1000 指数系列等的成份股。中证指数公司 ESG 评级以自行发布 ESG 指数成份股为对象，进行 ESG 表现评定。例如，中证 800ESG 评级以中证 500 和沪深 300 成份股为评价对象，联合润灵环球推送 RKS 中证 800ESG 评级。

第二，定向邀请特定公司参加 ESG 评级。Robeco SAM 与标准普尔全球旗下的标普道琼斯指数一起推出的 DJSI 系列指数，包括不同地区、国别的细分指数。其中，道琼斯可持续发展全球指数、道琼斯可持续发展新兴市场指数、道琼斯可持续发展北美指数、道琼斯可持续发展欧洲指数、道琼斯可持续发展亚太地区指数这 5 项指数，在开展企业可持续发展评估（Corporate Sustainability Assessment，CSA）时，以企业市值为标准，筛选出符合市值要求的特定公司（市值临界值为 5 亿美元以上），向其发送评估问卷的填答邀请，依据企业填答情况，给予 CSA 评估得分，选取各行业得分位于前 10% 的企业，纳入 DJSI 成份股。

第三，基于投资者要求选择评级对象，CDP 受投资者委托要求某一公司披露相关信息时将会强制公司进行问卷填写参与评级。

目前，A 股国际化程度日益加深，国际评级机构逐渐扩大对中国 A 股企业的评价。例如，2018 年 6 月，明晟将中国 A 股正式纳入明晟新兴市场指数和明晟全球指数的评价范围，被纳入相关指数的 A 股上市公司将接受“明晟 ESG 评级”。2019 年 11 月，明晟扩大 A 股评价范围，对 A 股逾 2800 家上市公司开展 ESG 评级并公开披露评级结果。2019 年，富时罗素 ESG 评级和数据模型中，将增加对中国 A 股的覆盖范围，扩展至目前约 800 只 A 股，届时富时罗素 ESG 对中国上市公司证券的覆盖范围将提升到 1800 只。未来，随着金融市场开放程度逐步提升，将有更多 A 股公司被纳入国内外 ESG 评级机构的评级范围。

7.4.2 构建指标体系

ESG 评价体系涵盖了企业在环境、社会责任、公司治理三个层面的各类综合指标，在完成基础的评分后根据评价对象和评价目标进行调整，形成具有机构特点的评级指标。明晟 ESG 评级的指标体系十分全面，评价内容覆盖 E、S、G 三个维度，并综合考虑行业间差异，进行行业指标调整，为每项 ESG 关键议题设置权重，各个环境和社会关键议题通常占 ESG 总评级的 5% 至 30%；恒生指数指标体系包含企业管治（CG）、人权（HR）、劳动实务（LP）、环境（Env）、公平运营实务（FOP）、消费者议题（CI）、社区参与和发展（CID）七大层面，就企业在各个指标下实际表现的成熟度进行评估，明晟的 ESG 议题见图 7-1。

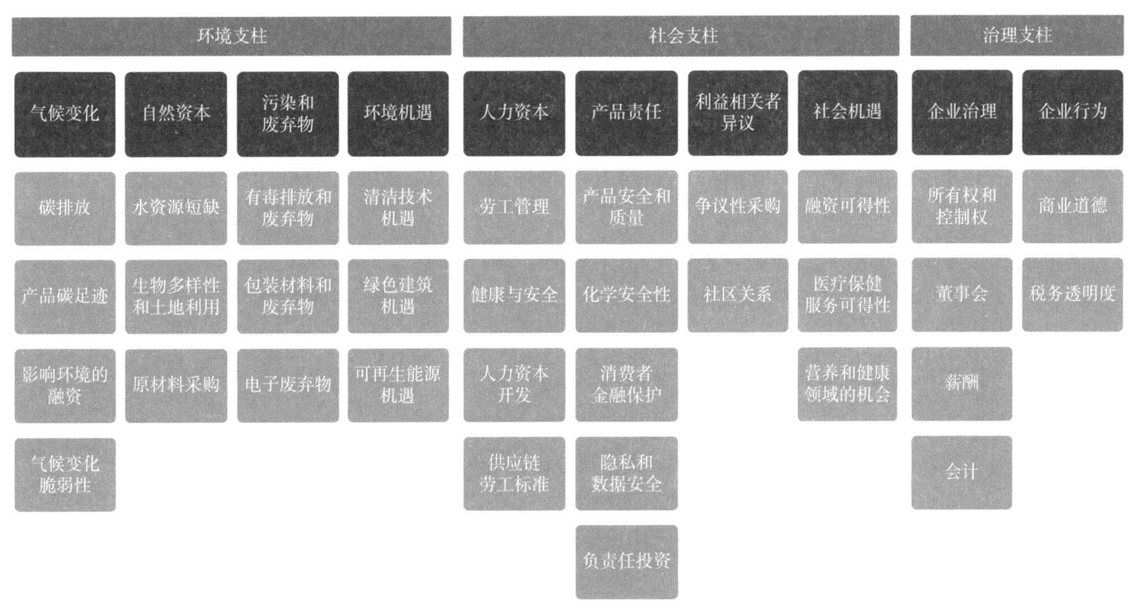

图 7-1 明晟的 ESG 议题

值得注意的是，部分评级机构除考量企业的 ESG 行动进展与绩效，还关注企业在 ESG 重点议题下的争议事项。例如，明晟、汤森路透、华证指数。以汤森路透为例，ESG 争议项得分是企业 ESG 结果的重要组成部分，通过公开渠道，抓取企业在社区关系、人权、管理、产品责任、资源利用、股东、劳动力七个方面的22个分项指标的争议事项数量，从“影响性质”“影响的范围”对争议事项严重程度进行评价，赋予得分，具体内容见表7-8和表7-9。

表7-8 汤森路透ESG争议项事件严重程度的评价框架

对影响程度的判断	影响的性质			
影响的范围	极为恶劣	严重	中等	轻微
极为广泛	非常恶劣	非常恶劣	严重	适中
范围广泛	非常恶劣	严重	适中	适中
范围有限	严重	适中	轻微	轻微
范围较小	适中	适中	轻微	轻微

表7-9 汤森路透ESG争议项评价内容

类别	分项	具体内容
社区关系	反竞争争议事项	在媒体上曝光的关于反竞争行为、价格变动或回扣有关的争议事项数量
	商业道德争议事项	在媒体上曝光的关于商业道德、政治献金、贿赂和腐败的争议事项数量
	知识产权争议事项	在媒体上曝光的关于专利和知识产权侵权的争议事项数量
	被批判国家争议事项	在媒体上曝光的关于不尊重基本人权原则、违背民主道义的争议事项数量
	公共健康争议事项	在媒体上曝光的关于公共卫生或工业事故的争议事项数量，以及与第三方（非雇员和非客户）健康安全有关的争议事项数量
	税务欺诈争议事项	在媒体上曝光的关于税务欺诈或洗钱的争议事项数量
人权	童工争议事项	在媒体上曝光的关于使用童工问题的争议事项数量
	人权争议事项	在媒体上曝光的关于人权问题的争议事项数量
管理	补偿争议事项	在媒体上曝光的关于董事会、经理补偿的争议事项数量
产品责任	客户争议事项	在媒体上曝光的关于消费者投诉及与公司产品和服务相关的争议事项数量
	客户健康安全争议事项	在媒体上曝光的关于客户健康和安全的争议事项数量
	产品可得性争议事项	在媒体上曝光的关于员工或客户隐私和诚信问题的争议事项数量
	销售责任争议事项	在媒体上曝光的与公司营销行为有关，如向具有某类不适用属性的消费者过度推销不健康食品的争议事项数量
	研发责任争议事项	在媒体上曝光的关于与研发责任有关的争议事项数量
资源利用	环境争议事项	在媒体上曝光的关于该公司对自然资源及所在地环境造成的影响有关的争议事项数量
股东	审计争议事项	在媒体上曝光的与激进或不透明的会计原则有关的争议事项数量
	内部交易争议事项	在媒体上曝光的与内幕交易和其他股份操纵有关的争议事项数量
	股东权利争议事项	在媒体上曝光的与股东侵权有关的争议事项数量
劳动力	发展空间及机会争议事项	在媒体上曝光的与劳动力发展空间及机会（如涨工资、晋升、受到歧视与骚扰）有关的争议事项数量
	雇员健康安全争议事项	在媒体上曝光的与劳动力健康和安全有关的争议事项数量
	薪水和工作条件争议事项	在媒体上曝光的公司和员工间的关系或工资纠纷有关的争议事项数量
	重要管理人员离职	重要的执行管理团队成员或关键团队成员宣布自愿离职（除退休外）或受到罢免

注：汤森路透争议项评价的七个方面，除“管理”维度外，其他所有项目均采取量化评分方式。

7.4.3 信息数据收集

ESG信息数据收集主要有三种渠道：企业自主公开披露的ESG信息、第三方披露的企业ESG信息、评级公司ESG访谈或问卷调查。

第一，企业自主公开披露ESG信息。该渠道为企业自发披露，ESG信息及数据的客观性、准确性相对较高，是信息收集的主要渠道之一。例如，明晟（MSCI）ESG评级信息的主要获取渠道之一是公司公开披露的信息，包括可持续发展/ESG/CSR报告、公司官网等。中证指数获取信息的渠道，包括上市公司公开披露的年报、季度报告和不定期报告、上市公司社会责任报告等；产业规划、认证、处罚、监管评价等政府机构发布的公开信息；新闻舆论、事件调查等权威媒体发布的各类公开披露信息及上市公司绿色收入、隐含违约率等披露信息。

第二，第三方披露的企业ESG信息。明晟、汤森路透等机构信息获取来源还包括政府数据库、媒体、非政府组织和其他利益相关方资源。尤其是对争议项事件信息的获取，因多家企业不愿主动披露ESG争议事项，政府权威网站等成为评级机构获取这些信息的主要来源。

第三，评级公司ESG访谈或问卷调查。出于信息保密考量，部分企业在ESG方面无法公开披露所有信息。为了确保ESG评级结果的客观、公正，部分评级机构选择问卷调查、访谈沟通等方式，邀请被评企业自行填报ESG信息，获取真实数据。例如，富时罗素通过抓取公司公开披露的数据进行初步评估后，会与被评企业进行联系，请企业在两周内审核拟发布的风险评级报告的准确性和完整性并进行补充或修改。道琼斯的数据获取渠道主要是问卷调查。道琼斯的SAM调查部门会依据特定条件筛选出评价对象，并通过邮件定向发放ESG调查问卷，被评企业在2～3月收到问卷填答邀请后，自行填写完成，提交至道琼斯评级团队。CDP的环境专项评级，信息获取方式与道琼斯一致，主要来源于企业填写的调查问卷。

7.4.4 展示评级结果

评级机构完成信息审核后，会参照指标赋权原则进行评分，加权计算出企业的ESG评级得分。为了直观展示ESG评级水平，通常会进行阶段划分，并以字母或者星级等代表企业ESG的发展阶段，见表7-10。

表7-10 国内外ESG评级机构评级结果对比

评级机构	评级结果
明晟	评估结果从高到低分为AAA、AA、A、BBB、BB、B、CCC七个等级
道琼斯	评估结果为0～100分
CDP	结果分为9档，A、A-（领导级）、B、B-（管理级）、C、C-（认识级）、D、D-（披露级）、F（未提供充分信息无法评级）
富时罗素	分为5档，由高到低为4～5分、3～4分、2～3分、1～2分、0～1分
中证指数	中证ESG评价结果分为10档，由高到低依次为AAA、AA、A、BBB、BB、B、CCC、CC、C及D
责任云研究院	分为8档，★★★★★+、★★★★★、★★★★☆、★★★★、★★★☆、★★★、★★、★

资料链接

明晟（MSCI）ESG评级流程

依据公开资料，明晟 ESG 评级可归纳为以下七个步骤：

（1）ESG 评级团队确定纳入评价范围的样本企业；

（2）确定各行业适用的关键评价指标和相应指标权重；

（3）搜集并整合企业的 ESG 信息；

（4）利用所掌握的信息及专业团队的分析对所有关键指标进行 0～10 分的打分；

（5）加权平均关键指标分数后得到公司 ESG 综合得分，以及环境、社会、治理各分项得分；

（6）将公司 ESG 综合得分按照公司所处的行业进行调整，综合考虑公司相对于同行业公司平均表现的差异；

（7）根据调整后 ESG 综合得分最终给予公司“AAA～CCC”的 ESG 评级结果。

明晟（MSCI）ESG 评级相关内容见表 7-11 和图 7-2、图 7-3。

表 7-11　明晟（MSCI）ESG 等级划分标准

ESG 等级	ESG 最终得分范围
AAA	8.571～10.0
AA	7.143～8.571
A	5.714～7.143
BBB	4.286～5.714
BB	2.857～4.286
B	1.429～2.857
CCC	0.0～1.429

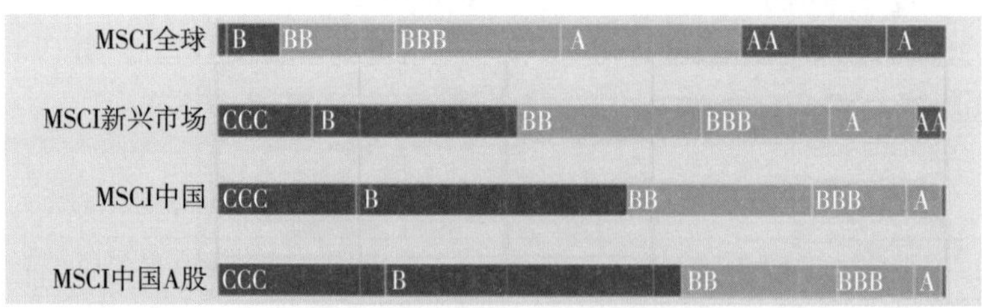

图 7-2　2020 年明晟（MSCI）ESG 评级结果全球分布

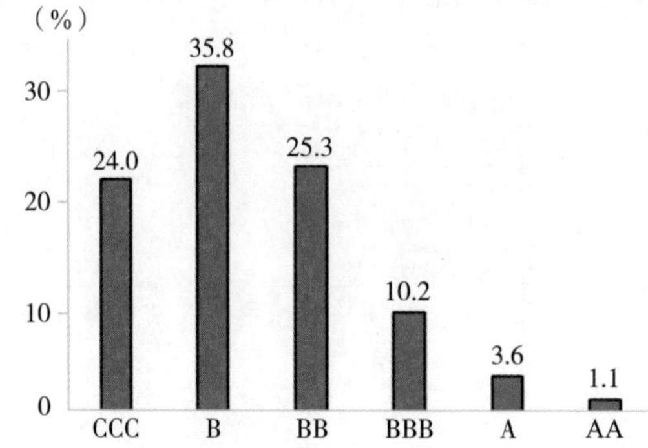

图 7-3　2021 年第三季度明晟（MSCI）中国 A 股上市公司评级结果分布

表7-12对9家国内外ESG评级机构的评级产品进行汇总，帮助读者更好了解不同评级产品共性与个性，采取恰当行动更好应对ESG评级。

表7-12 国内外ESG评级机构评级产品汇总

评级机构	明晟	道琼斯	汤森路透	富时罗素	OWL	中证指数	华证指数	CDP	里昂证券
评级类型	综合评级	综合评级	综合评级	综合评级	综合评级	综合评级	综合评级	环境专项评级	公司治理专项评级
评级内容	涵盖环境、社会与治理三个层面，划分10个议题、37个核心指标	涵盖环境、社会和治理三个层面，划分23项议题、600余项指标	涵盖环境、社会和治理三个层面，共10个议题、178项指标	涵盖环境、社会和治理三个层面，共14项主题、300多项指标	涵盖环境、社会和治理三个层面，共12个关键议题、158项指标	涵盖环境、社会和治理三个层面，共14个主题、100余项指标	涵盖环境、社会和治理三个层面，14项议题、26项指标	涵盖环境层面，从气候变化、水、森林维度划分12项议题	涵盖公司治理层面，划分国家评分、公司评分，共8项议题、35项指标
信息来源	公开渠道	公开渠道+企业沟通	公开渠道	公开渠道	公开渠道	公开渠道	公开渠道	企业沟通	公开渠道
	学术、政府、非政府组织的宏观数据，公司公开披露的信息，政府数据库、1600多家媒体、其他利益相关方的资源	公开信息、公司文件、调查问卷（填写问卷需提供可公开查询的信息）、直接与公司联系	上市公司官方网站、年报、企业社会责任（CSR）报告、非政府组织网站、证券交易所文件、新闻报道	采用公司公开发布的资料，或从公开渠道可获取的企业信息	研究机构发布的ESG调查报告、新闻媒体公开报道、政府数据库、联合会及非政府组织提供的信息	上市公司年报、季报和不定期报告、上市公司社会责任报告及其他上市公司披露的信息、产业规划、认证、处罚、监管评价等政府机构发布的公开信息、新闻舆论、事件调查等权威媒体发布的信息、上市公司绿色收入、隐含违约率等披露	国家及地方监管部门、企业社会责任报告、企业定期报告及临时公告、新闻媒体报道	调查问卷，问卷内容每年均存在一定变化，主要以“管理—风险和机遇—排放”为主线进行问答	政府机构公开信息，上市公司年报、季报和临时报告等
结果划分	从高到低依次为AAA、AA、A、BBB、BB、B、CCC	无综合等级，按排名选取得分最高的10%纳入DJSI指数系列成份股	从高到低依次为A+、A、A−、B+、B、B−、C+、C、C−、D+、D、D−	从高到低依次为4～5分、3～4分、2～3分、1～2分、0～1分	无综合等级，依据在环境、社会、公司治理各维度表现对每个维度进行评分	从高到低依次为AAA、AA、A、BBB、BB、B、CCC、CC、C以及D	从高到低依次为AAA、AA、A、BBB、BB、B、CCC、CC、C	从高到低依次为A、A−、B、B−、C、C−、D、D−、F	未公开单个企业的等级划分

图 7-4　国内外 ESG 评级机构评级内容范畴划分

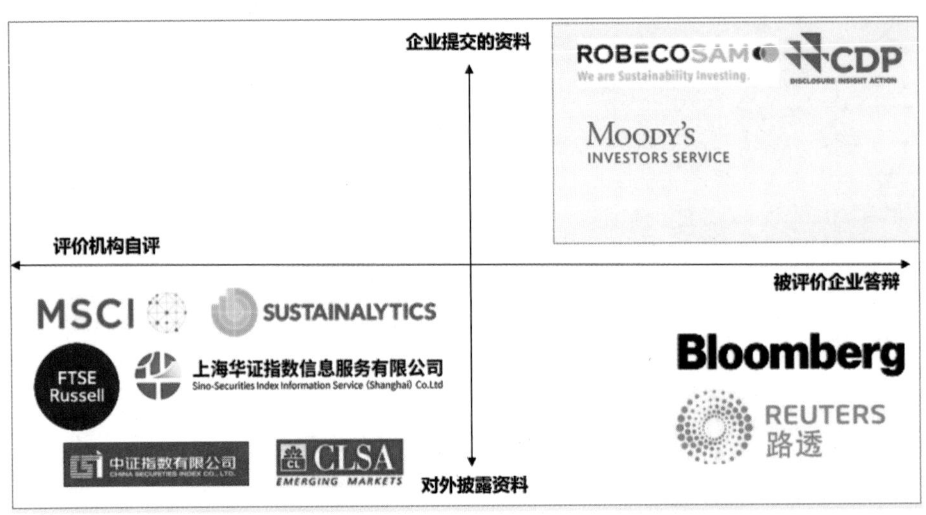

图 7-5　国内外 ESG 评级机构评级信息获取渠道汇总

7.5 ESG评级提升

提升 ESG 评级结果不能一蹴而就，需要企业多维发力、全面提升。企业公开披露的 ESG 信息是 ESG 评级的重要数据来源。因此，上市公司应该从报告入手，提升 ESG 信息披露的质量；发挥 ESG 报告的载体功能，与评级机构保持持续不断的沟通交流，让 ESG 行动被评级机构所知晓。同时，企业要将 ESG 作为一个新的评价尺度整合到上市公司的战略与管理中，建立完善的 ESG 管理体系，推动 ESG 议题融合至业务经营中，提高 ESG 实践水平，以硬实力改善 ESG 评级结果。

7.5.1　加强ESG信息披露

企业在公开渠道披露的 ESG 信息，是 ESG 评级机构获取数据的重要来源，是影响企业 ESG 评级结果的关键，具体包括企业年报、ESG 报告、官方网站、权威媒体报道等。在所有

ESG 评级机构的信息来源上，ESG 报告扮演着举足轻重的角色。因此，提升 ESG 评级结果，企业应首先注重编制发布一份高质量的 ESG 报告。

编制 ESG 报告需要关注以下三点：首先，要提升报告的规范性。目前，国内外主流的 ESG 信息披露标准包括全球报告倡议组织的 GRI 可持续发展报告标准、国际标准化组织 ISO 26000《社会责任指南》、国家标准化管理委员会《社会责任指南》、中国社会科学院《中国企业社会责任报告编写指南（CASS-CSR4.0）》、香港联合交易所《环境、社会及管治报告指引》等，企业可以根据企业性质、行业属性选择合适的披露体系，作为报告编制的参照标准，框定主要内容，提升信息披露的规范性。其次，要增强报告的有效性。一份能够有效回应评级要求的 ESG 报告，在结构上应从体系、制度、措施、行动、绩效逐级披露信息，便于评级机构全面掌握、深入理解 ESG 表现，增强认知度和认同感。同时，还要综合考虑监管方、股东、媒体、公众等关键利益相关方的关注点，在披露定性信息的基础上，更多披露环保总投入、各类能源消耗量、有害废弃物排放量、安全生产投入、人身伤亡事故、员工权益保护及福利等关键量化指标，体现企业对 ESG 管理与实践的深入思考和系统分析，真正发挥报告的沟通功能。最后，重点披露环境风险与机遇。当前，气温升高、全球变暖等气候风险引起全球的广泛关注，我国碳达峰、碳中和“3060”目标的提出，也对企业经营带来极大的环境机遇和挑战。根据金融稳定委员会（FSB）气候相关财务信息披露工作组（TCFD）的建议，企业应完整地披露公司制定减缓和适应气候变化的管理方针与策略，帮助减少生产经营过程中的碳排放，最大化减低气候变化对公司业务产生的影响。香港联合交易所《环境、社会及管治报告指引》也在环境范畴新增“应对气候变化”层面，并要求在港上市公司强制披露相关指标。随着国内外对环境问题的愈发关注，企业对于气候变化机遇及风险的识别与防范将成为 ESG 报告的必选内容。

此外，企业还要积极通过官方网站、新闻媒体等正式渠道发布 ESG 相关信息，为评级机构开展工作提供更多的官方素材，形成具有企业特色、组织规范、高效率的对外信息披露窗口。

7.5.2 增进ESG沟通交流

此处所讲的 ESG 沟通交流，着重指企业增进与 ESG 评级机构间的交流。在众多 ESG 评级机构中，评级方法论有所差异。例如，在价值观 / 方法论上，部分机构强调风险与机遇，部分机构强调管理体系；在评价范围上，一些机构侧重评价“E 环境维度”，一些机构则侧重评价“S 社会维度”，并且权重差异较大。与此同时，在数据来源上，一些评级机构信息获取来源主要为定向的问卷调查，部分机构虽以企业公开信息为主，但在正式结果发布前，会主动向企业问询。面对这种情况，企业需要视情况选择性回应部分评级机构的要求，充分研究掌握这些机构的评级方法论、侧重领域、评价模型，主动关注评级机构问卷调查、沟通问询时间，增进交流，客观真实、及时有效的反馈企业 ESG 治理与实践的相关信息，为评级机构做出与企业绩效表现相匹配的评级结果提供充分的依据。

7.5.3 提高ESG管理水平

健全的 ESG 管理有助于提高 ESG 实践水平，改善 ESG 绩效，增强业务可持续性，提升公司声誉。ESG 管理应由董事会作为主导，充分且合理地考量 ESG 因素。董事会要积极开展全面到位的 ESG 风险识别，拟定风险清单，开展重要性评估，结合 SWOT 等分析工具，准确、高效地识别不同时期、不同阶段与企业运营密切相关的 ESG 风险与机遇，精准定义风险根源及影响范围，拟定应对举措，并将 ESG 重大事项纳入企业发展战略，制定行之有效的 ESG 工作汇报程序，建立内部监督系统，从董事会层面完善 ESG 管理的顶层设计，为执行部门推动 ESG 管理明确方向，让 ESG 有效融入企业的经营运作。

建立和完善企业 ESG 管理通常可以分为以下六个步骤：

（1）环境扫描。充分研究国际国内相关标准（如 GRI 可持续发展报告标准），分析中国证券监督管理委员会、香港联合交易所、上海证券交易所、深圳证券交易所、行业协会等监管机构的 ESG 要求，结合企业现有 ESG 管理机制，进行差距分析。

（2）深化 ESG 认知。输入并持续深化董事会等管理层团队对于 ESG 相关要求、重要价值的认知，提升专业度，有效识别既有 / 潜在的 ESG 风险，避免或减少因忽视 ESG 问题而错失机遇的事宜。

（3）确定 ESG 管理架构。管理层组织研讨 ESG 管理架构建设方案，确定战略方向及实行方案。

（4）明确 ESG 职责分工。董事会根据实行方案，确定相关职责是否应加入现有委员会职权条文和议程，或针对个别议题 / 事宜成立新的委员会，并修订 / 编制相应条文和议程。

（5）制定执行 ESG 政策。ESG 工作统筹部门制定并执行董事会明确的 ESG 战略、方针、指引和其他要求，指导各业务部门 / 职能部门有效开展 ESG 实践，管理与之相关的 ESG 关键议题。

（6）报告和监察 ESG 进展。建立 ESG 绩效考核指标和考核形式，定期开展监察及考评工作，及时向董事会汇报相关信息，形成 ESG 工作闭环管理。

7.5.4 提升ESG实践水平

良好的 ESG 实践水平能够提升 ESG 绩效表现，为企业获得较好的 ESG 评级结果奠定坚实的基础。因此，ESG 实践行动不是纯粹的“锦上添花”或“例行公事”，而是关系业务兴盛及基业长青的关键要素。ESG 评级机构的评级内容覆盖不同的 ESG 关键议题，这些议题为企业开展 ESG 实践提供了明确的方向。因此，企业需要瞄准方向，评估经营发展的社会环境影响，依据与企业经营发展的关联程度，识别出 ESG 重大议题，将相关议题纳入业务决策，合理制定行动方案，妥善规划、执行、监督、考核 ESG 实践工作，提升 ESG 实践水平。同时，要根据评级机构的行业关注重点，针对性强化实践管控。例如，明晟（MSCI）在对消费电子行业企业开展 ESG 评级时，会重点关注电子垃圾、清洁科技的机会、化学安全、供应链劳工标准、负责任的采购、劳工管理等行业特色 ESG 议题。因此，该行业企业在开展 ESG 实践时，应着重从上述几项重大议题入手，识别潜在风险，针对性制定行动措施，做好实践管控。

总体而言，企业通过高质量的 ESG 信息披露、充分的 ESG 沟通交流、完善的 ESG 内部管理、有效的 ESG 实践行动，盘点工作现状，总结经验成效，梳理问题不足，针对性地制订改善计划，持续投入，改进自身 ESG 表现，通常可以获得与实际水平相符的评级结果。

典型案例

央视《年度ESG行动报告》发布“中国ESG上市公司先锋100”

为深入贯彻落实党的二十大精神，助力中国经济高质量发展，中央广播电视总台财经节目中心联合国务院国资委、全国工商联、中国社科院经济研究所、中国企业改革与发展研究会等权威机构部门，推出贯穿全年的“中国ESG（企业社会责任）发布”暨盛典活动，着力构建中国特色ESG评价体系，打造接轨国际、符合国情的ESG标准。责任云评价院为唯一技术支撑。

2023年6月13日下午，“中国ESG（企业社会责任）发布”在北京梅地亚中心正式举行，活动中发布了首个成果《年度ESG行动报告》。

《年度ESG行动报告》从A股与港股共6,400余家上市公司中筛选出855个评价样本，通过系统评价精准洞察了中国企业ESG特征与趋势，遴选出了“中国ESG上市公司先锋100”企业，提出推动中国ESG高质量发展的建议。

研究路径为：

1.基于可持续发展理论、经济外部性理论和利益相关方理论，打破现有主流ESG评级体系重点关注ESG风险管理（即企业的负外部性）的常规思路，将企业经营发展对社会环境的正向价值与贡献（即企业的正外部性）纳入考量，创新构建了包含“环境、社会、治理”三个维度且兼顾风险管理和社会价值贡献的ESG评价模型（见图7-6）；

2.以党的二十大报告、“十四五”规划纲要、2023年政府工作报告3个权威文件为指导，研读国内外标准指引，对标国内外主流ESG评级体系，构建接轨国际、符合国情的ESG评价指标体系。其中，通用指标体系中，63.78%的指标接轨国际，92.13%的指标与国内相关标准契合，25.20%的指标是体现本土特色的社会价值类指标，对中国特色的回应重点体现在现代产业体系建设、新型工业化建设、乡村振兴、区域协调发展、“一带一路”、创新驱动、促进就业、应对公共危机、信息安全、公共服务十大特色议题；

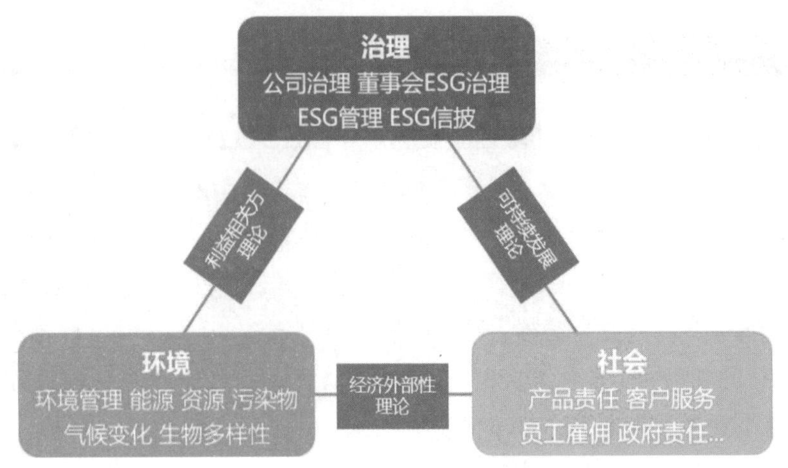

图 7-6 评价模型

3. 基于公开渠道收集企业 ESG 信息，进行内容分析和定量分析，计算 ESG 指数得分，遴选出 ESG 治理完善、实践有力、成效显著的“中国 ESG 上市公司先锋 100”企业，完成《年度 ESG 行动报告》。

其中，ESG 指数计算方法为：

- 权重设置

根据不同行业对社会环境影响的差异性，兼顾国际通用原则与本土实际情况，设置各行业一二三级指标的权重。

- 指标赋分

分类处理定性指标和定量指标，采取有无判断、行业内相对值比较打分等方法赋分。

- 计算得分

企业 ESG 得分计算公式为 $S=\sum_{i=1}^{n}(w_i \cdot a_i)$，其中，$a_i$ 为三级指标 i 的指标评分，其形式为数据标准化后的百分制无量纲数值；w_i 为相应三级指标的权重值。

- 负面扣减

征询专家意见，对评价期内企业出现的负面事件进行判断，对其扣分或者“一票否决”，并调整评价结果。

为直观反映企业 ESG 水平，将 ESG 指数划分为八个等级，分别为：五星佳级、五星级、四星半级、四星级、三星半级、三星级、二星级和一星级，各类企业对应的星级水平和 ESG 发展水平见表 7-13。

表 7-13 企业 ESG 得分等级划分

序号	星级	得分	发展水平	类型
1	五星佳级（★★★★★+）	90（含）-100 分	典范	领先区
2	五星级（★★★★★）	80（含）-90 分	卓越	
3	四星半级（★★★★☆）	70（含）-80 分	领先	
4	四星级（★★★★）	60（含）-70 分	优秀	

续表

序号	星级	得分	发展水平	类型
5	三星半级（★★★☆）	50（含）-60 分	良好	居中区
6	三星级（★★★）	40（含）-50 分	追赶	
7	二星级（★★）	20（含）-40 分	起步	落后区
8	一星级（★）	20 分以下	旁观	

经分析，中国移动、华润电力、中国石化、宝钢股份、复星国际、伊利股份、中国平安、吉利汽车、蒙牛乳业和迈瑞医疗等 100 家上市公司入选“中国 ESG 上市公司先锋 100”。

表 7-14 “中国 ESG 上市公司先锋 100”前十

序号	证券简称	企业标识	证券代码	评价星级
1	中国移动	中国移动 China Mobile	600941.SH (00941.HK)	★★★★★+
2	华润电力	華潤電力 CR POWER	00836.HK	★★★★★+
3	中国石化（中国石油化工股份）	中国石化 SINOPEC	600028.SH (00386.HK)	★★★★★
4	宝钢股份	BAOSTEEL 宝钢股份	600019.SH	★★★★★
5	复星国际	FOSUN 复星	00656.HK	★★★★★
6	伊利股份	伊利	600887.SH	★★★★★
7	中国平安	中国平安 PINGAN 专业·价值	601318.SH (02318.HK)	★★★★★
8	吉利汽车	GEELY	00175.HK	★★★★★
9	蒙牛乳业	蒙牛	02319.HK	★★★★★
10	迈瑞医疗	mindray	300760.SZ	★★★★★

扫码查看“中国 ESG 上市公司先锋 100”完整榜单

《年度 ESG 行动报告》对企业 ESG 行动主要特点进行了归纳与总结，共计 16 项发现，涉及中国 ESG 上市公司企业性质、行业划分、地域分布、响应国策、环境社会治理等多维度。主要发现包括：855 家中国优秀上市公司 ESG 发展水平与全球相当，35% 处于领先水平（见图 7-7）；“先锋 100”企业领跑可持续发展，ESG 指数平均达 75.8 分；国有企业 ESG 发展总体领先，头部民营企业闪耀异彩；“先锋 100”企业分布于 12 个行业，制造业独占半壁江山；北京、深圳成 ESG 发展高地，彰显示范带动作用。

注：

1. MSCI 评级分布来源于 MSCI ESG，截至 2022 年底；

2. 中国 ESG 上市公司 N=855。

图 7-7 上市公司 ESG 评价结果分布

研究强调：在国家战略引领下，中国企业已经开启了积极响应 ESG 理念、全面提升自身 ESG 水平的新阶段。同时，研究还发现：中国企业主动落实“3060”目标，“碳”寻绿色未来；ESG 领先企业注重工作生活平衡，人均带薪年休假 9 天；稳就业助力经济“稳”前行，“先锋 100”企业户均新增就业超万人；社会维度下，中国企业积极贡献乡村振兴和公益慈善，民营企业表现亮眼；与创新共生，中国企业以技术创新助推可持续发展；ESG 领先企业高度注重信息安全，严守 ESG 责任底线；中国企业坚持党建引领，完善中国特色 ESG 治理；ESG 撬动高管薪酬变革，“先锋 100”企业积极探索薪酬与 ESG 绩效挂钩；“先锋 100”企业注重完善 ESG 管理体系，为可持续发展注入动力；中国企业 ESG 信息披露日趋规范，ESG 报告实质性、可比性、平衡性加强。

扫码阅读《年度 ESG 行动报告》全文

思考题

1. 谈谈 ESG 评级对企业的价值。

2. 选择一家 ESG 评级机构的评级体系，对照分析您所在企业 ESG 工作的优势与不足。

3. 为您所在的企业制定提升 ESG 评级结果的策略。

参考文献

[1] 陈宁，孙飞 . 国内外 ESG 体系发展比较和我国构建 ESG 体系的建议 [J]. 发展研究，2019（3）：59-64.

[2] 杜泽民，黄洁，王大地 . 国外 ESG 评价实践发展研究 [J]. 当代经理人，2020（4）：16-20.

[3] 王珊珊，张晗 . 我国 ESG 评价实践发展研究 [J]. 当代经理人，2020（4）：6-10.

[4] ESG 评级体系深剖：海外篇之 MSCI，从理念到实践 [R]. 2021.

[5] 长江策略：海外 ESG 评级体系详解 [R]. 2018.

[6] 国际主流 ESG 评级介绍与提升建议 [R]. 2020.

[7] 中国上市公司 ESG 评价体系研究报告 [R]. 2018.

[8] 中央企业上市公司环境、社会及治理（ESG）蓝皮书（2021）[R]. 2021.

第 8 章 投资

本章导读

ESG 投资是在传统投资决策框架基础上，将环境、社会责任及公司治理等非财务因素纳入投资决策的流程中，从而在规避企业 ESG 相关潜在风险的同时，追求长期回报，实现可持续投资的目的。据彭博（Bloomberg Intelligence）的预测，到 2025 年，全球 ESG 资产规模将达到 53 万亿美元，占全球资产管理规模的 1/3。根据《中国责任投资年度报告 2022》对我国责任投资发展现状及规模的梳理，我国可统计的主要的责任投资类型的市场规模约为 24.6 万亿元。

相关研究显示，ESG 投资的发展会产生十分积极的意义。首先，对企业而言，能规范企业经营行为，激励企业关注员工保障、社会责任、环境保护等非财务影响，进而推动社会整体的可持续发展。其次，对机构和个人投资者来说，ESG 投资便于识别企业面临的风险，通过采用 ESG 投资理念，选择在 ESG 考核因素中表现较好、评级较高的公司，能够有效规避投资“踩雷”的风险。最后，大量研究和投资实践显示，将 ESG 投资理念引入投资框架可能会改善投资组合的长期表现，形成超额收益，这也是 ESG 投资近年来能够快速发展的原因之一。

在全球可持续投资联盟（GSIA）发布的《2020 年全球可持续投资回顾》中，将 ESG 投资策略主要分为七类，分别是负面 / 排他筛选，正面 / 最优筛选，基于标准的筛选，ESG 整合，可持续发展主题投资，影响力 / 社区投资，企业参与和股东行为。全球整体来看，截至 2020 年，七类 ESG 投资策略中应用最广泛的是 ESG 整合策略，其次是负面 / 排他筛选策略。不同地区对 ESG 投资策略的偏好和使用方式并不一样。在美国市场上，近些年 ESG 整合策略迅速崛起，而负面筛选策略逐渐衰落，其背后原因可能在于，随着 ESG 相关数据服务的丰富与完善，更复杂的 ESG 投资策略逐渐具备了应用的条件。

海外经验显示，ESG 投资理念大部分应用于养老金、国家主权基金之中。据 GSIA 测算，截至 2018 年，市场上机构投资者 ESG 资产占比约为市场容量的 3/4，而机构投资者的主体是养老基金。作为 ESG 投资的发源地，欧洲一直是 ESG 投资的引领者和推动者，但近年来美国市场的 ESG 投资迅速发展，到 2020 年初，美国 ESG 投资管理规模在全球占比已经上升至 48%，居世界首位，超过欧洲 34%。

我国 ESG 投资起步较晚，但近年来发展速度较快。随着我国经济的转型发展和绿色金融体系的构建，ESG 责任投资也将迎来重大发展机遇。从国内机构的 ESG 投资实践来看，目前国内 ESG 投资以基金业和银行理财为主要代表。随着我国转向高质量发展，政策层面对生态、

8

环保问题愈发重视，ESG 投资将是我国金融领域必然的发展方向。由于整个投资体系涉及投资人、金融机构、被投资企业、监管机构、第三方评级等多方参与者，因此 ESG 投资在中国的生根发芽和发展壮大，必然需要上述参与方对 ESG 投资理念形成共同的价值认同，并具体落地到各自的行为中。

学习目标

1. 了解 ESG 投资的基本概念、发展现状与积极意义。
2. 了解 ESG 投资的七大策略及应用情况。
3. 了解海外和国内机构对 ESG 投资的具体实践情况。

导入案例

瑞幸咖啡造假事件凸显 ESG 投资价值

2020 年 4 月 2 日，瑞幸咖啡发布公告，承认虚假交易 22 亿元人民币，这导致当日瑞幸股价一度暴跌超 80%，盘中数次暂停交易。4 月 5 日，瑞幸咖啡发布道歉声明。4 月 22 日，银保监会表示将积极配合主管部门依法严厉惩处。2020 年 12 月 17 日，美国证券交易委员会（SEC）宣布，瑞幸咖啡此前严重虚报公司营收、费用和净运营亏损，以此欺骗投资者，试图使其看起来像是实现了快速的增长和提高了盈利能力，并达到该公司的盈利预期。面对这项指控，瑞幸咖啡最终同意支付 1.8 亿美元的罚款以达成和解。

瑞幸咖啡的这起“黑天鹅事件”引发了中外广泛关注，事件不但为投资者带来了巨额损失，在一定程度上也对中国企业的国际声誉造成了负面影响。追根溯源，瑞幸咖啡财务造假暴露了其在公司治理方面的重大问题，高管层的权力没有得到有效制约，监督机制形同虚设，内部控制出现了严重失衡。

这次事件，也再次印证了 ESG 投资的价值和意义。从监管的角度来说，要从根本上杜绝类似事件的发生，有必要加强对企业 ESG 相关信息的披露要求，并通过衡量评估工具对企业行为进行监督和引导。对投资者来说，则要摒弃投机心理，同时在投资决策中，不仅要考虑财务回报，更要综合考量环境、社会责任、公司治理三大要素，关注企业的 ESG 评级表现，进一步平衡投资风险与收益。

8.1 ESG投资概述

传统的以追求财务绩效为目标的投资决策，主要考虑公司的基本面情况，包括财务状况、盈利水平、运营成本和行业发展空间等因素。ESG 投资则是在传统投资决策框架的基础上，将环境、社会责任及公司治理等非财务因素纳入投资决策的流程中，从而选出真正高质量发展的公司，规避企业因过度追求短期财务目标而损坏非财务指标导致的长期潜在风险，以求在长期中能够带来持续回报，达到长期、可持续投资的目的。

ESG 投资的本质是价值取向投资，强调社会责任与投资收益的兼顾，因此业内也常用伦理投资、责任投资、绿色金融、可持续金融等来指代 ESG 投资。

ESG 投资理念起源于社会责任投资（Socially Responsible Investment，SRI），其历史最早可追溯至 16 世纪某些宗教团体按其价值观设立的投资准则。例如，18 世纪的美国卫理公会教徒主动拒绝投资从事酒精、烟草、赌博、军火等与其价值观、伦理观相悖的企业，这种主动剔除某些项目或行业的做法构成了投资的伦理维度。纵观责任投资理念的历史演变，可以将其发展历程大致归纳为三个阶段：伦理投资（16 世纪至 20 世纪 60 年代）、社会责任投资（20 世纪 60 年代至 21 世纪初）、现代 ESG 投资（2004 年联合国正式提出 ESG 概念至今）。

在这一过程中，ESG 代表的社会责任投资的理念和内涵是不断调整和丰富的，体现了当时社会发展阶段所面临的主要社会问题，并通过投资引导社会资源来积极寻找解决方案，推动社会不断向前进步。这也意味着未来随着社会发展，旧问题逐步被解决，新问题还会出现，社会责任投资的内涵与理念可能也会相应发生变化，具有与时俱进的特性，这也意味着社会责任投资将具有长期的生命力。

《中国责任投资年度报告 2022》指出，2022 年，世界经济的发展面临着多种不稳定性因素的制约，在变动的形势下，遏制气候变化和实现可持续发展目标仍然是全球经济体的共识和共同努力目标。从责任投资资产规模来看，根据晨星（Morningstar）数据，全球可持续基金资产规模在 2019 年底首次突破万亿美元，2023 年第二季度末达近 2.8 万亿美元，其中欧洲和美国的全球可持续基金资产占比位居前列，分别为 84% 和 11%（见图 8-1）。

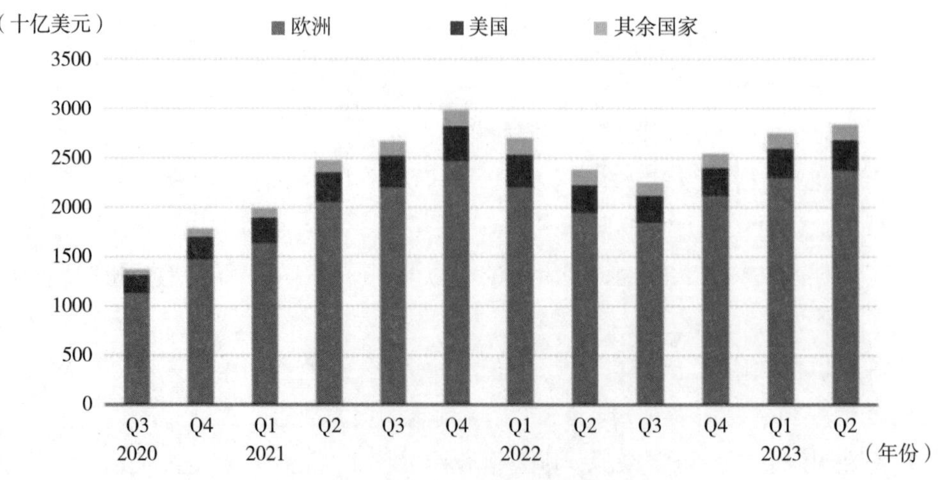

图 8-1 全球可持续基金资产规模

资料来源：Morningstar。

国内方面，根据《中国责任投资年度报告 2022》对我国责任投资发展现状及规模的梳理，2022 年我国可统计的主要的责任投资类型的市场规模约为 24.6 万亿元，同比增长约为 33.4%。其中，绿色信贷余额 20.9 万亿元，ESG 公募证券基金规模 4984.1 亿元，绿色债券市场存量 1.67 万亿元，可持续发展挂钩债券市场存量 1059.9 亿元，社会债券市场存量 6620.2 亿元，转型债券市场存量 300.2 亿元，可持续理财产品市场存量 1049 亿元，ESG 股权基金规模约 2700 亿元，绿色产业基金约 3610.77 亿元。具体情况见表 8-1。

表 8-1　中国主要责任投资类型及规模

<table>
<tr><th>责任投资类型</th><th colspan="3">相关定义</th><th>规模</th><th>现状概要</th></tr>
<tr><td>绿色信贷</td><td colspan="3">绿色信贷要求银行业金融机构通过信贷加大对绿色经济、低碳经济、循环经济的支持，在贷款业务管理中增加对环境和社会风险的防范，提升自身的环境和社会表现（根据原银监会 2012 发布的《绿色信贷指引》整理）</td><td>20.9 万亿元</td><td>• 9 家银行签署赤道原则
• 22 家银行签署联合国负责任银行原则
• 29 家银行签署《中国银行业绿色信贷共同承诺》
• 2022 年第三季度末，本外币绿色贷款余额 20.9 万亿元（央行统计数据）</td></tr>
<tr><td rowspan="5">可持续证券/理财产品</td><td rowspan="2">绿色/可持续（证券）投资基金/资产管理计划</td><td rowspan="2">绿色（证券）投资是指以促进企业环境绩效、发展绿色产业和减少环境风险为目标，采用系统性绿色投资策略，对能够产生环境效益、降低环境成本与风险的企业或项目进行投资的行为（中国证券投资基金业协会，2018.《绿色投资指引（试行）》）</td><td>ESG 公募基金</td><td>4984.1 亿元</td><td>• 24 家公募基金管理人签署联合国负责任投资原则
• 截至 2022 年 10 月 31 日，90 家基金公司发布 606 只 ESG 基金
• 2022 年 10 月 31 日，ESG 基金规模为 4984.1 亿元（中国责任投资论坛根据 Wind 数据终端整理）</td></tr>
<tr><td>ESG 私募基金</td><td>（尚未有统计数据）</td><td></td></tr>
<tr><td>可持续理财产品</td><td colspan="2">暂无官方定义</td><td>1049 亿元</td><td>• 截至 2022 年 6 月底，ESG 主题理财产品存续 134 只，存续余额 1049 亿元（银行业理财登记托管中心数据）</td></tr>
<tr><td rowspan="2">可持续债券</td><td colspan="2">• 绿色债券指募集资金专门用于支持符合规定条件的绿色产业、绿色项目或绿色经济活动，依照法定程序发行并按约定还本付息的有价证券（《绿色债券标准委员会公告》[2022] 第 1 号）</td><td rowspan="2">1.67 万亿元</td><td rowspan="2">• 截至 2022 年 10 月 31 日，绿色债券的市场存量规模为 1.67 万亿元，其中包括碳中和债券 3.103 亿元（资料来源于 Wind 数据终端，中国责任投资论坛整理）</td></tr>
<tr><td colspan="2">• 碳中和债券是指募集资金专项用于具有碳减排效益的绿色项目的债务融资工具，需满足绿色债券募集资金用途、项目评估与遴选、募集资金管理和存续期信息披露等四大核心要素，属于绿色债务融资工具的子品种（中国银行间市场交易商协会，《关于明确碳中和债相关机制的通知》，2021 年）</td></tr>
</table>

续表

<table>
<tr><th>责任投资类型</th><th colspan="2">相关定义</th><th>规模</th><th>现状概要</th></tr>
<tr><td rowspan="3">可持续证券/理财产品</td><td rowspan="3">可持续债券</td><td>• 可持续发展挂钩债券是指将债券条款与发行人可持续发展目标相挂钩的债务融资工具。挂钩目标包括关键绩效指标（KPI）和可持续发展绩效目标（SPT），其中，关键绩效指标是对发行人运营有核心作用的可持续发展业绩指标；可持续发展绩效目标是对关键绩效指标的量化评估目标，并需明确达成时限。（中国银行间市场交易商协会，《交易商协会推出可持续发展挂钩债券——可持续发展挂钩债券（SLB）十问十答》，2021年）</td><td>1059.9亿元</td><td>• 截至2022年10月底，可持续发展挂钩债券的市场存量规模为1059.9亿元。（资料来源于Wind数据终端，中国责任投资论坛整理）</td></tr>
<tr><td>• 转型债券是指为支持适应环境改善和应对气候变化，募集资金专项用于低碳转型领域的债务融资工具（中国银行间市场交易商协会，《关于开展转型债券相关创新试点的通知》，2022年）</td><td>300.2亿元</td><td>• 截至2022年10月底，转型债券的市场存量规模为300.2亿元（资料来源于Wind数据终端，中国责任投资论坛整理）</td></tr>
<tr><td>• 社会债券是指募集资金全部用于为新增及/或存量的合格社会效益项目提供全部或部分融资或再融资的任何债务工具（国际资本市场协会，《社会债券原则》，2018年）。根据银行间市场交易商协会，社会责任债券是指发行人在全国银行间市场发行的，募集资金全部用于社会责任项目的债券（中国银行间市场交易商协会，《关于试点开展社会责任债券和可持续发展债券业务的问答》，2021年）</td><td>6620.2亿元</td><td>• 截至2022年10月底，以下债券的市场存量规模为（资料来源于Wind数据终端，中国责任投资论坛整理）：
• 乡村振兴：1350.8亿元
• 扶贫债券：620.1亿元
• 区域发展：2232.0亿元
• “一带一路”：950.8亿元
• 社会事业：526.8亿元
• 纾困债：638.3亿元
• 革命老区：360.1亿元
• 疫情防控：2274.7亿元
• 社会事业：526.8亿元</td></tr>
<tr><td>可持续股权投资</td><td colspan="2">• 绿色股权投资（概念可参考“绿色（证券）投资”）</td><td>约2700亿元</td><td>• 50家私募（股权）基金管理人签署联合国负责任投资原则
• 根据《中国私募投资基金行业践行社会责任报告2021》，在2021年6月底收回的1399份私募股权类机构有效问卷反馈中，有177家私募股权投资机构参与了绿色产业投资，根据《私募基金管理人登记及产品备案月报（2022年9月）》，截至2022年9月末，私募股权投资基金的基金规模109.557.71亿元，估算私募股权基金对绿色产业的投资规模约为2700亿元</td></tr>
<tr><td>绿色产业基金</td><td colspan="2">绿色产业基金是政府出资的只针对节能减排、致力于低碳经济发展、环境优化改造项目而建立的专项投资基金（根据《中国绿色金融发展与案例研究》整理）</td><td>约3610.77亿元</td><td>• 中国责任投资论坛根据清科数据库信息统计，截至2022年10月末，投向绿色节能环保、循环经济、生态土壤保护、新能源等方向的政府引导基金的目标规模为3610.77亿元</td></tr>
</table>

资料来源：《中国责任投资年度报告2020》。

8.2 ESG投资的积极意义

ESG 投资理念能够诞生并持续发展至今，源于 ESG 投资能够在社会发展、企业经营、投资风险与收益等多方面具有正向、积极的意义。以 ESG 指标表现优秀的企业为投资对象，对企业而言，能规范企业经营行为，激励企业关注员工保障、社会责任、环境保护等非财务影响，推动企业实现长期可持续经营发展；对机构和个人投资者来说，便于识别企业面临的风险，可衡量企业的可持续发展能力，从而获得长期稳定的投资回报。

8.2.1 增强企业社会责任

关注社会责任和可持续发展是 ESG 投资理念的本质内涵，也是其最核心的意义所在。通过引导社会资金流向更具社会责任、治理机制更加完善的企业，ESG 投资能够对企业发展模式起到积极的引导作用，助力企业和社会实现长期可持续发展。

ESG 投资要求投资者和企业均关注资源环境、社会发展及企业内部的治理等情况。基于 ESG 责任投资模式，当企业的 ESG 表现良好时，也就是说该企业内部治理良好，承担较多的社会责任且关注环保，那么意味着该企业具有可持续发展性，也就是可以持续、稳健地创造长期价值，其不仅实现了经济效益，也带来更多的社会效益和生态效益。

同时，ESG 责任投资的发展也意味着新的投资观念逐步在取代传统的投资观念，现代投资者在关注财务回报的同时，也开始关注投资为环境和社会带来的正面影响。特别是随着社会公众意识的提升和媒体的发展，企业和投资者违反 ESG 规定的显性和隐性成本也在上升，这也促使企业和投资者不得不考虑 ESG 因素。

作为非财务绩效，即便良好的 ESG 表现短期内无法直接转化为公司盈利，但长远来看能够给企业带来收益。通常来说，具有较好 ESG 评级的企业能够树立起良好的社会形象，借此提升社会声誉和投资吸引力。英国牛津大学研究发现，关于可持续投资的超过 200 份研究报告中，有 90% 的研究报告表明可持续性标准降低了公司的资本成本，88% 的研究报告表明坚实的 ESG 实践可以提高企业的经营业绩。Godfrey 认为，一家企业良好的社会责任表现，可以产生一定的“道德资本”（Moral Capital）。当企业面临负面的舆论危机时，这种道德资本可像一块盾牌一样保护企业的声誉不受或少受损失，降低了其声誉风险。Oikonomou 等研究发现，环境及社会责任表现较好的企业通常在发行债券时能获得较高的评级，即信用风险较低。因此，相对于其他企业而言，只需付出较低的融资成本即可完成债权融资。Ghoul 等对 53 个国家的企业样本进行了分析，发现企业的 ESG 表现与其融资成本负相关，市场环境越差，制度越不健全，两者之间的联系就越紧密。邱牧远和殷红研究表明，企业 ESG 不同方面的表现对其融资成本具有差异化的影响：环境保护与公司治理表现较好的企业融资成本显著较低，而且近年来环境表现对企业融资能力的作用正在逐渐增强。张琳和赵海涛研究表明，ESG 表现对于企业价值具有显著的正向影响，尤其对于非国有、规模较小及非污染行业的企业，ESG 表现对企业价值的提升作用更为明显。

对企业而言，进行 ESG 信息披露有助于监督企业生产经营，激励企业在创造利润之余更加关注社会责任、员工福利、环境保护等。在社会意识逐渐进步和监管要求不断提升的今天，只有在追求业绩的同时兼顾环保和内部治理，积极履行社会责任的企业，才能在竞争中脱颖而出，才能实现企业的基业长青。

从我国实际情况出发，近年来我国不断强调绿色金融等新理念，显示出未来我国经济发展的理念是绿色经济，ESG 责任投资的发展为绿色经济的实现提供了有力保障。同时，我国金融改革发展的主线是服务实体，回归本源。金融是经济的重要组成部分，与实体经济相辅相成，金融资源配置在发挥和引导产业转型升级方面，发挥着重要作用。ESG 投资体系的建立和应用，有助于帮助金融市场“屏蔽”企业不良行为导向，引导上市公司和实体企业改善经营行为，提升服务社会的意识。同时，倡导践行 ESG 投资策略，可抑制资本因盲目逐利而导致社会总体福利恶化，有助于借助金融市场风险规避功能，提前甄别不良项目潜藏的风险，共同推动改善社会治理。随着环境、社会责任及公司治理等问题在我国日益受到重视，受到绿色金融政策支持的资金及海外 ESG 投资资金加速入场，评级较高的公司必然得到更多的市场关注。

8.2.2 有效规避风险

从市场投资的角度来看，如何规避投资风险是每个投资者都会关注的核心问题之一。投资者通过采用 ESG 投资理念，选择在 ESG 考核因素中表现较好、评级较高的公司，这样能够有效规避投资“踩雷”的风险。

例如，2015 年 9 月 18 日，美国环境保护署（EPA）指控德国大众汽车集团在所产车内安装非法软件，故意规避美国汽车尾气排放规定，从而面临超过 240 亿美元的罚金。这起事件对大众乃至汽车行业产生了较大影响，大众汽车股价连续两天暴跌 20%，市值缩水约 250 亿欧元，首席执行官辞职；欧洲与美国汽车制造商的股价也随之大跌。这起事件暴露了现金流折现等传统估值模型的缺陷，凸显了以 ESG 指标对目标公司进行监测、“排雷”和风险防范的重要性。

以 A 股市场为例，近年来 A 股上市公司“爆雷”事件不绝，如公司内控制度严重缺陷导致“假疫苗”事件的长生生物；农业板块的“猪饿死了”“扇贝跑了”等离奇事件；财务欺诈的康美药业、辅仁药业、康得新等。上述事件，无一不令投资者面临巨大损失。

对于企业出现“爆雷”，不能将其仅看作偶发的“黑天鹅”事件，应该看到其实质上暴露了企业存在长期治理漏洞、社会责任缺失等严重问题，而很多问题难以从企业财务数据中得到体现，甚至财务数据本身就存在造假与欺诈，因此就有必要从非财务因素的角度来评估企业风险。

ESG 评级通过对企业打分并及时进行公开披露，可以满足投资者避险的需要。例如，在 ESG 框架中涉及的公司治理方面，通过将公司组织架构、内部利益矛盾、是否存在财务欺诈、高管个人道德和贪污腐败等因素纳入投资考量范围，可以有效排查公司风险事件，剔除掉存在“瑕疵”的公司。

马喜立研究了上市企业的 ESG 得分与其市场投资风险之间的关系，结果显示：① ESG 得分与其风险呈负相关关系；②规避 ESG 评级过低的企业能够避免投资“爆雷”；③高 ESG 得分的企业拥有正的超额收益，以及较高的夏普比率、詹森比率、索提诺比率。同时，在中国的投资实践也充分证明了 ESG 投资可帮助投资者筛选掉违约可能较大的公司债券，降低风险。

据统计，从 2020 年 1 月 1 日至 2021 年 6 月 30 日，共有 22 家上市公司的 61 起债券违约事件。将这 22 家企业的华证 ESG 评级与全部 A 股的评级分布进行对比可以明显看出，这 22 家企业的 ESG 评级大多较低，中低评级的占比明显高于 A 股整体。这显示 ESG 评级与企业实际违约风险之间存在对应关系，固定收益投资者在筛选标的时，可以参考 ESG 评级，筛选掉评级较低的发行人发行的债券，从而降低持有债券的违约风险，见图 8-2 和图 8-3。

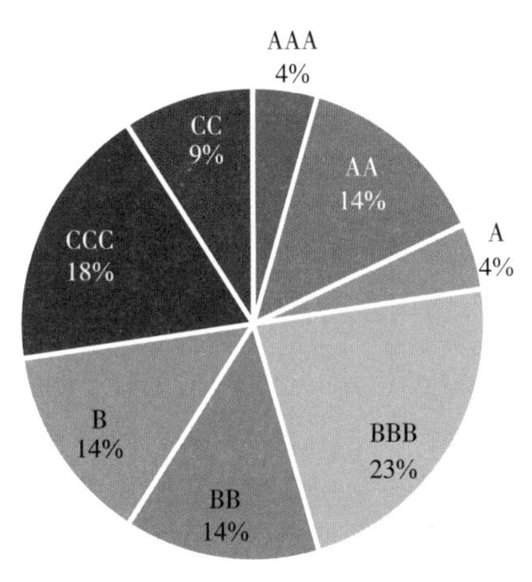

图 8-2　涉及债务违约的上市公司华证 ESG 评级分布

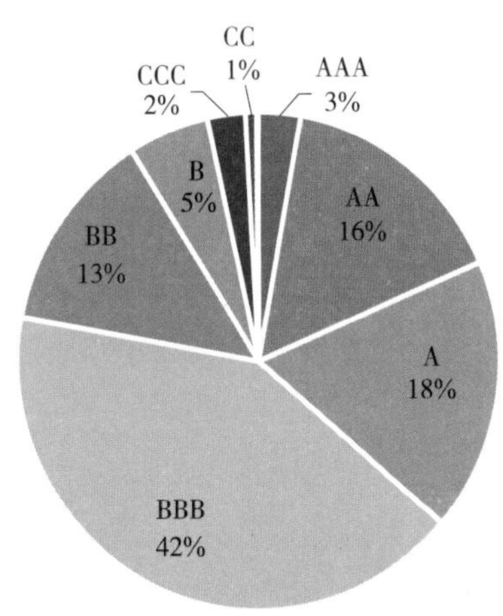

图 8-3　全部上市公司华证 ESG 评级分布

资料来源：万得数据库（Wind）。

资料链接

长生生物退市的启示

2018 年 11 月 16 日，沪深交易所正式发布实施《上海证券交易所上市公司重大违法强制退市实施办法》《深圳证券交易所上市公司重大违法强制退市实施办法》（以下简称《实施办法》），修订后的退市规则明确了重大违法强制退市的具体违法情形和实施程序，并新增了社会公众安全类重大违法强制退市情形，在退市程序上也将更加严格。同日，深交所对外通报，长生生物可能触及重大违法强制退市情形，启动对长生生物重大违法强制退市机制。这使得长生生物成为《实施办法》实施后首家被启动强制退市的上市公司。

2018 年 12 月 11 日，长生生物收到《深圳证券交易所重大违法强制退市事先告知书》。

2019 年 1 月 14 日，长生生物收到深圳证券交易所《关于对长生生物科技股份有限公司股票实施重大违法强制退市的决定》，其中提出：2018 年 10 月 16 日，公司主要子公司长春长生生物科技有限责任公司因违法违规生产疫苗，被药品监督管理部门给予吊销药品生产许可证、处罚没 91 亿元等行政处罚。上述违法行为危害公众健康安全，情节恶劣，严重损害国家利益、社会公共利益，触及了深交所《上市公司重大违法强制退市实施办法》第二条、第五条规定的重大违法强制退市情形。

根据中国证监会《关于修改〈关于改革完善并严格实施上市公司退市制度的若干意见〉的决定》《实施办法》相关规定及本所上市委员会的审核意见，深交所决定对公司股票实施重大违法强制退市。此后，长生生物在 2019 年 3 月 15 日被暂停上市，并于 2019 年 10 月 8 日收到深交所《关于长生生物科技股份有限公司股票终止上市的决定》，于 2019 年 10 月 16 日起进入退市整理期交易。2019 年 11 月 26 日长生生物退市整理期结束，随后于 2019 年 11 月 27 日被深交所摘牌。

长生生物的强制退市为我们带来了以下启示：

（1）合法合规经营是企业最基本的责任，也是企业能够长期健康发展的基石，无论是监管层、上市公司自身还是市场投资者，都应对此给予充分的重视。

（2）盲目投机不可取。自 2018 年 7 月 15 日疫苗事件爆发以来，长生生物股票连续 32 个跌停。但是，就在公司停牌前，该股却连拉多个涨停板，不少投资者趁机杀入，试图博取形势反转来获利。此后，随着公司退市成为定局，这些投机资金难免遭遇巨大亏损。这显示部分投资者的风险控制意识依然淡薄，火中取栗的投机行为应尽力避免。

（3）近几年监管和投资者对企业的内部管理、社会责任等方面愈发重视，这意味着非财务风险在投资策略中关注度也相应提升，而 ESG 投资理念能有效规避这类风险，预计将越来越受到投资者的关注。

8.2.3 获取超额收益

投资的主要目的是获取投资回报，因此关于 ESG 投资，投资者关注的一个重要问题是 ESG 投资对长期回报率的影响。

尽管近年来 ESG 投资显著增长，但部分投资者对 ESG 投资能否带来超额收益持怀疑态度。关于 ESG 投资绩效的争议表现在三个方面：一是短期成本超过长期收益。为了满足环保、社会责任与治理结构的额外要求，企业会承担起额外的运营成本。这会对公司的财务绩效产生负面影响，降低其经营利润进而减小公司资产的收益率，损害公司或资产的估值。二是 ESG 限制了投资领域和潜在的收益机会。有些投资者认为排除 ESG 评级较差的公司，如酒精、烟草和赌博相关公司（罪恶股票）会损失相关领域的投资机会，导致投资结果变差。三是支持有效市场假设。如果公开的 ESG 信息完全合并进入资产价格，那么 ESG 公司和非 ESG 公司的回报应该没有差异。

越来越多的研究表明，根据可持续性因素进行投资可能会改善长期股票表现。例如，Kempf 和 Osthoffff 研究表明采用多空策略（买入 ESG 评级较高的股票而卖出 ESG 评级较低的股票）会产生正面的 Carhart 四因子 alpha，年化收益率高达 8.7%。摩根士丹利可持续投资研究发现，回顾 2008～2014 年的 10228 个开放式公募基金的业绩，可持续投资基金的回报率是略高于传统基金的。2015 年德意志资管公司和汉堡大学曾进行过一项关于 ESG 的全面文献综述，通过总结超过 2000 篇研究得出结论：无论定性还是定量，多数研究显示 ESG 指标与绩效呈正相关关系；跨资产类型来看，无论是关于股权、债券还是房地产的研究，绝大部分结果显示 ESG 指标与绩效呈现正相关关系。

针对中国市场的研究方面，李瑾基于 2015～2020 年主要机构的 ESG 评级与 A 股市场数据，采用四因素模型对 A 股市场的 ESG 风险溢价与额外收益是否存在关系进行分析与检验，结论显示投资于 ESG 表现良好的公司可以获得额外收益，即 A 股市场对于机构 ESG 评级及投资理念是认可的。

从更加直观的 ESG 指数表现来看，为方便比较，指数均以 2012 年首个交易日为 100，结果可见，虽然以发达市场为代表的 MSCI 全球 ESG 领先指数（MSCI World ESG Leaders Index）在过去十年中并未明显跑赢 MSCI 全球指数，但以新兴市场为代表的 MSCI 新兴市场 ESG 领先指数（MSCI EM ESG Leaders Index）则更明显地表现出长期超额收益，大幅跑赢了 MSCI 新兴市场指数，见图 8-4 和图 8-5。

图 8-4　MSCI 全球 ESG 领先指数表现

资料来源：Bloomberg。

图 8-5　MSCI 新兴市场 ESG 领先指数表现

资料来源：Bloomberg。

在债券投资方面，ESG 投资在超额收益上同样拥有良好表现。根据巴克莱银行 2016 年的一项研究，相较于 ESG 评分较低的债券组合，ESG 评分较高的债券组合实现了近 2% 的超额收益，其中公司治理因素对超额收益的贡献最大。

ESG 投资能够获得超额收益的原因可能在于：高 ESG 得分的公司能够高效利用资源，同时拥有人力资本和创新管理模式，因此相比同行其他公司会更有竞争力。此外，高 ESG 得分的公司通常制定了更加合理的长期的业务发展计划和高管人员的长期激励计划，有利于公司的长期发展和人员的稳定性。在这种竞争优势下，高 ESG 得分的公司更有可能获得高盈利和高利润，从而形成超额收益。

此外，越来越多的 ESG 策略与产品也有助于提升投资收益。在 ESG 投资策略方面，投资者逐渐从被动排除罪恶企业，转变到积极选择符合 ESG 标准的公司，如选择环境和产品安全、劳动力多元化及企业治理良好的公司等。在 ESG 产品方面，市场开发出越来越多与 ESG 相关的指数、Smart Beta 基金和 ETF 等新产品。有了丰富的 ESG 投资策略与产品选择之后，投资者更加容易遵循 ESG 原则进行长期资产配置。

因此，投资者在选择 ESG 投资模式时可能不能仅强调其带来的风险收益特征，更多需要关注和认可其“社会责任”的本质属性。

资料链接

国内外投资者使用ESG数据的动因

一、国外研究

牛津大学赛德商学院阿米尔·阿梅尔扎德（Amir Amel-Zadeh）和哈佛商学院乔治·塞拉菲姆（George Serafeim）于 2018 年发表了文章《全球投资者如何投资 ESG？》（*Why and How Investors Use ESG Information: Evidence from a Global Survey*）。文中对投资企业展开调查，其中一项调查内容是投资者在做出投资决策时是否考虑 ESG 信息及原因。结果显示，绝大多数（82.1%）接受调查的投资者在做出投资决策时会考虑 ESG 信息。大小企业投资者（以 50 亿美元为界）所占百分比在统计意义上没有差异。与欧洲国家投资者相比，在投资决策中考虑 ESG 信息的美国投资者占比要小得多，尽管这种差异在 5% 的水平上不具有统计显著性。在投资决策中确实考虑 ESG 信息的投资者中，大多数（63.1%）这么做的理由是 ESG 信息在财务层面对投资业绩至关重要。美国投资者的这一比例略低于欧洲国家投资者，但其差异在统计上并不显著。大企业受访者提出财务战略理由的比例显著高于小企业受访者，如客户需求增长动因（54.3% 对 22.4%，$p<0.01$）和投资产品开发动因（43.1% 对 27.2%，$p<0.01$）。对美国投资者而言，产品开发动因的重要性显著超过欧洲国家投资者（47.4% 对 30.4%，$p<0.01$）。相比之下，小企业受访者更倾向于将 ESG 信息考量作为投资决策中的伦理责任（36.4% 对 25%，$p<0.05$），持

这一观点的欧洲国家投资者多于美国投资者（40.7% 对 18.6%，$p<0.01$）。认为 ESG 考量能有效改变企业行为的欧洲国家投资者比例要显著高于美国投资者（40.7% 对 25.8%，$p<0.05$），见表 8-2。

总体而言，样本证据表明，ESG 信息的使用主要不是出于伦理动因，而是出于财务动因，但不同地域差异较大。与美国相比，伦理动因在欧洲国家发挥的作用似乎更大。与这一发现一致的是，欧洲国家受访者坚定认为，参与企业管理可以为处理 ESG 问题的企业部门带来改变。

表 8-2 制定投资决策时是否考虑 ESG 信息及原因 单位：%

调查对象回应	所有（N=419）	资产管理规模（以 50 亿美元为界）		地区	
		大	小	美国	欧洲国家
是，因为……	82.10	85.90	80.30	75.20	84.40
……ESG 对投资业绩至关重要	63.10	60.30	64.50	55.70	64.40
……客户 / 利益相关方需求增加	33.10	54.30	22.40	33.00	39.30
……这种做法可以有效地为企业带来改变	32.60	31.90	32.90	25.80	40.70
……这是我们产品投资策略的一部分	32.60	43.10	27.20	47.40	30.40
……视其为伦理责任	32.60	25.00	36.40	18.60	40.70
……预计其在不久的将来会变得重要	31.70	31.90	31.60	29.90	37.00
……客户正式委托	25.00	37.10	18.90	23.70	30.40
否，因为……	17.90	14.10	19.70	24.80	15.60
……利益相关方对这种做法没有需求	26.70	15.80	30.40	21.90	24.00
……缺乏可靠的非财务数据	21.30	21.10	21.40	18.80	32.00
……ESG 信息对投资业绩不重要	13.30	5.30	16.10	21.90	4.00
……不能为企业带来有效改变	12.00	15.80	10.70	12.50	16.00
……会违背我们对利益相关方的信托责任	12.00	5.30	14.30	21.90	8.00
……此类信息对分散化的投资组合不重要	10.70	5.30	12.50	6.30	16.00
……考量此类信息对投资业绩是有害的	4.00	5.30	3.60	6.30	4.00

二、国内研究

根据《2019 年度中国基金业 ESG 投资专题调查报告》（证券版）的相关分析，85% 的证券投资机构将降低投资风险视为责任投资驱动力，顺应监管趋势（67%）和获取超额收益（65%）是位列第二和第三的驱动力；相比于中国责任投资论坛 2017 年调研结果，证券投资机构已经从为社会创造价值和响应政府号召，逐步开始关注 ESG 议题对投资回报的实质性影响（见图 8-6）；相对而言，公募基金管理公司更关注 ESG/ 绿色投资带来的超额收益，私募基金管理人更关注 ESG/ 绿色投资降低风险的作用，这可能与私募基金更加严格的仓位控制要求相关，见图 8-7。

图 8-6　证券投资机构采纳责任投资的驱动力变化

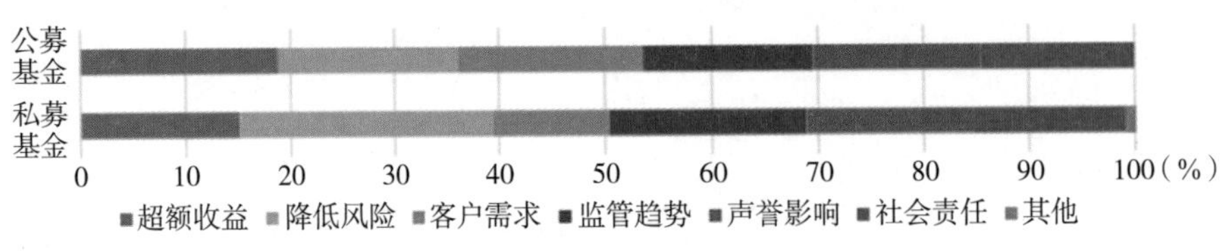

图 8-7　公募基金与私募基金采纳责任投资的驱动力比较

8.3 ESG投资策略

ESG 投资的本质是以风险评估换取长期收益，但将 ESG 投资理念应用到具体的 ESG 投资策略中时，对于主权财富基金、资产管理公司、基金公司、保险公司、养老金等不同的机构来说会有不同的策略方法选择。这主要由于，不同的机构在资金来源、投资原则、预期目标、投资策略等方面都存在区别，所以尽管接受相同的 ESG 投资总体理念和框架，但具体实践方式因人而异。例如，主权财富基金、养老金通常投资期限较长，可以设置较长期限来评估投资业绩，而资产管理公司、基金公司等通常业绩评估周期较短，因此短期业绩压力较大。这种区别可能导致了不同投资者在环境、社会责任及公司治理三因素间各有侧重，如投资周期长的投资者可能更加关注环境、社会因素带来的长期价值提升，而短周期投资者可能更加关注公司的治理因素，以期尽快在财务回报上有所体现。同时，不同机构承担的社会责任、自身的价值观等方面的不同也决定了各自会在 ESG 投资大框架内选择自己侧重的角度和投资方法。

此外，除投资主体自身属性影响 ESG 投资策略的选择外，宏观周期和市场状况也是重要的影响因素。例如，道富环球投资管理（State Street Global Advisors）的研究认为，高 ESG 指标的公司同时也是波动率较小的高质量公司，因此在熊市中，投资者更倾向于选择高 ESG 指标的公司，而在牛市行情中，投资者风险偏好更高，想要通过选择高 ESG 指标的公司获得超额收益的难度可能较高。

可见，ESG 投资策略的选择需要与投资机构自身情况及市场情况有机结合，这样才能达到较好的投资效果。

在全球可持续投资联盟（GSIA）发布的《2020 年全球可持续投资回顾》中，将 ESG 投资策略归纳为七类，分别是：

第一，负面 / 排他筛选。根据 ESG 投资原则，直接过滤掉对环境产生恶劣影响、对社会产生不良影响或公司内部治理很差的投资标的。

第二，正面 / 最优筛选。在选择投资标的时，选择 ESG 表现更好的企业。

第三，基于标准的筛选。根据经济合作与发展组织、国际劳工组织、联合国儿童基金会等国际组织发布的国际标准，剔除违背最低标准的商业行为和对应标的。

第四，ESG 整合。投资管理人将环境、社会和治理因素系统并明确地纳入金融分析。

第五，可持续发展主题投资。投资于可持续发展相关的主题资产，如清洁能源、绿色技术或可持续农业等主题标的。

第六，影响力 / 社区投资。致力于可以解决社会或环境问题的投资，包括社区投资，其资金是专门针对传统意义上得不到充分服务的个人或社区，以及给具有明确社会或环境目的的企业的融资。

第七，企业参与和股东行为。股东或债券持有人通过直接投资来影响企业行为，例如，与高级管理层或公司董事会沟通，提交或共同提交股东提案，以及在全面的 ESG 指南指导下进行代理投票，来影响公司在 ESG 领域的行为。

从全球整体来看，截至 2018 年，在上述的七类 ESG 投资策略中应用最广泛的是负面 / 排他筛选，该策略下的资产规模达 19.8 万亿美元，其次是 ESG 整合策略，该策略下的资产规模达 17.5 万亿美元。2016～2018 年，可持续发展主题投资策略下的资产规模增速最快，为 269%，其次是正面 / 最优筛选策略，增速为 125%。随着 ESG 信息披露、评价体系等的不断完善，以及投资机构在 ESG 投资理念、方法与实践上的不断进步，到 2020 年初，ESG 整合策略的资产管理规模合计已经达到 25.2 万亿美元，超过负面 / 排他筛选策略，成为目前市场上最主流的 ESG 投资策略，与此同时采用负面 / 排他筛选策略的资产管理规模则下降至 2020 年初的 15.03 万亿美元。

不同地区对 ESG 投资策略的偏好和使用方式也不一样。根据 2020 年 GSIA 提供的数据，美国更偏向于 ESG 整合策略和负面 / 排他筛选策略，规模分别为 16 万亿美元和 3.4 万亿美元。欧洲地区使用最为广泛的策略为负面 / 排他筛选策略及企业参与和股东行为策略。日本最受欢迎的策略是 ESG 整合策略，其次是企业参与和股东行为策略。澳大利亚 / 新西兰地区最常使用的是 ESG 整合策略，该策略在澳大利亚 / 新西兰地区的规模远超于其他策略。加拿大更偏向于 ESG 整合策略，其次是企业参与和股东行为策略（见图 8-8）。

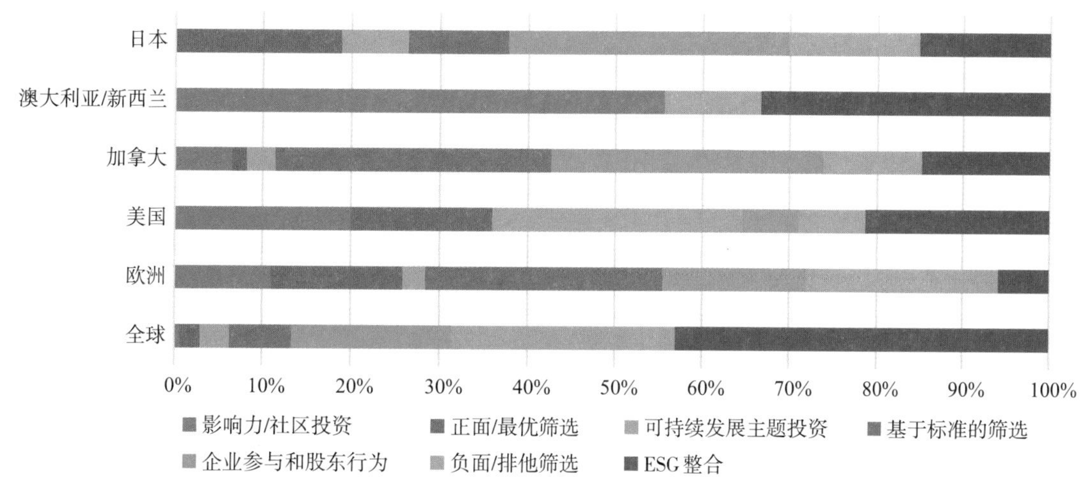

图 8-8 2020 年不同国家和地区七类投资策略占比

资料来源：GSIA。

Sustainable Investing 网站根据晨星提供的资料，对美国市场排名前 20 的基金公司所提供的共同基金 /ETF 产品的招募说明书进行统计，得出 2010 年 12 月、2019 年 6 月 30 日、2020 年 6 月 30 日的基金产品采用的 ESG 投资策略分布情况。从对比结果来看，在美国市场上，ESG 整合策略迅速崛起，从 2010 年 12 月的 4% 上升至 2020 年 6 月的 69%，而负面 / 排他筛选策略逐渐衰落，其占比从 2010 年 12 月的 94.4% 逐渐下降至 2019 年 6 月的 45.6%，至 2020 年 6 月进一步下降至 4.5%。出现这一变化的原因可能是在 ESG 投资发展的早期阶段，ESG 概念普及程度低、相关数据服务不成熟、信息获取难度高，利用负面 / 排他筛选策略来剔除掉从事酒精、烟草、武器、赌博等相关行业的公司，对基金公司来说更加简单易操作，同时也能起到降低投资组合风险的效果，因此该策略占据了主导地位。此后，随着 ESG 相关数据服务的丰富与完善，更复杂的 ESG 投资策略逐渐具备了应用的条件，由于相比消极的负面 / 排他筛选策略，更加主动的 ESG 整合策略能够更好地平衡与发挥 ESG 投资在风险与收益上的优势，也就使得 ESG 整合策略开始步入快速发展期，见图 8-9。

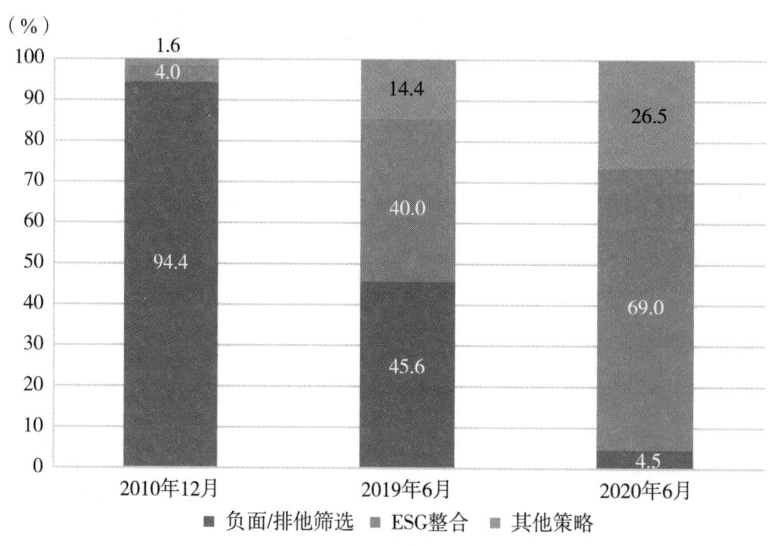

图 8-9　美国基金公司 ESG 策略选择的演变

资料来源：Sustainable Investing 网站。

资料链接

ESG整合策略

ESG 整合策略是将 ESG 因子纳入财务分析，在对特定公司或整体投资组合做出投资决策时，实质性 ESG 因子可以连同传统财务因子一并识别和评估，以降低风险和 / 或提高收益。投资者运用一系列技术识别风险和机遇，如果不分析特定 ESG 数据和 ESG 大趋势，则可能无法发现这些风险和机遇。根据 CFI Institute 的研究报告，ESG 整合策略主要包括三个部分，研究、投资分析和投资决策。

首先，研究分为两部分内容：①收集信息，从多重渠道（包括但不限于公司年报和第三方投资研究报告）收集财务和 ESG 信息。②重要性分析，分析相关的财务和 ESG 信息，找出影响公司、行业、国家的重要财务和 ESG 因子。若 ESG 因子被认为是不重要的，则不对其进行投资分析。

其次，投资分析主要是评估重要财务和 ESG 因子对公司、行业、国家、投资组合的公司表现和投资表现的影响，并据此调整预期财务数据、估值模型变量、估值比率乘数、预期财务比率、内部信用评级、投资组合权重等。

最后，投资决策，即将上述 ESG 因子纳入重要传统财务因子，最终影响买入 / 增加权重、持有 / 维持权重、卖出 / 减少权重或不作为 / 不投资的决策。

与负面 / 排他筛选策略不同，ESG 整合策略并不禁止对特定企业、行业或者国家的投资。通常情况下，排斥性筛查在投资分析开始前进行。这与 ESG 整合正相反。财务信息和 ESG 信息在证券选择和建立投资组合的环节介入，这些证券所属的公司、行业及国家不存在禁止投资的情况。

同时，ESG 整合策略也并不牺牲投资组合回报。ESG 整合的一个关键部分就是降低风险、增加回报。投资者应用 ESG 整合手段可以发现一些传统投资策略难以发现的潜在风险，从而更好地选择低风险的投资对象。由于 ESG 因素通常是低频的，对于长期表现有较大影响，所以长期投资比短期投资者更有可能进行 ESG 整合。

8.4 ESG投资的机构实践

8.4.1 机构签署UN PRI责任投资现状

2006 年，在联合国环境规划署金融倡议组织（UNEP FI）和联合国全球契约组织（UNGC）的共同推动下，联合国秘书长科菲 · 安南发起设立了联合国责任投资原则组织（UN PRI），该组织首次将社会责任、公司治理与环境保护相结合，正式提出了 ESG 这一概念，并起草了社会责任投资的六大原则及 14 大主题，奠定了国际 ESG 因子的评估框架，自此 ESG 投资逐步兴起。UN PRI 的成立为 ESG 概念树立了标杆，明确提出环境、社会和治理问题对于投资组合收益的影响，并正式建议投资者将这些因素纳入决策过程。

根据该组织的要求，以下三类机构可以成为 UN PRI 签署方：

（1）代表长期退休储蓄、保险和其他资产持有人的资产所有者，如养老基金、主权财富基金、基金会、捐赠基金、保险和再保险公司及其他管理存款的金融机构。这是 UN PRI 的主要签署方类别。

（2）投资管理机构，作为第三方管理或控制投资基金，为机构和 / 或零售市场提供服务。仍在筹集资金而不是积极管理资产的投资管理机构可以作为临时签署人。

（3）向资产所有者和 / 或投资管理人提供产品或服务的服务提供商（专业服务合作伙伴）。签署 UN PRI 的机构需要承诺遵守的六项投资责任原则可参见本书第 1 章。在履行义务的同时，签署机构也能享有一系列的相关权益，如每年受邀参加研讨会等多种活动，通过 UN PRI 协作门户与全球践行 ESG 投资原则的投资机构共同分享经验、知识及资源

的对接，允许访问公开披露的 UN PRI 透明度报告，可以访问其他签署方的评估报告，获得对如何将 ESG 因素纳入投资决策的相关指导，获得 UN PRI 提供的一系列针对签署方不同需求的 UN PRI 时事通讯等。

2018 年，UN PRI 对投资者实施了 UN PRI 会员资格的最低要求，主要有三点：

第一，投资政策要包含责任投资方法，并且涵盖超过 50% 的资产管理规模；

第二，拥有负责实施责任投资政策的内部 / 外部员工；

第三，拥有针对责任投资的高层承诺和问责机制。

UN PRI 在公告中表示，在机构成为 UN PRI 签署方后，UN PRI 会在两年内通过一对一会议、行动计划和资源指导等多种方式，帮助签署方进行必要的改革，以满足负责任投资的最低要求。但如果两年后，签署方还是不能达到最低要求，那么签署人将被除名。此举意在对签署方形成问责机制，以确保签署方能够履行相应义务，持续在 ESG 投资方面取得进展。

根据 UN PRI 官网，UN PRI 计划未来进一步加强对签署成员的要求，包括要求公司必须公开责任投资政策，所管理的资产中至少 90% 实现责任投资，同时身为签署方的股票投资经理人必须强制参与上市公司的投票过程等。

根据 UN PRI 官网统计，UN PRI 签署机构数量近两年快速增长，截至 2023 年 7 月 31 日，全球已有 5384 家机构签署 UNPRI，包括 4104 家投资管理机构、737 家资产所有者和 543 家服务提供商。分地区来看，美国机构占比最多，为 19.7%，其次是英国（14.3%）、法国（7.5%）、德国（5.5%）、加拿大（4.3%）、澳大利亚（4.3%）。中国有 138 家机构签约，占比为 2.6%，其中投资管理机构 99 家，服务提供商 35 家，资产所有者 4 家，与整体 UN PRI 签署机构的结构分布比较，我国服务提供商占比较高，资产所有者占比偏低，见图 8-10、图 8-11 和图 8-12。

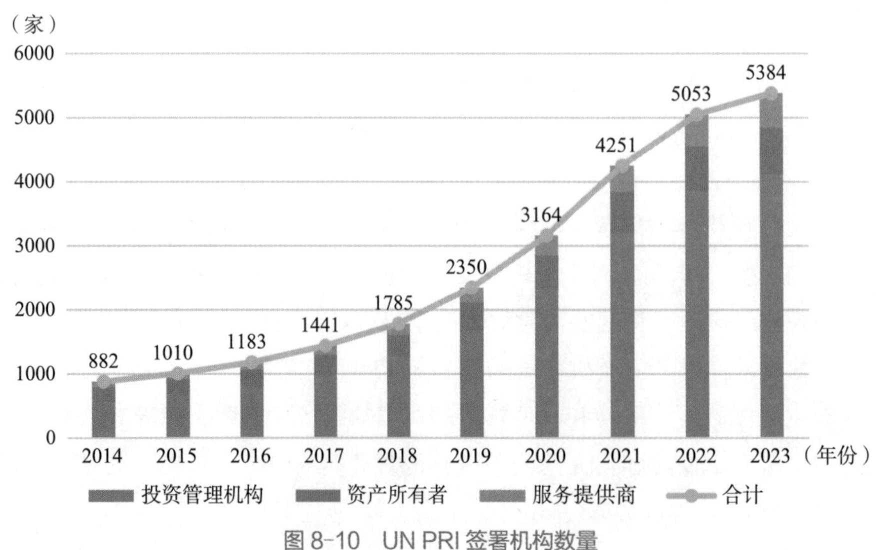

图 8-10　UN PRI 签署机构数量

注：截至 2023 年 7 月 31 日。

资料来源：UN PRI 官网。

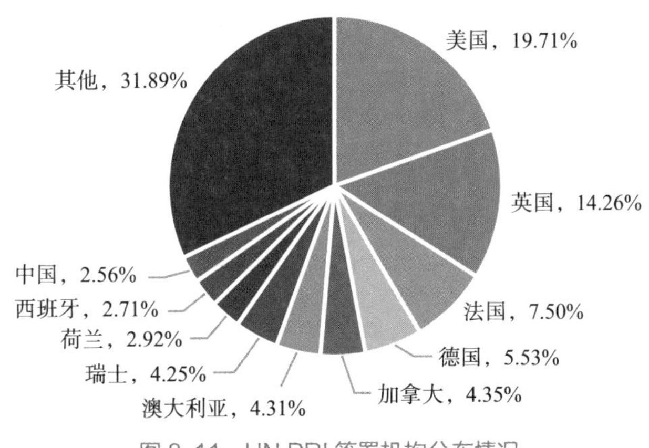

图 8-11 UN PRI 签署机构分布情况

注：截至 2023 年 7 月 31 日。
资料来源：UN PRI 官网。

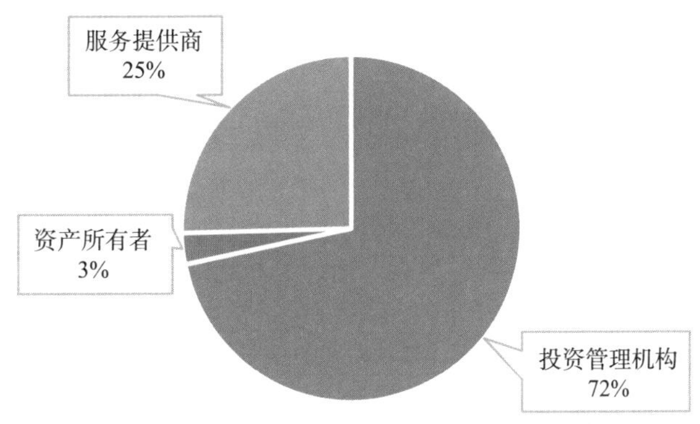

图 8-12 我国 UN PRI 签署机构分布情况

注：截至 2023 年 7 月 31 日。
资料来源：UN PRI 官网。

8.4.2 海外机构的ESG投资实践

海外经验显示，ESG 投资理念大部分应用于养老金、国家主权基金之中。据 GSIA 测算，截至 2018 年，市场上机构投资者 ESG 资产占比约为市场容量的 3/4，而机构投资者的主体是养老基金。

养老金基于其自身资金属性，与 ESG 投资有较高的匹配度。首先，养老金具有长期投资性质，而 ESG 投资理念正是着眼于获取长期回报；其次，养老金对规避风险的要求较高，而 ESG 投资具有避险功能；最后，养老金作为社会保障体系的一部分，天然具有社会属性，应积极承担社会责任，这与 ESG 投资的基本特征匹配。

以日本政府养老金投资基金（Government Pension Investment Fund，GPIF）为例，截至 2023 年 3 月末，其管理资产达到了 200.13 万亿日元（约合 1.44 万亿美元），是全球规模最大的养老基金。2015 年起，GPIF 正式开始了 ESG 投资布局。数据显示，2017 财年至 2019 财年，GPIF 的 ESG 指数追踪资产占总资产的比重不断上升。截至 2019 财年末，其 ESG 指数资产规模已达到 5.7 兆日元。

资料链接

日本养老基金（GPIF）的ESG投资

2006 年 4 月 27 日，龟甲万企业年金基金签署了 UN PRI 原则，这是最早签署 UN PRI 原则的日本机构。随后到 2013 年，日本 ESG 投资的投资金额还不到 1 万亿日元，但到 2015 年迅速增至 26.687 万亿日元，到 2016 年进一步增至 57.567 万亿日元。ESG 投资规模跨越式增长的原因在于，2015 年 9 月 16 日，日本政府养老金投资基（Government Pension Investment Fund，GPIF）这一世界最大的养老金投资机构签署了 UN PRI。此后，GPIF 大力推行 ESG 投资，目前已是亚洲可持续投资的领导者和推动者。

GPIF 已在投资实践中将 ESG 整合到全投资流程当中，投资方式以被动指数投资为主，GPIF 超过 90% 的投资组合都是追踪指数的被动型投资。

考虑到企业的可持续性，GPIF 认为，通过灵活运用指数投资，不仅可以改善投资组合的长期风险收益，还可以通过改善 ESG 评价，助力日本股市整体向好。但 GPIF 并非完全被动地跟踪指数，而是主动积极地与指数编制方进行合作，对指数施加影响力，包括要求指数编制方公开指数编制的方法论，要求指数编制方与公司合作并报告进展，并强调在收益率相同的情况下，GPIF 将选择与投资组合内公司合作程度高的指数。同时，GPIF 还支持指数编制方面向投资者及发行人开展投资者教育等。

2017 年 7 月 3 日，GPIF 宣布选择富时罗素（FTSE Russell）和明晟（MSCI）公司的三个 ESG 指数，作为被动投资的追踪标的，其中两个为涵盖环境、社会责任和公司治理三方面的综合指数，另一个则为关注女性在社会领域的参与和进步的主题指数，三个指数分别是富时 Blossom 日本指数（FTSE Blossom Japan Index）、MSCI 日本 ESG 精选领导者指数（MSCI Japan ESG Select Leaders Index）和 MSCI 日本妇女赋权指数（MSCI Japan Empowering Women Index）。

针对上面三个指数，GPIF 采用了主动筛选的模式，即主动选择 ESG 表现优异的公司纳入指数中。其最终目标是希望以此推动更多的公司奉行 ESG 相关原则，最终纳入 ESG 相关指数中。这类措施的确也激发了日本企业对 ESG 的关注度，指数编制方表示自从 ESG 相关指数上市以来，收到来自日本企业的咨询数量大幅度增加。

2018 年，着眼于逐年加深的气候变化问题，GPIF 又选定了标普道琼斯指数公司计算的、聚焦于企业温室气体排放的标普碳效率指数（S&P/JPX Carbon Effiffifficient Index）和标普全球（日本除外）大中型碳效率指数（S&P Global Ex-Japan Large Mid Carbon Effiffifficient Index）进行投资，以加大对碳效率高的企业的投资比重。

欧美养老基金也是配置 ESG 资产的主力。根据美国可持续和负责任投资论坛的统计，截至 2020 年，54% 的 ESG 投资者来自公共部门，其中养老金占了较大的比重。欧洲养老金 ESG 投资更是走在了全球前列。英国早在 2005 年版《职业养恤金计划（投资）条例》就明确要求其受托人“在选择、保留和实现投资时考虑到社会、环境或道德因素的程度（如果有的话）”。2019 年，英国政府颁布了《养老金计划法案》，要求加强受托人在气候变化风险方面的义务条款，明确提出 50 亿欧元或以上资产的受托人在 2021 年 10 月前制定有效的战略和相应的指标，以确保养老金在气候变化的影响下仍然能够得到有效治理。欧洲监管层则早在 2012 年 12 月便通过了 IORP Ⅱ指令，从三个方面推动 ESG 理念在养老金投资中的运用：①要求欧盟成员国允许企业私人养老金计划将 ESG 印制纳入投资决策；②私人养老金计划需要将 ESG 因子纳入治理和风险管理决策；③私人养老金计划需披露如何将 ESG 因子纳入投资策略。此外，欧洲排名前列的大型养老金机构（如挪威 GPFG 和荷兰 ABP 等），均早已把 ESG 因子纳入投资决策范围。

资料链接

挪威政府全球养老基金（GPFG）的ESG投资

挪威 GPFG 很早便参与 ESG 投资，并且是联合国责任投资原则组织（UN PRI）的初创成员之一。1997 年挪威大选后不久，新一届政府要求 GPFG 在投资中考虑到环境和人权等非财务因素。通过研究后，挪威银行确立了三条可行的投资法则。通过限制投资于具有道德问题的公司，投资符合道德标准的公司或者通过投票权来“说服企业”，GPFG 的 ESG 投资正式开启。

GPFG 采取 ESG 投资有三个理由：

（1）GPFG 是投资于长期的基金，因此对能够可持续发展的公司感兴趣。ESG 可以甄别公司的长期可持续发展能力，并为基金的回报做出贡献。

（2）GPFG 在全球 70 个国家 / 地区拥有股份（截至 2022 年末），投资分布极为广泛，因此基金认为用 ESG 理念选择不太容易受到冲击，并且拥有可持续增长潜力的市场对于基金的长期回报很重要。

（3）GPFG 在各个领域拥有超 9000 家公司的股票，治理由董事会负责。ESG 投资筛选并鼓励良好的公司治理，可以提高公司的可持续发展能力，并保护基金作为投资者的权利。

在 ESG 投资策略选择方面，GPFG 主要采用负面 / 排他筛选、可持续发展主题投资及企业参与和股东行为三个策略。

在负面 / 排他筛选方面，GPFG 高度重视负面 / 排他筛选策略，并建立了观察和排除体系，会基于某些特定的原因拒绝对部分类型公司的投资。对存在严重道德和行为瑕疵的公司、通过股东参与手段来加强治理与监督无效的公司等，GPFG 会直接选择放弃投资，从而规避相应的投资风险。具体来看，主要包括三个方面：一是从行业角度筛选，剔除从事烟草、武器生产等行业的公司；二是从公司行为角度，剔除有侵犯人权、严重腐败、严重破坏环境等行为的公司；三是极少数情况下的从国家角度进行的筛选，禁止对部分高风险国家的投资。

在可持续发展主题投资方面，GPFG 主要针对与可持续发展相关的领域进行投资，主要包括低碳能源和替代燃料、清洁能源和效率技术、自然资源管理三个领域，GPFG 要求被投资的公司必须至少有 20% 以上的业务在其中一个领域。GPFG 还详细计算分析投资组合的碳排放强度及对气候变化的影响并加以控制，以期实现更为环保的投资活动。

在企业参与和股东行为方面，对于 GPFG 而言，参加股东大会并进行投票既是其作为股东的基本权利，同时也是保护基金价值的重要手段，因此 GPFG 会积极行使股东投票权来推进公司治理，改善公司财务绩效并促进负责任的商业行为。据统计，2019 年，GPFG 累计在 11518 场公司会议中投票，占其当年参与股东会议的 97.8%，未参与投票的股东会议往往是因为投票会导致股票交易被封锁或是其他客观规定使得 GPFG 难以行使投票权。在投票决定上，GPFG 建立的投票准则详细描述了其主要关注的两大方面（董事会有效性和股东保护）及相关细项，这套投票准则有助于令 GPFG 的投票行为具有可预测性和一致性。可预测性意味着公司能够清晰了解 GPFG 投下赞成票或是反对票的原因，而一致性是 GPFG 的投票决定在考虑各公司特殊性的基础上能够最大程度地遵循一致的原则。

GPFG 会定期与公司进行沟通对话，内容涉及董事会有效性、高管薪酬、气候与环境、人权、反腐败和税收等多个方面，主要就公司在 ESG 的相关领域表现和责任提出改进建议，并持续监督和改进公司的 ESG 信息披露情况。此外，在公司发生了暴露相关风险的特定事件，或涉及了负面 / 排他筛选策略标准的时候，GPFG 也会积极与公司展开沟通，如在 2018 年 4 月，GPFG 在关注到 UPL 下属公司 Advanta Seeds 使用童工事件后便开始与公司积极对话，促使公司在 2019 年出台了禁止使用童工的新政策。

作为 ESG 投资的发源地，欧洲一直是 ESG 投资的引领者和推动者，但近年来美国市场的 ESG 投资迅速发展，到 2020 年初，美国 ESG 投资管理规模在全球占比已经上升至 48%，居世界首位，超过欧洲 34%。从美国 UN PRI 签署机构数量来看，2017 年以来出现加速增长，显示美国投资机构对 ESG 投资的重视程度不断提升，见图 8-13。美国新一届政府将推进环保列为重要的政策目标，预计将进一步带动美国社会和金融投资机构对 ESG 投资的关注和参与。

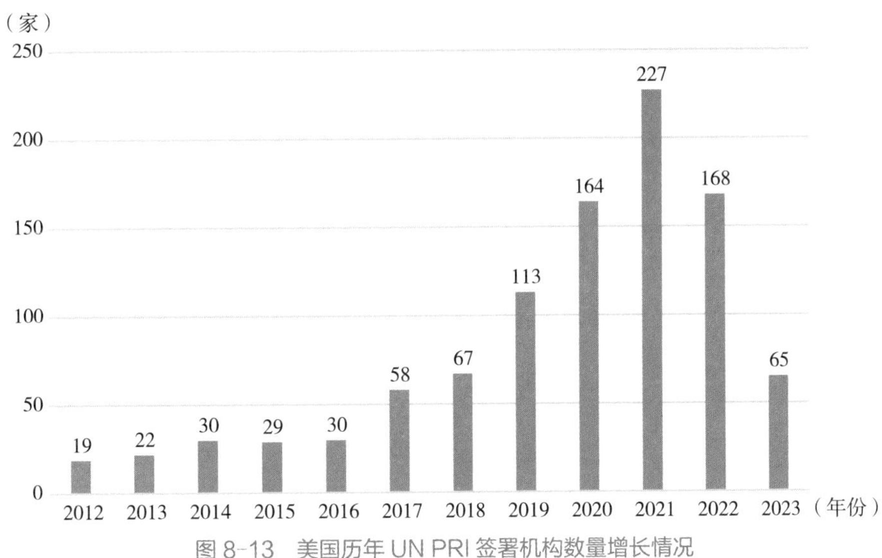

图 8-13 美国历年 UN PRI 签署机构数量增长情况

注：截至 2023 年 7 月 31 日。
资料来源：UN PRI 官网。

资料链接

美国最大的纯ESG共同基金公司Parnassus Investment的ESG投资

根据 Parnassus Investment 官网介绍，该公司于 1984 年在旧金山创立，目前是美国最大的纯 ESG 共同基金公司，其提供的每项策略都使用 ESG 标准进行管理。截至 2021 年 6 月 30 日，Parnassus Investment 通过各种投资工具为个人和机构投资者管理了超过 470 亿美元的资产。

Parnassus Investment 的投资理念认为，将 ESG 研究纳入决策过程可改善投资效益和社会福利。该公司的投资流程从负面 / 排他筛选策略开始，构建不符合其 ESG 标准的公司名单，采用系统的方法从投资领域中剔除 ESG 表现最差的公司。在此基础上，任何未被排除在考虑范围之外的公司都可能被选中进行深入研究，并评估其与现有投资组合的匹配度。

该评估主要侧重于公司的护城河、管理、关联性和 ESG 概况四大方面，以寻找具有不断增加内在价值的优质企业：

（1）关注拥有强大护城河的公司，这些公司可以保护其业务免受竞争对手的侵害，并抵御行业新进入者的威胁；

（2）关注拥有大量公司股票、对股东友好且具有高度诚信的长期专注的优质管理团队；

（3）通过了解公司的产品或服务是否在整体经济中获得份额来衡量关联性；

（4）评估一家公司的环境记录，研究其社会关系的状态并评估其治理的健康状况，以更好地了解其重大风险和机遇。

Parnassus Investment 会对加入投资组合的公司的基本面和 ESG 属性的变化进行持续的监控，并与投资组合中的公司就重要的 ESG 主题进行接触，以鼓励积极的变革。

8.4.3 国内机构的ESG投资实践

从国内机构的 ESG 投资实践来看，目前国内 ESG 投资以基金业为主要代表。为了评估资管机构进行责任投资实践的能力，商道融绿构建了机构责任投资能力评估（Responsible lnvestment Capacity Evaluation，RICE）平台。RICE 对 202 家金融机构进行了评估，包括 147 家公募基金公司（含取得公募资格的资产管理机构）、22 家银行理财子公司、33 家保险资管公司，该评估的信息查阅及采集时间截至 2022 年 7 月 31 日。评估结果用 5 个稻穗等级来表示机构责任投资的相对发展水平。评估结果显示，暂无机构达到最高的 5 穗的成熟发展水平；有 7 家公募基金达到了 4 穗的进阶水平，占全部公募基金的 4.8%；有 20 家公募基金（13.6%）、10 家保险资管机构（30.3%）和 6 家银行理财子公司（27.2%）已经有一定的责任投资实践，达到了 3 穗的水平；有 31 家公募基金公司（21.1%）、12 家保险资管公司（36.4%）和 8 家银行理财子公司（36.4%）处于 2 穗的起步水平；还有 89 家公募基金公司（60.5%）、11 家保险资管公司（33.3%）和 8 家银行理财子公司（36.4%）处于 1 穗的初始阶段（见图 8-14）。

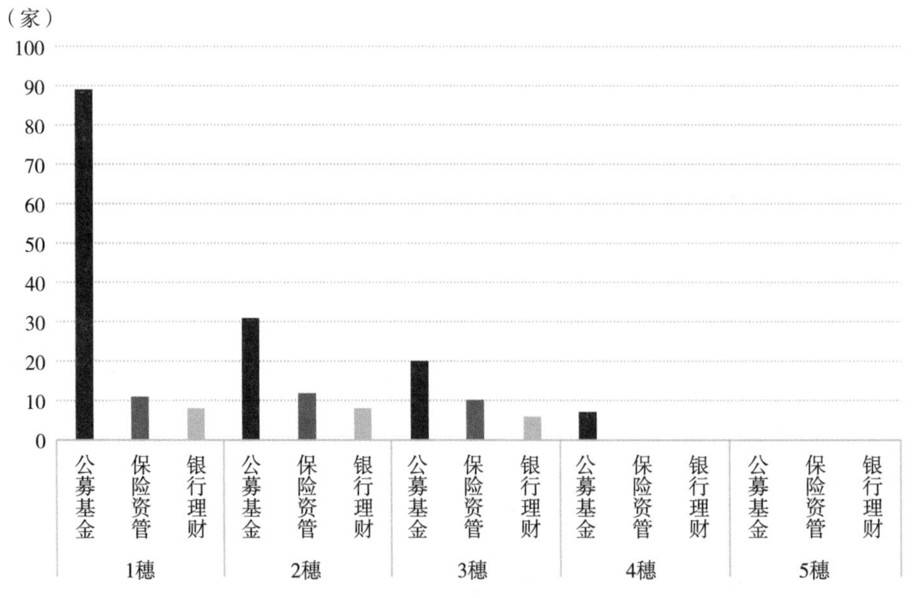

图 8-14 公募基金、保险资管和银行理财责任投资发展水平

资料来源：《中国责任投资年度报告 2022》。

在 ESG 公募基金方面，根据《中国责任投资年度报告 2022》，ESG 公募基金数量在 2019 年超过百只，截至 2022 年 10 月底，共有 89 家基金公司发布了 606 只 ESG 公募基金产品（A/B/C/H 分类计算）。其中，债券型基金 16 只，股票型基金 230 只，混合型基金 338 只，FOF 基金 18 只，国际（QDII）基金 4 只。

在 606 只 ESG 公募基金中，有 132 只使用了 ESG 优选理念，7 只使用了公司治理优选理念，15 只使用了绿色低碳优选理念，318 只主要根据是否属于该基金定义的节能环保行业来筛选成分股，2 只是针对新型冠状病毒肺炎疫情发布的抗疫主题债券基金，另有 132 只 ESG 剔除类基金使用了剔除在 ESG 方面有重大瑕疵的股票的筛选方法（见图 8-15）。

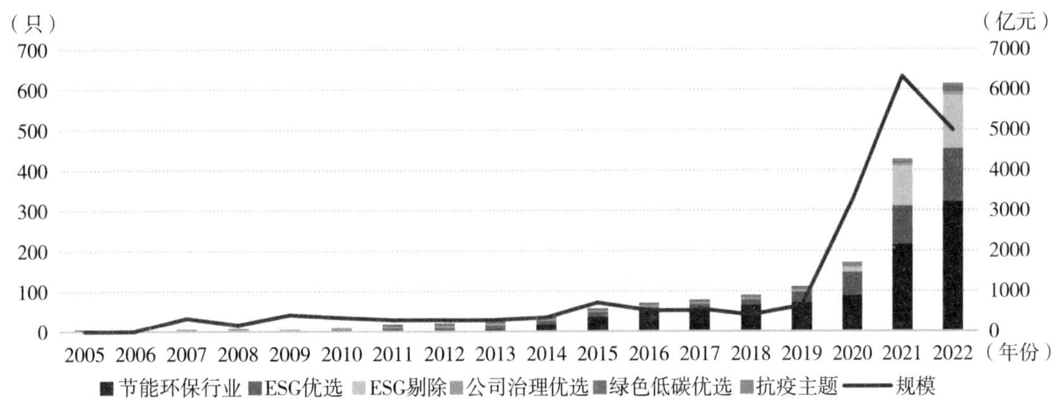

图 8-15 ESG 基金数量和规模增长情况

资料来源:《中国责任投资年度报告 2022》。

在 ESG 指数方面，根据中国责任投资论坛统计，截至 2022 年 10 月底，国内主要的指数公司共发布了 157 只涉及使用环境（E）、社会（S）、或公司治理（G）因素筛选成分股的股票指数。其中包括 ESG 优选类 56 只，公司治理优选类 6 只，绿色低碳优选类 11 只，社会优选类 3 只；节能环保行业类 69 只，乡村振兴主题类 3 只，海洋经济主题类 1 只；ESG 剔除类 6 只，绿色低碳剔除类 2 只。ESG 股票指数分类见表 8-3。

表 8-3 ESG 股票指数分类

优选类
• “ESG 优选”：同时使用 ESG 三个因素作为筛选成分股的方法 • “公司治理优选”：使用公司治理因素作为筛选成分股的方法 • “绿色低碳优选”：使用环境因素作为筛选成分股的方法 • “社会优选”：使用社会因素（如员工薪酬、税收贡献等）作为筛选成分股的方法
剔除类
• “ESG 剔除”：排除 ESG 表现较差的成分股的筛选方法 • “绿色低碳剔除”：排除在环境方面表现较差的成分股的筛选方法
主题类
• “节能环保行业”：指数成分是以节能环保相关行业为业务的上市公司 • “乡村振兴主题”：指数成分是与乡村振兴相关行业为业务的上市公司 • “海洋经济主题”：指数成分是与海洋经济相关的上市公司

资料来源:《中国责任投资年度报告 2022》。

资料链接

西部利得基金管理有限公司：ESG投资策略

西部利得基金成立于 2010 年 7 月，股东为西部证券股份有限公司和利得科技有限公司，是一家国有控股的基金管理公司，拥有公募基金、特定资产管理、受托管理保险资金等业务资质。

公司以“做投资者信任的财富管理专家”为愿景，坚持“基础产品供应商”的行业地位，凭借出色的业绩表现，获得海通证券近五年固收类基金增长率行业排名第一（截至 2021 年 3 月），旗下多个产品分获银河（截至 2021 年 5 月）、海通（截至 2021 年 4 月）、晨星（截至 2021 年 3 月）等权威评价机构三年期及以上的五星评级，赢得了广大投资者、合作伙伴的信任。

西部利得基金认为可持续的发展模式对创造长期价值至关重要。公司将环境、社会和治理（ESG）因素的分析整合到权益和信用债的研究和投资决策过程中。公司将 ESG 纳入投资过程用于降低风险和增加回报。ESG 是公司投研文化的重要组成部分，体现在公司的长期发展理念和价值观中。

公司 ESG 研究框架借鉴了国际上成熟的框架并纳入了中国特色指标，构建了多级指标体系，通过评分模式对研究标的进行打分，见表 8-4。

表 8-4 西部利得基金多级指标体系

主题	体系	议题
治理	董事会构成及组件	董事会结构和监督
	管理层激励、所有权、薪酬定位	股权结构和股东权益、高管薪酬和激励
	财务状况和企业道德水平	审计政策、商业道德和反腐败
社会	企业文化、宗旨和定位	价值观、发展理念、企业传承
	人力资本	员工管理和福利、人才培养和发展、员工健康和安全
	产品责任	产品安全和质量、客户隐私和数据安全、责任投资
	社会责任	供应链责任、企业社会价值责任
环境	气候变化风险	碳排放、气候变化脆弱性
	减缓和适应气候变化	清洁科技、可再生能源、绿色建筑
	污染治理	气候变化、污染物排放、环境违规事件
	自然资源和生态保护	自然资源利用、循环和绿色经济

全球已形成的碳中和共识将有力地引导长期投资向低碳领域配置，截至 2020 年底，全球共有 44 个国家和经济体正式宣布碳中和目标，应对气候变化的全球共识和趋势已经无法逆转，未来各国将出台大量支持碳中和的政策措施。习近平于 2020 年 9 月 22 日在第七十五届联合国大会一般性辩论上发表讲话，宣布中国将力争于 2030 年前达到碳排放峰值，努力争取 2060 年前实现碳中和目标。

西部利得碳中和基金产品作为公司 ESG 投资上的最新布局，是行业首只获批的碳中和基金产品，主要聚焦新能源、碳交易和碳减排等碳中和相关的核心领域，立足细分领域龙头，产业研究驱动，优选赛道。自上而下围绕 E、S 和 G 三个方面的评价体系，识别与 ESG 因素相关的潜在风险和机会。具体选股策略主要是利用自下而上方式来识别公司的可持续性、基本面和估值特征。该基金聚焦 ESG 投资主线，通过长期可持续的投资理念，在助力经济发展的同时，为投资人带来回报。

在银行理财产品方面，将 ESG 投资理念“嫁接”进银行的投研体系框架，有助于银行理财核心竞争力的建设。一方面，ESG 投资理念能够有效反映银行理财投资主体的经营业绩及管理水平，帮助银行理财实现风险规避与价值发现的双重目标；另一方面，银行积极开发 ESG 主题理财产品，有助于实现银行理财的差异化发展，进而对银行的业绩提升和品牌形象塑造产生积极的影响。

自 2019 年 4 月华夏银行推出第一只 ESG 主题理财产品，截至 2022 年 6 月底（根据银行业理财登记托管中心统计），ESG 主题理财产品存续 134 只，占全部存续理财产品的 0.38%；存续余额 1049 亿元，占全部存续理财产品的 0.36%。

目前，大部分泛 ESG 理财产品说明了其重点投资于绿色项目或产业，或者与民生、“三农”、乡村振兴、普惠金融等领域相关的产业项目。绿色债券、绿色资产支持证券等有明显绿色标识的资产颇受泛 ESG 理财产品青睐，也有产品说明其将投资于在环保、社会责任、公司治理方面表现良好的企业的债权类资产。

资料链接

银行ESG理财产品的特点

相较于普通的银行理财产品，银行 ESG 理财产品通常具有以下特点：

第一，平均业绩比较基准较高，收益也较高，并且超过业绩比较基准的收益更多归客户所有，银行让利幅度较大。从目前存续的银行 ESG 理财产品的收益来看，产品平均业绩比较基准在同期其他类型净值型产品中表现优异。

第二，通过拉长付息周期，熨平产品净值波动，力争为投资者创造长期的稳健收益。目前存续的 ESG 主题产品中，无论是封闭式还是开放式产品，付息周期普遍长于 1 年。一方面，设置较长的封闭期有助于防止产品短期净值波动对产品收益造成的不利影响；另一方面，较长的付息周期也有助于鼓励投资者长期持有产品，获得稳定回报。

第三，风险较低，适合绝大多数投资者购买。相较于普通非 ESG 理财产品，ESG 理财产品精选投资标的——从环境、社会责任和公司治理层面对投资标的进行打分，筛选出符合标准且具有竞争力的投资标的，并结合企业财务指标进行多维度评价，形成投资策略，以争取获得超额收益，也使底层资产的风险能够得到有效控制。此外，理财新规允许银行公募理财产品投资起点降至 1 万元，银行理财子公司不设置投资门槛，使得 ESG 产品面对的投资人群有所扩大。投资门槛的下沉，有助于更多的个人投资者了解、选购 ESG 产品。

近年来我国 ESG 投资发展较快，但仍处于发展初期，参与机构数量及涉及的资产规模相较于欧洲国家、美国、日本仍有较大差距，随着我国转向高质量发展，政策层面对生态、环保问题愈发重视，ESG 投资将是我国金融领域必然的发展方向。由于整个投资体系涉及投资人、金融机构、被投资企业、监管机构、第三方评级等多方参与者，因此 ESG 投资在中国的生根发芽和发展壮大，必然需要上述参与方对 ESG 投资理念形成共同的价值认同，并具体落地到各自的行为中。例如，监管机构在这一过程中应发挥引领作用，完善 ESG 信息披露方面的相关制度；投资人通过积极配置符合 ESG 投资标准的投资标的，驱动基金公司、券商资管等资产管理机构重视 ESG 投资理念并积极开发 ESG 投资产品；基金、券商等金融机构也应该主动开展投资者教育，推动投资者对 ESG 投资理念的认同，同时将 ESG 理念融入自身的业务开展中，如基金公司可通过金融创新等手段，不断推出具有投资吸引力的 ESG 投资产品，券商自营将 ESG 投资策略融入自身的投资决策体系等。此外，金融机构除了在投资端践行 ESG 外，也应将 ESG 理念整体融入自身公司经营与管理中；第三方评级机构应不断完善 ESG 评级体系，除了对上市公司等投资标的企业进行评级外，还应对基金公司、券商等各类金融机构的金融产品及金融机构本身进行 ESG 评级，驱动 ESG 理念在金融系统整体中得到不断的深化。

典型案例

南方基金：ESG投资实践

2021 年 12 月，中国社会科学院课题组发布《中国 ESG 投资蓝皮书（2021）》，从 ESG 治理、社会价值、风险管理三个维度，对中国 134 家基金公司的社会责任进行系统评价，南方基金以 78.98 分位列第一，是中国基金公司中践行 ESG 投资的引领者。本案例介绍了南方基金的 ESG 投资实践，以期给更多投资机构以启发和借鉴。

2018 年 6 月，南方基金正式成为联合国责任投资原则组织（UN PRI）签署成员，同时，南方基金也是中国 ESG 领导者组织的理事会成员之一，与该组织的其他商业领袖企业共同推进建立适合中国的 ESG 评价标准体系，促进中国资产管理行业 ESG 投资发展。

根据南方基金发布的《2020 年 ESG 投资报告》，公司总资产规模 11983 亿元，绿色投资累计规模 1014.3 亿元。

在 ESG 投资理念方面，南方基金秉承“长期投资、价值投资、责任投资”的核心理念，在致力于为客户和投资者持续创造价值的同时，兼顾推动社会的可持续发展，通过识别 ESG 风险和机遇，引导社会资源的优化配置。

在环境标准（E）方面，南方基金关注发行人对可再生能源的使用情况、废物管理计划、发行人运营中可能产生的空气或水污染、发行人对气候变化等问题的态度和处理方式等。在社会标准（S）方面，公司着眼于发行人的社会关系，如员工关系、客户关系、供应商关系等。在公司治理（G）方面，公司重点关注发行人董事会和执行管理层的多元化与包容性、发行人各利益相关方的利益分配、财务和会计透明度等议题。

在核心理念的引领下，南方基金从完善 ESG 业务的管理架构、推动 ESG 投资研究的融合、践行积极持有人策略、打造多层次的 ESG 产品体系和构建领先的 ESG 品牌这五个方面，落地

ESG投资理念，推进绿色投资。

在ESG管理结构方面，为了能有效推进和监察ESG投资策略的落地，南方基金设置了完善的ESG管理架构。ESG管理架构由ESG领导小组和固定收益ESG融合、权益ESG融合、风险管理ESG融合、ESG产品和宣传四个工作组所组成。ESG领导小组负责全面督导公司ESG工作建设，定期审核ESG业务进度并设定下一阶段工作重点。ESG工作组由每个资产类别及业务线部门组成，并由部门的高管层代表所领导，负责贯彻落实ESG领导小组的工作部署，推进ESG融合工作在各业务条线的落地执行。

在ESG投资策略方面，南方基金主要使用ESG融合、ESG筛选、ESG主题投资和积极持有人四大策略。

一、ESG融合

南方基金将ESG因素纳入投资分析、研究和决策之中，逐步构建了公司独特的"事前＋事中＋事后"ESG投资全流程体系（见图8-16），实现综合考量投资标的ESG表现，强化投资的ESG风险管理，旨在为客户提供稳健收益的同时追求超额收益。通过发现本土化的ESG有效指标，实现ESG与中国投资逻辑的结合，建立南方基金ESG自评级体系和数据库，促进ESG研究与投资的实际应用。

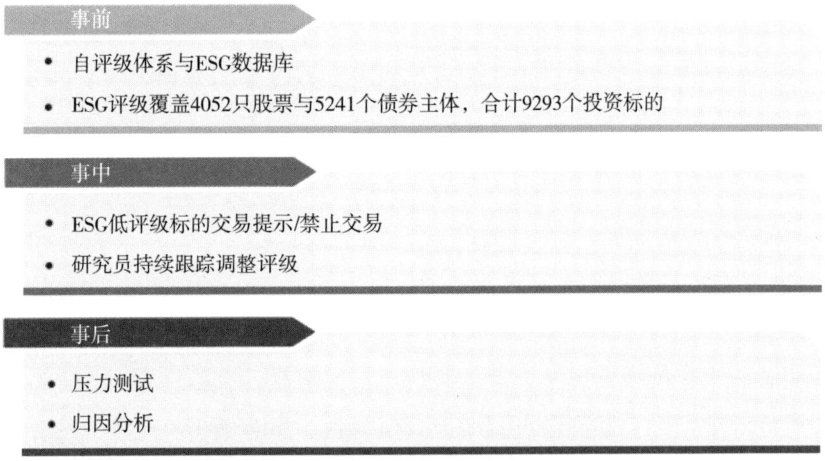

事前
- 自评级体系与ESG数据库
- ESG评级覆盖4052只股票与5241个债券主体，合计9293个投资标的

事中
- ESG低评级标的交易提示/禁止交易
- 研究员持续跟踪调整评级

事后
- 压力测试
- 归因分析

图8-16 南方基金全流程ESG投资体系

资料来源：南方基金《2020年ESG投资报告》。

二、ESG筛选

南方基金对有违反过相关国内外法律、禁令、协议记录的企业采取绝对排除的筛选政策，禁止公司各组合买入。公司也会根据负责任投资原则对投资标的进行筛选，排除不符合"长期投资、价值投资、责任投资"发展理念的企业。同时，公司已经在内部的投资风险系统中加入筛选指标，通过负面筛选排除ESG评级相对于业内同行较低的投资标的，从而达到交易限制的效果，并防范高ESG风险。

公司鼓励基金经理在构建投资组合时运用正面筛选策略，通过内部ESG自评级体系结果，优先考虑投资于ESG表现优于业内同行的企业，同时鼓励企业更好地履行社会责任。

三、ESG 主题投资

ESG主题投资是在构建投资组合时，考虑实现特定环境或社会效益，并结合低投资风险的考量，从而促进实现收益的投资。

在绿色投资领域，近年来，公司旗下产品大幅增加新能源方向的投资，并减少高污染、高能耗板块的投资。2021年初，南方基金公开发行了南方新能源ETF产品，紧密跟踪中证新能源指数，选取涉及可再生能源生产、新能源应用、新能源存储及新能源交互设备等业务的上市公司股票作为成份股。截至2020年12月末，南方基金旗下产品绿色投资累计总规模约达10143476万元，用实际行动支持中国绿色发展。

四、积极持有人策略

积极持有人策略主要包括：在与上市公司、债券发行人沟通过程中融合ESG议题，使被投资企业提高对ESG的关注程度，优化被投企业治理结构并构建更良好的生态圈；参与被投企业所在行业的监管对话，为利益相关方带来可持续的长期价值，促进和优化行业的可持续发展环境；在与发行人沟通无效的情况下，考虑实际情况使用代理否决票。

南方基金已制定较为完善的制度，对研究员调研、电话会议和询问进行登记，对其中涉及ESG议题的内容进行评估和记录，尽力促使被投企业在ESG方面做出积极改变，并评估沟通效果。另外，也对持有人会议议案及ESG影响进行评估，将ESG作为投票决策的重要考虑因素。

在代理投票方面，南方基金制定了相关投票制度，在投票制度中贯彻ESG理念，积极参与ESG相关的投票事项。公司旗下基金及国内外投资组合参与上市公司或债券发行人投票相关事项的内部授权及执行流程；社保基金境内委托投资组合参与上市公司或债券发行人投票事项决策机制及实施流程。

思考题

1. ESG 投资相较于传统投资决策框架，其特点与优势是什么？
2. ESG 投资能够如何助力我国经济发展模式向绿色、生态转型？
3. 你认为各类 ESG 投资策略的特点和适用场景是什么？

参考文献

[1] Ghoul S E，Guedhami O，Kim Y. Country-Level Institutions，Firm Value，and the Role of Corporate Social Responsibility Initiatives[J]. Journal of International Business Studies，2017，48（3）：360-385.

[2] Global Sustainable Investment Review[R].2018.

[3] Godfrey P C. The Relationship between Corporate Philanthropy and Shareholder Wealth：A Risk Management Perspective[J].Academy of Management Review，2005（4）：777-798.

[4] Hong H，Kacperczyk M. The Price of Sin：The Effffects of Social Norms on Markets[J].Journal of Financial Economics，2009，93（1）：15-36.

[5] Inderst G，Stewart F.Environmental，Social and Governance Factors into Fixed Income Investment[R]. 2018.

[6] Alexander K，Osthoffffp.The Effffect of Socially Responsible Investing on Portfolio Performance[J].European Financial Management，2007，13（5）：908–922.

[7] Kotsantonis S，Pinney C，Serafeim G.ESG Integration in Investment Management：Myths and Realities[J]. Journal of Applied Corporate Finance，2016，28（2）：10–16.

[8] Sustainable Reality：Understanding the Performance of Sustainable Investment Strategies[R]. 2015.

[9] Oikonomou I，Brooks C，PavelinS. The Effffects of Corporate Social Performance on the Cost of Corporate Debt and Credit Ratings [J]. Financial Review，2014（1）：49–75.

[10] Statman M，Glushkov D.The Wages of Social Responsibility[J].Financial Analysts Journal，2009（65）：33–46.

[11] 阿米尔·阿梅尔扎德，乔治·塞拉菲姆，陈俊君．全球投资者如何投资 ESG?[J]. 金融市场研究，2018（7）：8–22.

[12] 挪威主权基金如何开展 ESG 投资 [R]. 2020.

[13] 陈婉．上市公司 ESG 水平越高，企业债券违约概率越低：基于绿色和 ESG 评估体系的设计与实证 [J]. 环境经济，2018（Z3）：46–49.

[14] 金希恩．全球 ESG 投资发展的经验及对中国的启示 [J]. 现代管理科学，2018（9）：15–18.

[15] 李瑾．我国 A 股市场 ESG 风险溢价与额外收益研究 [J]. 证券市场导报，2021（6）：24–33.

[16] 刘丹，王元芳．日本 ESG 投资的现状和问题：以日本养老金公积金为例 [J]. 当代经理人，2020（4）：21–26.

[17] ESG 投资系列（1）：ESG 的兴起、现状与展望 [R]. 2021

[18] 马喜立．ESG 投资策略具备排雷功能吗？——基于中国 A 股市场的实证研究 [J]. 北方金融，2019（5）：14–19.

[19] 邱牧远，殷红．生态文明建设背景下企业 ESG 表现与融资成本 [J]. 数量经济技术经济研究，2019（3）：108–123.

[20] 屠光绍．ESG 责任投资的理念与实践（上）[J]. 中国金融，2019（1）：13–16.

[21] 屠光绍．ESG 责任投资的理念与实践（下）[J]. 中国金融，2019（2）：21–23.

[22] 固定收益专题：一文读懂 ESG 投资理念及债券投资应用 [R]. 2020.

[23] 张琳，赵海涛．企业环境、社会和公司治理（ESG）表现影响企业价值吗？——基于 A 股上市公司的实证研究 [J]. 武汉金融，2019（10）：36–43.

[24] 中国责任投资年度报告（2022）[R]. 2022.

[25] 中国基金业 ESG 投资专题调查报告（2019）[R]. 2019.

[26] ESG 投资在疫情期间的收益与风险 [R]. 2020.

[27] ESG 投资与 ESG 因子策略：多因子系列报告之二十七 [R]. 2020.

后 记

近年来，国内外ESG蓬勃发展，对中国上市公司加强ESG管理与实践提出了更高的要求。然而，目前我国上市公司对ESG普遍缺乏系统认知，ESG管理和实践缺乏工具技巧，ESG教育的重要性日益凸显。有鉴于此，2021年，我们启动编写中国首套ESG教材——《环境、社会及治理（ESG）基础教材》，助力上市公司提升ESG认知、掌握ESG工作方法。

《环境、社会及治理（ESG）基础教材》是集体智慧的结晶，先后有30余位专家学者、企业管理者投入其中。因是国内启动时间最早的ESG基础教材之一，如何以既符合国际趋势，又适应本土需求的框架结构、行文逻辑全面解读，是课题组面临的重要问题。本书主编国务院国有资产监督管理委员会原党委委员、秘书长彭华岗高度重视教材编制工作，对主体架构、各章逻辑进行详细指导，并于2021年6月和9月召开编写启动会和初稿研讨会，与各章作者、企业代表充分讨论，听取各方意见，最终全书框架由主编彭华岗，副主编钟宏武、张蒽经由三次优化最终确定。

“第1章 ESG概论”由金蜜蜂智库创始人殷格非、普华永道高级经理马啟龙共同编写。“第2章 ESG的理论基础”由南京审计大学国富中审学院讲师张慧编写。“第3章 环境责任”由北方工业大学经济管理学院副教授魏秀丽编写，并吸收借鉴了《企业社会责任基础教材（第二版）》“第6章 环境责任”的部分内容。“第4章 社会责任”由5位专家共同编写，责任云研究院研究员编写“4.1 ESG视角下的社会责任”，华南理工大学工商管理学院教授晁罡编写“4.2 产品与客户”，全国总工会社会联络部综合处处长崔征编写“4.3 劳工实践”，中国社会科学院教授、责任云评价院院长张蒽编写“4.4 供应链责任”，清华大学21世纪发展研究院院长邓国胜编写“4.5 公益慈善”，第4章的编写借鉴了《企业社会责任基础教材（第二版）》的部分内容。“第5章 ESG治理”由全球报告倡议组织GRI董事、中国企业社会责任智库副理事长、深圳可持续发展智库首席专家吕建中编写。“第6章 ESG信息披露”由责任云研究院原执行院长王娅郦编写。“第7章 ESG评级”由中国社会科学院教授、责任云评价院院长张蒽编写。“第8章 ESG投资”由中航证券有限公司首席经济学家董忠云编写。全书内容由张蒽、钟宏武统稿、审定。

各章的典型案例由中国移动、中国宝武、蒙牛、华润电力、华润置地、腾讯、伊利、飞鹤、联想集团、泰禾智能、台达、西部利得基金、同程旅行等企业提供支持。对这些企业在ESG优秀实践方面的分享及对教材的支持表示由衷的感谢。

本书还有不少不足之处，敬请广大专家学者、业界朋友不吝赐教，共同推动中国ESG教育，促进中国ESG事业健康发展。

感谢所有为本书的出版而付出努力的人！

《环境、社会及治理（ESG）基础教材》编委会

2023年9月